"十二五"环境科学与工程系列规划教材

环境影响评价

主　编　陈广洲　徐圣友

副主编　罗运阔　耿天召

　　　　吴　霖　张瑞刚

主　审　汪家权

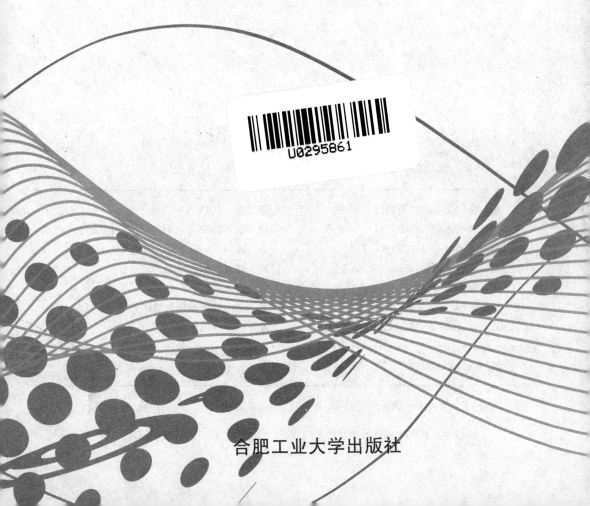

U0295861

合肥工业大学出版社

责任编辑 张择瑞

封面设计 汪哂秋

图书在版编目(CIP)数据

环境影响评价/陈广洲,徐圣友主编. —合肥:合肥工业大学出版社,2015.7

ISBN 978 - 7 - 5650 - 2276 - 0

Ⅰ.①环… Ⅱ.①陈… ②徐… Ⅲ.①环境质量评价 Ⅳ.①X82

中国版本图书馆 CIP 数据核字(2015)第 128990 号

环 境 影 响 评 价

主 编 陈广洲 徐圣友 主 审 汪家权

出 版	合肥工业大学出版社	版 次	2015 年 7 月第 1 版	
地 址	合肥市屯溪路 193 号	印 次	2015 年 8 月第 1 次印刷	
邮 箱	230009	开 本	710 毫米×1010 毫米 1/16	
电 话	综合编辑部:0551 - 62903204	印 张	32	
	市场营销部:0551 - 62903198	字 数	643 千字	
网 址	www. hfutpress. com. cn	印 刷	安徽昶颉包装印务有限责任公司	
E-mail	hfutpress@163. com	发 行	全国新华书店	

主编热线:13205594217   责编信箱/热线 zrsg2020@163. com 13965102038

ISBN 978 - 7 - 5650 - 2276 - 0   定价:56.00 元

编写人员

主　编　陈广洲　（安徽建筑大学）
　　　　徐圣友　（黄山学院）
副主编　罗运阔　（江西农业大学）
　　　　耿天召　（安徽省环境监测站）
　　　　吴　霖　（安徽省环境科学研究院）
　　　　张瑞刚　（合肥工业大学）
编　委　（按姓氏笔画排序）
　　　　万顺利　（黄山学院）
　　　　王诗生　（安徽工业大学）
　　　　刘小红　（安徽农业大学）
　　　　陈广洲　（安徽建筑大学）
　　　　张瑞刚　（合肥工业大学）
　　　　罗运阔　（江西农业大学）
　　　　吴　霖　（安徽省环境科学研究院）
　　　　耿天召　（安徽省环境监测站）
　　　　徐圣友　（黄山学院）
　　　　谢　越　（安徽科技学院）

前　言

我国在 1973 年第一次环保会议上引入了环境影响评价制度的概念；1979 年《中华人民共和国环境保护法(试行)》中明确规定了环境影响评价制度；1986 年，颁布了《建设项目环境保护管理办法》；1998 年，颁布了《建设项目环境保护管理条例》；2003 年，《环境影响评价法》正式实施；2004 年，建立了环境影响评价工程师职业资格制度。随着环评工程师登记制度的实施，环境影响评价得到了新的发展。

近年来，我国的环境影响评价在理论、方法和技术上都取得了一定的进展。环保部陆续更新或发布了一些新的环评标准和技术导则，随着这些新标准、导则的发布，环境影响评价课程的教学和实践也必须不断地更新相关内容。作为高校环境类专业的一门核心专业课，该门课程具有重要的地位。基于此，本着理论与实际相结合、方法与应用相结合的原则，突出实用性，及时把握环评的新要求，编写了这本满足高等院校教学和从事环境影响评价的科技人员学习的教材。

本书由多所高校和科研院所的教师、科研人员共同编写，内容上紧紧把握新标准、导则的内容和要求，力求讲解透彻，并配以实际案例帮助读者加深理解领会，为环境影响评价课程的教学提供教材支持。

本书由黄山学院教授徐圣友与安徽建筑大学副教授陈广洲担任主编，由江西农业大学副教授罗运阔、安徽省环境监测站高级工程师耿天召、安徽省环境科学研究院工程师吴霖、合肥工业大学讲师张瑞钢担任副主编。徐圣友教授负责全书大纲编写与书稿前期修改工作，陈广洲副教授负责后期统稿修改与校对工作。合肥工业大学孙世群教授、安徽工业大学蔡建安教授对本书的大纲编写提出了许多宝贵建议，合肥工业大学出版社张择瑞编辑对本书的出版给予大力支持，在此，一并表示诚挚的谢意。

　　各章节编写分工如下：黄山学院徐圣友教授负责编写第一章；安徽建筑大学陈广洲副教授负责编写第三章、第四章、第八章、第十三章、第十四章、第十八章；江西农业大学罗运阔副教授负责编写第十二章与结束语；安徽工业大学王诗生副教授负责编写第九章、第十章；合肥工业大学张瑞钢讲师负责编写第七章、第十一章；安徽省环境监测站高级工程师耿天召负责编写第十六章；安徽省环境科学研究院吴霖工程师负责编写第十五章；安徽科技学院谢越讲师参与编写第四章与第十一章的部分内容；安徽农业大学刘小红讲师负责编写第六章、第十四章、第十七章，提供了第十八章案例素材；黄山学院万顺利讲师负责编写第二章、第五章。全书由合肥工业大学资环学院汪家权教授担任主审，在此表示诚挚的感谢。

　　由于编者水平有限，书中难免存在疏漏和不妥之处，敬请读者批评指正。编写过程中引用了环境影响评价技术导则等资料和国内出版的多本环境影响评价教材及相关典型环评案例（安徽显闰环境工程有限公司、海南大学所做），向上述文献作者深表谢意。

目　录

第一章　绪　论

【本章要点】

环境影响评价制度作为环境保护法中一项重要的法律制度,得到许多国家的高度重视。本章主要介绍了环境影响评价的基本概念,环境影响评价的意义与作用,中国环境影响评价制度的形成与发展,中国环境影响评价制度的特点。最后对国外环境影响评价作了简要的介绍,并重点介绍了美国、德国、日本等发达国家的环境影响评价制度。

第一节　环境影响评价的基本概念

一、环境的概念

环境是一个相对的概念,是指与某一中心事物有关的周围事物,它因中心事物的不同而不同。因此,从不同角度理解环境的概念有所差异。

(一)环境的哲学定义

从哲学角度看,是指相对于主体而言的客体。环境与其主体是相互依存的;它因主体不同而不同,随主体变化而变化。因此,明确主体是正确把握环境的概念及其实质的前提。

(二)环境的法律定义(工作定义)

《中华人民共和国环境保护法》(2015 年 01 月)明确提出:"本法所称环境,是指影响人类生存和发展的各种天然的和经过人工改造的自然因素的总体,包括大气、水、海洋、土地、矿藏、森林、草原、湿地、野生生物、自然遗迹、人文遗迹、自然保护区、风景名胜区、城市和乡村等。"

(三)环境科学中"环境"的定义

环境是指以人为主体的外部世界的总和。这里所说的外部世界主要是指:人类已经认识到的直接或间接影响人类生存与社会发展的各种自然因素和社会因素。包括自然环境和社会环境,其中自然环境是指各种自然因素的总体,如高山、大海、江河、湖泊、天然森林、野生动植物等。社会(人工)环境是指社会因素的总体,如住房、工厂、桥梁、娱乐设施等人工构筑物以及经济、政治、文化等人与人之间的关系。

以上是从不同角度与层面对环境的定义,但是,在世界各国的一些环境保护法规中,往往把环境要素或应保护的对象称为环境,这是从实际工作的需要出发,对环境一词的法律适用对象或适用范围所做的规定,其目的是保证法律的准确实施,具有可操作性。

二、环境的基本特性

(一)整体性与区域性

1.环境的整体性:又称环境的系统性,是指各环境要素或环境各组成部分之间,因有其相互确定的数量与空间位置,并以特定的相互作用而构成的具有特定结构和功能的系统。

环境的整体性体现在环境系统的结构与功能上。环境系统的结构,因各环境要素或各组成部分之间通过物质、能量流动网络以及彼此关联的变化规律,在不同的时刻呈现出不同的状态。

整体性是环境的最基本特性,正是由于环境具有整体性,才会表现出其他特性,这是因为人类或生物的生存是受多种因素综合作用的结果。另一方面,两种或两种以上的环境因素同时产生作用,其结果不一定等于各因素单独作用之和,因为各因素之间可能存在协同或拮抗的效果。所以,在环境影响评价时不能以单因素的影响作为评价的依据。

2.环境的区域性:是指环境特性的区域差异。具体来说,就是环境因地理位置的不同或空间范围的差异,会有不同的性质。环境的区域性不仅体现了环境在地理位置上的变化,而且还反映了区域经济、社会、文化和历史等的多样性。

(二)变动性和稳定性

1.环境的变动性:是指在自然的、人类社会行为的或两者共同作用下,环境的内部结构与外部状态始终处于不断变化之中。

2.环境的稳定性:是指环境系统中有一定的自我调节功能的特性,也就是说,环境结构与状态在自然和人类社会行为作用下,所发生的变化不超过一定限度时,环境可借助于自身的调节功能使这些变化逐渐消失,环境结构与状态得以恢复到变化前的状态。

环境的变动性与稳定性是相辅相成的。变动是绝对的,稳定是相对的。一般来说,环境组成越复杂,环境承受干扰的"限度"越大,环境的稳定性越强。

(三)资源性与价值性

1. 资源性

环境具有资源性。人类社会的生存与发展需要环境有一定的付出,环境是人类生存与发展的必不可少的投入,为人类社会生存发展提供必要的条件。这就是环境的资源性。

环境资源包括物质性资源与非物质性资源两方面。生物资源、矿产资源、淡水资源、海洋资源、土地资源和森林资源等,都是环境方面的重要组成部分,属于物质性方面。非物质性方面,比如环境状态,就是一种非物质性资源。

2. 价值性

环境具有资源性,当然就具有价值性。人类生存与发展离不开环境,从这个意义上说,环境具有不可估量的价值。

环境的经济价值是环境价值的一种形式。在环境的影响评价中,环境的经济价值常常被用作环境的损益分析。

三、环境影响的概念

(一)环境影响

环境影响是指人类活动对环境的作用和导致的环境变化以及由此引起的对人类社会和经济的效应。包括人类活动对环境的作用和环境对人类社会的反作用,这两个方面的作用可能是有益的,也可能是有害的。这一概念既强调人类活动对环境的作用所引起的变化,又强调这种变化对人类的反作用。

(二)环境影响的分类

1. 依据影响来源分

可分为直接影响、间接影响和累积影响。直接影响是指由于人类活动的结果而对人类社会或其他环境的直接作用。间接影响是指由直接作用诱发的其他后续结果。累积影响是指当一项活动与其他过去、现在及可以合理预见的未来的活动综合在一起时,因影响的增加而产生的对环境的影响。

2. 依据影响效果分

可分为有利影响和不利影响。有利影响指对人群健康、社会经济发展或其他环境的状况有积极的促进作用的影响。不利影响指对人群健康、社会经济发展或其他环境的状况有消极的阻碍或破坏作用的影响。

3. 依据影响程度分

可分为可恢复影响和不可恢复影响。一般认为,在环境承载力范围内对环境造成的影响是可恢复的,而超出了环境承载力范围,则为不可恢复影响。

此外,环境影响还可分为:短期影响和长期影响,暂时影响和连续影响,地方、区域、国家或全球影响，建设阶段影响和运行阶段影响，单个影响和综合影响。

四、环境影响评价的概念

环境影响评价作为一种环保手段和方法，是 20 世纪中期提出来的。第二次世界大战以后，全球经济加速发展，由此带来的环境问题也越来越严重，环境公害事件频繁发生，人们开始关注人类活动对环境的影响，并运用各个学科的研究成果，测量和评估计划中的人类活动可能会给环境带来的影响和危害，并有针对性地提出相应的防治措施。

（一）环境影响评价的基本概念

根据《中华人民共和国环境影响评价法》（2003）第二条规定：环境影响评价（EIA，Environmental Impact Assessment），是指对规划和建设项目实施后可能造成的环境影响进行的系统分析、预测和评估，提出预防或减轻不良环境影响的对策和措施，进行跟踪监测的方法与制度。环境影响评价的根本目的是鼓励在决策中考虑环境因素，最终达到更具环境相容性的人类活动。

（二）环境影响评价的类型

1.按照环境要素可分为大气环境影响评价、地表水环境影响评价、声环境影响评价、土壤环境影响评价、生态环境影响评价和固体废物环境影响评价等。

2.按照评价对象可分为规划环境影响评价和建设项目环境影响评价。

3.按照时间顺序可分为环境质量现状评价、环境影响预测评价、建设项目环境影响后评价（或规划环境影响跟踪评价）。

4.按照空间域差异，可分为局地环境影响评价、区域环境影响评价和全球环境影响评价。

（三）与环境影响评价的有关的几个重要概念

《中华人民共和国环境保护法》（2015.01）要求，根据建设项目对环境的影响程度，对建设项目的环境影响评价实行分类管理。建设单位应当按照下列规定组织编制环境影响报告书、环境影响报告表或填写环境影响登记表。

1.环境影响报告书

环境影响报告书是环境影响评价工作的书面总结。它提供了评价工作中的有关信息和评价结论。评价工作每一步骤的方法、过程和结论都清楚、详细地包括在环境影响报告书中。

报告书内容主要包括：①建设项目概况；②建设项目周围环境状况；③建设项目对环境可能造成影响的分析和预测；④环境保护措施及其经济、技术论证；⑤环境影响经济损益分析；⑥对建设项目实施环境监测的建议；⑦环境影响评价结论。

2. 环境影响报告表

环境影响报告表是环境影响评价结果的表格表现形式,是环境影响制度的组成部分。由建设单位就拟建项目的环境影响向环境保护主管部门提交。主要适用于小型建设项目、国家规定的限额以下的技术改造项目、省级环境保护部门确认的对环境影响较小的大中型项目和限额以上技术改造项目。内容包括:建设项目概况;排污情况及治理措施;建设过程中和拟建项目建成后对环境影响的分析等。

3. 环境影响登记表

环境影响登记表是指对环境影响很小,不需要进行环境影响评价,应当填写环境影响登记表的建设项目。主要包括:①基本不产生废水、废气、废渣、粉尘、恶臭、噪声、振动、热污染、放射性、电磁波等不利环境影响的建设项目;②基本不改变地形、地貌、水文、土壤、生物多样性等,不改变生态系统结构和功能的建设项目;③不对环境敏感区造成影响的小型建设项目。

同时还规定:"未列入本名录的建设项目,由省级环境保护行政主管部门根据上述原则,确定其环境保护管理类别,并报国家环境保护总局备案"。

4. 环境要素

环境要素也称作环境基质,是构成人类环境整体的各个独立的、性质不同的而又服从整体演化规律的基本物质组分。通常是指自然环境要素,包括大气、水、生物岩石、土壤以及声、光、放射性和电磁辐射等。环境要素组成环境的结构单元,环境结构单元组成环境整体或称为环境系统。

5. 环境背景值

环境中的水、土壤、大气、生物等要素,在其自身的形成与发展过程中,还没有受到外来污染影响下形成的化学元素组分的正常含量,又称环境本底值。

6. 环境影响预测评价

根据规划或拟建项目等实施后可能对环境产生的影响而进行的预测与评价,并据此提出预防或减轻不良环境影响的对策与措施,为决策部门提供依据。

第二节 环境影响评价的功能与作用

环境影响评价的目的在于使环境保护与经济发展相协调,使行政机关对环境价值的考虑科学化、民主化、制度化和职能化。环境影响评价制度的首创人美国林顿戈得维尔教授讲到,环境影响分析的目的是强迫联邦官员考虑对人类有重大影响决定的可能后果。

一、环境影响评价的功能

1.判断功能

以人的需求为尺度,对已有的客体做出价值判断。通过这一判断,可以了解客体的当前状态,并揭示客体与主体之间的满足关系是否存在以及在多大程度上存在。

2.预测功能

以人的需求为尺度,对将形成的客体做出价值判断。即在思维中构建未来的客体,并对这一客体与人的需要的关系做出判断,从而预测未来客体的价值。人类通过这种预测而确定自己的实践目标,哪些是应当争取的,哪些是应当避免的。

3.选择功能

将同样都具有价值的客体进行比较,从而确定其中哪一个是更具有价值,更值得争取的,这是对价值序列(价值程度)的判断。

4.导向功能

人类活动的理想是目的性与规律性的统一,其中目的的确立要以评价所判定的价值为基础和前提,而对价值的判断是通过对价值的认识、预测和选择这些评价形式才得以实现的。所以说人类活动的目的的确立应基于评价,只有通过评价,才能确立合理的合乎规律的目的,才能对实践活动进行导向和调控。

二、环境影响评价的作用

(一)建设项目环境影响评价在环境保护中的作用

在中国,建设项目环境影响评价发展相对成熟,并且纳入基本建设管理体系中,具有一票否决权。通过环境影响评价工作,从以下三方面降低了环境污染与生态破坏等问题。

1.指导环境保护措施的设计,强化环境管理

环境影响评价是环境管理的主要技术手段。作为建设项目审批的前置程序,发挥把关作用,杜绝了设备工艺落后、环境污染与生态破坏严重的项目上马,通过"以新带老"、污染物总量控制等措施实现污染物总量的削减;如通过环评措施,"十一五"期间,减排化学需氧量 6.33%,减排火力发电行业的二氧化硫 18.20%,水泥行业在产量大幅度增长的情况下,二氧化硫排放量没有明显增加。全国实施国家第三阶段机动车排放标准,部分城市推行国家第四阶段机动车排放标准,机动车排放强度下降了 40%以上。"十二五"期间(截至 2014 年底),全国新增城镇污水日处理能力 900 万 t;1.9 亿 kW 燃煤机组实施脱硝和除尘改造,9576 万 kW 燃煤机组脱硫设施实施增容改造;1.1 万 m² 钢铁烧结机安装烟气脱硫设施,1.9 亿 t 新型干

法水泥熟料产能安装脱硝设施。

2. 保证建设项目选址和布局的合理性，为区域的社会经济发展提供导向

通过环境资源承载能力的综合分析，从保证环境安全和资源可持续利用的角度出发，对建设项目选址选线进行优化，在降低对生态环境的影响的同时，促进了区域或行业合理确定发展定位、布局、结构和规模。

3. 作为建设项目竣工验收的重要依据

建设单位采用的工艺和设备是否是环评中分析的工艺和设备，是否严格按照环评的要求配套建设了相应的污染治理设施，是否达到了环评中的运行效果，污染物排放是否达标，是否配有相应的环境管理机构和监测仪器等，这些都是要以环评为重要依据。

4. 促进环境科学技术的创新发展

通过执行清洁生产标准限制了高能耗和高物耗建设项目的发展，提高了资源能源的利用效率，同时促进推动了工艺技术的革新。

(二)规划环境影响评价在环境保护中的作用

环境影响评价在我国可分为三层，即项目环评、规划环评和政策环评。相对于建设项目环境影响评价而言，我国的规划环境影响评价起步较晚。环境影响评价制度确立之后的相当一段时间，其适用对象仅针对建设项目，基本上属于微观、中观层面上的评价，而没能扩展到对环境有着重大影响的宏观人为活动。规划环评的实施，对于环境保护有三方面的重要意义。

1. 规划环评是环保工作从决策源头控制污染的第一步

同建设项目环评一样，规划环评是"预防为主"的环保政策的具体体现。然而，建设项目只处于整个决策链的末端，不能影响最初的决策和生产力的布局，不能指导规划的发展方向，难以全面考虑技术、能源利用等方面的替代方案和减缓措施，难以在宏观决策中发挥作用，已不能适应全面保护环境和可持续发展的需要。实施规划环评，从宏观角度对规划开发活动的可行性进行论证，改变末端治理方式，从源头控制污染，促使有关部门在提出有关政策和规划时能够统筹考虑各方面的利益，慎重考虑与规划相关的环境影响，并能采取相应的对策和减缓措施，可以最大限度地减少对自然生态环境和资源的破坏。通过规划环评，把环境因素纳入到国民经济与社会发展的综合决策之中，可以按照环境资源承载力和容量要求，对区域、流域和海域等重大开发活动、生产力布局、资源配置，提出更加科学合理的建议，以保证经济社会健康有序发展。

2. 规划环评能够综合考虑间接、累积环境影响

随着社会经济的快速发展，产业发展、资源能源开发利用等化解为各类具体的建设项目，从而对生态环境造成影响。建设项目环评可对具体的开发行为做出识

别判断,然而对于规划所涉及的所有建设项目造成的间接影响、累积影响难以统筹考虑。规划环评的对象是在规划制定之后,项目实施之前,对有关规划的环境资源承载力进行评估和论证,能够对区域内规划产生的环境影响进行整体把握,对间接环境影响、累积环境影响进行综合评价,从而进行应对。

3.规划环评是环保战略转变的有效推动

在全球环境问题日益突出的背景下,低碳经济和温室气体减排成为我国环保工作面临的新难题与新机遇,只有统筹规划、合理安排才能实现面对新形势的环保战略转变。规划环评的实施,特别是规划环评条例的颁布,实现对土地利用规划、区域、流域和海域的建设、开发利用规划,以及一些专项规划进行环境影响评价,正是顺应这样要求的。

第三节　中国环境影响评价制度的形成与发展

一、环境影响评价制度的形成历程

环境质量评价在国外始于 20 世纪 60 年代中期,70 年代获得蓬勃发展。在开展了大量的环境质量评价工作的同时,环境质量的理论研究也获得了长足的发展,使环境质量评价成为环境科学的重要分支学科。

进入 20 世纪 60 年代以来,世界上一些主要国家都相继开展了环境质量评价理论研究。有不少国家在环境保护法规中规定了环境影响评价制度。这表明一些主要国家对环境质量评价工作的高度重视。

美国是世界上第一个把环境质量评价作为制度在国家政策法中肯定下来的国家。1969 年美国制定的《国家环境政策法》(NEPA,National Environmental Policy Act)中规定,一切大型工程兴建前必须编制环境影响评价报告书。在环境质量评价方法方面,美国于 20 世纪 60 年代提出了大气和水体的环境指数评价方法,相继提出了许多具有一定影响力大气和水体指数,如格林大气污染综合指数、橡树岭大气质量指数等。

日本是一个经济大国,工业发达,强度大,环境污染重。因此,十分注重环境质量评价工作。日本从 1972 开始,把环境质量评价作为一项重要政策来实施。1976 年提出把环境影响评价制度列为专门的法律。在评价内容上不仅包括对自然环境的影响,还包括对社会经济环境的影响。在评价对象上包括对单项工程的评价及区域开发计划评价等。在环境质量评价方面,通过大量实践,提出很多控制污染的方法,如浓度控制方式和总量控制方式等。

我国的环境质量评价工作自20世纪70年代后才大规模地开展起来。在这期间开展了北京、沈阳、上海、南京等数个城市的环境质量评价工作。在大量的实践工作中,促进了理论工作的开展,为完善我国的环境质量评价工作起到了推动作用。在法制建设方面,我国也将环境影响评价工作以法律的形式肯定下来。1979年公布的《中华人民共和国环境保护法(试行)》中规定:"一切企业、事业单位的选址、设计、改建、扩建工程时必须提出环境影响报告书,经环保部门和其他部门审查批准后,才能进行设计。"在1989年颁布的经过修改后的《中华人民共和国环境保护法》中,重申了环境影响评价制度。从此以后我国的环境质量评价工作走上了法治化的健康发展轨道。

进入20世纪90年代,先后接受亚洲开发银行和世界银行对中国建设影响评价培训的技术援助项目,为中国的环境影响评价与国际社会接轨打下了基础。同时环境影响评价工作发展较快。1990年颁布了《建设项目环境保护管理程序》。1995年以后,对建设项目的环境影响进行分类管理,分为编制环境影响报告书、编制环境影响报告表和填写环境影响登记表三类。我国环境影响评价经过概念引入、尝试性研究与实践、制度化及法制化等三个阶段,成为源头控制、推进经济发展与环境保护双赢的重要工具和手段。环境影响评价制度是国家通过法定程序,以法律或规范性文件形式确立的对环境影响评价活动进行规范的制度。经过30余年的发展,我国已建立了一套有特色的环境影响评价立法体系。完善的立法体系为实现环境影响评价促进决策科学化与民主化、为科学发展保驾护航这个更高层次的功能提供制度保障。

二、环境影响评价制度的发展历程

我国的环境影响评价是一项强制性制度,其建立和发展与特定阶段社会经济背景和环境管理工作的重点密切相关。

(一)环境影响评价初步尝试与规范建设准备阶段(1973—1979年)

1973年第一次全国环境保护会议后,环境影响评价的概念开始引入我国。此时,我国的环境保护工作正处于起步阶段。在恢复生产、大力发展经济的背景下,拉动经济增长的重工业发展迅速,由此产生的大量废水、废气和废渣成为环境保护工作的焦点,我国的环境管理以"工业三废管理"为重点。各类建设项目是经济发展的"发动机"和污染排放的源头,成为环境影响评价的出发点。

1977年,中国科学院召开"区域环境保护学术交流研讨会议",一定程度上推动了大中城市环境质量现状评价和重要水域的环境质量现状评价。1978年12月31日,国务院环境保护领导小组《环境保护工作汇报要点》中,首次提出了环境影响评价的含义。1979年4月,国务院环境保护领导小组在《关于全国环境保护工作会议情况的报告》中,把环境影响评价作为一项方针政策再次提出。北京师范大学等单位率先在江西永平铜矿开展了我国第一个建设项目的环境影响评价工作。

(二)环境影响评价制度的规范建设和发展阶段(1979—1989年)

1979年出台的《中华人民共和国环境保护法(试行)》规定新建、改建和扩建工程必须提出对环境影响的报告书,由此确立了我国的建设项目环境影响评价制度;1981年,四部委联合颁布的《基本建设项目环境保护管理办法》明确把环境影响评价制度纳入基本建设项目审批程序,并对环境影响报告书的基本内容、建设单位、主管部门与环境保护部门的职责进行了初步规定;1986年国务院环境保护委员会、国家计划委员会和国家经济委员会联合发布的《建设项目环境保护管理办法》又对相关内容进行了补充和完善。此后部分环境保护单行法均有对建设项目开展环境影响评价的要求,完善建设项目环境影响评价操作和管理程序的部门规章陆续颁布,建设项目环境影响评价的技术导则不断完备。但在建设项目环境影响评价制度确立之初,尚未涉及战略环境评价。

区域环境影响评价制度20世纪80年代,1986年国家环保总局发布的《对外经济开放地区环境管理暂行规定》是我国最早的有关区域环境影响评价的规定;开展区域环境影响评价可从宏观角度为区域开发的合理布局、入区项目的筛选提供决策依据,推动实施区域总量控制和建立区域环境保护管理体系。区域环境影响评价源于建设项目环境影响评价,同时又具有战略环境评价的特点,作为两者之间的一种特殊的过渡形式,区域环境影响评价未有独立的法律体系对其进行规范。

(三)环境影响评价制度的强化和不断完善阶段(1990—1998年)

1989年12月26日第七届全国人民代表大会常务委员会第十一次会议通过《中华人民共和国环境保护法》,同日日中华人民共和国主席令第二十二号公布施行,其中,第二十六条明确规定建设项目中防治污染的设施,必须与主体工程同时设计、同时施工、同时投产使用。防治污染的设施必须经原审批环境影响报告书的环境保护行政主管部门验收合格后,该建设项目方可投入生产或使用。1993年《关于进一步做好建设项目环境保护管理工作的几点意见》对区域环境影响评价的审批权限和收费原则进行了规定,同时提出开发区污染物要实行总量控制与集中治理;为了推动环境影响评价制度向更高层次发展,1998年《建设项目环境保护管理条例》出台,以行政法规的形式明确了区域环境影响评价的对象和时段,体现出规划环境影响评价的性质。

(四)环境影响评价制度的不断提高和拓展阶段(1999—2013年)

进入21世纪,我国工业化、城市化进程加快,如何在保持国民经济和社会长期快速发展的同时,努力追求经济、社会、环境的协调成为我国社会经济发展及环境保护工作的重点。"三废"控制和末端治理的环境管理策略已无法满足要求,预防为主、源头和全过程控制成为环境管理新需要。政府职能不断扩张,政府行为的环境影响成为令人关注的问题,对有关政策和规划进行环境影响评价,实行"先评价后实施"是十分重要的。

2002年国家环保总局发布的《关于加强开发区区域环境影响评价有关问题的通知》是一部专门针对区域环境评价的部门规章。2003年9月1日实施的《中华人民共和国环境影响评价法》是我国环境影响评价领域的第一部专门法律,将我国环境影响评价制度从建设项目延伸到规划,我国战略环境评价(SEA,Strategic Environmental Assessment)制度由此确立。继环评法后,国家环保总局又出台了如《规划环境影响评价技术导则(试行)》、《专项规划环境影响报告书审查办法》、《编制环境影响报告书的规划的具体范围(试行)》和《编制环境影响篇章或说明的规划的具体范围(试行)》等若干规章;2009年8月12日通过的《规划环境影响评价条例》成为规划环评领域的一部专门行政法规。由此形成了一套以环境保护基本法、环境影响评价单行法、行政法规、部门规章为层次的规划环评的法律体系。地方也相应出台了规划环评的地方性法规和政府规章,上海、陕西、山东、四川等省市分别制订了《实施〈中华人民共和国环境影响评价法〉办法》,重庆、杭州等城市分别制定了《关于开展规划环境影响评价工作的实施意见》。

(五)环境影响评价制度的持续强化和深入发展新阶段(2014年至今)

2014年4月24日中华人民共和国第十二届全国人民代表大会常务委员会第八次会议修订通过了新的《中华人民共和国环境保护法》,标志着环境影响评价制度走向未来发展新阶段。新的《中华人民共和国环境保护法》已于2015年1月1日起施行,被称"史上最严"的新环保法,其中,按日计罚"上不封顶"是新法的一大亮点。另外"人人参与环保"是此次修法的亮点之一。在新增的"信息公开和公众参与"专章中,新环保法首次确立的环境公益诉讼制度无疑成为公众参与监督的有效途径,也是社会各界多年来一直呼吁法律予以明确的内容。同时,环保法修改后增加了一个起引导作用的规定,针对罚款的数额、幅度或标准,确定了几个要素:一是污染防治设施的运行成本;二是违法行为造成了直接损失和违法所得。将来单行法将根据这些因素来确定罚款数额,所以实际上新环保法是有标准的。如果说没有上限,是指这部法没有确定封顶线是多少,但是具体单行法要给出具体标准。

随着新的《中华人民共和国环境保护法》的实施,环境影响后评价也将会逐步实施,作为环境影响评价的继续和深入,是对已投产使用的建设项目进行验证和评价,是环境整体评价的重要环节。

环境影响后评估的目的是检查环境影响报告书的各项环保措施是否落实。在建设过程中工艺流程和环保设施以及对环境的影响贡献值是否发生变化。验证环境影响评价的模式、预测的结论是否符合当地的环境实际。系数是否要修正。当地环境质量、环境保护目标和环境标准有无变化,原有的环境影响评价结论是否要修正。目前的环保设施能否满足环境变化的需要,是否需要调整。

环境影响后评估是对环境影响评价中的缺项、漏项或调整后的情况进行补充评价。主要评价在开发建设活动正式实施后,以环境影响评价工作为基础,以建设项目投入使用等开发活动完成后的实际情况为依据,通过评估开发建设活动实施前后污染物排放及周围环境质量变化,全面反映建设项目对环境的实际影响和环境补偿措施的有效性,分析项目实施前一系列预测和决策的准确性和合理性,找出出现问题和误差的原因,评价预测结果的正确性,提高决策水平,为改进建设项目管理和环境管理提供科学依据,是提高环境管理和环境决策的一种技术手段。

第四节　中国环境影响评价制度及特点

环境影响评价是一项技术,是强化环境管理的有效手段,对确定经济发展和保护环境等一系列重大决策都有重要作用。环境影响评价制度为我国环保"八项制度"之一,贯彻了"预防为主"的基本原则,是符合可持续发展理念的管理模式。经历近 40 年的发展,环境影响评价作为一项行之有效的环境管理制度,在环境保护工作中发挥了巨大的作用。

一、中国的环境影响评价制度

(一)环境影响评价制度的概念

环境影响评价制度是指把环境影响评价工作以法律、法规或行政规章的形式确定下来从而必须遵守的制度。一般来说,环境影响评价制度不管是以明确的法律形式确定,还是以其他形式存在,都有一个共同的特点,就是强制性。建设项目必须进行环境影响评价,对环境可能产生重大影响的必须做出环境影响报告书,报告书的内容包括开发项目对自然环境、社会环境及经济发展将会产生的影响,拟采取的环境保护措施及其经济、技术论证等。我国环境影响评价制度由《中华人民共和国环境保护法》规定为一切建设项目必须遵守的法律制度,其目的是为了防止环境污染与破坏。

(二)环境影响评价的范围

我国现行的环境影响评价法关于环境影响评价制度的适用范围比较广泛。根据本法的有关规定,应当依照本法进行环境影响评价的规划,包括国务院有关部门、设区的市级以上地方人民政府及其有关部门编制的土地利用规划,区域、流域、海域的建设、开发规划以及工业、农业、畜牧业、林业、能源、水利、交通、城市建设、旅游和自然资源开发的有关专项规划,具体范围由国务院环保部门会同国务院有关部门规定,报国务院批准。我国环境影响评价法以法律的形式,将环境影响评价制度的范围确立为对有关规划进行环境影响评价的法律制度,使我国的环境影响评价制度更趋完善。

(三)环境评价中的评价单位

按照《环境影响评价法》规定,对建设项目进行环境影响评价,由取得环境影响评价资格证书的机构进行,评价所需的费用由建设项目的业主出资承担;对于规划的环境影响评价,本法规定由拟定部门组织进行。即分两种情况,一种是自己编写环境影响报告书,自我进行评价,主要适用于那些有较强的环境影响评价能力,保密程度又比较高的机关和文件;另一种是由其组织专门的评价机构进行评价并编写环境影响报告书,主要适用于业主不具备环境影响评价的能力且保密程度不高的机关和文件。这样规定具有较强的可操作性。

(四)环境评价时机

依照《环境影响评价法》规定,专项规划的环境影响评价应在该规划草案上报审批前组织进行,具体开始时间可由规划编制机关根据规划的不同情况确定,一般来说,对这类专项规划的环境影响评价可以从规划形式初步方案的开始进行,同时在规划编制阶段就应当考虑环境可能造成的影响,在经济技术可行的条件下,选择对保护环境尽可能有力的规划方案,将环境保护的要求贯穿于规划编制过程的始终。有些可以提前进行的工作,如规划区域环境状况的调查等,也可以在规划初步方案形成以前就开始着手进行,以缩短环境影响评价的时间,提高效率。

(五)环境评价中的公众参与

《环境影响评价法》总则第 5 条规定"国家鼓励有关单位、专家和公众以适当方式参与环境影响评价",这对公众参与环境评价做了原则规定,借鉴了国际上的先进经验。本法第 11 条规定"编制机关应当认真考虑有关单位、专家和公众对环境影响报告书草案的意见,应当在报送审查的环境影响报告书中附具对意见采纳或不采纳的说明。"将公众参与环境影响评价直接规定于我国环境影响评价法中。在制定路线、方针、政策的过程中重视征求和听取群众意见,有利于体现环境影响评价的客观性、公正性,有利于保证政府决策的科学性、正确性,也有利于事先平衡好规划实施过程中与公众的关系,保证规划的顺利实施。

公众参与应遵循全过程参与的原则,即公众参与应贯穿于环境影响评价工作的全过程中。涉密的建设项目按国家相关规定执行。充分注意参与公众的广泛性和代表性,参与对象应包括可能受到建设项目直接影响和间接影响的有关企事业单位、社会团体、非政府组织、居民、专家和公众等。可根据实际需要和具体条件,采取包括问卷调查、座谈会、论证会、听证会及其他形式在内的一种或多种形式,征求有关团体、专家和公众的意见。

二、我国环境影响评价制度的特点

我国的环境影响评价制度是借鉴国外经验并结合中国的实际情况,逐渐形成的,我国的环境影响评价制度的主要特点包括:

（一）评价对象偏重于工程项目建设

评价对象以建设项目环境影响评价为主。现行法律法规中都规定建设项目必须执行环境影响评价制度,包括区域开发、流域开发、工业基地的发展计划,开发区建设等。对环境有重大影响的决策行为和经济发展规划、计划的制订,只是在《中华人民共和国环境影响评价法》中规定开展环境影响评价,没有具体要求。

（二）具有法律强制性

中国的环境影响评价制度是国家环境保护法明令规定的一项法律制度,以法律形式约束人们必须遵照执行,具有不可违背的强制性,所有对环境有影响的建设项目都必须执行这一制度。

（三）纳入基本建设程序

中国多年实行计划体制,改革开放以来,虽然实行社会主义市场经济,但在固定资产投资上国家仍有较多的审批环节和产业政策控制,强调基建程序。多年来,建设项目的环境管理一直纳入到基本建设程序管理中。1998 年《建设项目环境保护管理条例》颁布,对各种投资类型的项目都要求在可行性研究阶段或开工建设之前,完成其环境影响评价报批。环境影响评价和基本建设目环境影响评价工作的单位,必须取得国务院环境保护行政主管部门颁发的资格证书,按照资格证书规定的等级和范围,从事建设项目环境影响评价工作,并对评价结论负责。

（四）分类管理与分级审批

国家规定,对造成不同程度环境影响的建设项目实行分类管理。对环境有重大影响的必须编写环境影响报告书,对环境影响较小的项目可以编写环境影响报告表,而对环境影响很小的项目,可只填写环境影响登记表。评价工作的重点也因类而异,对新建项目,评价重点主要是解决合理布局、优化选址和总量控制;对扩建和技术改造项目,评价的重点在于工程实施前后可能对环境造成的影响及"以新带老",加强原有污染治理,改善环境质量。

国家根据建设项目对环境的影响程度,对建设项目的环境影响评价实行分类管理。建设单位应当按照下列规定组织编制环境影响报告书、环境影响报告表或填写环境影响登记表(以下统称环境影响评价文件):

1.可能造成重大环境影响的,应当编制环境影响报告书,对产生的环境影响进行全面评价;

2.可能造成轻度环境影响的,应当编制环境影响报告表,对产生的环境影响进行分析或专项评价;

3.对环境影响很小、不需要进行环境影响评价的,应当填写环境影响登记表。

《建设项目的环境影响评价分类管理名录》由国务院环境保护行政主管部门制定并公布。

实行评价资格审核认定制。为确保环境影响评价工作质量,自1986年起,中国建立了评价单位的资格审查制度,强调评价机构必须具有法人资格,具有与评价内容相适应的固定在编的各专业人员和测试手段,能够对评价结果负起法律责任。评价资格经审核认定后,发给环境影响评价证书。

1998年,国务院颁发的《建设项目环境保护管理条例》中第13条明确规定:"国家对从事建设项目环境影响评价工作的单位实行资格审查制度。从事建设项目环境影响评价分类管理环境影响评价工作的单位,必须取得国务院环境保护行政主管部门颁发的资格证书,按照资格证书规定的等级和范围,从事建设项目环境影响评价工作,并对评价结论负责。"持证评价是中国环境影响评价制度的一个重要特点。

三、建设项目环境影响评价资格认定

为确保环境影响评价工作质量,自1986年起,中国建立了评价单位的资格审查制度,强调评价机构必须具有法人资格,具有与评价内容相适应的固定在编的各专业人员和测试手段,能够对评价结果负起法律责任。评价资格经审核认定后,发给环境影响评价资质证书。1998年,国务院颁发的《建设项目环境保护管理条例》第13条明确规定:"国家对从事建设项目环境影响评价工作的单位实行资格审查制度。1999年,国家环境保护总局局务会议通过《建设项目环境影响评价资格证书管理办法》(1999年3月10日国家环境保护总局令第2号发布施行)是为了加强对建设项目环境影响评价工作的管理,提高环境影响评价工作质量。凡从事建设项目环境影响评价工作的单位,必须按照本办法的规定取得国家环境保护总局颁发的《建设项目环境影响评价资格证书》(以下简称"评价证书"),并按照评价证书规定的等级和范围,从事环境影响评价工作。

评价证书分为甲级、乙级两个等级,并根据持证单位的专业特长和工作能力,按行业和环境要素划定业务范围。国家环境保护总局在确定评价资质等级的同时,根据评价机构专业特长和工作能力,确定相应的评价范围。评价范围分为环境影响报告书的11个小类和环境影响报告表的2个小类(表1-1)

表1-1 环境影响评价范围分类表

评价范围	环境影响报告书	环境影响报告表
	1.轻工纺织化纤	1.一般项目
	2.化工石化医药	
	3.冶金机电	
	4.建材火电	
	5.农林水利	
	6.采掘	2.特殊项目(可编制输变电及广电通讯、核工业类别建设项目的环境影响报告表)
	7.交通运输	
	8.社会区域	
	9.海洋工程	
	10.输变电及广电通讯	
	11.核工业	

(一)建设项目环境影响评价机构的资质管理

建设项目环境影响评价机构资质等级和评价范围划分

1.甲级评价机构评定条件

申请甲级评价证书应当具备以下条件:

(1)具备法人资格,具有专门从事环境影响评价的机构,具有固定的工作场所和工作条件,具有健全的内部管理规章制度。

(2)能够独立完成环境影响评价工作中主要污染因子的调查分析和主要环境要素的影响预测,有能力开展生态现状调查和预测,有分析、审核协作单位提供的技术报告、监测数据的能力,能独立编写环境影响报告书。

(3)从事环境影响评价的专职技术人员中,应至少有4名具有高级技术职称和六名以上具有中级技术职称,其中有不少于6名具备从事环境影响评价3年以上的工作业绩。上述所有人员必须符合国家环境保护部对从事建设项目环境影响评价人员的持证上岗要求,熟悉和遵守国家与地方颁布的环境保护法规、标准和环境影响评价技术规范。

(4)具备专职从事工程、环境、生态和社会经济等工作的技术人员。

(5)配备有与业务范围一致的专项仪器设备和计算机绘图设备。

取得甲级评价资质的评价机构(简称"甲级评价机构"),可以在资质证书规定的评价范围之内,承担各级环境保护行政主管部门负责审批的建设项目环境影响报告书和环境影响报告表的编制工作。

2.乙级评价机构评定条件

申请乙级评价证书应当具备以下条件：

(1)具备法人资格，具有专门从事环境影响评价的机构，具有固定的工作场所和工作条件，具有健全的内部管理规章制度。

(2)能够完成环境影响评价工作中主要污染因子的调查分析和主要环境要素的影响预测，有能力开展生态现状调查和预测，有分析、审核协作单位提供的技术报告、监测数据有分析、审核能力并能独立编写环境影响报告书。

(3)从事环境影响评价的专职技术人员中，应有 6 名以上的高、中级技术职称人员。上述人员必须符合国家环境保护部对从事建设项目环境影响评价人员的持证上岗要求，熟悉和遵守国家与地方颁布的环境保护法规、标准和环境影响评价技术规范。

(4)具备专职从事工程、环境、生态、社会经济等专项工作的技术人员。

(5)配备有与业务范围一致的专项仪器设备和计算机绘图设备。

取得乙级评价资质的评价机构（简称"乙级评价机构"），可以在资质证书规定的评价范围之内，承担省级以下环境保护行政主管部门负责审批的环境影响报告书或环境影响报告表的编制工作。

(二)环境影响评价工程师职业资格制度

环境影响评价工程师必须通过国家环境影响评价工程师职业资格考试，取得人事部和环保部印的《中华人民共和国环境影响评价工程师职业资格证书》。环境影响评价工程师职业资格实行定期登记制度。登记有效期为 3 年，有效期满前，应按有关规定办理再次登记。

第五节　国外环境影响评价简介

环境影响评价作为一种环保手段和方法，是 20 世纪中期提出来的。第二次世界大战以后，全球经济加速发展，由此带来的环境问题也越来越严重，环境公害事件频繁发生，人们开始关注人类活动对环境的影响，并运用各个学科的研究成果，预测和评估计划中的人类活动可能会给环境带来的影响和危害，并有针对性地提出相应的防治措施。1964 年，"环境影响评价"概念在加拿大召开的国际环境质量评价会议上首次提出。而在世界范围内，首开环境影响评价制度先河的是美国，1966 年 10 月，在一份报告中，美国首次正式采用了"环境评价"这一术语，并首次规定了环境影响评价（EIA）制度。

目前世界大多数国家和有关国际组织已通过立法或国际条约采纳和实施环境

影响评价,评价对象和范围已经涉及具体的建设项目以及立法、规划、计划、重大经济技术政策的制定和开发区的建设等宏观活动。

美国:1969 年《国家环境政策法》(NEPA)首创的环境影响评价法律制度精髓,是强调政府行为特别是重大联邦行为对环境的影响及其评价和审查。自 20 世纪 70 年代初至今,美国不论是邦一级还是州一级法律都建立了较完备的环境影响评价法律体系。美国的环境影响评价制度,不仅为实施国家环境政策提供手段,而且为实现国家环境目标提供法律保障。

首次规定了环境影响评价(EIA)制度,同时 NEPA 被作为保护环境的国家基本章程。1970 年 4 月 3 日开始执行的《改善环境质量法》是 NEPA 的很好补充,该法授权国家环境质量局为环境质量委员会提供专业管理人员。1970 年 3 月 5 日发布了总统命令(第 11514 号)保护和提高环境质量令,要求联邦机构采取措施,以使其政策、计划和规划符合国家环境目标。1978 年由联邦环境质量委员会颁布《关于实施 NEPA 程序的条例》(CEQ 条例),规定了环境影响评价制度的实施程序。联邦环境质量委员会是总统的环境咨询机构和行政机关环境活动的协调机构。其协调只能来自法律和总统行政命令两方面的授权。条例原则上无法律权威或法律拘束力,但由于是依总统行政命令的授权制定,因此,在诉讼中得到法院的承认和援引。

环境影响评价制度是美国环境政策的核心制度,在美国环境法中占有特殊的地位。美国自 20 世纪 70 年代初至今,不论是邦一级政府法律还是州一级政府法律都建立了较完备的环境影响评价法律体系。美国之所以建立环境影响评价制度,在于不仅为实施国家环境政策提供手段,而且为实现国家环境目标提供法律保障。实践证明,NEPA 产生至今,对美国的环境一直发挥着重要作用,其规定的环境影响评价制度迫使行政机关将对环境价值的考虑纳入决策过程,使行政机关正确对待经济发展和环境保护两方面的利益和目标,改变了过去重经济轻环保的行政决策方式。美国在 20 世纪 80 年代做了许多实实在在的环境保护评价工作,如其环保局、能源部、住房与城市发展部、交通部及林业署等都成为环境评价的主要部门或主要完成者。仅环境保护局在 80 年代平均每年完成月 40 项战略环境影响评价。

加拿大:1988 年《加拿大环境保护法》规定了环境影响评价法律制度。关于环境影响评价的法规包括:《环境影响评价法(CEAA)》(1992 年 3 月通过,1995 年修改),《综合研究名录条例》(1994 年),《排除评价的名录条例》(1994 年),《境外项目环境影响评价条例》(1996 年),《环境影响评价程序和要求中有关联邦机构协调的条例》(1997 年),《纳入环境影响评价的名录条例》(1994 年,1998 年修改)等。

日本:环境影响评价工作始于 1963 年的产业公害调查,当时是为了预防伴随工业开发所产生的公害,预测工业布局对环境的影响,并用以确定防止公害对策所进行的调查。日本颁布的《公害对策基本法》,将建立健全环境影响评价制度作了明确规定。1972 年内阁会议通过了政府制定的各种公共事业中的环境保全对策纲要,规定国家的行政机关在实施道路、港湾、共有水面的填埋等各种公共事业时,要预先进行包括其对环境带来的影响的内容及程度、环境破坏的防止方案、代替方案的比较研究等的调查研究,证明其结果并采取必要的措施的方针,对政府进行的公共事业在政府内部实施了事前的环境审查。同年又修改了公有水面填埋法、港湾法、工厂选址法、濑户内海环境保全特别措施法等法规,要求批准进行填埋共有水面、建设港湾设施、营造集团居住地、设置排水设施等的申请者提出环境事前调查书,依据法律对行为者赋予了实施环境影响事前评价的义务。但是,这时的环境调查范围仅限于典型公害,也没有公众参与机制,因而某种程度上讲还是很不完善的环境影响评价。1974 年日本通过的濑户内海环境保护临时措施法和国土利用规划法规定,应把环境评价的运用和必要程序的事实作为当然的义务。1974 年 6 月中公审,防治计划部会合环境影响评价小组委员会所提出的环境影响评价在运用上的方针(中间报告)这份报告。此报告阐明了环境影响评价的意义、评价和保护标准、预测等问题,并指出环境评价的若干问题和大致的基本方针,但未明确说明有关细节问题。1975 年 2 月,在中公审、防治计划部会内组建了环境影响评价制度专门委员会,对环境影响评价程序和制度两方面的问题进行了审查研究,并根据研究结果,于同年 12 月代委员会公开发表了题为关于环境影响评价制度的实际问题的报告书。这样才首次使具有国家立法性质的环境评价在一定程度上得到了明确。同年发表关于根据对环境影响的预先评价,规定开发等的法律案,发表了由社会党提出的环境影响审查方案,环境厅汇编了环境影响评价法案纲要。1976 年川琦市环境影响评价条例的颁布,标志着制度化、程序化的环境影响事前评价机制的真正建立。

此后,日本陆续有 6 个地方公共团体制定了环境影响评价条例,44 个地方公共团体制定了环境影响评价纲要,其余地方公共团体也正在规划制定环境基本条例时涉及环境影响评价问题。其中 1993 年颁布的《环境基本法》规定了环境影响评价法律制度,标志日本已从法律层面规定实行环境影响评价制度。1997 年日本制定了并颁布了统一的《环境影响评价法》(1997 年 6 月),这既是防止公害、又是处理各种环境问题的环境基本法。它标志着完善、统一的环境影响评价体系的建立。该法对环境影响评价的适用范围和对象,环境影响评价准备书制作前的程序(包括建设项目的确定、方法书的制作和环境影响评价的实施),环境影响评价准备书的制作、内容和提交,环境影响评价书的制作与修改,修改建设项目内容时的环境影响评价及其他程序,环境影响评价书的公布及审查,环境影响评价及意识提高和在这种需求下,而促成的由政府组织、协调,逐步形成从立法到执法一系列具有法律地位的公众参与,可以说世界环保事业的最初推动力量来自于公众,没有公众参与就没有环境运动,没有今天对保护环境的重视程度。其他程序的特例(包括城市规划中规定的对象项目,港湾规划的环境影响评价及其他程序)以及细则等都作了详细规定。

德国:1990年《环境影响评价法》对环境影响评价的内容、程序作了详细规定,统一了过去各单行法中的有关规定。已做到公众参与环境影响评价法律制度化、具体化。韩国:关于环境影响评价的法规主要有:《环境影响评价法》(1993年6月制定,1997年3月修改)、《环境影响评价法实施令》(总统令)、《环境影响评价法实施细则》和《关于环境影响评价书编制的规定》(韩国环境部告示1997年10月)、《关于检讨环境影响评价报告书的规定》(韩国环境部告示)等。尼日利亚:《环境影响评价》规定了环境影响评价的原则、内容、程序和必须进行环境影响评价的清单。不仅于此,还就审议小组、听取公众意见等问题作了规定。纳米比亚:1994年《环境影响评价政策》等专门的环境影响评价法规,均对环境影响评价作了具体的规定。瑞典:1987年《自然资源管理法》第5章对环境影响评价作了明确规定。赞比亚:1990年《环境保护和污染控制法》规定,不仅建设项目要进行环境影响评价,规划和政策也要进行环境影响评价。泰国:1992年《国家环境质量法》明确规定了环境影响评价的准备和审议程序。

思考题

1.名称解释:环境、自然环境、社会环境、环境影响、环境影响评价、环境影响评价、环境影响后评价。

2.简述环境的基本特征。

3.环境影响评价的类型。

4.简述环境影响评价的作用。

5.简述环境影响评价的特点。

6.简述环境影响、环境影响评价法。

7.怎样理解"环境影响评价"制度,并阐述其实施的必要性。

8.查阅相关资料,阐述美国与中国环境影响评价制度的异同点。

9.查阅相关资料,简述中国环境影响评价的现状,并就其发展历程评述其存在的不足之处。

拓展阅读

环境影响评价公众参与

(一)环境影响评价参与公众范围

1.建设项目的利益相关方

指所有受建设项目影响或可以影响建设项目的单位和个人,是环境影响评价中广义的公众范围,包括:①受建设项目直接影响的单位和个人。如居住在项目环境影响范围内的个人;在项目环境影响范围内拥有土地使用权的单位和个人;利用项目环境影响范围内某种物质作为生产生活原料的单位;个人和建设项目实施后,因各种客观原因需搬迁的单位和个人。②受建设项目间接影响的单位和个人。如移民迁入地的单位和个人;拟建项目潜在的就业人群、供应商和消费者;受项目施工、运营阶段原料及产品运输、废弃物处置等环节影响的单位和个人;拟建项目同行业的其他单位或个人;相关社会团体或宗教团体。③有关专家。特指因具有某一领域的专业知识,能够针对建设项目某种影响提出权威性参考意见,在环境影响评价过程中有必要进行咨询的专家。④关注建设项目的单位和个人。如各级人大代表、各级政协委员、相关研究机构和人员、合法注册的环境保护组织。⑤建设项目的投资单位或个人。⑥建设项目的设计单位。⑦环境影响评价单位。⑧环境行政主管部门。⑨其他相关行政主管部门。

2.环境影响评价的公众范围

指所有直接或间接受建设项目影响的单位和个人,但不直接参与建设项目的投资、立项、审批和建设等环节的利益相关方,是环境影响评价中狭义的公众范围,包括:

①受建设项目直接影响的单位和个人;②受建设项目间接影响的单位和个人;③有关专家;④关注建设项目的单位和个人。

3.环境影响评价涉及的核心公众群

建设项目环境影响评价应重点围绕主要的利益相关方(即核心公众群)开展公众参与工作,保证他们以可行的方式获取信息和发表意见。核心公众群包括:

①受建设项目直接影响的单位和个人;②项目所在地的人大代表和政协委员;③有关专家。

4.公众代表的组成

公众代表主要从核心公众群中产生;个人代表应优先考虑少数民族、妇女、残障人士和低收入者等弱势群体;根据建设项目的具体影响确定相应领域的专家代表,专家代表不应参与项目投资、设计、环评等任何与项目关联的事务;核心公众的代表数量,受建设项目直接影响的单位代表名额不应低于单位代表总数的85%;受建设项目直接影响的个人代表名额不应低于个人代表总数的90%。

(二)公众参与计划

1.公众参与计划的内容

公众参与计划应明确公众参与过程的相关细节,具体包括如下内容:①公众参与的主要目的;②执行公众参与计划的人员、资金和其他辅助条件的安排,公众参与工作时间表;③核心公众的地域和数量分布情况;④公众代表的选取方式、代表数量或代表名单;⑤拟征求意见的事项及其确定依据;⑥拟采用的信息公开方式;⑦拟采用的公众意见调查方式;⑧信息反馈的安排。

2.公众参与计划有效性的影响因素

公众参与计划的可行性受多方面因素影响,应在制定计划的过程中予以充分考虑。其中,重要的影响因素包括:①核心公众的基本情况,如年龄、性别、民族、文化程度、对环境知识的了解程度和社会背景等;②当地的宗教、文化背景和管理体制;③所需传达信息的情况,尤其是技术性信息的专业程度和理解的难易程度;④执行公众参与计划人员的技术水平,如组织能力、沟通技巧、演讲水平和对特殊方法的掌握程度等;⑤可用于公众参与的资金和其他辅助条件的情况。

（三）公众参与的组织形式

1. 调查公众意见和咨询专家意见

（1）建设单位或其委托的环境影响评价机构调查公众意见可采取问卷调查等方式，并应当在环境影响报告书的编制过程中完成。

采取问卷调查方式征求公众意见的，调查内容的设计应当简单、通俗、明确、易懂，避免设计可能对公众产生明显诱导的问题。问卷的发放范围应当与建设项目的影响范围相一致。问卷的发放数量应当根据建设项目的具体情况，综合考虑环境影响的范围和程度、社会关注程度、组织公众参与所需要的人力和物力资源以及其他相关因素确定。

（2）建设单位或其委托的环境影响评价机构咨询专家意见可采用书面或其他形式。

咨询专家意见包括向有关专家进行个人咨询或向有关单位的专家进行集体咨询。接受咨询的专家个人和单位应当对咨询事项提出明确意见，并以书面形式回复。对书面回复意见，个人应当签署姓名，单位应当加盖公章。集体咨询专家时，有不同意见的，接受咨询的单位应当在咨询回复中载明。

2. 座谈会和论证会

（1）建设单位或其委托的环境影响评价机构决定以座谈会或论证会的方式征求公众意见的，应当根据环境影响的范围和程度、环境因素和评价因子等相关情况，合理确定座谈会或论证会的主要议题。

（2）建设单位或其委托的环境影响评价机构应当在座谈会或论证会召开 7 日前，将座谈会或论证会的时间、地点、主要议题等事项，书面通知有关单位和个人。

（3）建设单位或其委托的环境影响评价机构应当在座谈会或论证会结束后 5 日内，根据现场会议记录整理制作座谈会议纪要或论证结论，并存档备查。

会议纪要或论证结论应当如实记载不同意见。

3. 听证会

（1）建设单位或其委托的环境影响评价机构（以下简称"听证会组织者"）决定举行听证会征求公众意见的，应当在举行听证会的 10 日前，在该建设项目可能影响范围内的公共媒体或采用其他公众可知悉的方式，公告听证会的时间、地点、听证事项和报名办法。

（2）希望参加听证会的公民、法人或其他组织，应当按照听证会公告的要求和方式提出申请，并同时提出自己所持意见的要点。

听证会组织者应当按《环境影响评价公众参与暂行办法》（2006）第十五条的规定，在申请人中遴选参会代表，并在举行听证会的 5 日前通知已选定的参会代表。听证会组织者选定的参加听证会的代表人数一般不得少于 15 人。

（3）听证会组织者举行听证会，设听证主持人 1 名、记录员 1 名。

被选定参加听证会的组织的代表参加听证会时，应当出具该组织的证明，个人代表应当出具身份证明。被选定参加听证会的代表因故不能如期参加听证会的，可向听证会组织者提交经本人签名的书面意见。

（4）参加听证会的人员应当如实反映对建设项目环境影响的意见，遵守听证会纪律，并保守有关技术秘密和业务秘密。

（5）听证会必须公开举行。

个人或组织可凭有效证件按第二十四条(本拓展阅读中第二十四条是按照《环境影响评价公众参与暂行办法》环发〔2006〕28号规定的条款,其他条款内容以此类推)所指公告的规定,向听证会组织者申请旁听公开举行的听证会。

准予旁听听证会的人数及人选由听证会组织者根据报名人数和报名顺序确定。准予旁听听证会的人数一般不得少于15人。旁听人应当遵守听证会纪律。旁听者不享有听证会发言权,但可在听证会结束后,向听证会主持人或有关单位提交书面意见。

(6)新闻单位采访听证会,应当事先向听证会组织者申请。

(7)听证会按下列程序进行:

①听证会主持人宣布听证事项和听证会纪律,介绍听证会参加人;②建设单位的代表对建设项目概况作介绍和说明;③环境影响评价机构的代表对建设项目环境影响报告书做说明;④听证会公众代表对建设项目环境影响报告书提出问题和意见;⑤建设单位或其委托的环境影响评价机构的代表对公众代表提出的问题和意见进行解释和说明;⑥听证会公众代表和建设单位或其委托的环境影响评价机构的代表进行辩论;⑦听证会公众代表做最后陈述;⑧主持人宣布听证结束。

(8)听证会组织者对听证会应当制作笔录。

听证笔录应当载明下列事项:

①听证会主要议题;②听证主持人和记录人员的姓名、职务;③听证参加人的基本情况;④听证时间、地点;⑤建设单位或其委托的环境影响评价机构的代表对环境影响报告书所做的概要说明;⑥听证会公众代表对建设项目环境影响报告书提出的问题和意见;⑦建设单位或其委托的环境影响评价机构代表对听证会公众代表就环境影响报告书提出问题和意见所做的解释和说明;⑧听证主持人对听证活动中有关事项的处理情况;⑨听证主持人认为应笔录的其他事项。

听证结束后,听证笔录应当交参加听证会的代表审核并签字。无正当理由拒绝签字的,应当记入听证笔录。

(四)公众参与信息公告的内容

1. 第一次信息公告

第一次信息公告所含信息应包括建设项目名称;建设项目业主单位名称和联系方式;环境影响评价单位名称和联系方式;环境影响评价工作程序、审批程序以及各阶段工作初步安排;备选的公众参与方式。

2. 第二次信息公告

第二次信息公告的内容包括建设项目情况简述;建设项目对环境可能造成影响的概述;环境保护对策和措施的要点;环境影响报告书提出的环境影响评价结论的要点;公众查阅环境影响报告书简本的方式和期限,以及公众认为必要时向建设单位或其委托的环境影响评价机构索取补充信息的方式和期限;征求公众意见的范围和主要事项;征求公众意见的具体形式;公众提出意见的起止时间。

参考文献

1.许克,陈建.我国环境影响评价在环境保护中作用与进展[J].污染防治技术,2012,25(2):25—28

2.耿海清.中国环境影响评价管理的现状、问题及展望[J].环境管理与科学,2008,33(11):1—25

3.中华人民共和国环境影响评价法,2002年10月28日

4.张学超.环境影响评价制度比较研究[J].哈尔滨工业大学学报(社会科学版),2002,4(2):68—73

5.宋爽,杨蕾,邢雯雯.累积环境影响评价[J].西安文理学院学报:自然科学版,2010,13(1):68—73

6.冯丹晨.浅析环境影响评价制度[J].山西省政法管理干部学院学报,2011,24(1):26—29

7.丁玉洁,刘秋妹,吕建华.我国环境影响评价制度化与法制化的思考[J].生态经济,2010,226(6):156—160

8.陆玉书.环境影响评价[M].北京:高等教育出版社,2001

9.张征.环境评价学[M].北京:高等教育出版社,2004

10.陆雍森.环境评价[M].上海:同济大学出版社,1990

11.钱瑜.环境影响评价[M].南京:南京大学出版社,2009

12.环境保护部环境工程评估中心.全国环境影响评价工程师职业资格考试系列参考资料:环境影响评价案例分析[M].北京:中国环境科学出版社,2014

13.环境保护部环境工程评估中心.环境影响评价技术与方法(2014年版)[M].北京:中国环境出版社,2014

14.环境保护部环境工程评估中心.环境影响评价技术导则与标准(2014年版)[M].北京:中国环境出版社,2014

15.环境保护部环境工程评估中心.环境影响技术导则公众参与(征求意见稿)[S],2012

第二章　环境影响评价相关标准与法律简介

【本章要点】

我国环境影响评价的主要法律法规体系及其法律效力,环境标准体系及其在环境影响评价中的地位和作用;环境影响评价法的实施总则,及其中关于规划环境影响评价和建设项目环境影响评价的相关规定;环境影响评价工作中常用的环境质量标准、污染物排放标准及相关环境影响评价导则;《清洁生产促进法》和《循环经济促进法》中相关实施规定。

第一节　我国环境影响评价法律法规与标准体系概述

一、我国环境影响评价主要相关法律法规体系

我国目前建立的环境影响评价相关法律法规体系主要包括法律、环境保护行政法规、政府部门规章、地方性法规和国际公约等,下面简要介绍我国环境保护法律法规体系组成部分。

(一)法律

1. 宪法

《中华人民共和国宪法》是我国根本大法,该法第九条第二款规定:"国家保障资源的合理利用,保护珍稀的动物和植物。禁止任何组织或者个人用任何手段侵占或者破坏自然资源。"第二十六条第一款规定"国家保护和改善生活环境和生态环境,防治污染和其他公害。"这些规定是环境保护立法的基础和指导。

2. 环境保护综合法

环境保护综合法主要指《中华人民共和国环境保护法》,该法试行本于1979年9月13日由第五届全国人民代表大会常务委员会第十一次会议原则通过,1989年12月26日第七届全国人民代表大会常务委员会第十一次会议修订通过,2014年4月24日第十二届全国人民代表大会常务委员会第八次会议再次进行修订,2015年1月1日起正式施行。实施目的是为了为保护和改善环境,防治污染和其他公

害,保障公众健康,推进生态文明建设,促进经济社会可持续发展。该法强调国家制定的环境保护规划必须纳入国民经济和社会发展计划,国家采取的有利于环境保护的经济、技术政策和措施,必须使环境保护工作同经济建设和社会发展相协调。该法第二章(环境监督管理)第十九条规定:"编制有关开发利用规划,建设对环境有影响的项目,应当依法进行环境影响评价。未依法进行环境影响评价的开发利用规划,不得组织实施;未依法进行环境影响评价的建设项目,不得开工建设。"

对于开发利用规划或建设项目的环境影响报告书,必须对规划或建设项目产生的污染和对环境的影响做出评价,提出防治措施,经项目主管部门预审并依照规定的程序报环境保护行政主管部门批准。环境影响报告书经批准后,方可实施规划或开工建设。《中华人民共和国环境保护法》中的这一规定明确了环境影响评价的执行对象、工作任务、审批原则、程序及与项目基本建设程序之间的关系。第四章(防治环境污染和其他公害)规定了排污单位防止污染的基本要求、"三同时"制度、重点污染物总量控制制度、排污许可管理制度和环境应急的规定。第六章(法律责任)第六十一条规定建设单位未依法进行环境影响评价的法律责任。即"建设单位未依法提交建设项目环境影响评价文件或者环境影响评价文件未经批准,擅自开工建设的,由负有环境保护监督管理职责的部门责令停止建设,处以罚款,并可以责令恢复原状。"

3. 环境保护单行法

环境保护单行法主要包括《中华人民共和国水污染防治法》(2008.06)、《中华人民共和国大气污染防治法》(2015 修订草案)、《中华人民共和国环境噪声污染防治法》(1997.03)、《中华人民共和国固体废物污染环境防治法》(2005.04)、《中华人民共和国放射性污染防治法》(2003.10)等污染防治法以及《中华人民共和国水土保持法》(2011.03)、《中华人民共和国野生动物保护法》(2009 年修正本)、《中华人民共和国防沙治沙法》(2002.01)等生态保护法,这些单行法对环境影响评价在具体领域的应用给出了更为具体的规定,以下列举了部分污染防治单行法中对环境影响评价应用的具体规定:

《中华人民共和国水污染防治法》(2008 年修订版)第十七条规定:"新建、改建、扩建直接或者间接向水体排放污染物的建设项目和其他水上设施,应当依法进行环境影响评价。"建设单位在江河、湖泊新建、改建、扩建排污口的,应当取得水行政主管部门或者流域管理机构同意;涉及通航、渔业水域的,环境保护主管部门在审批环境影响评价文件时,应当征求交通、渔业主管部门的意见。建设项目的水污染防治设施,应当与主体工程同时设计、同时施工、同时投入使用。水污染防治设施应当经过环境保护主管部门验收,验收不合格的,该建设项目不得投入生产或者使用。

《中华人民共和国大气污染防治法》(2015年修订草案)第三章(大气污染防治的监督管理)第十三条规定:"编制有关开发利用规划,建设对环境有影响的项目,应当依法进行环境影响评价";"未依法进行环境影响评价的开发利用规划,不得组织实施;未依法进行环境影响评价的建设项目,不得开工建设。建设项目的大气污染防治设施,应当与主体工程同时设计、同时施工、同时投产使用";"排污单位应当保持大气污染防治设施的正常使用;拆除或者闲置大气污染防治设施的,应当事先报县级以上地方人民政府环境保护主管部门批准"。

《中华人民共和国环境噪声污染防治法》(1997.03)第十三条规定:"新建、改建、扩建的建设项目,必须遵守国家有关建设项目环境保护管理的规定";"建设项目可能产生环境噪声污染的,建设单位必须提出环境影响报告书,规定环境噪声污染的防治措施,并按照国家规定的程序报环境保护行政主管部门批准";"环境影响报告书中,应当有该建设项目所在地单位和居民的意见"。第十四条规定:"建设项目的环境噪声污染防治设施必须与主体工程同时设计、同时施工、同时投产使用。建设项目在投入生产或者使用之前,其环境噪声污染防治设施必须经原审批环境影响报告书的环境保护行政主管部门验收;达不到国家规定要求的,该建设项目不得投入生产或者使用"。

《中华人民共和国固体废物污染防治法》(2005.04)第二章第十四条规定:"建设项目的环境影响评价文件确定需要配套建设的固体废物污染环境防治设施,必须与主体工程同时设计、同时施工、同时投入使用。固体废物污染环境防治设施必须经原审批环境影响评价文件的环境保护行政主管部门验收合格后,该建设项目方可投入生产或者使用。对固体废物污染环境防治设施的验收应当与对主体工程的验收同时进行。"

(二)行政法规

环境保护行政法规是经国务院制定并公布或经国务院批准有关部门公布的环境保护规范性文件,如《中华人民共和国水污染防治法实施细则》(2000.03)、《建设项目环境影响管理条例》(1998.11)、《建设项目环境影响评价资质管理办法(修订征求意见稿)》(2015.03)和《规划环境影响评价条例》(2009.10)等。

(三)政府部门规章

政府部门规章是指国务院环境保护行政主管部门(中华人民共和国环境保护部)单独发布或与国务院有关部门联合发布的环境保护规范性文件以及其他有关部门依法制定的环境保护规范性文件,如《城市放射性废物管理办法》(1987.07)、《饮用水水源保护区污染防治管理规定》(2010.12)和《汽车排气污染监督管理办法》(2010.12)等均属于政府部门规章。

(四)地方性法规

地方性法规是享有立法权的地方权力机关依据《中华人民共和国宪法》和相关

法律法规制定的环境保护文件。这些文件是根据当地实际情况和特有环境问题制定的,并仅在本地区实施。地方性法规不能和法律和国务院行政规章相抵触。

(五)国际公约

国际公约是指我国缔结和参加的环境保护国际公约、条约和议定书。当国际公约和我国环境法有不同规定时,一般有限适用国际公约的规定,但我国已声明保留的条款除外。

二、我国环境标准体系简介

环境标准是为了防治环境污染,维持生态平衡,保护人群健康,国务院环境保护行政主管部门和省、自治区、直辖市人民政府依据国家有关法律规定,对环境保护工作中需要统一的各项技术规范和技术要求制定的标准。由于环境要素的不同,环境标准通常也是分门别类制定的。按照环境标准的性质、功能和内在联系进行分级、分类,构成的有机的统一整体称为环境标准体系。环境标准体系通常随着经济技术水平和人类对环境质量的要求而不断地发展和完善。

我国目前的环境标准体系分为两级、五种类型。两级即为国家环境标准和地方环境标准,国家环境标准包括国家环境质量标准、国家污染物排放标准、国家环境监测方法标准、国家环境标准样品标准、国家环境基础标准。地方标准包括地方环境质量标准和地方污染物排放标准。此外,环境标准还分为强制性标准和推荐性标准。凡是环境保护法规、条例和标准化方法上规定的强制执行的均为强制性标准,如:环境质量标准、污染物排放标准、标准监测方法标准等均为强制性标准。除要求强制执行的标准外,其余均为推荐性标准。

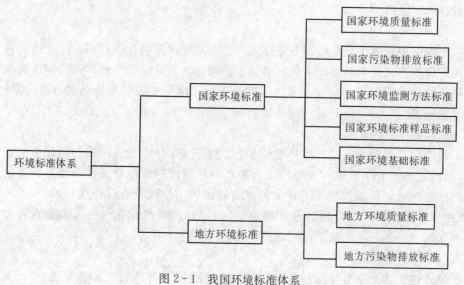

图 2-1 我国环境标准体系

（一）国家环境标准

1. 国家环境质量标准

国家为保护人群健康和生存环境，对各种环境介质（如水、空气和土壤等）中污染物或有害因素的容许含量（或要求）所做的规定。环境质量标准是一定时期内衡量环境质量优劣程度的标准，它体现国家的环境保护政策和要求，是环境规划、环境管理和制订污染物排放标准的依据。如：《环境空气质量标准》（GB 3095—2012）、《地表水环境质量标准》（GB 3838—2002）、《声环境质量标准》（GB 3096—2008）等。

2. 国家污染物排放标准

国家对人为污染源排入环境的污染物的浓度或总量所做的限量规定。其目的是通过控制污染源排污量的途径来实现环境质量标准或环境目标，污染物排放标准按污染物形态分为气态、液态、固态以及物理性污染物（如噪声）排放标准，如：大气污染物排放标准、水污染物排放标准、《建筑施工场界环境噪声排放标准》（GB 12523—2011）、《社会生活环境噪声排放标准》（GB 22337—2008）、《工业企业厂界环境噪声排放标准》（GB 12348—2008）、固体废物污染控制标准等等。

3. 国家环境监测方法标准

指为监测环境质量和污染物排放、规范采样、分析测试、数据处理等技术所制定的统一标准，如水质分析方法标准、城市区域环境噪声测量方法、摩托车和轻便摩托车噪声测量方法、水质采样方法等。

4. 国家环境标准样品标准

为保证环境监测数据的准确、可靠，对用于量值传递或质量控制的材料、食物样品而制定的标准。标准样品是一种或多种足够均匀的和很好确定了的特性值的材料或物质，可以用来校准仪器、评价测量方法和给材料赋值。如水质 COD 测定标准样品、重金属测定标准样品等。

5. 国家环境基础标准

指对环境标准工作中，对技术术语、符号、代号、图形、指南、导则、量纲单位及信息编码等作的统一规定。在环境标准体系中它处于指导地位，是制定其他环境标准的基础，如地方大气污染物排放标准的技术方法、地方水污染物排放标准的技术原则和方法、环境保护标准的编制、出版、印刷标准等。

（二）地方环境标准

地方环境质量标准是对国家环境质量标准的补充和完善。由各省、自治区、直辖市人民政府根据地方经济发展特征及环保污染状况制定的，主要有地方环境质量标准和地方污染物排放标准。

1. 地方环境质量标准

国家环境质量标准中未作规定的项目或指标,可根据本地区的实际环境污染特征制定地方环境质量标准,但须报国务院行政主管部门备案。

2. 地方污染物排放标准

指各省级人民政府根据本区域实际情况制定的污染物排放标准,它包括对国家污染物排放标准中未作规定的项目制定的地方排放标准和对国家污染物排放标准中已作规定的项目制定的更为严格的排放标准。

一般而言,地方环境标准要严于国家环境标准,而且地方环境标准的执行优先于国家环境标准。

三、环境标准的地位和作用

(一)环境标准是制定环境规划和环境计划的主要依据

保护人民群众的身体健康,需要制定环境保护规则,而环境保护规则需要一个明确的环境目标。这个环境目标应当是从保护人民群众的健康出发,使环境质量和污染物排放控制在适宜的水平上,也就是符合环境标准要求。根据环境标准的要求来控制污染、改善环境,并使环境保护工作纳入整个国民经济社会发展计划中。

(二)环境标准是环境评价的准绳

无论进行环境质量现状评价,编制环境质量报告书,还是进行环境影响评价,编制环境质量影响报告书,都需要环境标准。只有依靠环境标准,方能做出定量化的比较和评价,正确判断环境质量的好坏,从而为控制环境质量,进行环境污染综合整治以及设计确实可行的治理方案提供科学的依据。

(三)环境标准是环境管理的技术基础

环境管理包括环境立法、环境政策、环境规划、环境评价和环境监测等,如大气、水质、噪声和固体废弃物等方面的法令和条例,这些法规包含环境标准的要求。环境标准用具体数字体现了环境质量和污染物排放应控制的界限和尺度。违背这些界限,污染了环境,即违背了环境保护法规。环境法规的执行过程与实施环境标准的执行过程是紧密联系的,如果没有各种环境标准,环境法规将难以具体执行。

(四)环境标准是提高环境质量的重要手段

通过颁布和实施环境标准,加强环境管理,还可以促进企业进行技术改造和技术革新,积极开展综合利用,提高资源和能源的利用率。努力做到治理污染,保护环境,持续发展。

显然,环境标准的作用不仅表现在环境效益上,也表现在经济效益和社会效益上。

第二节 环境影响评价法

《中华人民共和国环境影响评价法》于 2002 年 10 月 28 日第九届全国人民代表大会常务委员会第三十次会议通过,2003 年 9 月 1 日起施行。该法共五章三十八条,对建设项目环境影响评价、规划环境影响评价的目的、定义与工作原则等做了明确的界定。制定目的是为了实施可持续发展战略,预防因规划和建设项目实施后对环境造成不良影响,促进经济、社会和环境的协调发展。

一、总则

本法所称环境影响评价是指对规划和建设项目实施后可能造成的环境影响进行分析、预测和评估,提出预防或减轻不良环境影响的对策和措施,进行跟踪监测的方法与制度。

本法要求环境影响评价必须客观、公开、公正,综合考虑规划或者建设项目实施后对各种环境因素及其所构成的生态系统可能造成的影响,为决策提供科学依据。

国家鼓励有关单位、专家和公众以适当方式参与环境影响评价。

二、规划环境影响评价

对于规划环境影响评价,本法第七条规定:"国务院有关部门、设区的市级以上地方人民政府及其有关部门,对其组织编制的土地利用的有关规划,区域、流域、海域的建设、开发利用规划,应当在规划编制过程中组织进行环境影响评价,编写该规划有关环境影响的篇章或者说明。"规划有关环境影响的篇章或者说明,应当对规划实施后可能造成的环境影响做出分析、预测和评估,提出预防或者减轻不良环境影响的对策和措施,作为规划草案的组成部分一并报送规划审批机关。且明确指出:"未编写有关环境影响的篇章或者说明的规划草案,审批机关不予审批。"

本法第八条规定:"国务院有关部门、设区的市级以上地方人民政府及其有关部门,对其组织编制的工业、农业、畜牧业、林业、能源、水利、交通、城市建设、旅游、自然资源开发的有关专项规划(以下简称专项规划),应当在该专项规划草案上报审批前,组织进行环境影响评价,并向审批该专项规划的机关提出环境影响报告书。"该报告书应包括实施该规划对环境可能造成影响的分析、预测和评估;预防或者减轻不良环境影响的对策和措施;环境影响评价的结论等内容。

三、建设项目环境影响评价

对于建设项目环境影响评价,本法第十六条规定:"国家根据建设项目对环境的影响程度,对建设项目的环境影响评价实行分类管理。"对于可能造成重大环境影响的,应当编制环境影响报告书,对产生的环境影响进行全面评价;可能造成轻度环境影响的,应当编制环境影响报告表,对产生的环境影响进行分析或者专项评价;对环境影响很小、不需要进行环境影响评价的,应当填报环境影响登记表。本法第十七条规定:"环境影响评价报告书应包括:建设项目概况;建设项目周围环境现状;建设项目对环境可能造成影响的分析、预测和评估;建设项目环境保护措施及其技术、经济论证;建设项目对环境影响的经济损益分析;对建设项目实施环境监测的建议;环境影响评价的结论。且涉及水土保持的建设项目,还必须有经水行政主管部门审查同意的水土保持方案。"

本法第十九条规定:"接受委托为建设项目环境影响评价提供技术服务的机构,应当经国务院环境保护行政主管部门考核审查合格后,颁发资质证书,按照资质证书规定的等级和评价范围,从事环境影响评价服务,并对评价结论负责。为建设项目环境影响评价提供技术服务的机构的资质条件和管理办法,由国务院环境保护行政主管部门制定。"环境保护部将我国境内环评机构分为甲、乙两级。环评机构只能在其等级范围内承接业务,开展评价工作。

四、法律责任

本法在第四章规定了相关责任主体应承担的法律责任,第二十九条规定:"规划编制机关违反本法规定,组织环境影响评价时弄虚作假或者有失职行为,造成环境影响评价严重失实的,对直接负责的主管人员和其他直接责任人员,由上级机关或者监察机关依法给予行政处分。"第三十一条规定:"建设项目环境影响评价文件未经批准或者未经原审批部门重新审核同意,建设单位擅自开工建设的,由有权审批该项目环境影响评价文件的环境保护行政主管部门责令停止建设,可以处五万元以上二十万元以下的罚款,对建设单位直接负责的主管人员和其他直接责任人员,依法给予行政处分。"第三十三条规定:"接受委托为建设项目环境影响评价提供技术服务的机构在环境影响评价工作中不负责任或者弄虚作假,致使环境影响评价文件失实的,由授予环境影响评价资质的环境保护行政主管部门降低其资质等级或者吊销其资质证书,并处所收费用一倍以上三倍以下的罚款;构成犯罪的,依法追究刑事责任。"

第三节　环境影响评价常用标准

我国环境影响评价常用标准主要有以环境要素分类的各种环境质量标准和污染物排放标准。

一、环境质量标准

(一)水环境质量标准

水环境质量标准主要有《地表水环境质量标准》(GB 3838—2002)、《地下水环境质量标准》(GB/T 14848—1993)、《海水水质标准》(GB 3097—1997)、《渔业水质标准》(GB 11607—1989)、《农田灌溉水质标准》(GB 5084—2005),其中《地表水环境质量标准》(GB 3838—2002)、《地下水环境质量标准》(GB/T 14848—1993)是环境影响评价工作中最常用的两个标准。

(二)大气环境质量标准

大气环境质量标准主要有《环境空气质量标准》(GB 3095—2012)和《室内空气质量标准》(GB/T 18883—2002)。

(三)声环境质量标准

声环境质量标准主要有《声环境质量标准》(GB 3096—2008)和《城市区域环境振动标准》(GB 10070—1988)。

(四)土壤环境质量标准

土壤环境质量标准主要为《土壤环境质量标准》(GB 15618—1995)。

二、污染物排放标准

(一)水污染物排放标准

水污染物排放标准主要有《污水综合排放标准》(GB 8978—1996)、《城镇污水处理厂污染物排放标准》(GB 18918—2002)、《电镀污染物排放标准》(GB 21900—2008)、《制糖工业水污染物排放标准》(GB 21909—2008)、《化学合成类制药工业水污染物排放标准》(GB 21904—2008)、《合成革与人造革工业污染物排放标准》(GB 21902—2008)、《医疗机构水污染物排放标准》(GB 18466—2005)、《肉类加工工业水污染物排放标准》(GB 13457—1992)、《制浆造纸工业水污染物排放标准》(GB 3544—2008)等。其中《污水综合排放标准》(GB 8978—1996)、《城镇污水处理厂污染物排放标准》(GB 18918—2002)为综合性排放标准,污水排放有行业排放标准的优先执行行业排放标准,无行业排放标准的执行综合排放标准。

（二）大气污染物排放标准

大气污染物排放标准主要有《大气污染物综合排放标准》（GB 16297—1996）、《饮食业油烟排放标准（试行）》（GB 18483—2001）、《锅炉大气污染物排放标准》（GB 13271—2014）、《工业炉窑大气污染物排放标准》（GB 9078—1996）、《炼焦炉大气污染物排放标准》（GB 16171—1996）、《恶臭污染物排放标准》（GB 14554—1993）、《火电厂大气污染物排放标准》（GB 13223—2003）、《水泥工业大气污染物排放标准》（GB 4915—2004）、《煤炭工业污染物排放标准》（GB 20426—2006）、《水泥工业大气污染物排放标准》（GB 4915—2013）、《橡胶制品工业污染物排放标准》（GB 27632—2011）。

（三）环境噪声排放标准

环境噪声排放标准主要有《建筑施工场界环境噪声排放标准》（GB 12523—2011）、《工业企业厂界环境噪声排放标准》（GB 12348—2008）、《社会生活环境噪声排放标准》（GB 22337—2008）、《铁路边界噪声限值及其测量方法》（GB 12525—1990）、《机场周围飞机噪声环境标准》（GB 9660—1988）和《地下铁道车站站台噪声限值》（GB 14227—1993）。

（四）固体废物污染控制标准

固体废物污染控制标准主要有《生活垃圾填埋场污染控制标准》（GB 16889—2008）、《危险废物焚烧污染控制标准》（GB 18484—2001）（2013 修订）、《生活垃圾焚烧污染控制标准》（GB 18485—2014）、《危险废物贮存污染控制标准》（GB 18597—2001）（2013 修订）、《危险废物填埋污染控制标准》（GB 18598—2001）和《一般工业固体废物贮存、处置场污染控制标准》（GB 18599—2001）（2013 修订）。

三、环境影响评价技术导则

环境影响评价工作的开展必须遵照环境保护部颁布的导则进行，常用的专项环评导则主要有《环境影响评价技术导则　总纲》（HJ 2.1—2011）、《环境影响评价技术导则　大气环境》（HJ 2.2—2008）、《环境影响评价技术导则　地面水环境》（HJ/T 2.3—1993）、《环境影响评价技术导则　地下水环境》（HJ 610—2011）、《环境影响评价技术导则　声环境》（HJ 2.4—2009）、《环境影响评价技术导则　生态环境》（HJ 19—2011）、《开发区区域环境影响评价技术导则》（HJ/T 131—2003）、《建设项目环境影响技术评估导则》（HJ 616—2011）、《规划环境影响评价技术导则　总纲》（HJ 130—2014）、《固体废物处理处置工程技术导则》（HJ 2035—2013）和《建设项目环境风险评价技术导则》（HJ/T 169—2004）。

第四节　环境影响评价相关法律

现今环境保护的理念已逐渐由末端治理转向源头控制,而企事业单位实行清洁生产和循环经济是降低资源消耗量、减少污染物产生量的关键,因而国家层面积极推行清洁生产和循环经济的发展,这也是未来环境影响评价应关注的重点,本节节选《中华人民共和国清洁生产促进法》和《中华人民共和国循环经济促进法》中部分内容和环境监理进行分析。

一、清洁生产促进法

(一)清洁生产的定义

《中华人民共和国清洁生产促进法》于 2002 年通过,2003 年 1 月 1 日实施。2012 年全国人民代表大会常务委员会又对此法进行了修改。制定目的是为了促进清洁生产,提高资源利用效率,减少和避免污染物的产生,保护和改善环境,保障人体健康,促进经济与社会可持续发展。国家鼓励和促进清洁生产。国务院和县级以上地方人民政府,应当将清洁生产促进工作纳入国民经济和社会发展规划、年度计划以及环境保护、资源利用、产业发展、区域开发等规划。

本法所称清洁生产,是指不断采取改进设计、使用清洁的能源和原料、采用先进的工艺技术与设备、改善管理、综合利用等措施,从源头削减污染,提高资源利用效率,减少或者避免生产、服务和产品使用过程中污染物的产生和排放,以减轻或者消除对人类健康和环境的危害。

在中华人民共和国领域内,从事生产和服务活动的单位以及从事相关管理活动的部门需依照本法规定,组织、实施清洁生产工作。

(二)清洁生产的推行

本法第七条规定:"国务院应当制定有利于实施清洁生产的财政税收政策。国务院及其有关部门和省、自治区、直辖市人民政府,应当制定有利于实施清洁生产的产业政策、技术开发和推广政策。"第八条规定:"国务院清洁生产综合协调部门会同国务院环境保护、工业、科学技术部门和其他有关部门,根据国民经济和社会发展规划及国家节约资源、降低能源消耗、减少重点污染物排放的要求,编制国家清洁生产推行规划,报经国务院批准后及时公布。"第十条规定:"国务院和省、自治区、直辖市人民政府的有关部门,应当组织和支持建立促进清洁生产信息系统和技术咨询服务体系,向社会提供有关清洁生产方法和技术、可再生利用的废物供求以及清洁生产政策等方面的信息和服务。"第十一条规定:"国务院清洁生产综合协调部门会同国务院环境保护、工业、科学技术、建设、农业等有关部门定期发布清洁生产技术、工艺、设备和产品导向目录。"第十二条规定:"国家对浪费资源和严重污染环境的落后生产技术、工艺、设备和产品实行限期淘汰制度。国务院有关部门按照职责分工,制定并发布限期淘汰的生产技术、工艺、设备以及产品的名录。"

(三)清洁生产的实施

本法第十八条规定:"新建、改建和扩建项目应当进行环境影响评价,对原料使用、资源消耗、资源综合利用以及污染物产生与处置等进行分析论证,优先采用资源利用率高以及污染物产生量少的清洁生产技术、工艺和设备。"第十九条规定:"企业在进行技术改造过程中,应当采取以下清洁生产措施:①采用无毒、无害或者低毒、低害的原料,替代毒性大、危害严重的原料;②采用资源利用率高、污染物产生量少的工艺和设备,替代资源利用率低、污染物产生量多的工艺和设备;③对生产过程中产生的废物、废水和余热等进行综合利用或者循环使用;④采用能够达到国家或者地方规定的污染物排放标准和污染物排放总量控制指标的污染防治技术。"第二十条规定:"产品和包装物的设计,应当考虑其在生命周期中对人类健康和环境的影响,优先选择无毒、无害、易于降解或者便于回收利用的方案。"第二十七条规定:"企业应当对生产和服务过程中的资源消耗以及废物的产生情况进行监测,并根据需要对生产和服务实施清洁生产审核。"

《清洁生产促进法》的实施有利于进一步提高资源和能源利用效率,减少和避免生产和服务过程中污染物的产生,保护和改善人们赖以生存的环境,保障人体健康,促进经济与社会协调可持续发展。该法同时还规定了未遵照此法应承担的法律责任。

二、循环经济

(一)循环经济的定义

《中华人民共和国循环经济促进法》于 2008 年 8 月 29 日通过,2009 年 1 月 1 日起施行。制定目的是为了促进循环经济发展,提高资源利用效率,保护和改善环境,实现可持续发展。发展循环经济是国家经济社会发展的一项重大战略,应当遵循统筹规划、合理布局,因地制宜、注重实效,政府推动、市场引导,企业实施、公众参与的方针。

本法所称循环经济,是指在生产、流通和消费等过程中进行的减量化、再利用、资源化活动的总称。减量化,是指在生产、流通和消费等过程中减少资源消耗和废物产生。再利用,是指将废物直接作为产品或者经修复、翻新、再制造后继续作为产品使用,或者将废物的全部或者部分作为其他产品的部件予以使用。资源化,是指将废物直接作为原料进行利用或者对废物进行再生利用。

(二)循环经济的推行

国务院循环经济发展综合管理部门负责组织协调、监督管理全国循环经济发展工作;国务院环境保护等有关主管部门按照各自的职责负责有关循环经济的监督管理工作。

县级以上地方人民政府循环经济发展综合管理部门负责组织协调、监督管理本行政区域的循环经济发展工作;县级以上地方人民政府环境保护等有关主管部门按照各自的职责负责有关循环经济的监督管理工作。

(三)循环经济的实施

国家制定产业政策,应当符合发展循环经济的要求。县级以上人民政府编制国民经济和社会发展规划及年度计划,县级以上人民政府有关部门编制环境保护、科学技术等规划,应当包括发展循环经济的内容。

国家鼓励和支持开展循环经济科学技术的研究、开发和推广,鼓励开展循环经济宣传、教育、科学知识普及和国际合作。县级以上人民政府应当建立发展循环经济的目标责任制,采取规划、财政、投资、政府采购等措施,促进循环经济发展。

企业事业单位应当建立健全管理制度,采取措施,降低资源消耗,减少废物的产生量和排放量,提高废物的再利用和资源化水平。公民应当增强节约资源和保护环境意识,合理消费,节约资源。国家鼓励和引导公民使用节能、节水、节材和有利于保护环境的产品及再生产品,减少废物的产生量和排放量。公民有权举报浪费资源、破坏环境的行为,有权了解政府发展循环经济的信息并提出意见和建议。

国家鼓励和支持行业协会在循环经济发展中发挥技术指导和服务作用。县级以上人民政府可以委托有条件的行业协会等社会组织开展促进循环经济发展的公共服务。鼓励和支持中介机构、学会和其他社会组织开展循环经济宣传、技术推广和咨询服务,促进循环经济发展。

三、环境监理

(一)环境监理的定义

建设项目环境监理是指建设项目环境监理单位受建设单位委托,依据有关环保法律法规、建设项目环评及其批复文件、环境监理合同等,对建设项目实施专业化的环境保护咨询和技术服务,协助和指导建设单位全面落实建设项目各项环保措施。近年来,很多地区在建设项目环境监理方面开展了富有成效的探索工作,有的地区已将建设项目环境监理纳入地方相关法规,但目前环境监理工作总体尚处于试点阶段,对其定位、作用和范围还不够明确,相关管理制度和技术规范体系还不够完善。

(二)环境监理的主要任务

全面核实设计文件与环评及其批复文件的相符性;依据环评及其批复文件,督查项目施工过程中各项环保措施的落实情况;组织建设期环保宣传和培训,指导施工单位落实好施工期各项环保措施,确保环保"三同时"的有效执行;发挥环境监理单位在环保技术及环境管理方面的业务优势,搭建环保信息交流平台,建立环保沟通、协调和会商机制;协助建设单位配合好环保部门的"三同时"监督检查、建设项目环保试生产审查和竣工环保验收工作。

(三)环境监理的主要方法

1.巡视:主要是根据施工区域污染产生情况并结合工程进度,定期对施工现场进行巡视,及时了解施工现场区域的环境质量状况及污染防治措施落实情况。

2.旁站:根据施工进度情况,对环境敏感工程、环境关键部位及施工现场可能产生的重大环境影响、环境污染的作业面进行旁站监理,以预防和减轻施工对环境的污染和破坏,最大限度地降低施工过程中产生的不良环境影响。

3.检查:定期组织相关人员对施工单位环境保护措施执行情况进行全面检查,以便及时发现环境隐患和不足,共同督促进行整改。

4.监测:环境监理人员通过监测获得污染物的浓度,及时、准确地发现建设项目施工过程中对环境的影响。

5.召开环境例会:每月定期召开环境例会,在各施工单位汇报环境保护工作的基础上,结合巡视、检查中发现的各类环境问题提出整改意见和通知,并就一些重点问题和共性问题达成一致意见,形成会议纪要,以便会后遵照执行和实施。

6.记录与报告:监理员需将每天的现场监督和检查情况予以记录,形成"环境监理日志",环境监理部每月向建设单位及环境保护主管部门提交"环境监理月报",对发现的问题形成"环境监理专题报告"上报;工程完工后,向项目建设单位提交工程监理工作竣工报告,并提交全部环境监理档案资料,作为建设项目试运行申请及竣工环境保护验收的必备文件。

7.下发环境监理整改通知单、环境监理业务联系单:环境监理人员检查发现环保污染问题时,应立即通知承包商的现场负责人员进行纠正。一般性或操作性问题,采取口头通知形式;口头通知无效或有污染隐患时,监理人员应将情况报告总环境监理工程师,总环境监理工程师签发《环境监理整改通知单》。对于一般性问题,环境监理部下发《环境监理业务联系单》。

思考题

1.查阅相关资料,阐述法律、环境保护行政法规、政府部门规章、地方性法规等法律效力的关系。

2.试阐述《中华人民共和国环境保护法》2014修订版与原稿的主要不同之处。

3.怎样理解"三同时"制度,并阐述其实施的必要性?

4.列举我国缔结和参加的环境保护国际公约有哪些。

5. 简述环境标准的地位和作用。

6. 试分析《环境影响评价法》属于综合法还是单行法。

7. 阐述环境影响评价的定义。

8. 环境影响评价报告书应包括的主要内容有哪些?

9. 什么是清洁生产? 阐述其实施的必要性。

10. 什么是循环经济? 阐述其实施的必要性。

拓展阅读

我国实行环境影响评价工程师制度

一、总则

国家对从事环境影响评价工作的专业技术人员实行职业资格制度,纳入全国专业技术人员职业资格证书制度统一管理。环境影响评价工程师,是指取得《中华人民共和国环境影响评价工程师职业资格证书》,并经登记后,从事环境影响评价工作的专业技术人员。环境影响评价工程师职业资格实行全国统一大纲、统一命题、统一组织的考试制度。原则上每年举行 1 次。考试时间定于每年的第二季度。

环境保护部组织成立"环境影响评价工程师职业资格考试专家委员会"。环境影响评价工程师职业资格考试专家委员会负责拟定考试科目、编写考试大纲、组织命题,研究建立考试题库等工作。环境保护部组织专家对考试科目、考试大纲、考试试题进行初审,统筹规划培训工作。培训工作按照培训与考试分开、自愿参加的原则进行。

二、考试

凡遵守国家法律、法规,恪守职业道德,并具备以下条件之一者,可申请参加环境影响评价工程师职业资格考试:

(一)取得环境保护相关专业大专学历,从事环境影响评价工作满 7 年;或取得其他专业大专学历,从事环境影响评价工作满 8 年。

(二)取得环境保护相关专业学士学位,从事环境影响评价工作满 5 年;或取得其他专业学士学位,从事环境影响评价工作满 6 年。

(三)取得环境保护相关专业硕士学位,从事环境影响评价工作满 2 年;或取得其他专业硕士学位,从事环境影响评价工作满 3 年。

(四)取得环境保护相关专业博士学位,从事环境影响评价工作满 1 年;或取得其他专业博士学位,从事环境影响评价工作满 2 年。

环境影响评价工程师考试设《环境影响评价相关法律法规》、《环境影响评价技术导则与标准》、《环境影响评价技术方法》和《环境影响评价案例分析》4 个科目。考试分 4 个半天进行,各科目的考试时间均为 3 小时,采用闭卷笔答方式。

环境影响评价工程师职业资格考试合格,颁发人事部统一印制,人事部和环保部印制的《中华人民共和国环境影响评价工程师职业资格证书》。

三、登记

环境影响评价工程师职业资格实行定期登记制度。登记有效期为 3 年,有效期满前,应按有关规定办理再次登记。

环境保护部或其委托机构为环境影响评价工程师职业资格登记管理机构。人事部对环境影响评价工程师职业资格的登记和从事环境影响评价业务情况进行检查、监督。

办理登记的人员应具备下列条件：

(一)取得《中华人民共和国环境影响评价工程师职业资格证书》；

(二)职业行为良好，无犯罪记录；

(三)身体健康，能坚持在本专业岗位工作；

(四)所在单位考核合格。

再次登记者，还应提供相应专业类别的继续教育或参加业务培训的证明。环境影响评价工程师职业资格登记管理机构应定期向社会公布经登记人员的情况。

四、职责

环境影响评价工程师在进行环境影响评价业务活动时，必须遵守国家法律、法规和行业管理的各项规定，坚持科学、客观、公正的原则，恪守职业道德。环境影响评价工程师应在具有环境影响评价资质的单位中，以该单位的名义接受环境影响评价委托业务。环境影响评价工程师在接受环境影响评价委托业务时，应为委托人保守商务秘密。环境影响评价工程师对其主持完成的环境影响评价相关工作的技术文件承担相应责任。环境影响评价工程师应当不断更新知识，并按规定参加继续教育。

——节选自《环境影响评价工程师职业资格制度暂行规定》

参考文献

1.环境保护部环境工程评估中心.环境影响评价技术导则与评价标准[M].北京:中国环境科学出版社,2014

2.中华人民共和国环境保护法.国家主席〔2014〕9 号令

3.中华人民共和国环境影响评价法.国家主席〔2002〕77 号令

4.中华人民共和国清洁生产促进法.国家主席〔2012〕54 号令

5.中华人民共和国循环经济促进法.国家主席〔2008〕4 号令

6.朱京海.建设项目环境监理概论[M].北京:中国环境科学出版社,2010

第三章 环境影响评价程序

【本章要点】

阐述了环境影响评价的管理程序和工作程序。管理程序中介绍了环境影响评价的分类筛选、监督管理内容以及与项目基本建设程序的关系;工作程序中介绍了工作程序、评价原则、工作等级确定等重要的环境影响评价内容。

环境影响评价程序是指按一定的顺序或步骤指导完成环境影响评价工作的过程。其程序可分为管理程序和工作程序,经常用流程图来表示。前者主要用于指导环境影响评价的监督与管理,后者用于指导环境影响评价的工作内容和进程。

第一节 环境影响评价的管理程序

一、环境影响分类筛选

(一)分类管理的原则规定

《中华人民共和国环境影响评价法》中规定,国家根据建设项目对环境的影响程度,对建设项目的环境影响评价实行分类管理,建设单位应当按照规定组织编制环境影响报告书、环境影响报告表或者填报环境影响登记表(以下统称环境影响评价文件)。环境影响分类筛选管理的结果分为以下三种情况:

1. 重大环境影响

项目可能对环境造成重大的不良影响。这些影响可能是敏感的、不可逆的、多种多样的、广泛的、综合的、带有行业性的或以往尚未有过的。应当编制环境影响报告书,对产生的污染和环境影响进行全面、详细的评价。

2. 轻度环境影响

项目可能对环境产生有限的不利影响。这些影响是较小的、不太敏感的、不是太多的、不是重大的或不是太不利的,其影响要素中极少数是不可逆的,并且减缓影响的补救措施是很容易找到的,通过规定控制或补救措施可以减缓环境影响的。

该类项目应当编制环境影响报告表,对产生的环境影响进行分析或者专项评价。

3.环境影响很小

项目对环境不产生不利影响或影响极小的项目。此类项目一般不需要开展环境影响评价,只需填报环境影响登记表。

建设项目环境影响评价分类管理名录,已由环境保护部制定并公布,自 2008 年 10 月 1 日起施行。需要进行环境影响评价的项目,则由建设单位委托有相应评价资格证书的单位来承担。

(二)分类管理的具体要求

1.分类管理类别的确定

建设项目所处环境的敏感性质和敏感程度,是确定建设项目环境影响评价类别的重要依据。涉及环境敏感区的项目,应当严格按照《建设项目环境影响评价分类管理名录》确定其环境影响评价类别,不得擅自提高或降低环境影响评价类别。跨行业、复合型建设项目,按其中单项等级最高的确定。上述名录中未作规定的建设项目,其类别由省级环境保护行政主管部门根据建设项目的污染因子、生态影响因子特征及其所处环境的敏感性质和敏感程度提出建议,报国务院环境保护行政主管部门认定。

2.环境敏感区的界定

上述名录所称环境敏感区,是指依法设立的各级各类自然、文化保护地,以及对建设项目的某类污染因子或者生态影响因子特别敏感的区域,主要包括:

(1)自然保护区、风景名胜区、世界文化和自然遗产地、饮用水水源保护区;

(2)基本农田保护区、基本草原、森林公园、地质公园、重要湿地、天然林、珍稀濒危野生动植物天然集中分布区、重要水生生物的自然产卵场及索饵场、越冬场和洄游通道、天然渔场、资源性缺水地区、水土流失重点防治区、沙化土地封禁保护区、封闭及半封闭海域、富营养化水域;

(3)以居住、医疗卫生、文化教育、科研、行政办公等为主要功能的区域,文物保护单位,具有特殊历史、文化、科学、民族意义的保护地。

环境筛选审查的目的:通过对拟议中的项目与环境有关的各个方面给予恰当的考虑,鉴定项目存在哪些关键性的环境问题,并确定需要做哪些环境评价,在项目计划、设计和评价中及早明确并有效地对待这些问题。

二、环境影响评价项目的监督管理

根据《中华人民共和国环境保护法》、《中华人民共和国环境影响评价法》、《建设项目环境影响分类管理名录》等法律、法规规定,主管部门须对环境影响评价项目进行相应的监督管理。

（一）评价单位资格考核与人员培训

承担建设项目的环境影响评价工作的单位，必须有相应的环境影响评价资质，按照资质规定的范围开展环境影响评价工作，并对评价结论负责。环境影响评价工程师职业资格制度规定：凡从事环境影响评价、技术评估、环境保护验收的单位，应配备一定数量的环境影响评价工程师。具体要求可参见相应文件要求。为进一步提高环境影响评价专业技术人员素质，保证环境影响评价工作质量，《环境影响评价工程师继续教育暂行规定》中规定，环境影响评价工程师管理实行继续教育制度。

（二）环境影响评价的质量管理

环境影响评价项目确定后，承担单位要组织技术人员编写评价大纲，明确目标和任务，编写监测分析、参数测定、野外实验、室内模拟、模式验证、数据处理、仪器刻度校正等质量保证大纲。质量保证工作要贯穿环境影响评价的全过程。

（三）环境影响评价报告书的审批

（1）各级主管部门和环保部门在审批环境报告书时应贯彻下述原则：

①审查该项目是否符合经济效益、社会效益和环境效益相统一的原则；

②审查该项目是否贯彻了"预防为主"、"谁污染谁治理"、"谁开发谁保护利用"、"谁利用谁补偿"的原则；

③审查该项目的技术政策与装备政策是否符合国家规定；

④审查该项目是否符合城市环境功能区划和城市总体发展规划；

⑤审查该项目环评过程中是否贯彻了"在污染控制上从单一浓度控制逐步过渡到总量控制"，"在污染治理上，从单纯的末端治理逐步过渡到对生产全过程的管理"，"在城市污染治理上，要把单一污染治理与集中治理或综合整治结合起来"。

（2）重点审查该项目是否符合以下要求：

①是否符合国家产业政策；

②是否符合区域发展规划与环境功能规划；

③是否符合清洁生产的原则，是否采用最佳可行技术控制环境污染；

④是否做到污染物达标排放；

⑤是否满足国家和地方规定的污染物总量控制指标；

⑥建成后是否能维持地区环境质量。

（四）加强环境影响评价监督管理工作的有关要求

2013年11月15日，环境保护部下发《关于切实加强环境影响评价监督管理工作的通知》（环办〔2013〕104号），全面提出了加大环评监管的具体要求和措施。包括了环评受理、审批、"三同时"、验收全过程，涉及环评准入、环评审批要点、公众参与、资质管理、从业行为、建设过程和事后监管等方面。重点有以下内容：①突出环评监管重点。②加大环评监管力度。③健全建设项目全过程监管长效机制。④强化建设项目"三同时"监督检查。

三、环境影响评价管理程序与基本建设程序的关系

两者的工作关系如图 3 - 1。

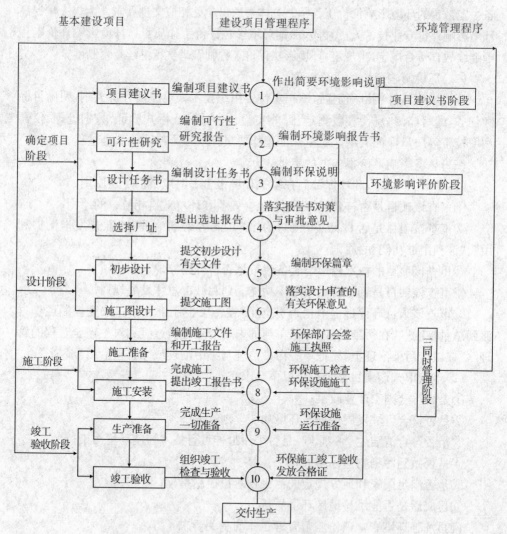

图 3 - 1 境影响评价管理程序与基本建设程序关系图

第二节　环境影响评价的工作程序

《环境影响评价技术导则　总纲》(HJ 2.1—2011)规定了建设项目环境影响评价的一般性原则、内容、工作程序、方法和要求,适用于在中华人民共和国领域和中华人民共和国管辖的其他海域内建设的对环境有影响的建设项目。

一、环境影响评价工作程序

一般分为三个阶段:

(1)第一阶段为前期准备、调研和工作方案阶段

接受委托后,研究国家和地方的有关环境保护的法律法规、政策、标准及相关规划等文件,确定环境影响评价文件类型。研究相关技术文件和其他有关文件,进行初步的工程分析和环境现状调查及公众意见调查。结合初步工程分析结果和环境现状资料,识别环境影响因素,筛选主要环境影响评价因子,明确评价重点和环境保护目标,确定评价范围、工作等级和评价标准,制定工作方案。

(2)第二阶段为分析论证和预测评价阶段

进行工程分析,进行充分的环境现状调查、监测并开展环境质量现状评价,之后根据污染源强和环境现状资料进行环境影响预测,评价影响,开展公众意见调查。

(3)第三阶段为环境影响评价文件编制阶段

其主要工作是汇总、分析第二阶段工作所得到的各种资料和数据,根据项目的环境影响、法律法规和标准等的要求以及公众的意见,提出减少环境污染和生态影响的环境管理措施和工程措施。从环境保护的角度确定项目的可行性,提出减缓环境影响的建议,得出评价结论,并完成环境影响报告书的编制。

环境影响评价工作程序如图 3-2 所示:

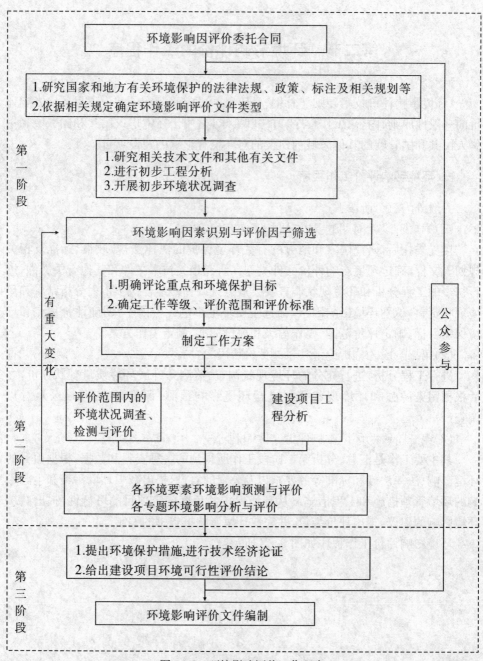

图 3-2 环境影响评价工作程序

二、环境影响评价的工作等级

(一)评价工作等级划分

评价工作的等级是指需要编制环境影响评价和各专题其工作深度的划分,各单项环境影响评价分为三个工作等级。一级评价对环境影响进行全面、详细、深入评价,最为详细;二级评价对环境影响进行较为详细、深入评价,相对次之;三级评价可只进行环境影响分析,较简略。

建设项目其他专题评价可根据评价工作需要划分评价等级。具体的评价工作等级内容要求或工作深度参阅专项环境影响评价技术导则、行业建设项目环境影响评价技术导则的相关规定。

(二)评价工作等级划分的依据

各环境要素专项评价工作等级按建设项目特点、所在地区的环境特征、相关法律法规、标准及规划、环境功能区划等因素进行划分。其他专项评价工作等级划分可参照各环境要素评价工作等级划分依据。

(1)建设项目的工程特点主要包括:工程性质,工程规模,能源、水及其他资源的使用量及类型,污染物排放特点如污染物种类、性质、排放量、排放方式、排放去向、排放浓度等,工程建设的范围和时段,生态影响的性质和程度。

(2)建设项目所在地区的环境特征:自然环境条件和特点、环境敏感程度、环境质量现状、生态系统功能与特点、自然资源及社会经济环境状况,以及项目实施后可能引起现有环境特征发生变化的范围和程度等。

(3)相关的法律法规、标准及规划:国家和地方相关法律法规的有关要求,包括环境和资源保护法规及其法定的保护对象,环境质量标准和污染物排放标准,环境保护规划、生态保护规划、环境功能区划和保护区规划等。

(三)评价工作等级的调整

专项评价的工作等级可根据建设项目所处区域环境敏感程度、工程污染或生态影响特征及其他特殊要求等情况进行适当调整,但调整的幅度不超过一级,并应说明调整的具体理由。

三、环境影响评价原则

按照以人为本、建设资源节约型、环境友好型社会和科学发展的要求,遵循以下原则开展环境影响评价工作:

(一)依法评价原则

环境影响评价过程中应贯彻执行我国环境保护相关的法律法规、标准、政策,分析建设项目与环境保护政策、资源能源利用政策、国家产业政策和技术政策等有关政策及相关规划的相符性，并关注国家或地方在法律法规、标准、政策、规划及相关主体功能区划等方面的新动向。

（二）早期介入原则

环境影响评价应尽早介入工程前期工作中，重点关注选址（或选线）、工艺路线（或施工方案）的环境可行性。

（三）完整性原则

根据建设项目的工程内容及其特征，对工程内容、影响时段、影响因子和作用因子进行分析、评价，突出环境影响评价重点。

（四）广泛参与原则

环境影响评价应广泛吸收相关学科和行业的专家、有关单位和个人及当地环境保护管理部门的意见。

四、资源利用及环境合理性分析

（一）资源利用合理性分析

工程所在区域未开展规划环境影响评价的，需进行资源利用合理性分析。根据建设项目所在区域资源禀赋，量化分析建设项目与所在区域资源承载能力的相容性，明确工程占用区域资源的合理份额，分析项目建设的制约因素。如建设项目水资源利用的合理性分析，需根据建设项目耗用新鲜水情况及其所在区域水资源赋存情况，尤其是在用水量大、生态或农业用水严重缺乏的地区，应分析建设项目建设与所在区域水资源承载力的相容性，明确该建设项目占用区域水资源承载力的合理份额。

（二）环境合理性分析

调查建设项目在所在区域、流域或行业发展规划中的地位，与相关规划和其他建设项目的关系，分析建设项目选址、选线、设计参数及环境影响是否符合相关规划的环境保护要求。

五、环境影响因素识别与评价因子筛选

（一）环境影响因素识别

在了解和分析建设项目所在区域发展规划、环境保护规划、环境功能区划、生态功能区划及环境现状的基础上，分析和列出建设项目的直接和间接行为，以及可能受上述行为影响的环境要素及相关参数。

影响识别应明确建设项目在施工过程、生产运行、服务期满后等不同阶段的各种行为与可能受影响的环境要素间的作用效应关系、影响性质、影响范围、影响程度等，定性分析建设项目对各环境要素可能产生的污染影响与生态影响，包括有利

与不利影响、长期与短期影响、可逆与不可逆影响、直接与间接影响、累积与非累积影响等。对建设项目实施形成制约的关键环境因素或条件,应作为环境影响评价的重点内容。

环境影响因素识别方法可采用矩阵法、网络法、地理信息系统(GIS)支持下的叠加图法等。

(二)评价因子筛选

依据环境影响因素识别结果,并结合区域环境功能要求或所确定的环境保护目标,筛选确定评价因子,应重点关注环境制约因素。评价因子须能够反映环境影响的主要特征、区域环境的基本状况及建设项目特点和排污特征。

六、环境影响评价范围的确定

按各专项环境影响评价技术导则的要求,确定各环境要素和专题的评价范围;未制定专项环境影响评价技术导则的,根据建设项目可能的影响范围确定环境影响评价范围,当评价范围外有环境敏感区的,应适当外延。

七、环境影响评价标准的确定

根据评价范围各环境要素的环境功能区划,确定各评价因子所采用的环境质量标准及相应的污染物排放标准。有地方污染物排放标准的,应优先选择地方污染物排放标准;国家污染物排放标准中没有限定的污染物,可采用国际通用标准;生产或服务过程的清洁生产分析采用国家发布的清洁生产规范性文件。

八、环境影响评价方法的选取

环境影响评价采用定量评价与定性评价相结合的方法,应以量化评价为主。评价方法应优先选用成熟的技术方法,鼓励使用先进的技术方法,慎用争议或处于研究阶段尚没有定论的方法。选用非导则推荐的评价或预测分析方法的,应根据建设项目特征、评价范围、影响性质等分析其适用性。一般采用两种主要方法:

(1)单项评价方法及其应用原则

以国家、地方的有关法规、标准为依据,评定与估价各评价项目单个质量参数的环境影响。预测值未包括环境质量现状(即背景值)时,评价时应注意叠加环境质量现状值。在评价某个环境质量参数时,应对各预测点在不同情况下该参数的预测值均进行评价。单项评价应有重点,对影响较重的环境质量参数,应尽量评定与估价影响的特性、范围、大小及重要程度。影响较轻的环境质量参数可较为简略。

(2)多项评价方法及其应用原则

适用于各评价项目中多个质量参数的综合评价,所采用的方法见各单项影响评价的技术导则。采用多项评价方法时,不一定包括该项目已预测环境影响的所有质量参数,可以有重点地选择适当的质量参数进行评价。

第三节　环境影响评价文件的编制

一、总体要求

应概括地反映环境影响评价的全部工作,环境现状调查应全面、深入,主要环境问题应阐述清楚,重点应突出,论点应明确,环境保护措施应可行、有效,评价结论应明确。文字应简洁、准确,文本应规范,计量单位应标准化,数据应可靠,资料应翔实,并尽量采用能反映需求信息的图表和照片。资料表述应清楚,利于阅读和审查,相关数据、应用模式须编入附录,并说明引用来源;所参考的主要文献应注意时效性,并列出目录。跨行业建设项目的环境影响评价或评价内容较多时,专项评价根据需要可繁可简,必要时,其重点专项评价应另编专项评价分析报告,特殊技术问题另编专题技术报告。

二、环境影响报告书编制要点

(一)前言

简要说明建设项目的特点、环境影响评价的工作过程、关注的主要环境问题及环境影响报告书的主要结论。

(二)总则

1.编制依据:包括应执行的相关法律法规、相关政策及规划、相关的导则及技术规范、有关的技术文件和工作文件,以及环境影响报告书编制中引用的资料等。

2.评价因子和评价标准:列出现状评价因子和预测评价因子,给出各评价因子所执行的环境质量标准、排放标准、其他有关标准及具体限值。

3.评价工作等级和评价重点:说明各专项评价工作等级,明确重点评价内容。

4.评价范围及环境敏感区:以图、表形式说明评价范围和各环境要素的环境功能类别或级别,各环境要素环境敏感区和功能及其与建设项目的相对位置关系。

5.相关规划及环境功能区划:附图列表说明建设项目所在城镇、区域或流域发展总体规划、环境保护规划、生态保护规划、环境功能区划或保护区规划等。

（三）建设项目概况与工程分析

采用图表及文字结合方式，概要说明建设项目的基本情况、组成、主要工艺路线、工程布置及原有、在建工程的关系。对项目的全部组成和施工期、运营期、服务期满后所有时段的全部行为过程的环境影响因素及其影响特征、程度、方式等进行分析说明，突出重点；并从保护周围环境、景观及环境保护目标要求出发，分析总图及规划布置方案的合理性。工程分析的主要内容有：主要原料、燃料及其来源和储运，物料平衡，水的用量与平衡，水的回用情况；工艺过程分析（工艺流程图）；废水、废气、废渣、放射性废物等的种类、排放量和排放方式，以及其中所含污染物种类、性质、排放浓度；产生的噪声、振动的特性等；废弃物的回收利用、综合利用和处理、处置方案；交通运输情况及厂地的开发利用。

（四）环境现状调查与评价

根据当地环境特征、建设项目特点和专项评价设置情况，从自然环境、社会环境、环境质量和区域污染源等方面选择相应内容进行现状调查与评价。主要内容有：地理位置（应附平面图）；地质、地形、地貌和土壤情况，河流、湖泊（水库）、海湾的水文情况，气候与气象情况；大气、地表水、地下水和土壤的环境质量状况；矿藏、森林、草原、水产和野生动物、野生植物、农作物等情况；自然保护区、风景游览区、名胜古迹、温泉、疗养区以及重要的政治文化设施的情况；社会经济情况，包括现有工矿企业和生活居住区的分布情况、人口密度、农业概况、土地利用情况、交通运输情况及其他社会经济活动情况；人群健康状况和地方病情况；其他环境污染、环境破坏的现状资料。

（五）环境影响预测与评价

给出预测时段、预测内容、预测范围、预测方法及预测结果，并根据环境质量标准或评价指标对建设项目的环境影响进行评价。

（六）社会环境影响评价

明确建设项目可能产生的社会影响，定量预测或定性描述社会环境影响评价因子的变化情况，提出降低影响的对策和措施。

（七）环境风险评价

根据建设项目环境风险识别、分析情况，给出环境风险评估后果、环境风险的可接受程度，从环境风险角度论证建设项目的可行性，提出具体可行的风险防范措施和应急预案。

（八）环境保护措施及其经济、技术论证

环境保护措施及其经济、技术论证。明确建设项目拟采取的具体环境保护措施。结合环境影响评价的结果，论证建设项目拟采取环境保护措施的可行性，并按技术先进、使用、有效的原则,进行多方案比选,推荐最佳方案。按工程实施不同时段,分别列出其环境保护投资额,并分析其合理性。给出各项措施及投资估算一览表。

(九)清洁生产分析和循环经济

量化分析建设项目清洁生产水平,提高资源利用率、优化废物处置途径,提出节能、降耗、提高清洁生产水平的改进措施与建议。

(十)污染物排放总量控制

根据国家和地方总量控制要求、区域总量控制的实际情况及建设项目主要污染物排放指标分析情况,提出污染物排放总量控制指标建议和满足指标要求的环境保护措施。

(十一)环境影响经济损益分析

根据建设项目环境影响所造成的经济损失与效益分析结果,提出补偿措施与建议。

(十二)环境管理与环境监测

根据建设项目环境影响情况,提出设计期、施工期、运营期的环境管理及监测计划要求,包括环境管理制度、机构、人员、监测点位、监测时间、监测频次、监测因子等。

(十三)公众意见调查

给出采取的调查方式、调查对象、建设项目的环境影响信息、拟采取的环境保护措施、公众对环境保护的主要意见、公众意见的采纳情况等。

(十四)方案比选

建设项目的选址、选线和规模,应从是否与规划相协调、是否符合法规要求、是否满足环境功能区要求、是否影响环境敏感区或造成重大资源经济和社会文化损失等方面进行环境合理性论证。如要进行多个厂址或选线方案的优选时,应对各选址或选线方案的环境影响进行全面比较,从环境保护角度,提出选址、选线意见。

(十五)环境影响评价结论

环境影响评价的结论是全部评价工作的结论,应在概括全部评价工作的基础上,简洁、准确、客观地总结建设项目实施过程各阶段的生产和生活活动与当地环境的关系,明确一般情况下和特定情况下的环境影响,规定采取的环境保护措施,从环境保护角度分析,得出建设项目是否可行的结论。

环境影响评价结论一般包括建设项目的建设概况、环境现状与主要环境问题、环境影响预测与评价结论、建设项目建设的环境可行性、结论与建议等内容,可有针对性地选择其中的全部或部分内容进行编写。环境可行性结论应从法规政策及相关规划一致性、清洁生产和污染物排放水平、环境保护措施可靠性和合理性、达标排放稳定性、公众参与接受性等方面分析得出。

(十六)附录和附件

将建设项目依据文件、评价标准和污染物排放总量批复文件、引用文献资料、原燃料品质等必要的有关文件、资料附在环境影响报告书后。

思考题

1. 试论述环境影响评价程序所遵循的原则。

2. 根据环境影响分类筛选原则,可以确定的评价类别有哪些?

3. 环境影响评价项目的监督管理包括哪些方面?

4. 环境影响评价工作程序分为几个阶段? 各阶段的主要工作是什么?

5. 简述环境影响报告书的编写原则和基本要求。

6. 简述环境影响报告书的主要内容。

7. 评价工作等级如何划分?

8. 评价工作等级划分的依据有哪些?

9. 建设项目如何进行资源利用及环境合理性分析?

拓展阅读

【案例】

红星造纸公司林纸一体化项目

红星造纸公司拟在位于大洪河流域的 A 市近郊工业园内新建生产规模为 15 万 t/a 的化学制浆工程,在距公司 20km、大洪河流域附近建设速生丰产原料林基地。项目组成包括:原料林基地、主体工程(制浆和造纸)、辅助工程(碱回收系统、热电站、化学品制备、空压站、机修、白水回收、堆场及仓库)、公用工程(给水站、污水处理站、配电站、消防站、场内外运输、油库、办公楼及职工生活区)。红星公司年工作时间为 340 天,三班四运转制,其主要生产工艺流程如下:

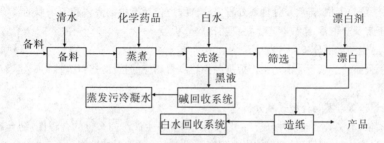

附图 3-1 主要生产工艺流程图

厂址东南方向为大洪河,其纳污段水体功能为一般工业用水及一般景观用水。大洪河自东向西流经 A 市市区。该地区内雨水丰富,多年平均降雨量为 1987.6mm,最大年降雨量为

3125.7mm,大洪河多年平均流量为 63m³/s,河宽为 30～40m,平均水深为 7.3m。大洪河在公司排污口下游 3km 处有一个饮用水源取水口,下游 9km 处为国家级森林公园,下游约 18km 处该水体汇入另一较大河流。初步工程分析表明,该项目废水排放量为 2230m³/d。

【问题】

请根据上述背景材料,回答以下问题:

1.试分析本项目的产业政策符合性。本项目环境影响评价报告书由哪一级环保部门审批?

2.本项目工程分析的主要内容是什么?

3.原料林基地建设潜在的主要环境问题是什么?

4.该 15 万 t/a 化学制浆项目营运期主要污染因子有哪些?

5.请确定地表水环境影响评价等级并说明理由,并制定水环境质量现状调查监测方案。

【参考答案】

1.试分析本项目的产业政策符合性。本项目环境影响评价报告书由哪一级环保部门审批?

红星造纸公司新建年生产规模为 15 万 t 化学制浆项目不属于《产业结构调整指导目录(2005 年本)》中限制类和淘汰类项目,符合林纸一体化木浆、纸及纸板生产的要求,属于国家允许类项目。

本项目环境影响评价报告书由 A 市市级以上环境保护行政主管部门审批。

2.本项目工程分析的主要内容是什么?

(1)拟建设项目工程概况

工程项目的基本情况、项目性质、工程总投资、厂区平面布置、主要原辅材料及能量消耗、主要技术经济指标、项目组成、公用工程(给水排水工程、污水处理站、消防、油库、堆场、仓库、道路工程、绿化工程等)、工程主要设备、劳动定员、工作制度、燃料指标参数、产品方案及生产规模。

(2)工艺流程及产污环节分析

生产工艺流程简述及流程图、全厂水平衡、碱回收工艺流程、生产车间水平衡、碱回收车间蒸发及燃烧段物料平衡、苛化与石灰回收工段的物料平衡、蒸汽平衡等。

(3)污染源源强分析与核算

污染物排放估算种类包括废水、废气、固体废物及噪声。其中废水和废气应当包括种类、成分、浓度、排放方式、拟采取的治理措施及污染物的去除率和最终排放去向。固体废物包括成分,是否属于危险废物、排放量处理或处置方法。噪声包括产生的源强和拟采取的降噪音措施。还要进行正常及非正常、事故状态下污染物排放分析等。

(4)清洁生产水平分析

将国家公布的造纸行业清洁生产标准与拟建项目相应的指标进行比较,衡量建设项目的清洁生产水平。

(5)总图布置方案与环境关系分析

根据气象、水文等自然条件分析红星造纸公司及各生产车间布置的合理性,结合现有的有关资料,确定该公司对环境敏感点的影响程度及饮用水水源地保护措施。

3.原料林基地建设潜在的主要环境问题是什么?

本项目属于林纸一体化建设项目。原料林基地建设潜在的主要环境问题是:

(1)在造林过程中,清除原有植被、平整土地将会破坏原来的生态系统;

（2）大面积连片种植单一树种,可导致生态单一,降低区域生态多样性,灌区及林道的改造与建设可能引起扬尘;

（3）种植管理过程施加化肥与喷洒农药,可造成有害物面源污染及影响土壤结构;潜在有土壤物理、化学特性变化,退化或次生盐碱化等环境风险;

（4）不恰当的采伐造成新的水土流失和生态环境破坏;

（5）伐木及车辆噪声对动物产生影响,木材运输车辆产生的尾气、扬尘对环境产生影响;

（6）自然生态系统向人工生态系统转变带来的影响;

（7）外来物种入侵影响分析。

4. 该 15 万 t/a 化学制浆项目营运期主要污染因子有哪些?

（1）工程排污以有机废水为主。废水主要来自制浆、碱回收、抄浆和造纸车间,主要污染因子为 COD、BOD、SS 和 AOX(可吸收有机卤化物)。

（2）废气污染物主要来自热电站、碱回收炉、石灰回转窑、化学品制备及制浆过程,主要污染因子为 SO_2、TRS(还原硫化物)、NO_x、烟尘以及污水处理站恶臭等无组织排放。

（3）噪声和固体废物。

5. 请确定地表水环境影响评价等级并说明理由,并制定水环境质量现状调查监测方案。

根据题目给定的已知条件,污水排放量不大(2230m^3/d)、污水水质复杂程度属简单(污染物类型为 1,均为非持久性污染物,水质参数数目小于 7),地面水域规模属中河(流量 63m^3/s＞15m^3/s),地表水质要求Ⅳ类水体(一般工业用水及一般景观要求水域),故地表水评价等级为三级。

判定地表水环境影响评价等级为三级。制定水环境质量现状调查监测方案如下:

监测水期:枯水期监测一期(三级评价)。监测项目:pH、COD、BOD_5、DO、SS。同步观测水文参数。

监测断面:排污口上游 500m 处布设 1# 监测点位,森林公园布设 2# 监测点位,大洪河入口布设 3# 监测点位,在入口处的大河上、下游各设一个 4#、5# 监测点位,共设 5 个监测断面。

水质监测时间为 5 天,大洪河上共设 2 条取样垂线,水深大于 5m,在水面下 0.5m 深处及距河底 0.5m 处各取样一个,共 4 个水样。各取样断面中每条垂线上的水样混合成一个水样。

Ⅰ类建设项目环境影响评价文件

技术评估流程(试行)

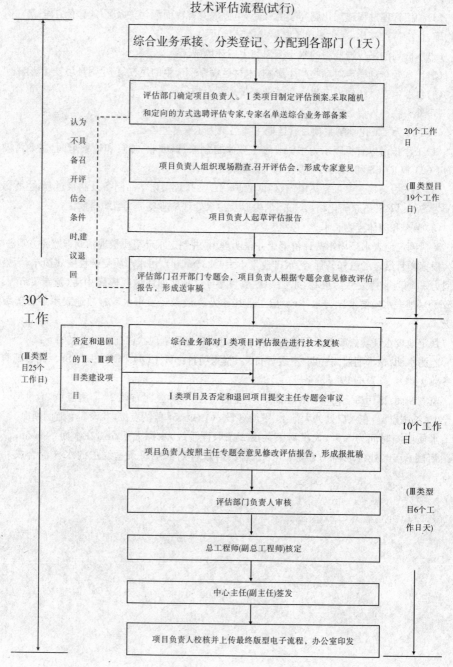

Ⅱ、Ⅲ类可行的建设项目环境影

响评价文件技术评估流程(试行)

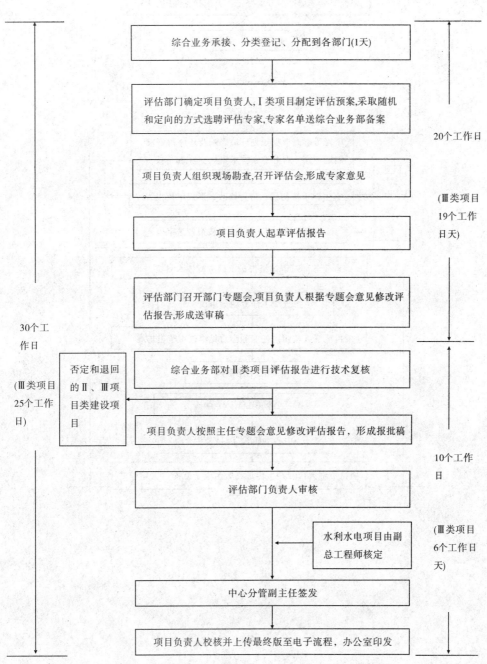

綜合业务承接、分类登记、分配到各部门(1天)

评估部门确定项目负责人,Ⅰ类项目制定评估预案,采取随机和定向的方式选聘评估专家,专家名单送综合业务部备案

项目负责人组织现场勘查,召开评估会,形成专家意见

项目负责人起草评估报告

评估部门召开部门专题会,项目负责人根据专题会意见修改评估报告,形成送审稿

否定和退回的Ⅱ、Ⅲ项目类建设项目

综合业务部对Ⅱ类项目评估报告进行技术复核

项目负责人按照主任专题会意见修改评估报告,形成报批稿

评估部门负责人审核

水利水电项目由副总工程师核定

中心分管副主任签发

项目负责人校核并上传最终版至电子流程,办公室印发

30个工作日

(Ⅲ类项目25个工作日)

20个工作日

(Ⅲ类项目19个工作日天)

10个工作日

(Ⅲ类项目6个工作日天)

规划环境影响评价文件A类技术
审核流程(试行)

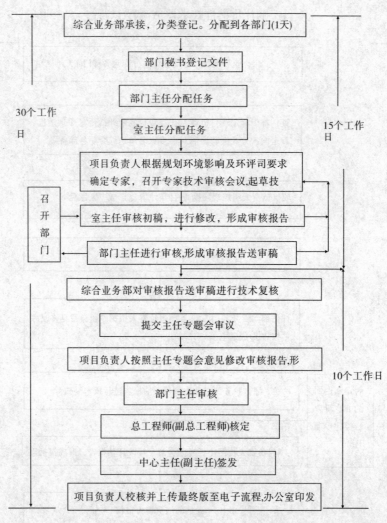

综合业务部承接，分类登记。分配到各部门(1天)

部门秘书登记文件

部门主任分配任务

室主任分配任务

30个工作日

15个工作日

项目负责人根据规划环境影响及环评司要求确定专家，召开专家技术审核会议，起草技

召开部门

室主任审核初稿，进行修改，形成审核报告

部门主任进行审核,形成审核报告送审稿

综合业务部对审核报告送审稿进行技术复核

提交主任专题会审议

项目负责人按照主任专题会意见修改审核报告,形

部门主任审核

10个工作日

总工程师(副总工程师)核定

中心主任(副主任)签发

项目负责人校核并上传最终版至电子流程,办公室印发

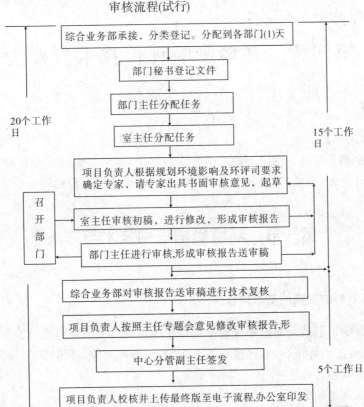

规划环境影响评价文件B类技术
审核流程(试行)

综合业务部承接，分类登记。分配到各部门(1)天

部门秘书登记文件

部门主任分配任务

室主任分配任务

20个工作日

15个工作日

项目负责人根据规划环境影响及环评司要求确定专家，请专家出具书面审核意见，起草

召开部门

室主任审核初稿，进行修改，形成审核报告

部门主任进行审核,形成审核报告送审稿

综合业务部对审核报告送审稿进行技术复核

项目负责人按照主任专题会意见修改审核报告,形

中心分管副主任签发

5个工作日

项目负责人校核并上传最终版至电子流程,办公室印发

参考文献

1. 环境保护部. 环境影响评价技术导则(HJ 2.1—2011)[S]

2. 环境保护部环境工程评估中心. 环境影响评价技术导则与标准(2014版)[M]. 北京:中国环境出版社,2014

3. 王罗春,蒋海涛,胡晨燕,等. 环境影响评价[M]. 北京:冶金工业出版社,2012

4. 陆书玉. 环境影响评价[M]. 北京:高等教育出版社,2001

5. 陆雍森. 环境评价[M]. 上海:同济大学出版社,1990

6. 钱瑜. 环境影响评价[M]. 南京:南京大学出版社,2009

7. 环境保护部环境工程评估中心. 全国环境影响评价工程师职业资格考试系列参考资料:环境影响评价案例分析[M]. 北京:中国环境科学出版社,2014

8. 李淑芹,孟宪林. 环境影响评价[M]. 北京:化学工业出版社,2011

9. 朱世云,林春绵,等. 环境影响评价[M]. 北京:化学工业出版社,2013

10. 马太玲,张江山. 环境影响评价[M]. 武汉:华中科技大学出版社,2009

11. 郭廷忠. 环境影响评价学[M]. 北京:科学出版社,2007

第四章 环境影响评价技术与方法

【本章要点】

本章介绍了环境影响识别的基本内容和方法、环境影响预测的常用方法、环境影响综合评价方法;最后,介绍了地理信息系统技术在环境影响评价中的应用。

第一节 环境影响识别技术与方法

一、环境影响识别的基本内容

环境影响识别就是通过系统地检查拟建项目的各项活动与各环境要素之间的关系,识别可能的环境影响,包括环境影响因子、影响对象(环境因子)、环境影响程度和环境影响的方式。

(一)环境影响因子识别

对人类的某项活动进行环境影响识别,首先弄清项目所在地区的自然环境和社会环境状况,确定环境影响的评价范围。在此基础上,根据工程的组成、特性及其功能,结合工程影响地区的特点,从自然环境和社会环境两个方面,选择需要进行环境影响评价的环境因子。自然环境要素可划分为地形、地貌、地质、水文、气候、地表水质、空气质量、土壤、森林、草场、陆生生物、水生生物等,社会环境要素可划分为城市(镇)、土地利用、人口、居民区、交通、文物古迹、风景名胜、自然保护区、健康以及重要的基础设施等。

各环境要素可由表征该要素特性的各相关环境因子具体描述,构成一个有结构、分层次的环境因子序列。构造的环境因子序列应能描述评价对象的主要环境影响、表达环境质量状态,并便于度量和监测。选出的因子应能组成群,并构成与环境总体结构相一致的层次,在各层次上通过确定"有"、"无"(可含不定)全部识别出来,最后得到一个某项目的环境影响识别表,用来表示该项目对环境的影响。

在进行影响识别过程中,项目的建设阶段、生产运行阶段和服务期满后(如矿山)对环境影响内容是各不相同的,其环境影响识别表也是不同的。建设阶段,主要是施工期间的建筑材料、设备、运输、装卸、贮存的影响，施工机械、车辆噪声和振动的影响，土地利用、填埋疏浚的影响，以及施工期污染物对环境的影响。生产运行阶段，主要是物料流、能源流、污染物对自然环境(大气、水体、土壤、生物)和社会、文化环境的影响，对人群健康和生态系统的影响以及危险设备事故的风险影响，此外还有环保设备(措施)的环境、经济影响等。服务期满后(如矿山)的环境影响主要是对水环境和土壤环境的影响，如水土流失所产生的悬浮物和以各种形式存在于废渣、废矿中的污染物。

(二)环境影响程度识别

按照拟建项目的活动对环境要素的作用属性，环境影响可以划分为有利影响、不利影响、直接影响、间接影响、短期影响、长期影响、可逆影响、不可逆影响等。环境影响的程度和显著性与拟建项目的活动特征、强度以及相关环境要素的承载能力有关。有些环境影响可能是显著的，在对项目做出决策之前，需要进一步了解其影响的程度，所需要或可采取的减缓、保护措施以及防护后的效果等，有些环境影响可能是不重要的，或对项目的决策、管理没有什么影响。环境影响识别的任务就是要区分、筛选出显著的、可能影响项目决策和管理的、需要进一步评价的主要环境影响。在环境影响识别中，可以使用一些定性的，具有"程度"判断的词语来表征环境影响的程度，如"重大"影响、"轻度"影响、"微小"影响等。这种表达没有统一的标准，通常与评价人员的文化、环境价值取向和当地环境状况有关。但是这种表述对给"影响"排序、制定其相对重要性或显著性是非常有用的。

不同类型的建设项目对环境影响的方式是不同的，对于以工业污染物排放影响为主的工业类项目，有明确的有害气体和污染物发生，利用其产生的影响可追踪识别其影响方式；对于以生态影响为主的"非污染类项目"，可能没有明确的有害气体和污染物发生，需要仔细分析建设"活动"与各环境要素、环境因子之间的关系来识别影响过程。

项目对环境的影响程度可用等级划分来反映，按有利影响与不利影响两类划分级别。

1. 不利影响

不利影响常用负号表示，具体划分如下：

(1)极端不利。外界压力引起某个环境因子无法替代、恢复与重建的损失，此种损失是永久的、不可逆的。如使某濒危的生物种群或有限的不可再生资源遭受灭绝威胁，对人群健康有致命的危害以及对独一无二的历史古迹造成不可弥补的损失等。

(2)非常不利。外界压力引起某个环境因子严重而长期的损害和损失，其代替、恢复和重建非常困难和昂贵，并需很长的时间。如造成稀少的生物种群濒危或有限的、不易得到的可再生资源严重损失,对大多数人健康严重危害或者造成相当多的人群经济贫困。

(3)中度不利。外界压力引起某个环境因子的损害或破坏,其替代或恢复是可能的,但相当困难且可能要较高的代价,并需比较长的时间。对正在减少或有限供应的资源造成相当损失,使当地优势生物种群的生存条件产生重大变化或严重减少。

(4)轻度不利。外界压力引起某个环境因子的轻微损失或暂时性破坏,其再生、恢复与重建可以实现,但需要一定的时间。

(5)微弱不利。外界压力引起某个环境因子暂时性破坏或受干扰,此级敏感度中的各项是人类能够忍受的,环境的破坏或干扰能较快地自动恢复或再生,或者其替代与重建比较容易实现。

2.有利影响

有利影响一般用正号来表示,按对环境与生态产生的良性循环、提高的环境质量、产生的社会经济效益程度而定等级,可以分为微弱有利、轻度有利、中等有利、大有利和特有利5级。

(三)环境影响识别的一般技术考虑

在建设项目的环境影响识别中,在技术上一般应考虑以下方面的问题:

1.项目的特性(如项目类型、规模等)。

2.项目涉及的当地环境特性及环境保护要求(如自然环境、社会环境、环境保护功能区划、环境保护规划等)。

3.识别主要的环境敏感区和环境敏感目标。

4.从自然环境和社会环境两方面识别环境影响。

5.突出对重要的或社会关注的环境要素的识别。

应识别出可能导致的主要环境影响(影响对象),主要环境影响因子(项目中造成主要环境影响者),说明环境影响属性(性质),判断影响程度、影响范围和可能的时间跨度。

(四)环境影响的识别方法

1.清单法

清单法又称为核查表法。

早在1971年有专家提出了将可能受开发方案影响的环境因子和可能产生的影响性质,通过核查在一张表上一一列出的识别方法,亦称"列表清单法"或"一览表法"。该法虽是较早发展起来的方法,但现在还在普遍使用,并有多种形式。

(1)简单型清单:仅是一个可能受影响的环境因子表,不做其他说明,可做定性的环境影响识别分析,但不能作为决策依据。

表 4-1　某河治理工程影响识别矩阵

作用因素与影响区域		生态环境					水环境	水文情势	人群健康		工程施工			拆迁居民		社会环境	
		植被	野生动物	土地资源	景观生态体系	水土流失	水质	水文泥沙	血吸虫病	传染病	声环境	大气环境	固体废物	拆迁居民	专项设施	社会经济	防洪
工程施工	施工交通运输	△	△		△						▲	△					
	施工人员活动	△	△						▲	△			△				
	主体工程施工	△	▲	▲	▲		△	△			▲		▲				
	施工机械运行	△	▲		▲						▲	△					
	料场开采、施工弃渣	▲	▲	▲	▲	★					▲		▲				
工程运行		□	□	□	□		□	△	△	△						▲	★
	工程占地	▲	▲	▲	▲	▲								▲	△		
	拆迁安置	▲	△	▲	▲				▲	△				▲	△	▲	
影响区域	拆迁安置区	●	●	●	●				●					●	●	●	
	施工区	●	●	●	●	●			●	●	●	●	●			●	

注：★影响大，▲影响中等，△影响小，□无影响，●影响区。

(2)描述型清单：较简单型清单增加了环境因子如何度量的准则。

(3)分级型清单：在描述型清单基础上又增加对环境影响程度进行分级。

环境影响识别常用的是描述型清单。

目前有两种类型的描述型清单。比较流行的是环境资源分类清单，即对受影响的环境因素(环境资源)先做简单的划分，以突出有价值的环境因子。通过环境影响识别，将具有显著性影响的环境因子作为后续评价的主要内容。该类清单已按工业类、能源类、水利工程类、交通类、农业工程、森林资源、市政工程等编制了主要环境影响识别表,在世界银行《环境评价资源手册》等文件中均可查获。这些编制成册的环境影响识别表可供具体建设项目环境影响识别时参考。

另一类描述型清单即是传统的问卷式清单。在清单中仔细地列出有关"项目—环境影响"要询问的问题,针对项目的各项"活动"和环境影响进行询问。答案可以是"有"或"没有"。如果回答为有影响,则在表中的注解栏说明影响的程度、发生影响的条件以及环境影响的方式,而不是简单地回答某项活动将产生某种影响。

2. 矩阵法

矩阵法由清单法发展而来,不仅具有影响识别功能,还有影响综合分析评价功能,它将清单中所列内容系统加以排列。把拟建项目的各项"活动"和受影响的环境要素组成一个矩阵,在拟建项目的各项"活动"和环境影响之间建立起直接的因果关系,以定性或半定量的方式说明拟建项目的环境影响。

该类方法主要有相关矩阵法和迭代矩阵法两种。

在环境影响识别中,一般采用相关矩阵法。即通过系统地列出拟建项目各阶段的各项"活动",以及可能受拟建项目各项"活动"影响的环境要素,构造矩阵确定各项"活动"和环境要素及环境因子的相互作用关系。

如果认为某项"活动"可能对某一环境要素产生影响,则在矩阵相应交叉的格点将环境影响标注出来。可以将各项"活动"对环境要素的影响程度,划分为若干个等级,如三个等级或五个等级。为了反映各个环境要素在环境中重要性的不同,通常还采用加权的方法,对不同的环境要素赋不同的权重。可以通过各种符号来表示环境影响的各种属性。

3. 其他识别方法

具有环境影响识别功能的方法还有叠图法(包括手工叠图法和 GIS 支持下的叠图法)和影响网络法。

叠图法在环境影响评价中的应用包括通过应用一系列的环境、资源图件叠置来识别、预测环境影响,标示环境要素、不同区域的相对重要性以及表征对不同区域和不同环境要素的影响。

叠图法用于涉及地理空间较大的建设项目,如"线型"影响项目(公路、铁道、管道等)和区域开发项目。

网络法是采用因果关系分析网络来解释和描述拟建项目的各项"活动"和环境要素之间的关系。除了具有相关矩阵法的功能外,还可识别间接影响和累积影响。

第二节 环境影响评价因子的筛选方法

一、大气环境影响评价因子的筛选方法

大气环境影响评价中,应根据拟建项目的特点和当地大气污染状况对污染因子(即待评价的大气污染物)进行筛选。首先应选择该项目等标排放量 P_i 较大的污染物为主要污染因子;其次,还应考虑在评价区内已造成严重污染的污染物;列入国家主要污染物总量控制指标的污染物,亦应将其作为评价因子。

等标排放量 $P_i(\mathrm{m^3/h})$ 的计算:

$$P_i = \frac{Q_i}{c_{oi}} \times 10^9 \qquad (4-1)$$

式中,Q_i——第 i 类污染物单位时间内的排放量,t/h;

$\quad c_{oi}$——第 i 类污染物空气质量标准,mg/m³。

空气质量标准 c_{oi} 按《环境空气质量标准》中二级、1h 平均值计算,对于该标准未包括的项目,可参照《工业企业设计卫生标准》(TJ 36—79)中的相应值选用。对上述两标准中只规定了日平均容许浓度限值的大气污染物,c_{oi} 一般可取日平均容许浓度限值的 3 倍,但对于致癌物质、毒性可积累或毒性较大如苯、汞、铅等,可直接取其日平均容许浓度限值。

二、水环境影响评价因子的筛选方法

水环境评价因子是从所调查的水质参数中选取的。

需要调查的水质参数有两类:一是常规水质参数,它能反映水域水质一般状况;另一类是特征水质参数,它能代表拟建项目将来的排水水质。在某些情况下,还需调查一些补充项目。

(1)常规水质参数。以《地表水环境质量标准》(GB 3838—2002)中所列的 pH 值、溶解氧、高锰酸盐指数、化学耗氧量、五日生化需氧量、总氮或氨氮、酚、氰化物、砷、汞、铬(六价)、总磷及水温为基础,根据水域类别、评价等级及污染源状况适当增减。

(2)特殊水质参数。根据建设项目特点、水域类别及评价等级以及建设项目所属行业的特征水质参数表进行选择,具体情况可以适当删减。

(3)其他方面的参数。被调查水域的环境质量要求较高(如自然保护区、饮用水水源地、珍贵水生生物保护区、经济鱼类养殖区等),且评价等级为一级、二级,应

考虑调查水生生物和底质。其调查项目可根据具体工作要求确定,或从下列项目中选择部分内容。

水生生物方面主要调查浮游动植物、藻类、底栖无脊椎动物的种类和数量、水生生物群落结构等。

底质方面主要调查与建设项目排水水质有关的易积累的污染物。

根据对拟建项目废水排放的特点和水质现状调查的结果,选择其中主要的污染物,对地表水环境危害较大以及国家和地方要求控制的污染物作为评价因子。预测评价因子应能反映拟建项目废水排放对地表水体的主要影响。建设期、运行期、服务期满后各阶段均应根据具体情况确定预测评价因子。

对于河流水体,可按下式将水质参数排序后从中选取:

$$\text{ISE} = \frac{c_{pi}Q_{pi}}{(c_{si} - c_{hi})Q_{hi}} \tag{4-2}$$

式中,c_{pi}——水污染物 i 的排放浓度,mg/L;

$\qquad Q_{pi}$——含水污染物 i 的废水排放量,m^3/s;

$\qquad c_{si}$——水质参数 i 的地表水水质标准,mg/L;

$\qquad Q_{hi}$——河流上游来流流量,m^3/s。

ISE 值越大,说明拟建项目对河流中该项水质参数的影响越大。

第三节　环境影响预测方法

环境影响预测是经过前期的环境影响识别确定主要环境影响因子后,采用特定方法预测开发活动对环境产生影响导致环境质量或环境价值的空间变化范围、时间变化阶段等。常用预测方法大体可分为:①以专家经验为主的主观预测方法;②以数学模式为主的客观预测方法:分为黑箱、灰箱(用统计、归纳的方法在时间域上通过外推做出预测,称为统计模式)、白箱(用某领域内的系统理论进行逻辑推理,通过数学物理方程求解,得出其解析解或数值解来做预测,故又可分为解析模式和数值模式两小类);③以实验手段为主的实验模拟方法,在实验室或现场通过直接对物理、化学、生物过程测试来预测人类活动对环境的影响,一般称为物理模拟模式。

一、主观预测方法

主观预测方法包括对比法、类比法以及专业判断法。

（一）对比法

对比法是最简单的主观预测方法，主要通过对工程兴建前后，对某些环境因子影响机制及变化过程进行对比分析。例如，水库对库区小气候的影响的预测，可通过对小气候形成的成因分析与库区小气候现状进行对比，研究其变化的可能性及其趋势，并确定其变化的程度，完成建库后的小气候预测。

（二）类比法

类比法应用十分广泛，特别适用于相似工程的分析，即一个未来工程（或拟建工程）对环境的影响，可以通过一个已知的相似工程兴建前后对环境的影响订正得到。

（三）专业判断法

专业判断法即专家咨询法。

最简单的咨询法是召开专家会议，通过组织专家讨论，对一些疑难问题进行咨询，在此基础上做出预测。专家在思考问题时会综合应用其专业理论知识和实践经验，进行类比、对比分析以及归纳、演绎、推理，给出该专业领域内的预测结果。

较有代表性的专家咨询法是德尔斐法（Delphi），通过围绕某一主题让专家们以匿名方式充分发表其意见，并对每一轮意见进行汇总、整理、统计，作为反馈材料再发给每个专家，供他们做进一步的分析判断、提出新的论证。经多次反复，论证不断深入，意见日趋一致，可靠性越来越大，最后得到具有权威性的结论。专家评价法有以下几个特点：①专家评价法的最大特点在于对某些难以用数学模型定量化的因素，例如，社会政治因素可以考虑在内；②在缺乏足够统计数据和原始资料的情况下，可以作出定量估计；③某些因果关系太复杂，找不到适当的预测模型；④或由于时间、经济等条件限制，不能应用客观的预测方法，此时只能用主观预测方法。

二、客观预测方法

（一）按数学模型的性质和结构分类

根据人们对预测对象认识的深浅，可分为白箱、灰箱、和黑箱模型法三类。

1. 白箱模型法

白箱模型法为理论分析方法，用某领域内的系统理论进行逻辑推理，通过数学物理方程求解，以其解析解或数值解来做预测，又可分为解析模式和数值模式两小类。在环境影响预测中，很难找到实用的白箱模型（纯机理模型）。

2. 灰箱模型法

在环境影响评价工作中，应用最多、发展最快的是灰箱模型。当人们对所研究的环境要素或过程有一定程度的了解但又不完全清楚，或对其中一部分比较了解而对其他部分不甚清楚时,可以应用该模型。灰箱模型多用于预测开发行动对环境的物理、化学和生物过程为主的影响。常用的环境灰箱模型有以高斯模型为代表的污染物在空气中扩散的一系列方程,以斯特里脱-菲尔普斯(Streeter-Phelps 简称 S-P)模型为代表的描述河流中溶解氧和生化需氧量耦合关系的一系列水质模型等。在灰箱模型中,状态变量和输出常常是随时间变化的。

3. 黑箱模型法

这是一种纯经验模型,它依据系统的输入-输出数据或各种类型输出变量数据所提供的信息,建立各个变量之间的函数关系,而完全不追究系统内部状态变化的机理。黑箱模型用于环境预测时,只涉及开发活动的性质、强度与其环境后果之间的因果关系。通常,输入环境系统的干扰与输出之间存在因果关系,通过对大量实测资料的统计处理(常用多元分析、时间序列分析等方法),建立起开发活动(性质、强度)与环境后果之间的统计关系。然后在一定的约束条件下,进行预测。如果应用已有的黑箱模型进行预测时,必须保证应用条件与建模条件的相似。

(二)按数学模型反映的空间维数分类

数学模型还可以按照其反映的空间维数分为零维模型、一维模型、二维模型、三维模型四类。

1. 零维模型

例如小型湖泊,可以看作该水体内污染物浓度是均匀分布的。

2. 一维模型

例如,河床均匀,不十分宽和深的河道,或长度比起宽度和深度大得多的河道,常用一维模式。这时只需模拟河流流向的参数变化。在这种河道的任何断面上(在河宽和水深方向上),物质浓度是均匀的。

3. 二维模型

例如,宽阔的河流(如长江)在整个河道断面上污染物浓度分布是不均匀的。对于一般深而狭窄的河流、湖泊或海湾,则假设横向是均匀的而垂直方向是变化的;这种类型的模型也适用于热分层条件的水体。

4. 三维模型

实际上,大气烟羽、河流和湖泊等显示的是三维变化。三维模型需要大量的计算时间、计算机存储量、输入参数和系数的详细清单,而这些参数的很多项在公开发表的资料上很难找到。

数学模型还可分为非稳态和稳态两类。非稳态模型可以提供环境要素随距离和时间而变化的信息。例如,可模拟白天由于太阳辐射、温度和藻类活动导致的溶解氧变化。稳态模型的应用前提是假设变量不随时间变化。

(三)模型参数的确定

模型参数(如扩散参数)的确定可以采用类比的方法、数值试验逐步逼近的方法、现场测定的方法和物理实验的方法。前两个方法属统计方法;后两个方法属物理模拟方法,常用的有示踪剂测定法、照相测定法、平衡球测定法与风洞、水渠试验方法。

三、物理模拟预测方法

在实验室或现场通过直接对物理、化学、生物过程测试来预测人类活动对环境的影响,一般称为物理模拟实验。

物理模型预测法的最大特点是采用实物模型(非抽象模型)来进行预测。方法的关键在于原型与模型的相似,即几何相似、运动相似、热力相似、动力相似。

1. 几何相似

模型流场与原型流场中的地形地物(建筑物、烟囱)的几何形状、对应部分的夹角和相对位置要相同,尺寸按相同比例缩小。一般大气扩散实验使用 $1/100 \sim 1/2500$ 的缩尺模型。几何相似是其他相似的前提条件。

2. 运动相似

模型流场与原型流场在各对应点上的速度方向相同,并且大小(包括平均风速与湍流强度)成常数比例。即风洞模拟的模型流场的边界层风速垂直廓线、湍流强度要与原型流场的相似。

3. 热力相似

模型流场的温度垂直分布要与原型流场的相似。

4. 动力相似

模型流场与原型流场在对应点上受到的力要求方向一致,并且大小成常数比例。动力相似其实还包含"时间相似",即两个流场随时间的变化率可以不同(模型流场可以比原型流场加速或者减速),但所有对应点上的变化率必须相同(即同时以相同的比例加速或减速)。

物理模拟的主要测试技术有:

(1)示踪物浓度测量法,原则上野外现场示踪实验所用的示踪物和测试、分析方法在物理模拟中同样可以使用。

(2)光学轮廓法,模拟形成的污气流、污气团、污水流、污水团按一定的采样时段拍摄照片(或录像),所得资料处理方法与野外资料处理方法相同。

表 4-2 四种预测方法的比较

序号	方法	特点	应用条件
1	数学模式法	计算简便,结果定量;需要一定的计算条件,输入必要的参数和数据	模式应用条件不满足时,要进行模式修正和验证。应首选此方法

（续表）

序号	方法	特点	应用条件
2	物理模型法	定量化和再现性好，能反映复杂的环境特征	合适的实验条件和必要基础数据。无法采用方法1时而精度要求又较高时，应选用此法
3	类比调查法	半定量性质	时间限制短，无法取得参数、数据，不能采用方法1和2时，可选用此法
4	专家判断法	定性反映环境影响	某些项目评价难以定量时，或上述三种方法难以采用时，可选用此法

第四节　环境影响综合评价技术与方法

一、环境影响评价方法的分类

常用的环境影响评价方法可分为综合评价和专项评价方法两种类型。这两类方法实际上没有明确的分界线。

（一）综合评价方法

这类方法主要是用于综合地描述、识别、分析和（或）评价一项开发活动对各种环境因子的影响或引起的总体环境质量的变化，必须通过监测调查和从报刊、书籍，以及其他文献资料中收集信息，或者采用专项分析和评价方法间接地获取信息。常用的综合评价方法包括：核查表法（check list）、矩阵法（matrix）、网络法（network）、环境指数法（environmental index）、叠图法（overlay）和幕景分析法（scenario analysis）等。每种方法又可衍生出许多改型的方法，以适应不同的对象和不同的评价任务。例如核查表可分为简单的、描述型的、和评分型等多种。随着地理信息系统的广泛应用，叠图法和幕景分析法都可通过地理信息系统在计算机上实现。逐层分解综合影响评价法则是以上方法的综合运用。

（二）专项评价方法

这一类方法常用于定性、定量地确定环境影响程度、大小及重要性；对影响大小排序、分级；用于描述单项环境要素及各种评价因子质量的现状或变化；还可对不同性质的影响，按环境价值的判断进行归一化处理。

属于这一类型的方法有：环境影响特征度量法、环境指数和指标法、专家判断法、智暴法、德尔斐法、巴特尔指数法、费用-效益分析法以及定权方法等。

(三)环境影响综合性评价方法

1. 核查表法

核查表法是最早用于环境影响识别、评价和专案决策的方法,是综合性评价方法中最常用和最简单的方法。本法是将环境评价中必须考虑的因子,如环境参数或影响以及决策的因素等一一列出,然后对这些因子逐项进行核查后作出判断,最后对核查结果给出定性或半定量的结论。视核查表的复杂程度,本法可分为简单核查表、描述性核查表、分级型核查表和提问式核查表等多种形式。

(1)简单核查表

简单核查表列出了环境评价必须考虑的因子,评价人员只需就开发行动对每个因子是否有影响,以及影响的简单性质做出判断。该核查表在环境影响评价中有广泛的应用。

(2)描述性核查表

描述性核查表除了列出环境因子外,还同时给出对每项因子的初步度量以及影响预测和评价的途径。

(3)评分型核查表

评出对每个因子影响大小的分值,然后累加求得总分。在做多个备选方案比选时,考虑每个因子的权重,然后累加后得到加权后的总分,依据总分值的大小,对备选方案进行比较和决策。

(4)提问式核查表

以提问的形式请评价人员、行业专家或公众按项目具体情况,对可能产生的重大影响进行问题式核查。

二、矩阵法

矩阵法由清单法发展而来,不仅具有影响识别功能,还有影响综合分析评价功能,它将清单中所列内容系统加以排列。把拟建项目的各项"活动"和受影响的环境要素组成一个矩阵,在拟建项目的各项"活动"和环境影响之间建立起直接的因果关系,以定性或半定量的方式说明拟建项目的环境影响。这类方法主要有相关矩阵法、迭代矩阵法两种。

(一)相关矩阵法

此法由 Leopold 等人在 1971 年提出,矩阵中在横轴上列出各项开发行为的清单,纵轴上列出受开发行为影响的各环境要素清单,从而把两种清单组成一个环境影响识别的矩阵。

相关矩阵法的原理:因为在一张清单上的一项条目可能与另一清单的各项条目都有系统的关系,可确定它们之间有无影响。当开发活动和环境因素之间的相互作用确定之后,此矩阵就已经成为一种简单明了的有用的评价工具。这种矩阵可用于确定、解释影响并对之予以识别。

(二)迭代矩阵法

迭代矩阵法的步骤:

1.首先列开发活动(或工程)的基本行为清单及基本环境因素清单。

2.将两清单合成一个关联矩阵。把基本行为和基本环境因素进行系统地对比,找出全部"直接影响",即某开发行为对某环境因素造成的影响。

3.进行"影响"评价,每个"影响"都给定一个权重 G,区分"有意义影响"和"可忽略影响",此反映影响的大小问题。

4.进行迭代。

迭代就是把经过评价认为是不可忽略的全部一级影响,形式上当作"行为"处理,再同全部环境因素建立关联矩阵进行鉴定评价,得出全部二级影响,循此步骤继续进行迭代,直到鉴定出至少有一个影响是"不可忽略",其他全部"可以忽略"为止。

三、图形叠置法

图形叠置法用于变量分布空间范围很广的开发活动,已有较长的历史。该法在环境影响评价中的应用包括通过应用一系列的环境、资源图件叠置来识别、预测环境影响,标示环境要素、不同区域的相对重要性以及表征对不同区域和不同环境要素的影响。McHary 在美国环境影响评价立法以前(1968 年)就用该法分析几种可供选择的公路线路的环境影响,来确定建设方案。叠图法分为手工叠图法和GIS 支持下的叠图法。

手工叠图法的用法:准备一张画上项目的位置和要考虑影响评价的区域和轮廓基图的透明图片和另一份可能受影响的当地环境因素一览表,对每一种要评价的因素都要准备一张透明图片,每种因素受影响的程度可以用一种专门的黑白色码的阴影的深浅来表示。通过在透明图上的地区给出的特定的阴影,可以很容易地表影响程度。把各种色码的透明片叠置到基片图上就可看出一项工程的综合影响。不同地区的综合影响差别由阴影的相对深度来表示。

计算机叠图法:利用相关的计算机软件(如 GIS 软件),首先制作单因子图,通过图层的叠加实现叠图功能,与手工方法比大大提高了效率和表现效果;此外,还可把加权系统(重要因素权重大)乃至复杂的变化(反应相互作用)加入到叠图法中去。

四、网络法

网络法是采用因果关系分析网络来解释和描述拟建项目的各项"活动"和环境

要素之间的关系。除了具有相关矩阵法的功能外,还可识别间接影响和累积影响。网络法往往表示为树枝状,因此又称为关系树或影响树。利用影响树可以表示出一项社会活动的原发性影响和继发性影响。网络法主要有因果网络法和影响网络法两种应用形式。

①因果网络法,实质是一个包含有规划及其所包含的建设项目、建设项目与受影响环境因子及各因子之间联系的网络图。优点是可识别环境影响发生途径,可依据其因果联系设计减缓及补救措施。缺点是如果分析得过细,在网络中出现了可能不太重要或不太可能发生的影响;如果分析得过于笼统,又可能遗漏一些重要的影响。图4-1为因果网络法的概念模型图。

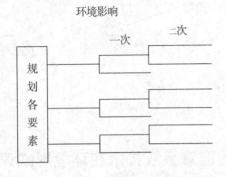

图4-1 因果网络法的概念模型

②影响网络法,是把影响矩阵中的关于规划要素与可能受影响的环境要素进行分类,并对影响进行描述,最后形成一个包含所有评价因子(即各规划要素、环境要素及影响或效应)的联系网络。

影响网络法优点是方法简捷,易于理解,能明确的表述环境要素间的关联性和复杂性,能够有效识别规划实施的支撑条件和制约因素;缺点是无法进行定量分析,不能反映具有时间和空间跨度的环境影响及其变化趋势,图表较为复杂。图4-2为影响网络法的概念模型图。

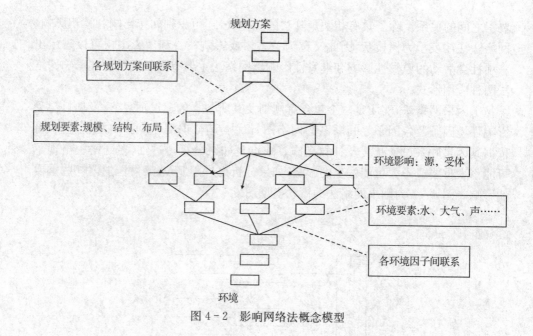

图 4-2 影响网络法概念模型

第五节 地理信息系统技术在环境影响评价中的应用

一、地理信息系统(GIS)

地理信息系统是以地理空间数据库为基础,在计算机软硬件的支持下,对空间相关数据进行采集、管理、操作、分析、模拟和显示,并采用模型分析方法,实时提供多种空间和动态信息,为地理研究和决策服务而建立起来的计算机技术系统。

地理信息系统的特征主要体现在:一方面,GIS 具有采集、管理、分析和输出多种地理空间信息的能力,以计算机系统为支持,快速、精确、综合地对复杂的地理系统进行空间定位和动态分析;另一方面,GIS 以地理研究和决策为目的,以数学模型方法为手段,具有空间分析、多要素综合分析和动态预测的能力,并能产生高层次的地理信息。

随着环境科学理论研究和实践的不断深入以及其他相关学科的发展,环境影响评价的内容和方法也在不断地深化和拓宽。地理信息系统技术的出现和完善将为环境影响评价迈向信息化、现代化提供更为广泛的技术支持。

二、GIS在建设项目环境影响评价中的应用

（一）环境信息数据库的建立

环境信息数据库是建设项目环境影响评价的基础，主要包括环境标准和法规数据库、区域自然与社会经济信息数据库、环境质量信息与污染源信息数据库以及工程项目信息数据库。

进行建设项目环境影响评价时，首先需要掌握区域自然与社会经济、区域环境质量、污染源、工程项目、环境标准和环境法规等环境信息。环境信息数据量大、来源广，且85%都与空间位置有关。为了更好地管理庞大而复杂的环境信息数据，满足全面、及时、准确、客观地掌握和处理各种环境的需要，利用GIS的建库、图形生成、绘制、编辑与属性输入功能，可将不同来源、种类和尺度的数据以标准格式输入GIS数据库，实现空间数据和属性数据的分类管理和有机连接，从而为进一步的应用提供服务。

（二）环境监测

利用GIS技术对环境监测网络进行设计，环境监测收集的信息能通过GIS适时存储和显示，并对所选评价区域进行详细的场地监测和分析。

（三）环境质量现状与影响评价

GIS能够集成与场地和建设项目相关的各种数据及用于环境评价的各种模型，具有很强的综合分析、模拟和预测能力，适合作为环境质量现状分析和辅助决策工具。

运用GIS中的应用分析模型可以对项目中工程污染物排放对环境要素的影响范围和影响程度进行评价分析。GIS可以在建设项目的建设期和营运期对生态环境各要素如大气、水、噪声等的影响进行量化评价。利用GIS强大的三维分析和显示能力，可以对获得的环境质量监测数据选择各种评价方法进行单要素和区域综合评价，自动完成评价因子的分析、计算、评价和评价结果的输出，并可应用专门的分析程序，将污染物的空间分布情况以等值线图形象直观地展示出来，有助于了解污染物空间分布的规律性。

三、GIS在区域环境影响评价中的应用

GIS在区域环境影响评价中的作用主要体现在以下几方面：

（1）能有效地管理一个大的地理区域复杂的污染源信息、环境质量信息及其他有关方面的信息，统计、分析区域环境影响诸因素（如水质、大气、土壤等）的变化情况及主要污染源和主要污染物的地理属性和特征等；

（2）具有叠置地理对象的功能，能对同一区域不同时段的多个不同的环境影响

因素及其特征进行特征叠加,分析区域环境质量演变与其他诸因素之间的相关关系,对区域的环境质量进行预测;

(3)将区域的污染源数据库与环境特征数据库(如地形、气象等)与各种环境预测模型相关联,采用预测模型法对区域的环境质量进行预测。

四、GIS在累积环境影响评价中的应用

累积环境影响评价,是分析和调查(包括识别和描述)累积影响源,描述累积过程和累积影响,对时间、空间上的累积做出解释,估计和预测过去的、现有的或计划的人类活动的累积影响及其对社会经济发展的反馈效应,选择与可持续发展目标相一致的潜在发展行为的方向、内容、规模、速度和方式。

累积环境影响评价是对发展的更主动的反应方式和环境管理手段,拓展了时空分析范围,更强调环境变化的时空放大作用。GIS具有编辑、加工和评价长时段、大地理区域数据的能力及卓越的建模和影响预测能力,能够识别和分析环境影响在时间和空间上的累积特征,因此能为累积环境影响评价提供可操作方法。

五、GIS在环境影响后评价中的应用

环境影响后评价是环境影响评价的延续,其目的是检验环境影响评估的准确性和减缓措施的有效性。GIS具有很强的数据管理、更新和跟踪能力,能协助检查和监督环境影响评价单位和工程建设单位履行各自职责,并对环境影响报告书进行事后验证。

六、GIS在环境风险评价中的应用

GIS能够提供快速反应决策能力,可用于地震和洪水的地图表示、飓风和恶劣气候建模、石油事故规划、有毒气体扩散建模等,对减灾、防灾工作具有重要意义。

七、GIS在选址中的应用

GIS具有强大的空间分析能力和图形处理能力,可作为各种选址的辅助工具。下面以危险废物填埋场为例,对GIS在这方面的应用做一详细说明。

利用GIS进行危险废物填埋场选址,主要包括以下步骤:

(1)厂址环境背景资料的收集与管理

有害废物填埋场选址的背景条件包括与填埋场相关的自然地理、地质、水文地质与工程地质、社会经济和法律等方面的诸多因素。GIS能充分利用遥感资料,为填埋场选址提供大量及时、准确、综合和大范围的各种环境信息,包括地形坡度,河间分布。分水岭位置、土地利用状况、土壤类型、植被覆盖率、地层岩性及地质构造

等大量的自然地理和地质的环境背景资料。通过不同时相的遥感资料能对场址环境背景进行动态跟踪,获取动态的空间参数序列。

(2)场址基本条件的量化分析与空间分析

利用 GIS 丰富的数据资源和各种表格计算能力,可对表征场址的自然地理、地质、水文地质与工程地质基本条件的某些参数设定变量,相互之间进行各种函数的统计分析。确定关联方式和相关系数。其表格计算和分析过程可以直接与 GIS 数据管理系统相关,成果可表格形式输出或进一步参与图件的分析分类。

(3)填埋场选址的地理信息综合评判

通过 GIS 获取各种来源的空间数据,并通过系统运行向选址人员输出各种待选场址的综合评判结果。具体步骤如下:

1)选择评价目标、建立系统的层次结构模型。从系统的观点出发,对填埋场址进行多因子、多层次的分析,从而建立评价系统的层次分析模型(图 4-3),其中指标层为对目标层有影响的,与准则层一个或几个因素相联系的具体指标。

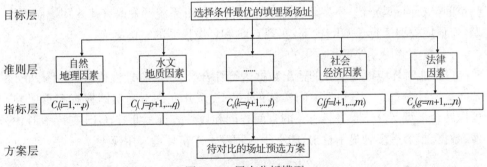

图 4-3　层次分析模型

2)建立评价因子数据库。地理信息综合评判系统的数据库包括评价因子的空间数据库和一般属性数据库。前者用于存储、管理具有空间分布属性的评价因子数据,是通过 GIS 特有的图像存储、处理功能和空间查询分析功能自动派生的;后者用于储存选址的一般属性数据。

3)定量和定性指标权重的确定。通过层次分析法,建立判断矩阵,进行一致性检验,确定权重。

4)综合评判。由 GIS 和野外调查、勘察及试验所形成的全部场地评价因子组成一个场地评价的属性集合。根据不同因素对场地质量的影响特征,对每一个评价因子按照从"优"到"劣"排序,进行场地质量的多因素多层次模糊综合评判。最终得到填埋场场地质量级别的综合评判结果,为选址方案的决策提供依据。

八、GIS 在环境影响预测模型研究中的应用

环境影响预测模型大多具有明显的空间特征,如二维和三维的水质模型、大气扩散模型、污染物在底下水中的迁移模型等等,其空间数据的操作尤其是结果显示方面仍显困难。而 GIS 强大的空间数据管理和空间分析能力,可以为环境提供一整套基于 GIS 逻辑原理的空间操作规范,用来反映具有空间分布特征的环境模型研究对象的移动、扩散、动态变化及相互作用,使模型的检验、校正更加容易,使模型的视觉效果有质的飞越。

GIS 在环境影响预测模型研究中的应用主要体现在以下三方面:

(1)前期的数据处理

GIS 系统具有强大的数据采集功能,支持多种格式的输入和输出,能实现空间数据的多种投影转换以及数据的重点采样。在环境模型研究中,GIS 可以作为复杂的环境模型的输入数据集成器,并将这些数据按模型的需要以不同比例尺、不同精度、不同投影方式、不同格式反馈给环境模型。

(2)模型开发

GIS 具有很强的空间分析功能,如区域分析、叠加分析等,使得环境模型中一些空间分析简单易行。模型开发者还可以利用 GIS 系统开发语言建立环境应用模型,使环境模型运行于 GIS 内部,实现 GIS 和环境模型的整体集成。

(3)数据的后期处理和结果的输出

GIS 能对环境模型运算的输出数据进行综合处理,如合理性检验、模型校正以及各类统计分析。GIS 包括空间实体的拓扑关系并允许空间实体拥有多重属性,可以结合模型运算结果进行有关的空间查询和属性查询。此外,GIS 支持图形、图像、数据、报表等多种显示输出,能在很大程度上丰富环境应用模型。

思考题

1.环境影响识别包括哪些基本内容?

2.环境影响综合评价有哪几种方法?

3.试比较环境影响综合评价各种方法的优缺点。

4.如何应用迭代矩阵法?

5.地理信息系统技术在环境影响评价中的应用有哪些?

拓展阅读

【案例】

建设项目的行业类别很多,同一行业的建设项目差异也很大,不但排放的污染物有差别,而且污染物的排放置也有很大差异。因此,很难写出统一的分析方法。下面以两个建设项目为例,说明环境影响识别方法的一般程序。

1.对某复肥厂建设的环境影响识别

某复肥厂建设规模为年产硫酸 10×10^4 t,磷酸二铵 6×10^4 t,占地 25.6×10^4 m^2。在对该复

肥厂工程特征和所在地环城特征充分分析的基础上,进行如下的环境影内识别。从环境污染影响、土地利用改变、对农业生态影像、其他影响几个方面进行分析。

2.对某抽黄灌溉工程环境影响分析

某抽黄灌溉工程是抽黄河小北干流的水,灌溉三县共 $8.43 \times 10^8 m^2$ 农田的大型水利工程(无水库)。该专案为非污染型建设项目。在充分了解了该工程特征和环境特征的基础上,进行环境影响识别。从有利影响、不利影响两大方面进行分析。

参考文献

1.环境保护部.规划环境影响评价技术导则　总纲(HJ 130—2014)[S]

2.中华人民共和国环境影响评价法[M].北京:中国法制出版社,2011

3.郜风涛.建设项目环境保护管理条例释义[M].北京:中国法制出版社,1999

4.环境保护部.环境影响评价技术导则(HJ 2.1—2011)[S]

5.陆书玉.环境影响评价[M].北京:高等教育出版社,2001

6.钱瑜.环境影响评价[M].南京:南京大学出版社,2009

7.环境保护部环境工程评估中心.全国环境影响评价工程师职业资格考试系列参考资料:环境影响评价案例分析[M].北京:中国环境科学出版社,2014

第五章 环境影响评价工程分析

【本章要点】

工程分析的定义、污染型项目工程分析的内容以及生态影响型工程分析的内容,工程分析内遵循的原则及依据;物料衡算分析法、类比分析法、查阅参考资料分析法等工程分析常用方法及各自的适用情形。

第一节 工程分析的内容

一、工程分析的定义

建设项目环境影响评价中的工程分析,简单而言就是对建设项目的工程方案和具体工程活动进行分析的过程,包括对项目的建设内容、设计、施工、布局、生产工艺、生产设备、原辅材料利用、能源消耗及环保措施方案等方面的全面系统分析,找出项目建设期、运营使用期及服务期满后的主要环境污染因素或生态影响因素。工程分析的主要任务是通过分析项目的全部组成、一般特征和污染特征,从项目总体上综观开发建设活动与环境全局的关系,同时从微观上为环境影响评价工作提供所需的基础资料。

二、工程分析的内容

工程分析的主要内容应根据建设项目的工程特征确定,包括建设项目的类别、所属行业、规模、开发建设的方案、能源及资源的用量、污染物的排放特征、项目建设地的环境质量现状以及当地环保部门的管理要求等。总体而言,根据建设项目对环境影响的方式和途径等差别,建设项目工程分析大体可分为两类,即以环境污染为主的污染型建设项目的工程分析和以生态破坏为主的生态影响型建设项目的工程分析。

(一)污染型建设项目工程分析

对于以环境污染为主的污染型建设项目来说,工程分析内容主要包括 6 个方面：

1.建设项目的工程概况分析

首先对工程的一般特征进行描述,如工程名称、建设性质、建设地点、建设规模、占地面积、职工人数、产品方案及规模等(表5-1)。然后画出项目的工艺流程图,对项目的工艺流程及生产方式进行说明,给出主要原辅材料的名称及单位产品用量(表5-2),有毒有害的原辅料还要给出其具体组分及性质,给出项目所需主要设备名称、型号及数量(表5-3),对于化工类项目还要列出关键步骤的化学反应式。最后说明项目的能源消耗数量、来源及其储运方式,明确水的来源、用量等。

对于改扩建项目,必须说明现有工程的基本情况,主要包括现有工程的工程组成及规模、产品方案、工艺流程等,并要明确改、扩建工程与现有工程之间的依托关系。

表 5-1　项目建设内容组成

序号	建设内容	具体建设内容及规模
1	主体工程	1 2 ……
2	配套工程	1 2 ……
3	公用工程	供水 供电 排水 消防 ……
4	储运工程	
5	环保工程	废水 废气 噪声 固废 生态 ……

表 5-2　项目主要原辅材料及消耗一览表

序号	材料名称	单位产品消耗	年用量	来源	存储地点	最大储存量或存储形式
1						
2						
3						
4						
……						

表 5-3　项目主要生产设备一览表

序号	名称	规格型号	台数	备注
1				
2				
3				
4				
……				

2.工艺流程分析

分析项目的工艺流程以及各工序中物料所进行的化学反应过程(包括主反应与副反应)与反应所需的热力学条件,如温度、压力、pH 值等。在前述的工艺流程图上标明污染物的产生环节、明确污染物的种类,并根据工艺过程中的物料用量计算绘制物料平衡图与供排水平衡图,然后给出各污染物的产生量或排放量。要注意的是,环境影响评价中的工艺流程图有别于工程设计中的工艺流程图,环境影响评价注重工艺流程中产生污染物的具体部位、污染物的种类及数量,对于不产生污染物的环节可适当简化,故一般可用简化的方块流程图来表示工艺过程。如图 5-1 和图 5-2 分别为某机械制造企业中零件的热处理和某化工产品的工艺流程图及产污环节分析。

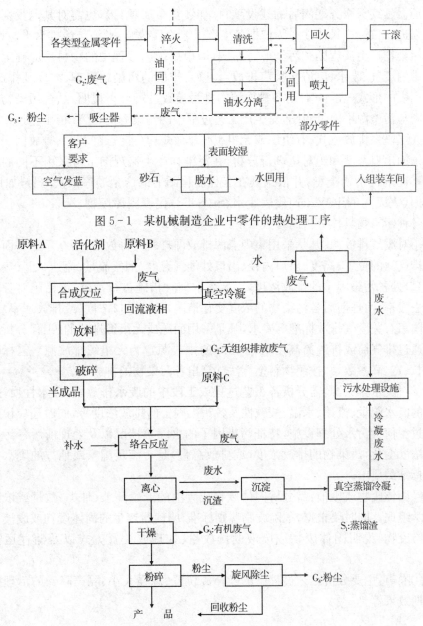

图 5-1 某机械制造企业中零件的热处理工序

图 5-2 某化工厂的工艺流程及产污环节分析

3.污染源源强及污染物排放分析

(1)工艺内污染源源强及污染物排放量分析

污染源的分布及污染物的排放类型、排放量是评价的基本依据,必须按照建设项目的施工建设期、运营期两个阶段对污染物进行详细核算,对于有些对环境影响可能还会延续至服务期满后的建设项目（如涉重金属项目），也需对其退役期的污染源强进行核算。具体途径为依据各生产工艺流程、物料平衡与给排水平衡计算，绘制污染物产生流程图和污染源分布图，即根据工艺过程中的物料反应确定出各工序中的废气、废水、废渣与噪声排放点，以及排放的污染物名称、浓度及排放量。采用列表的形式（表5-4）对各排放源的排污参数进行分析说明，结合污染物产生流程图与污染源平面分布图，对生产工艺过程中的污染源的位置（指工艺过程中的车间或工段）、排放方式（有组织或无组织）、排放规律（连续或间断）、排放因子以及各因子的出口浓度和绝对量进行分析，在污染物产生流程图上可采用不同的代号代替不同的污染物类型，并依据其在工程流程图上的产生顺序依次编号，如用 Gi (Gas)代表废气，Wi(Water)代表废水、Si(Solid)代表固体废物、Ni(Noise)代表噪声。各种污染物具体分析的参数如下：

①对废气排放源：凡是采用集中点源排放即排气筒排放的，需在厂区平面图上标明排气筒的位置、高度、出口内径、出口处烟气温度、烟气流量、流速、烟气热释放率、出口处各污染因子的排放浓度，以及采取何种措施进行治理，该措施对各污染物的去除率，治理前后各污染物的浓度变化情况，最终出口浓度（或排放速率）是否满足国家有关废气排放标准等要求，凡是采用面源或无组织排放的（工程分析中将没有通过排气筒或排气筒高度低于15m的排放源定为无组织排放源），需标明面源的长、宽、高参数，并按照物料衡算法计算出各污染物的排放量。

②对废水排放源：需分析各工艺过程或工段中的废水排放量，废水性质，排放口处的废水流量、流速、水温、酸碱性及各污染因子的排放浓度等，同时还应说明废水经过了何种污水处理设施，特征污染因子的去除率情况以及处理前后各污染物质的浓度变化，污染物的排放浓度（或排放总量）是否满足国家或地方的废水有关排放标准的要求。

③固体废物或废液：需分析固体废物或废液的产生环节、种类、数量或浓度及其化学组成。同时要根据《危险废物鉴别标准》明确所产生的固体废物或废液是否为危险废物，说明固体废物或废液的排放量、处理或处置方式以及储存运输方式等。

④噪声：主要分析工艺过程中的噪声源位置、源强大小、隔声降噪的治理措施和预期效果等。

表 5-4　项目污染源强一览表

序号	污染源名称	污染因子	产生量	治理措施	排放量	排放方式	排放去向	达标与否
1								
2								
3								
4								
……								

对于新建项目要求算清污染物排放的"两本账",即生产过程中污染物的起始产生量和经过相应的污染治理措施后的最终排放量,见表 5-5。

表 5-5　项目污染源强一览表

序号	类别	污染因子	产生量	经环保设施处理后的削减量	最终排放量
1	废水				
2	废气				
3	固体废物				

对于改扩建工程,需算清"三本账",即现有工程污染物排放量、改扩建工程污染物排放量(同时核算出污染物的产生量及削减量)、新带老污染物削减量,并对改扩建后企业总的污染物排放量与现有工程污染物排放量进行比较,分析其增减变化情况,见表 5-6。

表5-6　拟建项目实施前、后污染物排放"三本账"情况一览表

序号	类别	污染物名称	单位	现有工程排放量	改扩建项目			"以新带老"削减量	改扩建项目实施后排放总量	总体增减量
					产生量	削减量	排放量			
1	废水									
2	废气									
3	固体废物									

注:现有工程排放量＋改扩建项目排放量－"以新带老"削减量＝改扩建项目实施后总排放量。

污染物的排放量的核算除可采用物料平衡法计算外,还可通过类比法获得,即与工艺相同、使用原料相似的同类工程类比,并以此核算项目污染物排放量。

(2)非工艺内的污染源源强及污染物排放量分析

项目的非工艺过程一般也会对环境产生影响,若原辅材料及能源的装卸、储存、交通运输、预处理等过程有污染物的排放,也应予以核算。如拟建项目的施工和运营可能会对当地及附近道路的交通运输带来明显的影响,包括运输量增加引起的车辆拥堵或新开辟线路对生态环境或社会环境的影响,同时运输过程中还可能存在物料的散落、扬尘、尾气、噪声等不可忽视的环境影响,因此应予以分析,明确运输过程中的对环境影响明显的污染物类型及排放量。

(3)事故或异常排污的污染源源强或污染排放量分析

事故和异常排污一般是非正常工况下排放的污染物,包括正常开停车时设备故障时检修的排污以及工艺设备或环保设施达不到规定的设计指标运行时的排污,发生具有不确定性。故在源强核算中,不仅要核算污染物的排放量,还要确定与其对应的发生概率。属于风险评价的范畴,具体评价思路及方法见第十二章(环境风险评价)。

4.污染控制措施和途径分析

工程分析中还需要对建设项目前期可行性研究中的污染控制措施和途径的合理性、经济性和达标可靠性进行分析,并提出进一步的改进或替换意见,同时还需明确环保设施投资构成及环保投资占拟建项目总投资的比例。环境保护方案的具

体分析如下：

（1）在充分调研同类企业的环保工程的经济技术指标、运行的技术参数的基础上，对拟建项目既定的环保措施所选择的处理工艺路线及设备的先进性、经济技术的合理性以及达标的可靠性进行分析，如分析中发现既定环保措施经济技术不合理或难以实现污染物的稳定达标排放要求时，则需要给出进一步改进或替换的具体意见；

（2）对环保措施进行认真分析后，逐一列出废水、废气、固体废物、噪声等治理措施的投资明细，并汇总各项环保投资，进而计算拟建项目环保投资占总投资的比例。环保投资一览表由表5-7给出，该表是环境管理部门对项目环保工程进行竣工验收的重要参考依据。

表5-7　环保工程一次性投资估算一览表

序号	分类			治理方案	投资额（万元）
1	污水		1		
			2		
			……		
2	废气		1		
			2		
			……		
3	噪声		1		
			2		
			……		
4	固体废物	危险废物	1		
			2		
		一般废物	1		
			2		
5	生态恢复措施				
6	其他费用				
7	"以新带老"的环保投资				
8	合计				

注：对于新建项目不产生"以新带老"的环保投资，仅改扩建类项目才需统计。

对于改扩建项目,还需对现有工程的环保方案进行分析,找出是否存在环境问题,若存在,需提出可行的"以新带老"环保措施。另外,对于厂区内现有的环保治理措施,可能有一部分可以为改扩建项目依托使用。对于需要依托使用的废水、废气、固体废物等治理措施,要重点核实其依托的可靠性,如:能否满足污染物负荷增加的需求,能否实现新增污染物的达标排放等。

5.厂区内总平面布局图合理性分析

工程分析中厂区内总平面布局图的分析主要是从环境保护的角度分析厂区内的各构筑物的方位等布置是否合理,并给出进一步的优化方案,具体主要有以下三点:

(1)确定厂区与周围环境敏感点间防护距离的安全性

参照国家有关环境、安全和卫生防护距离的有关标准和规定,分析厂区各污染源或构筑物与周围的环境保护目标(通常指居民敏感点)之间的距离能否满足防护距离的要求。当不能满足要求时,首先应考虑能否通过调整厂区内各功能单元或排放源的布局来达到防护距离的要求,若通过调整布局还不能满足防护距离的要求时,应考虑采取改变拟建地址、搬迁保护目标等措施来实现防护距离的要求。

(2)从环保角度分析厂区内各构筑物的摆放位置的合理性

在充分调研项目拟建地的气象、水文和地质等资料的前提下,结合污染因子的污染特征,分析厂区内的生产构筑物与生活设施或环境保护目标之间的方位关系是否合理。在满足厂界环境控制要求的前提下,应将排放的污染物对厂区内的职工和周围敏感点的影响降至最低为原则来设置厂区内生产车间、仓储设施、辅助设施,进而优化总平面布局图,如可将生产构筑物(污染物排放源)置于生活设施或周围环境保护目标的全年的最大风频的上风向。

(3)分析对周围环境保护目标的保护措施的可行性

结合污染物的传播、稀释和扩散规律等污染特征,确定拟建项目对周围环境保护目标的影响状况,据此分析对周围环境保护目标所采取的防护措施的可行性,并进一步提出切实可行的保护措施。

6.清洁生产水平分析

在环境影响评价阶段需贯彻清洁生产的理念,工程分析中要结合项目生产工艺对生产全过程的清洁性进行分析,包括资源能源利用率、污染物产生水平、废物回收利用情况和环境管理水平等,以期找到生产过程中降低物料、能源的使用量,减少污染物排放量的突破口。清洁生产通常会在环境影响评价中设置专题进行分析。

(二)生态影响型建设项目工程分析

生态影响型建设项目主要结合拟建项目特点,明确项目施工期和运营期的影

响因素及可能的影响因素,工程分析内容包括:

1. 工程概况

工程概况包括建设项目名称、建设地点、建设方案、建设规模以及工程特性等。按照表5-1给出项目的主体工程、辅助工程、储运工程、环保工程和公用工程等,明确项目的规划设计和施工方案,对生态有较大影响的大型临时工程也要列举出,如:临时弃土场、临时堆料场和临时道路等。

2. 影响源识别

对于生态影响型建设项目,重点分析可能造成生态影响的工程活动,尽量采用定量数据分析该生态影响的强度、范围和特征;建设项目对生态的影响因素大体有:占用土地(包括临时性占用土地和永久性占用土地)、植被破坏(特别是对生态敏感的植被或濒临灭绝的物种的破坏)、动物影响(对动物的迁徙、繁殖、栖息和觅食等生命活动的影响)、水土流失、工程爆破(对植物、动物和水土流失的影响)等。

当然,生态影响型建设项目同样也存在环境污染因素,如:建设期的施工人员生活污水、施工废水、运输交通扬尘、施工粉尘、施工噪声等。故生态影响型建设项目也应和污染型项目一样,对污染物排放源源强、污染物排放量、污染物性质、排放方式等进行分析。只不过侧重点有所不同。

3. 生态保护措施分析

生态影响型建设项目的工程分析应从经济、技术、管理和可实施性等方面来分析先期既定的生态保护措施的有效性或合理性,包括拟建项目建设期的水土保持方案、生态敏感区的保护措施以及营运期的植被保护措施等,对于不能满足生态保护需要的措施要给出进一步的改进建议或替代方案。

三、工程分析的原则及依据

(一)工程分析的原则

1. 体现政策性

在进行环境影响评价工程分析时,应符合国家对建设项目的环保政策法规的要求,要体现资源的合理利用及配置。如相关产业政策、能源政策、资源政策和环保技术政策的符合性等。只有严格按照国家的相关政策对建设项目的环境影响进行剖析,才能为项目决策提供符合政策要求的建议。

2. 具有针对性和可操作性

工程项目是多门类的,其对环境的影响也是错综复杂的。故工程分析一定要找准主攻方向,通过全面系统分析建设项目的性质、类型、规模、污染物种类、数量、毒性、排放方式和外环境容量等具体特征,选择对环境干扰强烈、影响大的主要因素作为评价的主要对象,针对重点解决实际问题,使之更具操作性。

3.能为后续的水、气、噪声和固体废物等专项的评价提供准确而定量的基础数据

建设项目后续的水、气、噪声和固体废物等专题评价必须要以工程分析中所确定的污染物种类和所核算的污染物排放源强为基础依据,因而这就要求工程分析的定量数据一定要准确可靠,定性资料一定要切实可行。

4.应为项目选址、工程设计和工艺流程等方面提出环保优化建议

根据国家相关的环保政策法规和项目所在区域性环境功能区划要求,为项目的选址、布局、建设方案等提出环保优化建议。根据清洁生产和环境保护的要求,为改进建设项目生产工艺、降低资源能源使用量、减少污染物排放,改进既定环保工程设计等方面提出具体建议。

(二)工程分析的依据

工程分析的开展必须借助建设项目前期已取得的某些设计图纸、技术文件或文献资料等,主要包括:

1.建设单位或设计单位提供的项目实施规划、可行性研究报告以及各种设计文本、图纸等基础资料;

2.收集国内外相关行业的资料文献,包括国家的相关环保政策法规、类似项目的环境影响评价文件、工艺反应的原理等技术文件;

3.正在运行的相同或类似项目的基础数据。

值得说明的是,项目的规划设计方案、可行性研究报告和工程设计等技术文件中记载的资料、数据能满足工程分析所需的精度要求时,应加以复核确认后方可使用,杜绝不加考证、盲目照搬。

四、工程分析的意义

(一)工程分析是项目决策的主要依据

拟建项目的开发建设一般都是多方案的,通过每个方案的工程分析对比,有助于从多个方案中筛选出对环境影响最小的方案,为项目的决策人员就环境影响的大小方面挑选方案提供依据;而且项目的工程分析主要是从环境保护角度对建设项目的性质、建设方案、工艺流程、设备选型、原辅材料选购、经济技术指标、污染物排放方式、环境保护措施和项目厂区总平面布局等方面进行可行性分析,结合产业政策的符合性、清洁生产水平的可接受性、污染达标排放的可行性和选址选线的合理性等分析,为项目的环境管理部门的决策提供科学依据。

(二)为生产工艺改进和环保治理方案设计提供优化建议

通过对建设项目的工艺过程进行工程分析,可从环境保护角度给出生产工艺中明显不合理环节,提出节能降耗、减少原辅材料使用量和污染物排放量的改进措

施；工程分析中还应从工艺设备先进性、经济技术合理性和污染达标排放的可靠性和可操作性等方面对既定的环境保护措施(含生态保护措施)进行可行性分析，进而给出改进的具体措施或优化建议。对于改扩建项目，还应分析现有工程的环保措施的合理性、有效性，并提出"以新带老"的环保改进措施，包括更换先进的环保设备、提高环保设施的清洁性和效率等。因此全面的工程分析能为建设项目的生产工艺改进和环保治理方案设计提供优化建议。

(三)为项目建设的环境影响评价提供基础依据

通过对项目进行工程分析，如：项目建设方案的分析、经济技术指标的分析和工艺流程的分析等，有助于梳理出项目的建设可能带来的环境影响问题，进而取得各污染物排放源的分布、污染物的类型、污染物的排放方式、排放量、主要污染因子及污染特征等基础数据，从而为后续的废水、废气、固体废物、噪声、清洁生产和风险评价等各个专题的预测及污染防治措施的设定提供支撑。同时，由工程分析还能掌握项目建设过程中的主要生态影响、影响程度、范围和类型等基础信息，为后续的生态影响评价及防治措施奠定基础。

(四)为项目实施后的科学环境管理提供基本依据

工程分析中所筛选出的主要污染因子是项目的建设单位和环境管理部门进行日常环境管理的依据；工程分析中所核定的污染物排放总量是环境管理部门对建设单位的运营期的环境管理的重要手段；工程分析中明确的污染物排放浓度、排放量、排放方式以及污染物治理措施是环境管理部分进行环保验收和后续环境管理的参照标准。虽说环境影响评价文件可为建设项目的后续环境管理提供基本依据，而工程分析确是环境影响评价的基础。

五、工程分析的结论

工程分析作为环境影响评价报告书中一个独立的篇章，要有明显的结论，如：

(1)项目的建设是否符合国家的产业政策、地方的相关政策及相关的能源、资源利用政策等；

(2)项目的选址选线是否符合当地的土地利用规划、总体规划及环境功能区划要求等。

第二节　工程分析的方法

通常情况下,建设项目环境影响评价中的工程分析,可根据项目规划、可行性研究和初步设计方案等工程技术文件中提供的基础资料进行,但当上述工程技术文件不能满足环评的工程分析需要时,应根据具体情况选用合适的工程分析方法。目前,普遍使用的工程分析方法大致可分三类,物料衡算分析法、类比分析法和查阅参考资料分析法。

一、物料衡算分析法

物料衡算是一种理论上的定量分析方法,以质量守恒定律为基础,即在生产过程中,投入生产系统的生产原料总质量应等于产出的物质的质量,也就是产品的质量和流失的物质的质量之和。其计算通式如下:

$$\sum G 投入 = \sum G 产品 + \sum G 流失 \tag{5-1}$$

式中,$\sum G$ 投入——投入系统的原辅材料总质量;

　　　$\sum G$ 产品——系统产出的产品和副产品的质量总和;

　　　$\sum G$ 流失——系统流失的物料质量,含回收的物料质量及污染物的产生量。

若系统中投入的物料经历了化学反应,则可用下列公式进行污染物排放量计算:

$$\sum G 排放 = \sum G 投入 - \sum G 产品 - \sum G 回收 - \sum G 处理 \tag{5-2}$$

$\sum G$ 排放——某污染物最终排入环境的总量;

$\sum G$ 投入——投入系统的原辅材料总质量;

$\sum G$ 产品——系统产出的产品和副产品的质量和;

$\sum G$ 回收——进入回收的产品中的物料总量;

$\sum G$ 处理——经污染治理措施处理掉的污染物的总量。

图 5-3 是某企业丙烯酸丁酯物料平衡图,通过其来说明物料衡算法的方法和具体步骤。

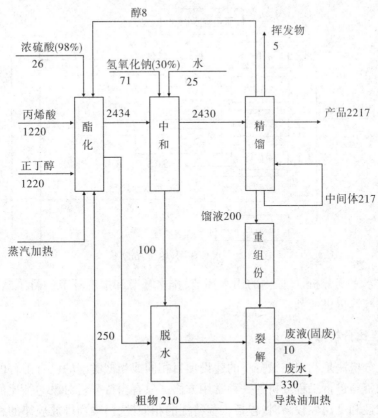

图 5-3　某企业丙烯酸丁酯物料平衡图(t/a 产品)

由图 5-3 可知,进入系统的原辅材料为浓硫酸(98％)、丙烯酸、正丁醇、氢氧化钠(30％)、水等,总量为 2562t/a,原辅材料经过一系列的化学过程后产生的产品为丙烯酸丁酯,产量为 2217t/a,故流失的物料为 345t/a,主要包括回收的物料和产生的环境污染物,回收物料有醇(8t/a)、粗物(210t/a),环境污染物有挥发物(5t/a)、废液(10t/a)、废水(330t/a)。

采用物料平衡法计算各污染物产生量时,必须对工艺流程、工艺经济技术参数(含原辅材料的成分及消耗定额、能源的构成、产品的产率和物料转化率等)、主要化学反应(含主、副反应情况)及环境污染防治措施等方面有全面的掌握。

一般情况下,为了核算厂区内的废水排放量,还需对厂区水的使用、循环及排放等情况进行详细调查,即作水平衡图,图 5-4 是某化工企业的厂区水平衡图:

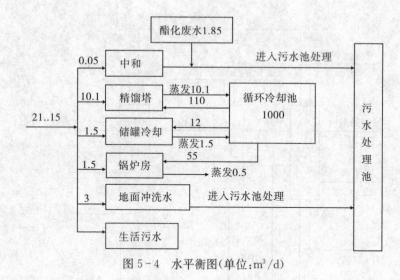

图 5-4　水平衡图(单位：m³/d)

通过水平衡分析，厂区内的用水环节、排水环节和损耗环节一目了然，为废水排放量的核算提供便利。

二、类比分析法

类比分析法是利用与被分析的建设项目相同或相似类型的已有工程的设计资料或实测资料进行工程分析的一种常用方法。只有当待分析对象与类比的对象之间的相似性和可比性较高时(包括工程特征的相似性、污染物排放规律的相似性以及气象条件、水文地质等环境特征的相似性)，才可能获得比较准确的工程分析类比数据，而且该方法要求数据统计时间较长，故工作量较大。

类比分析法常采用经验排污系数法计算某种产品或工艺过程的污染物排放量。经验排污系数是长期生产经验的总结，对某种产品、工艺过程和技术水平的污染物排放量进行长期统计分析得出的经验数值，经验排污系数法的计算公式如下：

$$G_i = K_i \times W \tag{5-3}$$

式中，G_i——i 污染物的排放量，kg；

$\quad K_i$——i 污染物在单位产品或单位原料、燃料等的排放定额；

$\quad W$——产品的产量或原材料、燃料的消耗量，kg。

目前相关研究部门整理已经发布了不同行业、不同产品生产工艺的很多类型工业污染源的产排污经验数据，如第一次全国污染源普查工业污染源产排污系数手册、环境统计手册、环境保护实用手册等技术资料，这些技术资料极大程度上方便了环境影响评价技术人员的日常工作。但引用时要注意地区、行业、时间段等的差异，必要时予以修正。

　　如表5-8和表5-9分别列举了不同类型燃料的污染物排放系数和安徽省各个城市生活源污水中各污染物的人均产生系数。

表5-8　燃气排污系数

能源类型	污染物指标	单位	产污系数
石油液化气	烟气量	Nm^3/t	17000
	烟尘	g/t	4.7
	二氧化硫	kg/t	0.0068
	氮氧化物	kg/t	1.2
		g/m^3	2.99
管道煤气	烟气量	Nm^3/m^3	5.48
	烟尘	g/m^3	0.0015
	二氧化硫	g/m^3	0.07
	氮氧化物	g/m^3	0.77
管道天然气	烟气量	Nm^3/m^3	12.8
	烟尘	mg/m^3	1
	二氧化硫	mg/m^3	9
	氮氧化物	g/m^3	0.8
燃料油	烟气量	Nm^3/t	11000
	烟尘	kg/t	1.18
	氮氧化物	kg/t	10.65
	二氧化硫	kg/t	16

表 5-9 安徽省生活源污水污染物人均产生系数

地区名称	化学需氧量(COD)(g/人·d)		氨氮(NH₃-N)(g/人·d)		总氮(TN)(g/人·d)		总磷(TP)(g/人·d)		动植物油(g/人·d)		生化需氧量(BOD)(g/人·d)	
	总量	居民生活	总量	居民生活	总量	居民生活	总量	居民生活	总量	居民生活	总量	居民生活
安徽省	72	57	7.73	7.52	10.09	9.65	0.73	0.67	3.26	1.31	31	26
合肥市	82	68	8.97	8.64	11.77	11.08	0.89	0.80	4.90	1.89	35	30
芜湖市	78	62	8.24	8.06	10.73	10.36	0.79	0.74	3.03	1.57	32	27
蚌埠市	72	57	7.69	7.44	10.16	9.62	0.75	0.68	3.62	1.35	31	26
淮南市	72	57	7.59	7.44	9.93	9.62	0.73	0.68	2.52	1.35	31	26
马鞍山市	78	62	8.28	8.06	10.85	10.36	0.81	0.74	3.73	1.57	32	27
淮北市	72	57	7.64	7.44	10.03	9.62	0.73	0.68	2.93	1.35	31	26
铜陵市	78	62	8.38	8.06	11.02	10.36	0.77	0.74	4.68	1.57	32	27
安庆市	69	55	7.56	7.32	9.80	9.34	0.63	0.65	3.46	1.22	30	25
黄山市	77	57	7.87	7.44	10.45	9.62	0.79	0.68	4.72	1.35	33	26
滁州市	69	55	7.51	7.32	9.76	9.34	0.70	0.65	3.24	1.22	30	25
阜阳市	64	52	7.21	7.04	9.42	9.04	0.70	0.57	2.63	0.94	28	24
宿州市	69	55	7.46	7.32	9.64	9.34	0.68	0.65	2.42	1.22	30	25
巢湖市	69	55	7.50	7.32	9.73	9.34	0.63	0.65	3.04	1.22	30	25
六安市	69	55	7.49	7.32	9.71	9.34	0.70	0.65	3.13	1.22	30	25
亳州市	64	52	7.16	7.04	9.31	9.04	0.69	0.57	2.21	0.94	28	24
池州市	69	55	7.63	7.32	9.93	9.34	0.73	0.65	4.19	1.22	30	25
宣城市	72	57	7.67	7.44	10.13	9.62	0.72	0.68	3.75	1.35	31	26

注:摘自《生活源产排污系数及使用说明》,环保部华南环境科学研究所,2010.

三、查阅参考资料分析法

查阅参考资源分析法是利用同类工程或生产工艺已完成的(最好已经环境管理部门审批)环境影响评价报告文件或经评审后的可行性研究报告等技术资料进

行工程分析的方法。相比于物料衡算分析法和类比分析法,此方法方便快捷,但难以保证所查阅资料中数据的准确性。故当环境评价要求较低或前两种方法难以奏效时,才会选择查阅参考资料分析法进行建设项目的工程分析。

三种方法无优劣之分,只有适不适合,工程分析方法的选用应根据具体的建设项目类型、性质或特征及所具备的客观条件而定,而工程分析中一般较小选用查阅参考资料分析法。三种方法主要任务是核定污染物的排放量,而污染物排放量估算仅是工程分析一个目的之一。

第三节　工程分析典型案例分析

通过某不锈钢制品有限公司新建的年产 1.5 万 t/a 不锈钢制品项目的工程分析来阐述环境影响评价中工程分析的内容、方法与作用。

一、项目概况

建设内容主要分为主体工程、储运工程、公用工程和环保工程,工程具体组成情况见表 5-10:

表 5-10　项目建设内容组成一览表

工程类别	建设名称	设计能力	备注
主体工程	酸洗车间	/	1 间
储运工程	柴油储罐	5t	2 只
	硝酸储罐	5t	2 只
	氢氟酸储罐	2t	1 只
	硫酸储罐	1t	1 只
公用工程	给水	50t/d	自来水
	排水	30t/d	—
	供电	50 度/h	来自电网
	供汽	10t/d	由 ＊＊ 集团提供
	绿化	4500m²	—

（续表）

工程类别	建设名称		设计能力	备注
环保工程	废气处理		10000m³/h	1套
	生产废水处理	沉淀装置	10t/d	1套
		集水池	120m³	1只
	生活污水处理		5t/d	1套
	固废暂存间		60t	1座

注:选自《某不锈钢制品有限公司新建的年产1.5万t/a不锈钢制品项目环境影响评价报告书》,2010.

该工程的产品方案为年产不锈钢卷板1.5万t,运营期劳动定员35人,年工作300d,三班制,每班工作8h,建设项目占地面积13341m²。

二、生产工艺流程、主要设备及原辅料能源消耗

（一）工艺流程

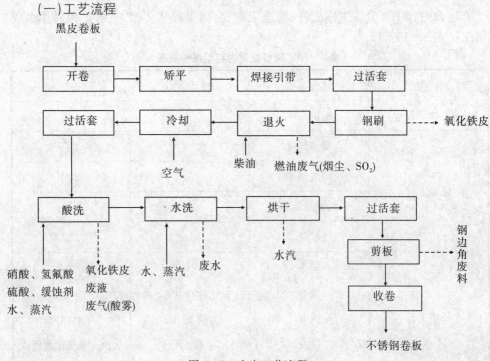

图5-5 生产工艺流程

1. 工艺介绍

(1)矫平:钢板经过矫平机的压辊,使钢板平整。

　　(2)焊接引带:为了达到连续生产的目的,将不锈钢卷板通过焊接连接在一起。

　　(3)过活套:后续的退火工艺是连续进行的,而焊接过程有停顿,为保证退火的连续性,在此段保留一部分钢板,前面的焊接工艺停顿时,退火工艺利用活套中的钢板进行退火,焊接结束后,再将一部分钢板存入活套中。

　　(4)钢刷:由钢刷机去除钢板表面大部分氧化层。

　　(5)退火:钢板在温度为 1100℃ 左右柴油燃烧火焰上加热,目的是降低硬度,提高塑性和韧性;减少残余应力;消除钢中的结构缺陷。由于退火温度较高,钢板表面生成金属氧化物,主要为 Fe_3O_4、Cr_2O_3、NiO 等。

　　(6)冷却:风冷。

　　(7)酸洗:由于 Cr_2O_3 难溶于单一的酸中,因此使用硝酸、硫酸和氢氟酸混合酸。生产时将硝酸、氢氟酸、硫酸和水在酸洗槽配成酸洗用酸液,酸洗槽内装有加热管,由蒸汽间接将酸液加热至 60℃,为避免不锈钢基板遭受严重腐蚀,需在酸洗槽内添加一定量的缓蚀剂。正常生产时,酸洗液中硝酸、硫酸和氢氟酸的浓度分别为 20%、2% 和 2% 左右,生产中随着各种酸的消耗,不断地添加,确保酸洗液满足生产要求,当酸洗液使用一段时间后,其中各种成分比较复杂,影响酸洗速度和效果,需更换酸洗液,根据经验,更换周期一般为 20d 左右。整个过程都是负压状态下进行,正常生产情况下不会产生废气,无废气排放。

　　(8)水洗:酸洗后,钢板表面附着一些酸洗液,采用 80℃～90℃ 热水进行清洗,该项目水洗采取逆流水洗方式,共设 3 只水洗槽,正常生产中只在Ⅲ槽中添加水,Ⅱ槽损耗的水由Ⅲ槽补给,Ⅰ槽损耗的水由Ⅱ槽补给,每槽的有效容积约为 $6m^3$,Ⅰ槽内清洗水每天更换一次,排入厂内废水处理设施处理后作为酸雾净化装置补充水。

　　(9)烘干:通过电加热产生的热量使钢板表面的水分蒸发。

　　(10)剪板:将钢板焊接的接头部分剪开。

　　(11)收卷:将钢板收卷成钢卷。

　　一般工程分析中需要对工艺流程进行简单介绍,更利于评审专家对工艺过程的理解和把握,也更利于环境管理部门的审批及后期的管理。

　　2.主要设备清单

表 5-11　主要设备清单

序号	设备名称	型号	数量(台/套)
1	开卷机	非标	1
2	矫平机	非标	1
3	电焊机	—	4

（续表）

序号	设备名称	型号	数量（台/套）
4	钢刷机	非标	1
5	退火炉	1600 型	1
6	酸洗机组	1600 型	1
7	清洗槽	—	1
8	剪板机	液压	1
9	收卷机	非标	1
10	烘干机	非标	1
11	柴油储罐	5m³	2
12	硝酸储罐	5m³ 铝罐	2
13	氢氟酸储罐	3m³ PP 罐	1
14	硫酸储罐	1m³ FRP 罐	1
15	酸雾净化装置	酸洗设备配套	1

3. 主要原辅材料及能源消耗

表 5-12 主要原辅材料及能源消耗表

序号	名称	规格	单耗（kg/t）	年耗量（t/a）
1	黑皮卷板（14-3 铬镍钢）	—	1005	15075
2	硝酸	68%	16.033	240.5
3	氢氟酸	40%	1.833	27.5
4	硫酸	98%	2	30
5	缓蚀剂		0.040	0.6
6	电	—	3.3 度/t	10 万度/年
7	柴油		20	300
8	新鲜水		220	4618
9	蒸汽	—	69.0	1120

工艺过程一般由建设单位提供，环评技术人员要结合相关专业资料画出工艺流程框图并标注产生的废水、废气、固体废物的工序（即产污环节）。主体设备清单、主要原辅材料及能源消耗量由建设单位提供，环评技术人员进行核实。

三、污染源分析

(一)物料平衡

氧化铁皮(主要成分为 Fe_3O_4、Cr_2O_3、NiO)与酸洗液中酸的反应过程为:

$$Fe_3O_4 + 8HNO_3 \longrightarrow 2Fe(NO_3)_3 + Fe(NO_3)_2 + 4H_2O$$

$$Cr_2O_3 + 6HNO_3 \longrightarrow 2Cr(NO_3)_3 + 3H_2O$$

$$NiO + 2HNO_3 \longrightarrow Ni(NO_3)_2 + H_2O$$

$$Fe_3O_4 + 4H_2SO_4 \longrightarrow Fe_2(SO_4)_3 + FeSO_4 + 4H_2O$$

$$Cr_2O_3 + 3H_2SO_4 \longrightarrow Cr_2(SO_4)_3 + 3H_2O$$

$$NiO + H_2SO_4 \longrightarrow NiSO_4 + H_2O$$

基板内铁与硝酸反应过程为:

$$Fe + 4HNO_3 \longrightarrow Fe(NO_3)_3 + NO\uparrow + 2H_2O \quad ①$$

$$3Fe + 8HNO_3 \longrightarrow 3Fe(NO_3)_2 + 2NO\uparrow + 4H_2O \quad ②$$

(1)当 Fe/HNO_3 的摩尔比 $\leqslant 1/4$ 时,按反应①进行;

(2)当 Fe/HNO_3 的摩尔比 $\geqslant 3/8$ 时,按反应②进行;

(3)当 $1/4 \leqslant Fe/HNO_3 \leqslant 3/8$ 时,则①②两反应都发生,且 Fe、HNO_3 均反应完全。

金属铬与稀硫酸的反应规律如下:

$$2Cr + 3H_2SO_4 \longrightarrow Cr_2(SO_4)_3 + 3H_2\uparrow$$

金属镍与酸洗液反应如下:

$$3Ni + 8HNO_3 \longrightarrow 3Ni(NO_3)_2 + 2NO\uparrow + 4H_2O$$

拟建项目若包含化学反应,应在工程分析中列出主要的化学方程式,并确定反应的产率,然后依据化学反应方程式给出生产工艺的物料平衡。本项目的物料平衡图如图 5-6:

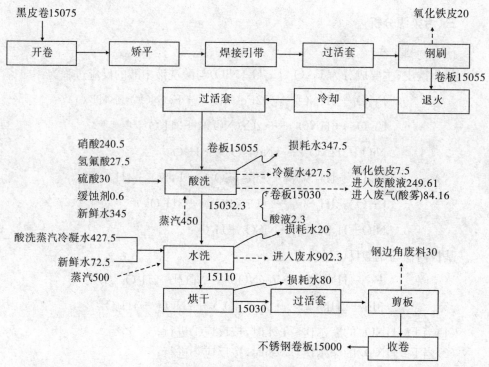

图 5-6 物料平衡图(单位:t/a)

表 5-13 项目投入产出一览表

(单位:t)

序号	物料名称	输入					输出			
		数量	浓度	有效成分	含水量	含杂量	进入产品	进入废气	进入废水	进入固废(液)
1	黑皮卷板	15075	—	15075	—	—	15000	0	0.165	74.825
2	硝酸	240.5	68%	163.54	4.81	72.15	0	75.56	1.65	163.29
3	硫酸	30	98%	29.4	0.6	—	0	4.24	0.27	25.5
4	氢氟酸	27.5	40%	11	16.5	—	0	4.37	0.23	22.9
5	缓蚀剂	0.6	100%	0.6	—	—	0	0	0.005	0.595
6	水(蒸汽)	1367.5	—	—	—	—		447.5	900	20
小计		16741.1	—	15279.54	21.91	72.15	15000	531.67	902.32	307.11
							16741.1			

列出项目的物料平衡图后,根据图示标注,列出项目的输入(原辅材料、能源等)和输出(产品、污染物)一览表,见表 5-13。

（二）水平衡图

为了确定厂区内水的使用、排放状况，一般环境影响评价文件的工程分析中还需依据项目物料平衡给出厂区内水平衡分析。本项目水平衡分析如图5-7。

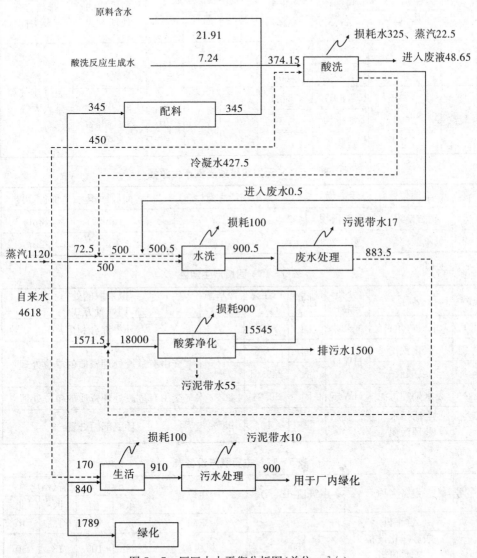

图5-7　厂区内水平衡分析图（单位：m³/a）

（三）污染源产生源强核算

工程分析中，物料平衡及水平衡完成后，便比较容易定出各类型污染物的产生量，并给出拟采取的污染治理措施（此措施为经优化后的最佳治理措施）。本项目的水污染物、气污染物、固体废弃物、噪声的产生源强及拟采取的治理措施分别见

表5-14 到表5-24。

表5-14 大气污染物产生源强

污染源		污染物 名称	产生量 (t/a)	排放源参数			拟采取的 处理方式	排放方式 及去向
名称	废气量 ($10^4 m^3$/a)			高度 (m)	直径 (m)	温度 (℃)		
退火	540	烟尘	0.635	15	0.35	420	—	通过排气筒 排入大气
		SO₂	1.80					
酸洗	3600	NOₓ	75.41	20	0.5	70	Ca(OH)₂+ Na₂S 混合 液喷淋	
		氟化物	4.32					
		硫酸雾	4.18					

表5-15 无组织排放废气产生源强

序号	污染源位置	污染物	污染物产生量(t/a)	面源面积	面源高度
1	硝酸储罐	氮氧化物	0.15	15m²	2m
2	氢氟酸储罐	氟化物	0.05	4m²	2m

表5-16 固废产生源强

序号	名称	分类 编号	性状	产生量 (t/a)	含水率 (%)	拟采取的处 理处置方式
1	钢板边角料	82	固	30	0	外售综合利用
2	氧化铁皮	HW17	固	27.5	0	交由有危废处理资质的单位处理
3	废酸液		液	249.61	—	
4	废水处理污泥	HW46	固	89.91	80%	交由有危废处理资质的单位处理
5	生活污水 处理污泥	57	液	10	98%	环卫部门处置

表5-17 主要噪声设备表

序号	设备名称	声级值 dB(A)	所在位置	距厂界位置(m)			
				东	南	西	北
1	矫平机	78	车间	39	12	15	10
2	酸雾净化设备 配套风机	80	风机房	69	109	13	50
3	烘干工段配套风机	78	车间	39	12	15	10
4	机械传动	80					

表5-18 水污染物产生源强

污染物产生量

废水量 m³/a	pH	COD 浓度 mg/L	COD 产生量 t/a	SS 浓度 mg/L	SS 产生量 t/a	总铬 浓度 mg/L	总铬 产生量 t/a	总镍 浓度 mg/L	总镍 产生量 t/a	Fe^{2+} 浓度 mg/L	Fe^{2+} 产生量 t/a	Fe^{3+} 浓度 mg/L	Fe^{3+} 产生量 t/a	氟化物 浓度 mg/L	氟化物 产生量 t/a	石油类 浓度 mg/L	石油类 产生量 t/a	$NO_3^- - N$ 浓度 mg/L	$NO_3^- - N$ 产生量 t/a	SO_4^{2-} 浓度 mg/L	SO_4^{2-} 产生量 t/a	氨氮 浓度 mg/L	氨氮 产生量 t/a	磷酸盐(以P计) 浓度 mg/L	磷酸盐(以P计) 产生量 t/a	处理方式	排放去向
水洗废水 900.5	4~5	200	0.181	400	0.362	54.4	0.049	12.2	0.011	38.9	0.035	77.7	0.07	72.2	0.065	50	0.045	1832.3	1.65	-	-	-	-	-	-	物化	用作酸雾净化装置补充水
酸雾净化装置排污水 1500	11~12	60	0.09	76.6	0.115	1.4	0.002	0.6	0.001	1.4	0.002	2.6	0.004	20	0.003	6.0	0.009	4850	6.93	27.3	0.041	-	-	-	-	-	外运委托污水处理厂处理
生活污水 900	6~9	300	0.27	250	0.225	-	-	-	-	-	-	-	-	-	-	-	-	-	-	-	-	35	0.032	3	0.003	生化	用于厂内绿化

表 5-19　有组织大气污染物排放状况

污染源名称	排气量 (10⁴ m³/a)	污染物名称	产生状况		治理措施	去除率(%)	排放状况		执行标准		工作时间 (h/a)	排放高度 (m)	排放方式
			浓度 (mg/m³)	速率 (kg/h)			浓度 (mg/m³)	速率 (kg/h)	浓度 (mg/m³)	速率 (kg/h)			
退火	540	烟尘	118	—			118	—	200	—	7200	5	排气筒排放
		SO₂	333	—			333	—	850	—			
酸洗	3600	NOₓ	2000	20	Ca(OH)₂+ Na₂S 混合液喷淋	95%	100	1.0	240	1.3	7200	20	排气筒排放
		氟化物	120	1.2		96%	4.8	0.048	9	0.17			
		硫酸雾	116	0.835		98%	2.3	0.017	45	2.6			

表 5-20　无组织排放废气排放状况

序号	污染源位置	污染物	污染物排放量(t/a)	面源面积(m²)	面源高度(m)
1	硝酸储罐	氮氧化物	0.15	15	2
2	氢氟酸储罐	氟化物	0.05	4	2

表 5-21　水污染物排放情况

废水量 (m³/a)	污染物名称	污染物产生量		治理措施	污染物排放量		标准值 (mg/L)	排放方式与去向
		浓度 (mg/L)	产生量 (t/a)		浓度 (mg/L)	排放量 (t/a)		
水洗废水 900.5	pH	4~5	—	中和、沉淀	10~12	—	—	作为酸雾净化塔喷淋补充水
	COD	200	0.180		200	0.180	—	
	SS	400	0.362		64	0.0553	—	
	总铬	54.4	0.049		2.2	0.002	—	
	总镍	12.2	0.011		1.2	0.001	—	
	Fe²⁺	38.9	0.035		2.4	0.002	—	
	Fe³⁺	77.7	0.07		4.6	0.004	—	
	氟化物	72.2	0.065		5.8	0.005	—	
	石油类	50	0.045		5	0.005	—	
	NO₃⁻-N	1832.3	1.65		1832.3	1.65	—	

（续表）

废水量 (m³/a)	污染物名称	污染物产生量		治理措施	污染物排放量		标准值 (mg/L)	排放方式与去向
		浓度 (mg/L)	产生量 (t/a)		浓度 (mg/L)	排放量 (t/a)		
酸雾净化装置排污水 3000	pH	6～9	—		6～9	—	6～9	外运委托处理
	COD	60	0.09		60	0.09	500	
	SS	76.6	0.115		76.6	0.115	400	
	总铬	1.4	0.002		1.4	0.002	1.5	
	总镍	0.6	0.001	—	0.6	0.001	1.0	
	Fe²⁺	1.4	0.002		1.4	0.002	—	
	Fe³⁺	2.6	0.004		2.6	0.004	—	
	氟化物	20	0.03		20	0.03	20	
	石油类	6.0	0.009		6.0	0.009	20	
	$NO_3^- - N$	45950	68.93		45950	68.93		
	SO_4^{2-}	27.3	0.041		27.3	0.041		
生活污水 900	COD	300	0.27	生化处理	—	—	—	用于绿化
	SS	250	0.225		—	—	—	
	氨氮	35	0.023		—	—	—	
	磷酸盐（以P计）	3	0.003		—	—	—	

表 5 - 22　固体废物处理处置情况

名称	分类编号	产生量(t/a)	性状	含水率(%)	综合利用方式及其数量(t/a)	处理处置方式及其数量(t/a)
钢板边角料	82	30	固	0	外售30	0
氧化铁皮	HW17	27.5	固	0	0	交由有危废处理资质的单位处理27.5
废酸液		249.61	液	—	0	交由有危废处理资质的单位处理249.61
废水处理污泥	HW46	89.91	固	80	0	交由有危废处理资质的单位处理89.91
生活垃圾	—	13	固	—	0	环卫部门处置13
生活污水处理污泥	57	10	液	98	0	环卫部门处置10

表 5-23　主要噪声源对厂界影响情况

设备名称	等效声级 dB(A)	治理措施	降噪效果	预计厂界噪声值 dB(A)	标准限值 dB(A)
矫平机	78	隔声	较好		
酸雾净化设备配套风机	80	消声、隔声	较好	37.1~45.5	昼间:60 夜间:50
烘干工段配套风机	78	消声、隔声	较好		
机械传动	80	隔声	较好		

表 5-24　污染物排放量汇总　　　　　　　　（单位:t/a）

种类	污染物名称	产生量	削减量	排放量
废气	烟尘	0.635	0	0.635
	SO_2	1.80	0	1.80
	NO_x	75.41	71.64	3.92
	氟化物	4.37	4.15	0.22
	硫酸雾	4.18	4.09	0.09
废水	COD	0.460	0.280	0.180
	SS	0.702	0.587	0.115
	总铬	0.049	0.047	0.002
	总镍	0.011	0.010	0.001
	Fe^{2+}	0.035	0.033	0.002
	Fe^{3+}	0.07	0.066	0.004
	氟化物	0.065	0.035	0.03
	石油类	0.045	0.036	0.009
	$NO_3^- - N$	68.93	0	68.93
	SO_4^{2-}	0.041	0	0.041
	氨氮	0.023	0.023	0
	磷酸盐(以 P 计)	0.003	0.003	0

（续表）

种类	污染物名称	产生量	削减量	排放量
固废	钢板边角料	30	30	0
	氧化铁皮	27.5	27.5	0
	废酸液	249.61	249.61	0
	生产废水处理污泥	89.91	89.91	0
	生活垃圾	13	13	0
	生活污水处理污泥	10	10	0

注：以上所有图与表格资料均节选自《某不锈钢制品有限公司新建的年产1.5万t/a不锈钢制品项目环境影响评价报告书》，2010.

表5-10～表5-24是工程分析的重点，通过分析得出的废水、废气、噪声和固体废物源强等基础数据是提出后续污染防治措施及开展其他专项工作的基础。

思考题

1. 工程分析的定义。
2. 工程分析主要包括哪些内容？
3. 简述污染源调查的目的及意义。
4. 工程分析中项目工艺流程图应关注的重点是什么？
5. 对于废气排放源应调查的污染源参数有哪些？
6. 查阅相关资料，阐述应从哪些方面分析厂区总平面布局图的合理性？
7. 工程分析的作用有哪些？
8. 工程分析的依据主要有哪些？
9. 工程分析的常用方法及适用条件。
10. 工程分析中的"两本账"和"三本账"分别指的是什么？
11. 工程分析中水平衡图的作用。

拓展阅读

危险废物的贮存污染控制

一、危险废物的定义

危险废物指列入国家危险废物名录或者根据国家规定的危险废物鉴别标准和鉴别方法认定的具有腐蚀性、毒性、易燃性、反应性和感染性等一种或一种以上危险特性，以及不排除具有以上危险特性的固体废物。其处理处置不同于一般的固体废物，必须交由有危废处理资质的单位处理。

二、危险废物的贮存的一般要求

所有危险废物产生者和危险废物经营者应建造专用的危险废物贮存设施，也可利用原有构筑物改建成危险废物贮存设施;在常温常压下易爆、易燃及排出有毒气体的危险废物必须进行预处理,使之稳定后贮存,否则,按易爆、易燃危险品贮存;在常温常压下不水解、不挥发的固体危险废物可在贮存设施内分别堆放,否则必须装入容器内;禁止将不相容(相互反应)的危险废物在同一容器内混装,无法装入常用容器的危险废物可用防漏胶袋等盛装,装载液体、半固体危险废物的容器内须留足够空间,容器顶部与液体表面之间保留100mm以上的空间,危险废物贮存设施在施工前应做环境影响评价。

三、危险废物贮存设施的选址与设计原则

(一)危险废物集中贮存设施的选址

地质结构稳定,地震烈度不超过7度的区域内。设施底部必须高于地下水最高水位。应依据环境影响评价结论确定危险废物集中贮存设施的位置及其与周围人群的距离,并经具有审批权的环境保护行政主管部门批准,并可作为规划控制的依据。在对危险废物集中贮存设施场址进行环境影响评价时,应重点考虑危险废物集中贮存设施可能产生的有害物质泄漏、大气污染物(含恶臭物质)的产生与扩散以及可能的事故风险等因素,根据其所在地区的环境功能区类别,综合评价其对周围环境、居住人群的身体健康、日常生活和生产活动的影响,确定危险废物集中贮存设施与常住居民居住场所、农用地、地表水体以及其他敏感对象之间合理的位置关系。应避免建在溶洞区或易遭受严重自然灾害如洪水、滑坡,泥石流、潮汐等影响的地区。应在易燃、易爆等危险品仓库、高压输电线路防护区域以外。应位于居民中心区常年最大风频的下风向。

(二)危险废物贮存设施(仓库式)的设计原则

地面与裙脚要用坚固、防渗的材料建造,建筑材料必须与危险废物相容。必须有泄漏液体收集装置、气体导出口及气体净化装置。设施内要有安全照明设施和观察窗口。用以存放装载液体、半固体危险废物容器的地方,必须有耐腐蚀的硬化地面,且表面无裂隙。应设计堵截泄漏的裙脚,地面与裙脚所围建的容积不低于堵截最大容器的最大储量或总储量的1/5。不相容的危险废物必须分开存放,并设有隔离间隔断。

(三)危险废物的堆放

基础必须防渗,防渗层为至少1m厚黏土层(渗透系数$\leqslant 10^{-7}$ cm/s),或2mm厚高密度聚乙烯,或至少2mm厚的其他人工材料,渗透系数$\leqslant 10^{-10}$ cm/s。堆放危险废物的高度应根据地面承载能力确定。衬里放在一个基础或底座上。衬里要能够覆盖危险废物或其溶出物可能涉及的范围。衬里材料与堆放危险废物相容。在衬里上设计、建造浸出液收集清除系统。应设计建造径流疏导系统,保证能防止25年一遇的暴雨不会流到危险废物堆里。危险废物堆内设计雨水收集池,并能收集25年一遇的暴雨24h降水量。危险废物堆要防风、防雨和防晒。产生量大的危险废物可以散装方式堆放贮存在按上述要求设计的废物堆里。不相容的危险废物不能堆放在一起。总贮存量不超过300kg(L)的危险废物要放入符合标准的容器内,加上标签,容器放入坚固的柜或箱中,柜或箱应设多个直径不少于30mm的排气孔。不相容危险废物要分别存放或存放在不渗透间隔开的区域内,每个部分都应有防漏裙脚或储漏盘,防漏裙脚或储漏盘的材料要与危险废物相容。

——节选自《危险废物贮存污染控制标准》

参考文献

1. 崔莉凤. 环境影响评价和案例分析[M]. 北京:中国标准出版社,2006
2. 环境保护部环境工程评估中心. 环境影响评价技术方法[M]. 北京:中国环境科学出版社,2014
3. 朱来东. 建设项目环境影响评价中的工程分析[J]. 甘肃有色金属,1995,3:29—32
4. 关英全. 浅谈工程分析在环境影响评价中的地位[J]. 环境科技,2001,16:44—45

第六章　水环境影响评价

【本章要点】

水环境影响评价是环境影响评价的主要内容之一,本章主要介绍了项目的水环境影响评价的工程分析、水环境状况的现状调查,并在此基础上进行划分环境影响的程度和范围,利用合理的数学模型对建设项目给地表水环境带来的影响进行计算、预测、分析和论证,比较项目建设前后水体主要指标的变化情况,结合当地的水环境功能区划,得出是否满足使用功能的结论,由此提出建设项目影响区域主要污染物的控制和防治对策。

第一节　水体与水体污染

一、水体和水体污染

水是一切细胞和生命组织的重要成分,是构成自然界一切生命的重要物质基础。水资源是可再生资源,但不是取之不尽的。水体是江河湖海、地下水和冰川等的总称,是被水覆盖地段的自然综合体,不仅包括水,还包括水中溶解物质、悬浮物、底泥和水生生物等。水与水体是两个紧密联系又有区别的概念。从水体概念去研究水环境污染,才能得出全面、准确的认识。

水体污染是指排入水体的污染物在数量上超过了该物质在水体中的本底含量和自净能力即水体的环境容量,从而导致水体的物理特征、化学特征发生不良变化,破坏了水中固有的生态系统,破坏了水体的功能及其在人类生活和生产中的作用。但是,排入水体中的污染物质也可以经扩散、稀释、沉淀、氧化还原和分解等物理化学过程及微生物的分解、水生生物的吸收等作用后,浓度降低,这是水体所起的自净作用。排入水体的污染物质一旦超过了水体的自净能力,致使水体恶化,达到了影响水体原有用途的程度,造成水体的污染(水体就遭受污染了)。

二、水体污染源

造成水体污染的因素是多方面的,向水体排放未经妥善处理的城市污水和工业废水;施用化肥、农药及城市地面的污染物被水冲刷而进入水体;随大气扩散的有毒物质通过重力沉降或降水过程而进入水体等。具体可归纳为:

(一)工业污染源

随着工业生产和城市化的发展,我国工业污水排放量急剧增加。部分污水未经处理直接排放到江河湖泊之中,造成水体污染。工业污染是水污染的主要构成部分,控制工业污染对于水污染的防治具有关键作用。

工业废水具有面广、量大、成分复杂、毒性大、不易净化、难处理的特点。工业污染物主要包括:汞、镉、铅等重金属和砷的化合物以及氰根离子、亚硝酸根离子。除此之外,工业污染还有热污染。

(二)农业污染

农业污染源包括牲畜粪便、农药、化肥等。农药污水中,一是有机质、植物营养物及病原微生物含量高,二是农药、化肥含量高。农业污染跟农业生产的关系至关重要。

在我国农业生产中,存在水资源的巨大浪费,这是因为我国对于农作物的浇灌大多采取灌溉的方式,水的利用率极低,同时农民使用化肥的量很大,这种农业生产方式造成大量污染物排放入水体。

(三)生活污染源

生活污水是来自家庭、机关、商业和城市公用设施及城市径流的污水,大部分污水未经处理直接排放到江河湖海之中,造成水体污染。生活污水中的氮磷的含量比较高,主要来源于商业污水、城市地面径流、粪便和洗涤剂等。

生活污水中含有大量的有机物(占70%)、无机盐类、病原菌和寄生虫等,排入水体或渗入地下将造成严重污染。有机物质有纤维素、淀粉、糖类、脂肪、蛋白质和尿素等;无机盐有氰化物、硫酸盐、磷酸盐、铵盐、亚硝酸盐、硝酸盐和一些重碳酸盐等;另外还有各种洗涤剂和微量金属,后者如锌、铜、铬、锰、镍和铅等;生活污水中还含有大量的杂菌,主要为大肠菌群。

(四)其他污染源

雨、雪淋洗大气中的有毒物质、冲刷地面污染物后进入水体;围湖造田、建设大坝水闸等活动,也对某些水域生态系统的影响和破坏有很大的影响,还可能加重污染的程度,此类污水具有面广、分散、难于收集和难于治理的特点。有时这种影响甚至超过污水排放造成的影响。

三、水体中主要污染物及其迁移与转化过程

1.水体中主要污染物的分类

根据污染物在水环境中输移、衰减特点以及它们的预测模型,将污染物分为四类。

(1)持久性污染物(其中还包括在水环境中难降解、毒性、易长期积累的有毒物质):是指在地面水中不能或很难由于物理、化学、生物作用而沉淀或挥发的污染物,如在悬浮物甚少,沉降作用不明显水体中无机盐类和重金属等。

(2)非持久性污染物:指在地面水中由于生物作用而逐渐减少的污染物,如耗氧有机物。

(3)酸和碱:有各种废酸和废碱等,表征酸碱性的水质参数是 pH 值。

(4)热污染:废热主要由排放热废水所引起,表征废热的水质参数是水温。

2. 污染物在地表水中的输移、转化和扩散的过程

主要包括物理过程、化学过程和生物过程。

(1)物理过程

只对水中污染物的存在位置变化产生作用,而不对其性质变化产生作用。主要过程(作用)包括:移流(推流、对流)、扩散(包括紊动扩散和离散等)、沉降或再悬浮,以上过程(及作用)常称稀释混合。

(2)化学过程

主要是水中污染物在不同化学反应过程(作用)下,其污染物的性质发生变化(如:有机变无机、高分子变低分子、溶解物生成难溶物等)。主要过程(作用)包括:氧化或还原、分解或化合、溶解或再析出、酸碱中和、混凝及吸附等。

(3)生物过程

水中污染物在水中生物(主要是微生物)的作用下,其性质或存在位置(状态)发生变化。其主要过程就是水生物对水中污染物的利用过程。主要原因是水中生物将某种(些)污染物作为自己的食物及营养(能量)的来源,消耗利用了水中的污染物,起到净化水质作用。

3. 河流中污染物对流和扩散

对流(也称移流、推流等):指水中污染物受到水流运动作用,随水体流动一同迁移的情况。

扩散(包括离散、弥散等):指水中污染物由高浓度区向低浓度区的迁移。包括分子态扩散、水流紊动扩散和水流不均匀的离散等。

混合(也称稀释混合):指水中污染物分布由不均匀到均匀的过程(作用)。从排污口至水质均匀混合前的水域,称为混合区。排污口排放的污染物其影响水域的边界(即受排放污水影响水域与没有受到排放污水影响水域相接的边界线)称为污染带(河流、湖库)或污染锋面(海洋)。

由于一般河流的河宽远大于水深,因此污染物进入水体后垂向(沿水深方向)容易混合均匀,且水体流动(流速)对污染物的迁移作用要大于扩散。

第二节　水环境影响的识别

一、水环境影响因素识别

以建设项目为例进行分析。

(一)水环境影响因素识别

可根据建设项目的性质及其施工期污染排放和生态破坏的特点,采用矩阵表,对建设项目影响水环境因素的程度及性质进行识别;

(二)建设期水环境影响因素

建设项目施工期对当地水环境的影响主要来自施工作业中的生产污水和施工人员生活污水。施工作业的生产污水主要指工程中地面冲洗、钻孔作业过程、材料清洗和物料流失等因素产生的污水。施工人员生活污水主要指施工现场工作人员生活区排放的污水。

1. 生产污水

(1)地面冲洗污水

生产污水主要来自地面冲洗、钻孔作业过程、材料清洗、物料流失等过程,污水中主要含有砂石、硅酸盐和石油类等,由于一般施工工地的距离长和排放点分散,任意排放将会对地表水环境或土壤造成一定的不利影响。

(2)钻孔作业污水

钻孔作业需要使用大量的新鲜水,产生一定量的钻渣和泥浆。

(3)物料清洗与材料流失

物料经雨水冲刷或随意排放,砂石料清洗等会进入天然水体,尤其是靠近河道地施工的工程项目建设过程,容易发生由于物料流失而造成水体污染问题。

(4)车辆冲洗污水

在施工过程中,运输车辆冲洗污水对环境的影响也不可忽略。这类污水含有机油、汽油、柴油等有机污染物,同时含有大量 SS 等。

2. 生活污水

工程项目在建设过程中施工人员集中生活,特别是大型施工场地,施工人员可达数百人。施工工人生活区产生的污水,主要污染因子为 COD、SS 和动植物油等,直接排入水体会造成水环境污染。施工营地的生活污水应经过处理后达标排放。常用的生活污水处理方法和工艺为生化处理法。

由于建设项目施工营地施工人员数量相对较少,生活污水处理程度一般采用

一、二级处理即可。施工营地的污水设施在实际使用过程中广泛使用的是好氧生物处理法、旱厕和化粪池。

（三）运行期水环境影响因素

各种类型的人类开发行动如建设项目、区域和流域开发等都会对地表水环境的水量、水质、水生生物或底部沉积物产生影响。任何项目都有其特殊性，所以，必须针对具体项目开展深入细微的工程分析才能全面而有重点地识别出具体影响。

1. 工业建设项目

（1）石油炼制工业：一个炼油厂有四种主要操作：分离、转化、精制和调和。

废水主要来自：

①含油废水主要来自油罐区和操作区的雨水、油罐排水、冷却水排污、冲洗和清洗水及原油脱盐等场所和工序；

②苯酚、苯和有机酸等有机物以及硫化铵、金属盐、无机盐等无机物来自汽提、原油裂解、洗涤、油的化学处理、原油脱盐、催化裂解等工艺过程；

③高温水（非污染水）来自锅炉排污、冷却水排放等。

（2）钢铁工业：铁和钢制造一般有六种操作：①焦炭制造和副产品回收；②铁矿石制备；③高炉炼铁；④转炉、电炉或平炉炼钢；⑤铸、轧机操作；⑥精整操作。

废水主要来源：

①焦炭生产和副产品回收过程的工艺用水和冷却水如熄焦废水、酸洗废水和氨蒸馏废液中含高浓度酚、氰化物、硫氰酸盐和硫化物、氯化物；

②高炉炼铁的废水主要由排气洗涤和高炉炉渣用水淬熄时排出的；

③铸造和轧机操作主要排大量冷却水（一般循环回用），轧机操作中产生的含铁碎屑和油滴的废水；

④精整操作采用酸、碱浸渍去除锈和磷皮将排出含铁盐的酸性废水，含皂化油的碱性废水等。

（3）铝和有色金属生产

①制铝工业是以铝矾土为原料采用电解还原法生产金属铝。与钢铁工业比较制铝业排放的废水量较少，主要是含铝酸钠或氟化钙的废碱液；其他为锅炉排污、冷却塔排污等的废水。

②铜的生产用铜矿石做原料。铜矿石被破碎后湿磨成为细矿浆再加入浮选剂，浮渣层用去炼钢；沉渣送去尾矿场，尾矿中的浮选剂（或浸取剂）如管理不善，会对水体造成污染。炼铜和铜精炼过程排放少量工艺废水含低浓度铜、砷、锑、铅等重金属。

（4）化学工业：包含门类多，排放的废水中含各种有机和无机污染物，有些属于危险性污染物。

①无机化工产品制造业,如硫酸、盐酸、硝酸、烧碱、纯碱(苏打)、氯气、磷肥、铬酸盐、碳铵等。废水中含酸、碱类物质和合成过程的产物和副产物。

②有机化工与石油化工有密切关系,生产过程中除使用有机原料外还需各种无机原料(如三酸二碱)。废水来源主要有:产品和副产品洗涤;冷却塔和锅炉排污、蒸汽凝结水等;溢漏、容器清洗、地面冲洗;雨水和场地冲洗水。许多浓度低、危害性大的污染物必须在工程分析中通过仔细调查弄清楚,必要时需进行专题监测。

(5)食品工业

将农产品加工成消费者能食用的食品,要经过一系列过程,例如精制、防腐、产品改性、储存和输运、包装或罐制造。食品工业中大宗生产的是肉类和肉制品、鱼类加工;奶及奶制品;谷类碾磨、输运和食品制造;水果和蔬菜加工以及罐头制造等。

食品工业排放大量含可降解有机物(BOD)的废水,废水中还含较高浓度的悬浮物,可溶性固体和油脂以及各种有机和无机添加剂。在有机物中含氮有机物浓度较高;氨氮和磷等营养物浓度也较高。

(6)制浆和造纸业

纸浆生产和造纸过程排放的废水是重要水污染源。制浆厂包括草类或木材原料处理、碱法或酸法蒸煮过程、打浆洗涤、增浓、漂白和碱回收等工序。造纸厂包括浆料处理、造纸机运转、转性和润饰等工序。

排放的废水分为制浆废水和造纸废水两类。制浆过程排放的废水中含有高浓度的木质素、糖类和半纤维素等有机污染物;在漂白过程中漂白剂与有机物产生多种多样具有致癌性的氯代有机物;造纸过程中产生大量含微细纤维素(悬浮物)的废水(白水)。

2.水利工程

水利工程包括开辟航道、疏浚、堤坝加固、水库建设与水电工程。

(1)开辟航道工程主要影响是清除航道中树木和淤积物妨碍航行和改变水流流态产生易受侵蚀的底质和不稳定河床;船舶通航使水变混,减少光线透入深度,改变水生生物的结构,使耐污性生物量增加,水生生物生产力降低,船舶通航还造成水体污染。

(2)灌溉工程是用人工控制方法把水施于农作物,促其生长。这类工程的影响是从河流和湖泊中取走大量的水使河流流量减小,灌溉回流水对河流可能造成污染。

(3)小型水库的影响面较广,会影响栖息地的物种多样性,蓄水引起底层 DO 缺乏,季节性温度分层、沉积和潜在性富营养化等水质变化。

(4)大型水库和水电工程建设对水库内和上下游的水质和水量及生态影响

包括：

①水库内水质发生季节性变化；

②均匀地减少下游进入河口的流量，可能引起盐水入侵；

③降低下游河段自净能力；

④蒸发量加大，减少下游河水流量；

⑤妨碍洄游性鱼类的生长、繁殖；

⑥促进库内水草和浮水植物的生长；

⑦可能减少输入下游土地的营养物量。

3. 农业和畜牧业开发

其主要影响是由土地利用方式的改变或土地过度利用造成的。主要影响包括：

(1)农业过量施用化肥和农药，污水灌溉等造成对地表水体的非点源污染；

(2)禽畜饲养业开发产生大量粪便废水污染地表水体；

(3)过度的放牧引起草地退化，土壤侵蚀，影响水质和造成荒漠化等。

4. 矿业开发

矿业属于自然资源开采和粗加工，对水生生态和水质、水量均有影响。

(1)水力开采作业(如淘金)改变河床结构，尾矿的排放造成淤积和水土流失，使水质恶化，也使水生生境剧烈改变，导致水生生物种群量下降乃至灭绝。

(2)尾矿堆积和河流污染造成土壤污染、侵蚀并使农作物、牲畜受害。

二、水环境影响评价因子的筛选

水环境影响评价因子是从所调查的水质参数中选取的。需要调查的水质参数有两类：一类是常规水质参数，反映水域水质一般状况；另一类是特征水质参数，能代表拟建项目将来排水水质。在某些情况下，还需调查一些补充项目。

(1)常规水质参数

以《地表水环境质量标准》(GB 3838—2002)中所列的 pH 值、溶解氧(DO)、高锰酸盐指数、化学耗氧量(COD)、五日生化需氧量(BOD_5)、总氮(TN)或氨氮($NH_4^+ - N$)、酚、氰化物、砷(As)、汞(Hg)、铬(Cr^{6+})、总磷(TP)及水温为基础，根据水域类别、评价等级及污染源状况适当增减。

(2)特征水质参数

根据建设项目特点、水域类别及评价等级以及建设项目所属行业的特征水质参数表进行选择，具体情况可适当删减。

表 6-1　特征水质参数表

序号	建设项目		水质参数
1	生活区及生活娱乐设施		BOD_5、COD、pH、SS、$NH_4^+ - N$、磷酸盐、表面活性剂、DO、水温
2	城市及城市扩建		BOD_5、COD、DO、pH、SS、氨氮、磷酸盐、表面活性剂、水温、油、重金属
3	黑色金属矿山		pH、SS、硫化物、氟化物、挥发性酚、氰化物、石油类
4	黑色冶炼、有色金属矿山及冶炼		pH、SS、COD、硫化物、氟化物、挥发性酚、氰化物、石油类、铜、锌、铅、砷、镉、汞
5	火力发电、热电		pH、SS、硫化物、挥发性酚、砷、水温、铅、镉、铜、石油类、氟化物
6	焦化及煤制气		COD、BOD_5、水温、SS、硫化物、挥发性酚、氰化物、石油类、氨氮、苯类、多环芳烃、砷、DO、BaP
7	煤矿		pH、COD、BOD_5、DO、水温、砷、SS、硫化物
8	石油开发与炼制		pH、COD、BOD_5、DO、SS、硫化物、水温、挥发性酚、氰化物、石油类、苯类、多环芳烃
9	化学矿开采	硫铁矿	pH、SS、硫化物、铜、铅、锌、镉、汞、砷、Cr^{6+}
		磷矿	pH、SS、氟化物、硫化物、砷、铅、磷
		萤石矿	pH、SS、氟化物
		汞矿	pH、SS、氟化物、砷、汞
		雄黄矿	pH、SS、硫化物、砷
10	无机原料	硫酸	pH(或酸度)、SS、硫化物、氟化物、铜、铅、锌、砷
		氯碱	pH(或酸、碱度)、COD、SS、汞
		铬盐	pH(或酸度)、总铬、Cr^{6+}
11	化肥、农药		pH、COD、BOD_5、水温、SS、硫化物、氟化物、挥发性酚、氰化物、砷、氨氮、磷酸盐、有机氯、有机磷
12	食品工业		COD、BOD_5、SS、pH、DO、挥发性酚、大肠杆菌数
13	染料、颜料及油漆		pH(或酸、碱度)、COD、BOD_5、SS、挥发性酚、硫化物、氰化物、砷、铅、镉、锌、汞、Cr^{6+}、石油类、苯胺类、苯类、硝基苯类、水温

（续表）

序号	建设项目	水质参数
14	制药	pH(或酸、碱度)、COD、BOD$_5$、SS、石油类、硝基苯类、硝基酚类、水温
15	橡胶、塑料及化纤	pH(或酸、碱度)、COD、BOD$_5$、水温、石油类、硫化物、氰化物、砷、铜、铅、锌、汞、六价铬、SS、苯类、有机氯、多环芳烃、BaP
16	有机原料、合成脂及酸及其他有机化工	pH(或酸、碱度)COD、BOD$_5$、SS、挥发性酚、氰化物、苯类、硝基苯类、有机氯、石油类、锰、油脂类、硫化物
17	机械制造及电镀	pH(或酸度)、COD、BOD$_5$、SS、挥发性酚、石油类、氰化物、Cr^{6+}、铅、铁、铜、锌、镍、镉、锡、汞
18	水泥	pH、SS
19	纺织、印染	pH、COD、BOD$_5$、SS、水温、挥发性酚、硫化物、苯胺类、色度、Cr^{6+}
20	造纸	pH(或碱度)、COD、BOD$_5$、SS、水温、挥发性酚、硫化物、铅、汞、木质素、色度
21	玻璃、玻璃纤维及陶瓷制品	pH、COD、SS、水温、挥发性酚、氰化物、砷、铅、镉
22	电子、仪器、仪表	ph(或酸度)、COD、BOD$_5$、水温、苯类、氰化物、Cr^{6+}、铜、锌、镍、镉、铅、汞
23	人造板、木材加工	pH(或酸、碱度)、COD、BOD$_5$、SS、水温、挥发性酚、木质素
24	皮革及革加工	pH、COD、BOD$_5$、水温、SS、硫化物、氯化物、总铬、Cr^{6+}、色度
25	肉食加工、发酵、酿造、味精	pH、BOD$_5$、COD、SS、水温、氨氮、磷酸盐、大肠杆菌数、含盐量
26	制糖	pH(或碱度)、COD、BOD$_5$、SS、水温、硫化物、大肠杆菌数
27	合成洗涤剂	pH、COD、BOD$_5$、油、苯类、表面活性剂、SS、水温、DO

（3）其他方面的参数

被调查水域的环境质量要求较高（如自然保护区、饮用水源地、珍稀水生生物保护区、经济鱼类养殖区等），且评价等级为一、二级，应考虑调查水生生物和底质。其调查项目可根据具体工作要求确定或从下列项目中选择部分内容。

水生生物方面主要调查浮游动植物、藻类、底栖无脊椎动物的种类和数量、水生生物群落结构等。

底质方面主要调查与建设项目排水水质有关的易积累的污染物。

根据对拟建项目废水排放的特点和水质现状调查的结果,选择其中主要的污染物,对地表水环境危害较大以及国家和地方要求控制的污染物作为评价因子。预测评价因子应能反映拟建项目废水排放对地表水体的主要影响。建设期、运行期、服务期满后各阶段均应根据具体情况确定预测评价因子。

三、水环境影响预测水质参数筛选的原则

水环境影响预测水质参数的选择可以在环境现状调查水质参数中选择拟预测水质参数,在选择过程中可遵循以下原则:工程分析和环境现状、评价等级、当地的环保要求筛选和确定建设期、运行期和服务期满后拟预测的水质参数。

拟预测水质参数的数目应既说明问题又不过多。一般应少于环境现状调查水质参数的数目。不同预测时期的水质预测参数彼此不一定相同。

对河流,可以按水质参数的排序指标(ISE),从中选取预测水质参数。ISE 越大,说明建设项目对河流中该项水质参数的影响越大。

$$ISE = \frac{c_p \cdot Q_p}{c_s - c_h} \cdot Q_h \qquad (6-1)$$

式中,ISE——水质参数的排序指标;

c_p——建设项目水污染物的排放浓度,mg/L;

c_s——水污染物的评价标准限值,mg/L;

c_h——评价河段的水质浓度,mg/L;

Q_p——建设项目的废水排放量,m³/s;

Q_h——评价河段的流量,m³/s。

【例 6-1】某建设项目 COD 的排放浓度为 30mg/L,排放量为 36000m³/h,排入地表水的 COD 执行 20mg/L,地表水上游 COD 的浓度是 18mg/L,其上游来水流量 50m³/s,其去水流量 40m³/s,则其 ISE 是多少?

解:COD 排放量为 36000m³/h,转为 10m³/s,根据公式可得:

$$ISE = \frac{c_p \cdot Q_p}{c_s - c_h} \cdot Q_h = \frac{30 \times 10}{20 - 18} \times 50 = 3$$

第三节　水环境影响的评价等级与程序

一、评价等级和范围

(一)评价工作等级的分级

地面水环境影响评价工作级别的划分,可根据建设项目的污水排放量、污水水质的复杂程度,各种受纳污水的地面水域的规模以及对它的水质要求进行。

评价工作等级分为三级,一级评价最详细,二级次之,三级较简略。内陆地水体的分级判据见表6-2。海湾环境影响评价分级判据见表6-3。

表6-2　地面水环境影响评价分级判据

建设项目污水排放量(m³/d)	建设项目污水水质的复杂程度	一级		二级		三级	
		地面水域规模(大小规模)	地面水水质要求(水质类别)	地面水域规模(大小规模)	地面水水质要求(水质类别)	地面水域规模(大小规模)	地面水水质要求(水质类别)
≥20000	复杂	大	Ⅰ~Ⅲ	大	Ⅳ、Ⅴ		
		中、小	Ⅰ~Ⅳ	中、小	Ⅴ		
	中等	大	Ⅰ~Ⅲ	大	Ⅳ、Ⅴ		
		中、小	Ⅰ~Ⅳ	中、小	Ⅴ		
	简单	大	Ⅰ、Ⅱ	大	Ⅲ~Ⅴ		
		中、小	Ⅰ~Ⅲ	中、小	Ⅳ、Ⅴ		
<20000 ≥10000	复杂	大	Ⅰ~Ⅲ	大	Ⅳ、Ⅴ		
		中、小	Ⅰ~Ⅳ	中、小	Ⅴ		
	中等	大	Ⅰ、Ⅱ	大	Ⅲ、Ⅳ	大	Ⅴ
		中、小	Ⅰ、Ⅱ	中、小	Ⅲ~Ⅴ		
	简单			大	Ⅰ~Ⅲ	大	Ⅳ、Ⅴ
		中、小	Ⅰ	中、小	Ⅱ~Ⅳ	中、小	Ⅴ

（续表）

建设项目污水排放量（m³/d）	建设项目污水水质的复杂程度	一级 地面水域规模（大小规模）	一级 地面水水质要求（水质类别）	二级 地面水域规模（大小规模）	二级 地面水水质要求（水质类别）	三级 地面水域规模（大小规模）	三级 地面水水质要求（水质类别）
<10000 ≥5000	复杂	大、中	Ⅰ、Ⅱ	大、中	Ⅲ、Ⅳ	大、中	Ⅴ
		小	Ⅰ、Ⅱ	小	Ⅲ、Ⅳ	小	Ⅴ
	中等			大、中	Ⅰ～Ⅲ	大、中	Ⅳ、Ⅴ
		小	Ⅰ	小	Ⅱ～Ⅳ	小	
	简单			大、中	Ⅰ、Ⅱ	大、中	Ⅲ～Ⅴ
				小	Ⅰ～Ⅲ	小	Ⅳ、Ⅴ
<5000 ≥1000	复杂			大、中	Ⅰ～Ⅲ	大、中	Ⅳ、Ⅴ
		小	Ⅰ	小	Ⅱ～Ⅳ	小	
	中等			大、中	Ⅰ、Ⅱ	大、中	Ⅲ～Ⅴ
				小	Ⅰ～Ⅲ	小	Ⅳ、Ⅴ
	简单					大、中	Ⅰ～Ⅳ
				小	Ⅰ	小	Ⅱ～Ⅴ
<1000 ≥200	复杂					大、中	Ⅰ～Ⅳ
						小	Ⅰ～Ⅴ
	中等					大、中	Ⅰ～Ⅳ
						小	Ⅰ～Ⅴ
	简单					中、小	Ⅰ～Ⅳ

表 6-3 海湾环境影响评价分级判据

污水排放量（m³/d）	污水水质的复杂程度	一级	二级	三级
≥20000	复杂	各类海湾		
	中等	各类海湾		
	简单	小型封闭海湾	其他各类海湾	

（续表）

污水排放量(m³/d)	污水水质的复杂程度	一级	二级	三级
<20000 ≥5000	复杂	小型封闭海湾	其他各类海湾	
	中等		小型封闭海湾	其他各类海湾
	简单		小型封闭海湾	其他各类海湾
<5000 ≥1000	复杂		小型封闭海湾	其他各类海湾
	中等或简单			各类海湾
<1000 ≥500	复杂			各类海湾

（二）分级判据的基本内容

1. 建设项目的污水排放量

污水排放量 Q(m³/d)划分为 5 个等级,污水排放量中不包括间接冷却水、循环水以及其他含污染物极少的清净下水的排放量,但包括含热量大的冷却水的排放量。

2. 污染物分类

根据污染物在水环境中的输移、衰减特点以及它们的预测模型,将污染物分为四类:①持久性污染物(其中还包括在水环境中难降解、毒性大、易长期积累的有毒物质);②非持久性污染物;③酸和碱(以 pH 表征);④热污染(以温度表征)。

3. 污水水质的复杂程度

污水水质的复杂程度按污水中拟预测的污染物类型一级某污染物中水质参数的多少划分为复杂、中等和简单三类。

（1）复杂:污染物类型数≥3,或者只含有两类污染物,但需预测其浓度的水质参数数目≥10;

（2）中等:污染物类型数=2,且需预测其浓度的水质参数数目<10;或者只含有 1 类污染物,但需预测其浓度的水质参数数目≥7;

（3）简单:污染物类型数=1,需预测浓度的水质参数数目<7。

4. 地面水的规模

河流与河口,按建设项目排污口附近河段的多年平均流量或平水期平均流量划分为:大河:≥150m³/s;中河:15～150m³/s;小河:<15m³/s。

湖泊和水库,按枯水期湖泊、水库的平均水深与水面面积划分为:当平均水深≥10m 时:大湖(库):≥25km²;中湖(库):2.5～25km² 小湖(库):<2.5km²。当平均水深<10m 时:大湖(库):≥50km²;中湖(库):5～50km²;小湖(库):<5km²。

具体应用上述划分原则时,可根据我国南、北方以及干旱、湿润地区的特点进行适当调整。

5. 水质类别

地面水质按《地表水环境质量标准》(GB 3838—2002)划分为五类:Ⅰ、Ⅱ、Ⅲ、Ⅳ、Ⅴ。如受纳水域的实际功能与该标准的水质分类不一致,有当地环保部门对其水质提出具体要求。在应用表 6-2 和表 6-3 时,可根据建设项目及受纳水域的具体情况适当调整评价级别。

《地表水环境质量标准》(GB 3838—2002)依据地表水水域环境功能和保护目标,按功能高低依次划分为五类:

Ⅰ类 主要适用于源头水、国家自然保护区;

Ⅱ类 主要适用于集中式生活饮用水地表水源地一级保护区、珍稀水生生物栖息地、鱼虾类产卵场、仔稚幼鱼的索饵场等;

Ⅲ类 主要适用于集中式生活饮用水地表水源地二级保护区、鱼虾类越冬场、洄游通道、水产养殖区等渔业水域及游泳区;

Ⅳ类 主要适用于一般工业用水区及人体非直接接触的娱乐用水区;

Ⅴ类 主要适用于农业用水区及一般景观要求水域。

对应地表水上述五类水域功能,将地表水环境质量标准基本项目标准值分为五类,不同功能类别分别执行相应类别的标准值。水域功能类别高的标准值严于水域功能类别低的标准值。同一水域兼有多类使用功能的,执行最高功能类别对应的标准值。实现水域功能与达功能类别标准为同一含义。

(三)评价标准

(1)《地表水环境质量标准》(GB 3838—2002);

(2)《工业企业设计卫生标准》(GB Z1—2010)。

二、水环境影响评价的范围

地表水环境影响的评价范围,应能包括建设项目对周围地表水环境影响较显著的区域。在此区域内进行的评价,能全面说明与地表水环境相联系的环境基本状况,并能充分满足地表水环境影响的要求。

在确定某项具体工程的地面水环境调查范围时,应尽量按照将来污染物排放后可能的达标范围,见表 6-4、表 6-5 和表 6-6,并考虑评价等级的高低(评价等级高时可取比调查范围略大,反之可略小)后决定。

表6-4 不同污水排放量时河流环境现状调查范围参考表

调查范围*（km）　河流规模　污水排放量（m³/d）	大河	中河	小河
＞50000	15～30	20～40	30～50
50000～20000	10～20	15～30	25～40
20000～10000	5～10	10～20	15～30
10000～50000	2～5	5～10	10～25
＜5000	＜3	＜5	5～15

注：*指排污口下游应调查的河段长度。

表6-5 不同污水排放量时湖泊（水库）环境现状调查范围参考表

污水排放量（m³/d）	调查范围	
	调查半径（km）	调查面积*（按半圆计算）（km²）
＞50000	4～7	25～80
50000～20000	2.5～4	10～25
20000～10000	1.5～2.5	3.5～10
10000～5000	1～1.5	2～3.5
＜5000	≤1	≤2

注：*为以排污口为圆心，以调查半径为半径的半圆形面积。

表6-6 不同污水排放量时海湾环境现状调查范围参考表

污水排放量（m³/d）	调查范围	
	调查半径	调查面积*（按半圆计算）
＞50000	5～8	40～1000
50000～20000	3～5	15～40
20000～10000	1.5～3	3.5～15
＜5000	≤1.5	≤3.5

注：*为以排污口为圆心，以调查半径为半径的半圆形面积。

三、水环境现状调查的要求和内容

1. 环境现状调查时期的要求

环境现状调查时间与水文特征的划分相对应。河流、河口、湖泊与水库按丰水期、平水期、枯水期划分；海湾按大潮期和小潮期划分。北方地区可以划分冰封期和非冰封期。

对于不同的评价等级，各类水域调查时期的要求不同，见表 6-7。

表 6-7 各类水域在不同评价等级时水质的调查时期

	一级	二级	三级
河流	一般情况，为一个水文年的丰水期、平水期和枯水期；若评价时间不够，至少应调查平水期和枯水期	条件许可，可调查一个水文年的丰水期、平水期和枯水期；一般情况，可只调查枯水期和平水期；若评价时间不够，可只调查枯水期	一般情况，可只在枯水期调查
河口	一般情况，为一个潮汐年的丰水期、平水期限和枯水期；若评价时间不够，至少应调查平水期和枯水期	一般情况，应调查平水期和枯水期；若评价时间不够，可只调查枯水期	一般情况，可只在枯水期调查
湖泊（水库）	一般情况，为一个水文年的丰水期、平水期和枯水期；若评价时间不够，至少应调查平水期和枯水期	一般情况，应调查平水期和枯水期；若评价时间不够，可只调查枯水期	一般情况，可只在枯水期调查
海湾	一般情况，应调查评价工作期限间的大潮期和小潮期	一般情况，应调查评价工作期间的大潮期和小潮期	一般情况，应调查评价工作期间的大潮期和小潮期

当调查区域面源污染严重，丰水期水质劣于枯水期时，一、二级评价的各类水域应调查丰水期。时间允许，三级评价也应调查丰水期。

冰封期较长的水域，且作为生活饮用水、食品加工用水的水源或渔业用水时，应调查冰封期的水质、水文情况。

2. 水文调查与水文测量的内容

一般情况，水文调查和水文测量在枯水期进行。必要时，丰水期、平水期、冰封期可进行补充调查。

河流水文调查与水文测量的内容应根据评价等级、河流的规模决定,其中主要有:丰水期、平水期、枯水期的划分,河流平直及弯曲情况(如平直段长度视弯曲段的弯曲半径等)横断面、纵断面(坡度)水位、水深、河宽、流量、流速及其分布、水温、糙率及泥沙含量等,丰水期限有无分流漫滩,枯水期有无浅滩、沙洲和断流,北方河流还应了解浮冰、封冰、解冻等现象,如采用数学模型预测时,其具体调查内容应根据评价等级及河流规模按照需要决定。河网地区应调查各河段流向、流速、流量关系,了解流向、流速和流量的变化特点。

感潮河口的水文调查与水文测量的内容应根据评价等级河流的规模决定,其中除与河流相同的内容外,还有:感潮河段的范围,涨潮、落潮及平潮时的水位、水深、流向、流速及其分布、横断面、水面坡度及潮间隙、潮差和历时等。

湖泊、水库水文调查与水文测量的内容应根评价等级、湖泊和水库的规模决定,其中主要有:湖泊水库的面积和形状,丰水期、平水期和枯水期的划分,流入、流出的水量,停留时间,水量的调度和贮量,湖泊、水库的水深,水温分层情况及水流状况(湖流的流向和流速,环流的流向、流速成及稳定时间)等。

海湾水文调查与水文测量的内容应根据评价等级及海湾的特点选择下列全部或部分内容:海岸形状、海底地形、潮位及水深变化,潮流状况(小潮和大潮循环期间的水流变化、平行于海岸线流动的落潮和涨潮),流入的河水流量、盐度和温度造成的分层情况,水温、波浪的情况及内海水与外海水的交换周期限等。

3. 现有污染源调查的内容

(1)点污染源调查

调查的原则:点污染源调查以搜集现有资料为主。点污染源调查的繁简程度根据评价级别及其与建设项目的关系而略有不同,评价级别较高且现有污染源与建设项目距离较近时应详细调查。

调查的内容:根据评价工作的需要,选择全部或部分内容进行调查:

①点源的排放:调查确定排放口的平面位置、排放方向、排放口在断面上的位置、排放形式(分散排放或集中排放)。

②排放数据:根据现有的实测数据、统计报表以及各厂矿的工艺路线等选定的主要水质参数,并调查现有的排放量、排放速度、排放浓度及其变化等数据。

③用排水状况:主要调查取水量、用水量、循环水量及排水总量等。

④厂矿企业、事业单位的废污水处理状况:主要调查废污水的处理设备、处理效率、处理水量及水质状况等。

(2)非点污染源的调查

调查的原则:非点污染源调查采用间接搜集资料的方法。

调查的内容:根据评价工作的需要,选择下述全部或部分内容进行调查:

①概况:原料、燃料、废弃物的堆放位置、堆放面积、堆放形式、堆放点的地面铺装及其保洁程度、堆放物的遮盖方式等。

②排放方式、排放去向与处理情况。

③排放数据:根据现有的实测数据、统计报表以及根据引起非点污染源的原料、燃料、废料废弃物的物理、化学、生物化学性质选定调查的主要水质参数,调查有关排放季节、排放时期、排放量、排放浓度及其他变化等数据。

4.取样断面与取样点的布设

(1)河流水质采样断面与取样点设置的原则

取样断面的布设:河流采样断面的布设遵循以下原则:

①在调查范围的两端应布设取样断面;

②调查范围内重点保护对象附近水域应布设取样断面;

③水文特征突然变化处(如支流汇入处)、水质急剧变化处(如污水排入处)、重点水工构筑物(如取水口、桥梁涵洞处)附近;

④水文站附近等应布设采样断面,并适当考虑水质预测关心点;

⑤在拟建成排污口上游500m处应设置一个取样断面。

取样断面上取样垂线的布设:当河流面形状为矩形或相近于矩形时,可按下列原则布设:小河—在取样断面的主流线上设一条取样垂线。大、中河—河宽小于50m者,共设两条取样垂线,在取样断面上各距岸边1/3水面宽处各设一条取样垂线;河宽大于50m者,共设三条取样垂线,在主流线上及距两岸不少于0.5m,并有明显水流的地方各设一条取样垂线。特大河—由于河流过宽,应适当增加取样垂线数,且主流线两侧的垂线数目不必相等,拟设置排污口一侧可多一些。

如断面形状十分不规则时,应结合主流线位置,适当调整取样垂线的位置和数目。

垂线上取样水深的确定:在一条垂线上,水深大于5m时,在水面下0.5m水深处及在距河底0.5m处,各取样一个;水深为1~5m时,只在水面下0.5m处取一个样;在水深不足1m时,取样点距水面不应小于0.3m,距河底不应小于0.3m。三级评价的小河,不论河水深浅,只在一条垂线上一个点取一个样,一般情况下取样点应在水面下0.5m处,距河底不应小于0.3m。

水样的处理:一级评价,每个取样点的水样均应分析,不取混合样。二、三级评价,需要预测混合过程段水质的场合,每次应将该段内各取样断面中每条垂线上的水样混合成一个水样。其他情况每个取样断面每次只取一个混合水样。

(2)河口采样断面与取样点设置

当排污口拟建于河口感潮段内时,其上游需设置取样断面的数目与位置,应根据感潮段的实际情况决定,其下游同河流。取样点的布设和水样的对待与河流部分要求相同。

(3)湖泊、水库取样位置与采样点的布设原则

取样位置的布设:在湖泊、水库中取样位置的布设原则上应尽量覆盖整个调查范围,并能切实反映湖泊、水库的水质和水文特点;取样位置可采用以建设项目的排放口为中心,沿放射线布设的方法。取样位置上取样点如下:

①大、中型湖泊与水库:平均水深<10m 时,取样点设在水面下 0.5m 处,但距湖库底不应小于 0.5m;平均水深≥10m 时,首先应找到斜温层。在水面下 0.5m 及斜温层以下,距湖库底 0.5m 以上处各取一个水样。

②小型湖泊与水库:平均水深<10m 时,水面下 0.5m,并距湖库底不小于0.5m 处设一取样点;平均水深≥10m 时,水面下 0.5m 处和水深 10m,并距底不小于0.5m 处各取一个水样。

水样的对待:小型湖泊与水库,水深<10m 时,每个取样位置取一个水样;水深≥10m 时,则一般只取一个混合样,在上下层水质差距较大时,可不进行混合。大、中型湖泊与水库,各取样位置上不同深度的水样均不混合。

(4)海湾取样位置与采样点的布设原则

取样位置的布设:在海湾中取样位置的布设原则上应尽量覆盖相应评价等级的调查范围,并能切实反映海湾的水质和水文特点;取样位置可采用以建设项目的排放口为中心,沿放射线布设的方法或方格网布点的方法。

取样位置上取样点:水深≤10m 时,只在水面下 0.5m 处取一个水样,此点距海底不应小于 0.5m;水深>10m 时,在水面下 0.5m 处和水深 10m,且距海底不小于 0.5m 处,分别设取样点。

水样的处理:每个取样位置一般只有一个水样,即在水深>10m 时,将两个水深所取的水样混合成一个水样,在上下层水质差距较大时,可不进行混合。

特殊情况的要求:对设有闸坝受人工控制的河流,取样断面、取样位置、取样点的布设等可参考河流、水库部分的有关规定酌情处理。对于一些情况比较复杂的河网,应按照各河段的长度比例布设水质采样、水文测量断面。水质断面上取样垂线的布设可参照河流、河口的有关规定。

5.各类水域水质调查取样的次数

一般情况下取样时应选择流量稳定、水质变化小、连续晴天、风速不大的时期进行。不同评价等级、各类水域每个水质调查时期取样的次数与参数及每次取样的天数规定如下:

(1)河流

①在所规定的不同规模河流、不同评价等级的调查时期中(表6-7),每期调查一次,每次调查三四天;

②至少有一天对所有已选取定的水质参数取样分析;

③其他天数根据预测水温时,配合水文测量对拟预测的水质参数取样;

④不预测水温时,只在采样时测水温;在预测水温时,要测日平均水温,一般可采用每隔6h测一次的方法求平均水温;

⑤一般情况,每天每个水质参数只取一个样,在水质变化很大时,应采用每间隔一定时间采样一次的方法。

(2)湖泊、水库

①在所规定的不同规模湖泊、不同评价等级的调查时期中(表6-7),每期调查一次,每次调查三四天;

②至少有一天对所有已选定的水质参数取样分析;

③其他天数根据预测需要,配合水文测量对拟预测的水质参数取样;

④表层DO和水温每隔6小时测一次,并在调查期内适监测藻类。

(3)河口

①在所规定的不同规模河口、不同评价等级的调查时期中(表6-7),每次调查三四天,一次在大潮期,一次在小潮期;每个潮期的调查,均应分别采集同一天的高、低潮水样;各监测断面的采样,尽可能同步进行;

②两天调查中,要对已选定的所有水质参数取样;

③在不预测水温时,在采样时测水温;在预测水温时,要测日平均水温,一般可采用每隔4~6h测一次的方法求平均。

(4)海湾

①在所规定的不同评价等级的海湾水质调查时期中(表6-7),每期调查一次,每次调查三四天;

②至少有一天在大潮期,另一天在小潮期,对所有已选定的水质参数取样分析;

③其他天数根据预测需要,配合水文测量对拟预测的水质参数取样;

④所有的水质参数每天在高潮和低潮时各取样一次;

⑤在不预测水温时,只在采样时测水温;在预测水温时,每间隔2~4h测水温一次。

对设有闸坝受人工控制的河流,其流动状况,在排洪时期为河流流动;用水时期,如用水量大则类似河流,用水量小时则类似狭长形水库。这种河流的取样断面、取样位置、取样点的布设以及水质调查的取样次数等可参考河流、水库部分的有关规定酌情处理。

我国的一些河网地区,河水流向、流量经常变化,水流状态复杂,特别是受潮汐影响的河网,情况更为复杂。遇到这类河网,应按照各河段的长度比例布设水质采样、水文测量断面。至于水质监测项目、取样次数、断面上取样垂线的布设等可参照河流、河口的有关规定。调查时应注意水质、流向、流量随时间的变化。

6.水样的采集、保存、分析的原则与方法

①河流、湖泊、水库中水样采集、保存、分析的原则与方法,按《地表水环境质量标准》(GB 3838—2002)执行。《地表水环境质量标准》(GB 3838—2002)中未说明者,采用《环境监测分析方法》。

②河口水样采集、保存、分析的原则与方法依水样的盐度而不同。水样盐度<3‰者,按本条①执行;水样盐度≥3‰者,按海水执行,参见本条③。

③海湾中水样的采集、保存、分析的原则与方法见《海洋环境监测规范总则》(HY 003.1—1991)~《海洋环境监测规范污染物入海通量调查》(HY/003.10—1991)和《海洋调查规范》(GB 12763—2007)。

四、水环境影响评价技术工作程序

地表水环境影响评价的技术工作程序见图 6-1。由图 6-1 可见,工作程序分为三个阶段:第一阶段准备阶段,包括了解工程设计、现场踏勘、了解环境法规和标准的规定确定评价工作等级和评价范围、编制环境影响评价工作大纲,还要做些环境现状调查和工程分析方面的工作;第二阶段是评价工作的主要过程,详细开展水环境现状调查、监测和工程分析,评价水环境现状,根据水环境排放源特征,选择或建立和验证水质模型,预测拟建活动对水体污染的影响,并对影响的意义及其重大性做出评价;第三阶段提出污染防治和水体保护对策,总结工作成果,完成报告书。

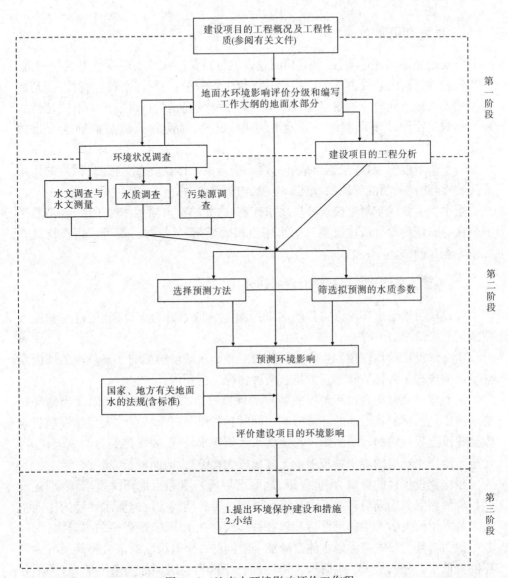

图 6-1 地表水环境影响评价工作程

第四节 水环境影响预测的技术方法

地表水环境影响预测是地表水环境影响评价的中心环节,它的任务是通过一定的技术方法,预测建设项目在不同实施阶段(建设期、运行期和服务期满后)对地表水的环境影响,为采取相应的环保措施及环境管理方案提供依据。

一、预测的原则

对于已确定的评价项目,都应预测建设项目对受纳水域水环境产生的影响,预测的范围、时段、内容及方法均应根据其评价工作等级、工程与水环境特性、当地的环保要求而定。同时应尽量考虑预测范围内规划的建设项目可能产生的叠加性水环境影响。预测环境影响时尽量选用通用、成熟、简便并能满足准确度要求的方法。

对于季节性河流,应根据当地环保部门所定的水体功能,结合建设项目的污水排放特性,确定其预测的原则、范围、时段、内容及方法。

当水生生物保护对地表水环境要求较高时(如珍稀水生生物保护区、经济鱼类养殖区等),应简要分析建设项目对水生生物的影响,分析时一般可采用类比调查法或专业判断法。

二、地面水环境影响时期和时段的划分

建设项目地面水环境影响预测时期原则上一般划分为建设期、运行期和服务期满后三个阶段。

所有建设项目均应预测生产运行阶段对地面水环境的影响。该阶段的地面水环境影响应按正常排放和不正常排放两种情况进行预测。

大型建设项目建设过程阶段的特点和评价等级、受纳水体特点以及当地环保要求决定是否预测建设期的环境影响。同时具备以下三个特点的大型建设项目应预测建设过程阶段的环境影响。①地面水水质要求较高,要求达到Ⅲ类以上;②可能进入地面水环境的堆积物较多或土方量较大;③建设时间较长,超过一年。

根据建设项目的特点、评价等级、地面水环境特点和当地环保要求,个别建设项目应预测服务期满后对地面水环境的影响。服务期满后对地面水环境的影响主要来自水土流失所产生的悬浮物和以各种形式存在于废渣、废矿中的污染物。

地面水环境预测应考虑水体自净能力不同的各个时段。通常可将其划分为自净能力最小、一般、最大三个时段。海湾的自净能力与时期的关系不明显,可不分时段。

一、二级评价,应分别预测水体自净能力最小和一般两个时段的环境影响。冰封期较长的水域,当其水体功能为生活饮用水、食品工业用水水源或渔业用水时,还应预测冰封期的环境影响。

三级评价或二级评价但评价时间较短时,可只预测自净能力最小时段的环境影响。

三、预测方法

建设项目地面水环境影响常用的预测方法大致可分为四类：

(1)数学模型法

利用表达水体净化机制的数学方程预测建设项目引起的水体水质变化。该法能给出定量的预测结果，在许多水域有成功应用水质模型的范例。一般情况此法比较简便，应首先考虑。但这种方法需一定的计算条件和输入必要的参数，而且污染物在水中的净化机制，很多方面尚难用数学模型表达。

(2)物理模型法

依据相似理论，在一定比例缩小的环境模型上进行水质模拟实验，以预测由建设项目引起的水体水质变化。此方法能反映比较复杂的水环境特点，且定量化程度较高，再现性好。但需要有相应的试验条件和较多的基础数据，且制作模型要耗费大量的人力、物力和时间。在无法利用数学模型法预测，而评价级别较高，对预测结果要求较严时，应选用此法。但污染物在水中的化学、生物净化过程难于在实验中模拟。

(3)类比分析法

调查与建设项目性质相似，且容纳水体的规模、流态、水质也相似的工程。根据调查结果，分析预估拟建项目的水环境影响。此种预测属于定性或半定量性质。已建的相似工程有可能找到，但此工程与拟建项目有相似的水环境状况则不易找到。所以类比调查法所得结果往往比较粗略，一般多在评价工作级别较低，且评价时间较短，无法取得足够的参数、数据时，用类比求得数学模型中所需的若干参数、数据。

(4)专业判断法

定性地反映建设项目的环境影响。当水环境影响问题较特殊，一般环评人员难以准确识别其环境影响特征或无法利用常用方法进行环境影响预测或由于建设项目环境影响评价的时间无法满足采用上述其他方法进行环境影响预测等情况下，可选用此种方法。

第五节　常用水环境影响评价模型及其适用条件

一、水质数学模型类型

水质数学模型按使用的时间尺度划分为动态、稳态和准稳态(或准动态)模型。

稳态数值模型适用于非矩形河流、水深变化较的浅水湖泊、水库水域内的连续恒定排放;动态数值模型适用于各类恒定水域中的非连续恒定排放或非恒定水域中的各类排放。

按使用的空间尺度,划分为零维、一维、二维、三维模型。

按模拟预测的水质组分,划分为单一组分和耦合组分模型。在单一组分水质模型中,可模拟的污染物类型包括:持久性污染物、非持久性污染物、酸碱污染和废热。

按水质数学模型的求解方法,划分为解析解和数值解。

在水质数学模型中,使用的环境水力条件分恒定、动态、时段平均;使用的点污染源划分为连续恒定排放、非连续恒定排放(瞬时排放、有限时段排放)。

二、河流和河口水质模型

从理论上说,污染物在水中的迁移、转化过程要用到三维水质模型预测描述。但实际应用的是一维和二维模型。一维模型常用于污染物浓度在断面上比较均匀分布的中小型河流水质预测;二维模型常用于污染物浓度在垂向比较均匀,而在纵向(X 轴)和横向(Y 轴)分布不均匀的大河。对于小型湖泊还可采用更简化的零维模型,即在该水体内污染物浓度是均匀分布的。

(一)河流中污染物的混合和衰减模型

1. 完全混合模型与适用条件

一股废水排入河流后能与河水迅速完全混合,则混合后的污染物浓度(c)为:

$$c = \frac{Q_p c_p + Q_h c_h}{Q_p + Q_h} \tag{6-2}$$

式中,Q_h——河流的流量,m^3/s;

　　　c_h——排污口上游河流中污染物浓度,mg/L;

　　　Q_p——排入河流的废水流量,m^3/s;

　　　c_p——废水中污染物浓度,mg/L。

【例 6-2】上游来水 $COD_{Cr}=14.5mg/L$,$Q_p=8.7m^3/s$;污水排放源强 $COD_{Cr}=58mg/L$,$Q_h=1.0m^3/s$。如忽略排污口至起始断面间的水质变化,且起始断面的水质分布均匀,则起始断面的 COD 浓度是多少?

解:
$$c = \frac{Q_p c_p + Q_h c_h}{Q_p + Q_h}$$

$$c = \frac{14.5 \times 8.7 + 58 \times 1.0}{8.7 + 1.0} = 18.98(mg/L)$$

适用条件:①河流充分混合段;②持久性污染物;③河流为恒定流;④废水连续稳定排放。

2. 一维稳态模型与适用条件

在河流的流量变化其他水文条件不变的稳态条件下,可采用一维模型进行预测。根据物质平衡原理,一维模型可写作:

$$E_x \cdot \frac{\partial^2 \rho}{\partial x^2} - u_x \frac{\partial \rho}{\partial x} - k\rho = 0 \tag{6-3}$$

对于非持久性或可降解污染物,若给定 $x=0$ 时,$c=c_0$,式(6-3)得解为:

$$c = c_0 \exp\left[\frac{ux}{2M_x} \cdot \left(1 - \sqrt{1 + \frac{4KM_x}{u^2}}\right)\right] \tag{6-4}$$

对于一般条件下的河流,推流形成的污染物迁移作用要比弥散作用大很多,在稳态条件下,弥散作用可忽略,则有:

$$c = c_0 \exp\left(-\frac{Kx}{u}\right) \tag{6-5}$$

式中,u——河流的平均流速,m/d 或 m/s;

　　　M_x——废水与河水的纵向混合系数,m²/d 或 m²/s;

　　　K——污染物的衰减系数,1/d 或 1/s;

　　　x——河水(从排放口)向下游流经的距离,m。

【例6-3】一个改扩建工程拟向河流排放废水,废水量 $q=0.25\text{m}^3/\text{s}$,苯酚浓度为 40mg/L;河流流量 $Q=6.5\text{m}^3/\text{s}$,流速 $u_x=0.4\text{m/s}$,苯酚背景浓度为 0.8mg/L,苯酚的降解系数 $K=0.25\text{d}^{-1}$,纵向弥散系数 $E_x=10\text{m}^2/\text{s}$。求排放点下游 15km 处的苯酚浓度。

解:排放口处河水污染物浓度(完全混合模型)

$$c_0 = \frac{0.8 \times 6.5 + 40 \times 0.25}{6.5 + 0.25} = 2.25(\text{mg/L})$$

考虑扩散(扩散+衰减)

$$c = 2.25 \times \exp\left[\frac{0.4 \times 15000}{2 \times 10}\left(1 - \sqrt{1 + \frac{4 \times 0.25/86400 \times 10}{0.4^2}}\right)\right] = 2.02(\text{mg/L})$$

忽略扩散(衰减)

$$c = 2.25 \times \exp\left(\frac{0.25 \times 15000}{0.4 \times 86400}\right) = 2.02(\text{mg/L})$$

由此看出,在稳定条件下,忽略弥散系数与考虑纵向弥散系数的差异很小,常可以忽略。

适用条件:①河流充分混合段;②非持久性污染物;③河流为恒定流;④废水连续稳定排放。

3.二维稳态水质混合模型(平直河段)

(1)岸边排放

$$c(x,y)=c_h+\frac{c_hQ_p}{H\sqrt{\pi M_yxu}}\left[e^{\frac{uy^2}{4M_yx}}+e^{\frac{u(2B-y)^2}{4M_yx}}\right] \tag{6-6}$$

式中,$M_y=(0.58H+0.065B)\sqrt{HgI}$

H——水深,m;

M_y——横向混合系数,m^2/s;

x——纵向坐标,m;

y——横向坐标,m;

B——河宽度,m;

c_h——河水质量背景浓度,mg/L。

(2)非岸边排放

$$c(x,y)=c_h+\frac{c_hQ_p}{H\sqrt{\pi M_yxu}}\left[e^{-\frac{uy^2}{4M_yx}}+e^{-\frac{u(2B-y)^2}{4M_yx}}+e^{-\frac{u(2B-2a-y)^2}{4M_yx}}\right] \tag{6-7}$$

适用条件:①平直、断面形状规则河流混合过程段;②持久性污染物;③河流为恒定流动;④连续稳定排放;⑤对于非持久性污染物,需采用相应的衰减模型。

4.河流二维稳态混合累积流量模型与适用条件

岸边排放

$$c(x,q)=c_h+\frac{c_pQ_p}{\sqrt{\pi M_qx}}\left\{\exp\left(-\frac{q^2}{4M_qx}\right)+\exp\left(-\frac{(2Q_h-q)^2}{4M_qx}\right)\right\} \tag{6-8}$$

式中,$q=Huy$,$M_q=H^2uM_y$;

$c(x,q)$——(x,q)处污染物垂向平均浓度,mg/L;

M_q——累积流量坐标系下的横向混合系数。

适用条件:①弯曲河流、断面形状不规则河流混合过程段;②持久性污染物;③河流为非恒定流动;④连续稳定排放;⑤对于非持久性污染物,需要采用相应的衰减模型。

5.污染物与河水完全混合所需距离

污染物从排放口排出后要与河水完全混合需一定的纵向距离,这段距离称为混合过程段,其长度为x。

当采用河中心排放时：$x=\dfrac{0.1u_xB^2}{M_x}$ （6-9）

在岸边排放时：$x=\dfrac{0.4u_xB^2}{M_x}$ （6-10）

（二）BOD-DO 耦合模型

S-P 模型基本假设：①河流中的 BOD 的衰减和 DO 的复氧都是一级反应；②反应速度是定常的；③河流中的耗氧是由 BOD 衰减引起的，而河流中 DO 来源是大气复氧。

S-P 模型是关于 BOD 和 DO 的耦合模型，可写作：

$$\frac{\mathrm{d}L}{\mathrm{d}t}=-K_1L \qquad (6-11)$$

$$\frac{\mathrm{d}D}{\mathrm{d}t}=K_1L-K_2D \qquad (6-12)$$

式中，L——河水中的 BOD 值，mg/L；

D——河水中的氧亏值，mg/L；

K_1——河水中 BOD 衰减（耗氧）系数，1/d；

K_2——河流复氧系数，1/d；

t——河水的流经时间。

在边界条件 $t=0$，$L=L_0$，$D=D_0$ 情况下，其解析式为：

$$L=L_0\mathrm{e}^{-K_1t} \qquad (6-13)$$

$$D=\frac{K_1L_0}{K_2-K_1}[\mathrm{e}^{-K_1t}-\mathrm{e}^{-K_2t}]+D_0\mathrm{e}^{-K_2t} \qquad (6-14)$$

式中，L_0——河流起始点的 BOD 值；

D_0——河流起始点的氧亏值。

式（6-11）表示河流的氧亏变化规律。如果以河流的 DO 来表示，则

$$\mathrm{DO}=\mathrm{DO_f}-D=\mathrm{DO_f}-\frac{K_1L_0}{K_2-K_1}[\mathrm{e}^{-K_1t}-\mathrm{e}^{-K_2t}]-D_0\mathrm{e}^{-K_2t} \qquad (6-15)$$

式中，DO——河流中的 DO 浓度，mg/L；

$\mathrm{DO_f}$——饱和 DO 浓度，mg/L。

式（6-11）称为 S-P 氧垂公式，根据式（6-11）绘制的 DO 沿程变化曲线，又称氧垂曲线（图6-2）。

在 DO 浓度最低的点——临界点，河水的氧亏值最大，且变化速率为零，则

$$\frac{\mathrm{d}D}{\mathrm{d}t} = K_1 L - K_2 D = 0 \tag{6-16}$$

$$D_c = \frac{K_1}{K_2} \cdot L_0 e^{-K_1 t_c} \tag{6-17}$$

式中, D_c ——临界点的氧亏值, mg/L;

t_c ——由起始点到达临界点的流经时间, d。

临界氧亏发生的时间 t_c 可以由下式计算:

$$t_c = \frac{1}{K_2 - K_1} \cdot \ln\frac{K_2}{K_1} \cdot \left[1 - \frac{D_0(K_2 - K_1)}{L_0 K_1}\right] \tag{6-18}$$

适用条件

①评价河段受纳水体的水质、水量较稳定;

②工程外排废水的水质与水量较稳定;

③易降解污染物在小河流评价河段或大、中河流均匀混合断面以下河段的水质预测。

④S-P 模型仅限于 BOD$_5$ 和 DO 的水质影响预测。

(三)河流混合过程段与水质模型选择

预测范围内的河段可分为充分混合段,混合过程段和上游河段。

充分混合段:指污染物浓度在断面上均匀分布的河段,当断面上任意一点的浓度与断面平均浓度之差小于平均浓度的 5% 时,可认为达到均匀分布。

混合过程段的长度可下式估算:

$$L_{\max} = \frac{(0.4B - 0.6a)Bu}{(0.058H + 0.0065B)\sqrt{gHJ}} \tag{6-19}$$

式中, $L_{\max}$ ——混合过程段极限长度, m;

B ——河段平均河流(断面)宽度, m;

a ——排污口与近岸水边的距离, m;

u ——河段(断面)平均流速, m/s;

H ——河段平均(断面)水深, m;

g ——重力加速度, m/s^2;

J ——河段河流坡度。

三、湖泊(水库)、河口水质数学模型与适用条件

湖泊是天然形成的,水库是由于发电、蓄洪、航运、灌溉等目的拦河筑坝人工形成的,他们的水流状况类似。

在大多数时间里,湖泊与水库的水质呈竖向分层状态,下层水温较稳定,表层受气温影响,斜温层为过渡区。

(一)湖泊完全混合衰减模型与适用条件

(1)小湖(库);(2)非持久性污染物;(3)污染物连续稳定排放;

(4)预测需反映随时间的变化时采用动态模型,只需反映长期平均浓度时采用平衡模型。

动态模型:

$$c = \frac{w_0 + c_p Q_p}{V K_h} + \left(c_h - \frac{w_0 + c_p Q_p}{V K_h} \right) \exp(-K_h t) \qquad (6-20)$$

平衡模型:

$$c = \frac{w_0 + c_p Q_p}{V K_h} \qquad K_h = \frac{Q_h}{V} + \frac{K_1}{86400} \qquad (6-21)$$

(二)湖泊推流衰减模型适用条件

(1)湖,无风条件;(2)非持久性污染物;(3)污染物连续稳定排放。

$$c_r = c_p \exp\left(-\frac{K_1 \Phi H r^2}{172800 Q_p} \right) + c_h \qquad (6-22)$$

式中,Φ 为混合角度,可根据湖(库)岸边形状和水流状况确定,中心排放取 2 弧度。

(三)常用河口水质模型与适用条件

(1)潮汐河口充分混合段;

(2)非持久性污染物;

(3)污染物排放为连续稳定排放或非稳定排放;

(4)需要预测任何时刻的水质。

一维动态混合模型与适用条件

$$\frac{\partial c}{\partial t} + u \frac{\partial c}{\partial x} = \frac{1}{F} \frac{\partial}{\partial x} \left(F M_1 \frac{\partial c}{\partial x} \right) - K_1 c + S_p \qquad (6-23)$$

式中,c——污染物浓度,mg/L;

　　u——河流流速,m/s;

　　F——过水断面面积,m²;

　　M_1——断面纵向混合系数,m²/s;

　　K_1——衰减系数;

　　S_p——污染源强,mg/L。

t——时间，s。

第六节 水质模型参数

水质模型参数确定的方法类别有：实验室测定法、公式计算法（包括经验公式、模型求解等）、物理模型率定法、现状实测及示踪剂法。

一、混合系数估算

1. 经验公式

(1) 菲希尔(Fischer)公式

一个流量恒定、无河湾的顺直河段，如果河宽很大，而水深相对较浅，其垂向、横向和纵向混合系数 M_x、M_y、M_s 可按下式估算。

$$M_x = \alpha_x H u^* \tag{6-24}$$

$$M_y = \alpha_y H u^* \tag{6-25}$$

$$M_s = \alpha_z H u^* \tag{6-26}$$

式中，H——平均水深，m；

u^*——摩阻流速（剪切流速），m/s。

$$u^* = \sqrt{gHJ}$$

J——水力坡度，m/s；

g——重力加速度，m/s²。

一般河流度 α_z 在 0.067 左右。$\alpha_y = 0.1 \sim 0.2$。根据我国的一些文献数据，可得 $\alpha_y = (0.058H + 0.0065B)/H$，式中 H、B 为河流断面的平均水深和水面宽度。对于河宽 15～60m 河流多数 $a_x = 140 \sim 300$。

(2) 泰勒(Taylor)公式（可用于河流与河口）

$$M_y = (0.058H + 0.0065B) \sqrt{gHJ} \frac{B}{H} \leqslant 100 \tag{6-27}$$

(3) 艾尔德(Elder)公式（适用于河流）

$$M_x = 5.93H \sqrt{gHJ} \tag{6-28}$$

2.示踪试验

示踪试验法是向水体中投放示踪物质,追踪测定其浓度变化,据以计算所需要的各环境水力参数的方法。示踪物质有无机盐(NaCl、LiCl)、荧光染料(如罗丹明,Rhodamine)和放射性同位素,示踪物质应满足在水体中不沉降、不降解、不产生化学反应,测定简单准确、经济,对环境无害等特点。示踪物质的投放有瞬时投放、有限时段投放和连续恒定投放。

二、耗氧系数 K_1 的估值

1.实验室测定值修正法

$$K_1 = K_1' + (0.11 + 54J)u/H \tag{6-29}$$

2.两点法

通过测定河流上、下游两断面的 c_{BOD} 值求 K_1。

$$K_1 \cdot \frac{1}{t} = \ln \frac{c_{BOD \cdot A}}{c_{BOD \cdot B}} \tag{6-30}$$

式中,$c_{BOD \cdot A}$,$c_{BOD \cdot B}$——河流上游断面 A 和下游段面 B 处的 BOD 浓度,mg/L;

t——两个断面间的流经时间,s。

三、复氧系数 K_2 的估值

1.欧康那-道宾斯(O'Conner-Dobbins,简称欧-道)公式

$$K_{2(20℃)} = 294 \frac{(D_m u)^{1/2}}{H^{3/2}}, C_z \geqslant 17 \tag{6-31}$$

$$K_{2(20℃)} = 824 \frac{D_m^{1/2} J^{1/4}}{H^{3/2}}, C_z < 17 \tag{6-32}$$

$$C_z = \frac{1}{n} H^{1/6}(谢才系数,n 为河道糙率)$$

式中,$D_m = 1.774 \times 10^{-4} \times 1.037^{(T-20)}$

2.欧文斯等人(Owens et al)经验式

$$K_{2(20℃)} = 5.34 \frac{u^{0.67}}{H^{1.85}} \quad 0.1m \leqslant H \leqslant 0.6m \quad u \leqslant 1.5m/s \tag{6-33}$$

3.丘吉尔(Churchill)经验式

$$K_{2(20℃)}=5.03\frac{u^{0.696}}{H^{1.673}} \quad 0.6m\leqslant H\leqslant 8m \quad 0.6\leqslant u\leqslant 1.8m/s \tag{6-34}$$

上列各式中:D_m 为氧分子扩散系数;$D_m=D_{m(20)}\times 1.037^{T-20}$。

四、混合(扩散)系数的估值法

1.泰勒法求横向混合系数 M_y(适用于河流)

$$M_y=(0.058H+0.0065B)\sqrt{gHJ} \quad (B/H\leqslant 100) \tag{6-35}$$

2.费希尔法求纵向离散系数(适用于河流)

$$D_l=0.011u^2B^2/hu^* \tag{6-36}$$

第七节　水环境影响的预测与评价

一、预测范围和预测点位

1.预测范围

地面水环境预测的范围与地面水环境现状调查的范围相同或略小(特殊情况也可略大),确定预测范围的原则与现状调查相同。

2.预测点位

在预测范围内选择适当的预测点位,要求通过这些点位所受环境影响的预测来全面反映建设项目对该范围内地表水环境的影响。预测点位的数量和预测点位的选择,应根据受纳水体和建设项目的特点、评价等级以及当地的环保要求确定。

虽然在预测范围以外,但估计有可能受到影响的重要用水地点,也应选择水质预测点位。

地表水环境监测点位应作为预测点位。水文特征突然变化和水质突然变化处的上、下游,重要水工建筑物附近,水文站附近等应选择作为预测点位。当需要预测河流混合过程段的水质时,应在该段河流中选择若干预测点位。

当拟预测 DO 时,应预测最大亏氧点的位置及该点的浓度,但是分段预测的河段不需要预测最大亏氧点。

排放口附近常有局部超标水域,如有必要应在适当水域加密预测点位,以便确定超标水域的范围。

二、水体和污染源的简化

地面水环境简化包括边界几何形状的规范化和水文、水力要素时空分布的简化等。简化应根据水文调查与水文测量的结果和评价等级进行。

(一)水体的简化

1. 河流的简化要求

(1)河流可简化为矩形平直河流、矩形弯曲河流和非矩形河流：

①河流的断面宽深比≥20时，可视为矩形河流。

②大、中河流中，预测河段弯曲较大(如其最弯曲系数>1.3)时，可视为弯曲河流，否则可以简化为平直河流。

③大、中河流断面上水深变化很大且评价等级较高(如一级评价)时，可视为非矩形河流并应调查其流场，其他情况均可简化为矩形河流。

④小河可简化为矩形平直河流。

(2)河流水文特征或水质有急剧变化的河段，可在急剧变化之处分段，各段分别进行简化。

(3)对于江心洲和浅滩等的简化处理：

①评价等级为三级时，江心洲、浅滩等均可按无江心洲、浅滩的情况对待；

②评价等级为二级时，江心洲位于充分混合段，可按无江心洲对待；

③评价等级为一级且江心洲较大时，可分段进行简化，江心洲较小时可不考虑；江心洲位于混合过程段，可分段进行简化。

(4)人工控制河流根据水流情况可以视其为水库，也可视其为河流，分段进行简化。

2. 河口简化

(1)河口包括河流汇合部、河流感潮段、河口外滨海段、河流与湖泊、水库汇合部。

河流感潮段是指受潮汐作用影响较明显的河段。可以将落潮时最大断面平均流速与涨潮时最小断面平均流速之差等于0.05m/s的断面作为其与河流的界限。除个别要求很高(如评价等级为一级)的情况外，河流感潮段一般可按潮周平均、高潮平均和低潮平均三种情况，简化为稳态进行预测。

(2)河流汇合部可分为支流、汇合前主流、汇合后主流三段分别进行环境影响预测。小河汇入河时可以把小河看成点源。

(3)河流与湖泊、水库汇合部可按照河流和湖泊、水库两部分分别预测其环境影响。

(4)河口断面沿程变化较大时，可分段进行环境影响预测。河口外滨海段可视为海湾。

3. 湖泊与水库简化

(1)可将湖泊、水库简化为大湖(库)、小湖(库)、分层湖(库)等三种情况:水深大于 10m 且分层期较长(大于 30d)的湖泊、水库可视为分层湖(库)。

①一级评价时,中湖(库)对待,停留时间较短时按小湖(库)对待;

②三级评价时,中湖(库)可按小湖(库)对待,停留时间很长时按湖(库)对待;

③二级评价时,如何简化可视具体情况而定:水深>10m 且分层期较长(如>30d)的湖泊、水库可视为分层湖(库)。

(2)珍珠串湖泊可分为若干区,各区分别按上述情况简化。

(3)不存在面积回流区和死水区且流速较快,停留时间较短的狭长湖泊可简化为河流。其岸边形状和水文要素变化较大时还可进一步分段。

(4)不规则形状的湖泊、水库可根据流场的分布情况和几何形状分区。

(5)自顶端入口附近排入废水的狭长湖泊或循环利用湖水的小湖,可分别按各自的特点考虑。

4. 海湾简化

(1)预测海湾水质时一般只考虑潮汐作用,不考虑波浪作用。

(2)评价等级为一级且海流(主要指风海流)作用较强时,可考虑海流对水质的影响,潮流可简化为平面二维非恒定流场。

(3)三级评价时可只考虑潮周期的平均情况。

(4)较大的海湾交换周期很长,可视为封闭海湾。

(5)在注入海湾的河流中,大河及评价等级为一、二级的中河应考虑其对海湾流场和水质的影响;小河及评价等级为三级的中河可视为点源,忽略其对海湾流场的影响。

(二)污染源简化的要求

污染源简化包括排放形式的简化和排放规律的简化。排放形式可简化为点源和面源,排放规律可简化为连续恒定排放和非连续恒定排放。对于点源位置(排放口)的处理,有下列要求:

(1)排入河流的两排放口的间距较小时,可简化为一个排放口,其位置假设在两排放口之间,其排放量为两者之和。

(2)排入小湖(库)的所有排放口可简化为一个排放口,其排放量为所有排放量之和。

(3)排入大湖(库)的两排放口间距较小时,可简化成一个排放口,其位置假设在两排放口之间,其排放量为两者之和。

(4)一、二级评价且排入海湾的两排放口间距小于沿岸方向差分网格的步长时,可简化为一个,其排放量为两者之和。三级评价时,海湾污染源简化与湖(库)相同。

(5)无组织排放可简化成面源;从多个间距很近的排放口排水时,也可简为面源。

(6)在地面水环境影响预测中,通常可把排放规律简化为连续恒定排放。

三、水质模型的选用

水质影响预测模型的选用主要考虑水体类型和排污状况、环境水文条件及水力学特征、污染物的性质及水质分布状态和评价等级要求等方面。水质数学模型选用的原则如下:

(1)在水质混合区进行水质影响预测时,应选用二维或三维模型;在水质分布均匀的水域进行水质影响预测时,选用零维或一维模型。

(2)对上游来水或污水排放的水质、水量随时间变化显著情况下的水质影响预测,应选用动态或准稳态模型;其他情况选用稳态模型(对上游来水或污水排放的水质、水量随时间有一定变化的情况,可先分段统计平均水质、水量状况,然后选用稳态模型进行水质影响预测)。

(3)矩形河流、水深变化不大的湖(库)及海湾,对于连续恒定点源排污的水质影响预测,二维以下一般采用解析解模型;三维或非连续恒定点源排污(瞬时排放、有限时段排放)的水质影响预测,一般采用数值解模型。

(4)稳态数值解水质模型适用于非矩形河流、水深变化较大的湖(库)和海湾水域连续恒定点源排污的水质影响预测。

(5)动态数值解水质模型适用于各类恒定水域中和非连续恒定排放或非恒定水域中的各类污染源排放。

(6)单一组分的水质模型可模拟的污染物类型包括:持久性污染物、非持久性污染物和废热(水温变化预测);多组分耦合模型模拟的水质因子彼此间均存在一定的关联,如 S - P 模型模拟的 DO 和 BOD。

四、水环境影响评价

(一)水环境影响评价方法

地表水环境影响评价执行《环境影响评价技术导则 地面水环境》(HJ/T 2.3—1993)。

一般情况建议采用标准指数法进行单项评价。

(1)评价标准:地表水的评价标准采用《地表水环境质量标准》(GB 3838—2002)或相应地方标准;

(2)水质参数的取值:实际工作中,取平均值与最大值的均方根作评价参数值,即

$$c=\left(\frac{c_{\max}^2+\bar{c}^2}{2}\right)^{\frac{1}{2}} \qquad (6-37)$$

式中,c——某参数的评价浓度值,mg/L;

$\bar{c}$——某参数监测数据(共 k 个)的平均值,mg/L;

$c_{\max}$——某参数监测数据的最大值,mg/L。

(3)单项水质参数评价:采用标准型指数单元:

$$I_{ij}=\frac{{}^tc_{ij}}{c_{si}} \qquad (6-38)$$

由于 DO 和 pH 与其他水质参数的性质不同采用不同的指数单元。

①溶解氧的标准型指数单元:

$$I_{DO_j}=\frac{|DO_f-DO_j|}{DO_f-DO_s},DO_j\geqslant DO_s \qquad (6-39)$$

$$I_{DO_j}=10-9\frac{DO_f}{DO_s},DO_j<DO_s \qquad (6-40)$$

式中,I_{DO_j}——j 点的 DO 浓度标准型指数单元;

DO$_f$——饱和 DO 浓度,mg/L,算式为:$DO_f=\dfrac{468}{31.6+T}$(大气压力为 101kPa)

T——水温,℃;

DO$_j$——j 点的 DO 浓度,mg/L;

DO$_s$——DO 的评价标准,mg/L。

②pH 的标准型指数单元:

$$I_{pH,j}=\frac{7.0-pH_j}{7.0-pH_{sd}},pH_j\leqslant7.0 \qquad (6-41)$$

$$I_{pH,j}=\frac{pH_j-7.0}{pH_{su}-7.0},pH_j>7.0 \qquad (6-42)$$

式中,$I_{pH,j}$——j 点的 pH 标准指数单元;

pH$_j$——j 点的 pH 监测值;

pH$_{sd}$——评价标准中规定的 pH 值下限;

pH$_{su}$——评价标准中规定的 pH 值上限。

水质参数的标准型指数单元大于"1",表明该水质超过了规定的水质标准,已不能满足使用功能要求。

(二)水环境影响评价小结

1. 编写原则

编写小结的原则、要求与编写报告书的结论相同。评价等级为一、二级时应编写小结。若地面水环境影响评价单独成册则应编写分册结论。编写分册结论的有关事项与小结基本相同,但应更详尽。

评价等级为三级且地面水环境部分在报告书中的篇幅较短时可省略小结,直接在报告书的结论部分中叙述与地面水环境影响评价有关小结的问题。

2. 小结的内容

小结的内容包括地面水环境现状概要、建设项目工程分析与地面水环境有关部分的概要、建设项目对地面水环境影响预测和评价的结果、水环境保护措施的评述和建议等。

由于报告书的地面水环境部分没有专门的章节评述环保措施,所以在编写小结的部分时应给予充分的注意和足够的篇幅。

环保措施建议一般包括污染消减措施建议和环境管理措施建议两部分。

(1)消减措施建议应尽量做到具体、可行,以便对建设项目的环境工程设计起指导作用。

消减措施的评述,主要评述其环境效益(应说明排放物的达标情况),也可做简单的技术经济分析。

(2)环境管理措施和建议包括环境监测(含监测点、监测项目和监测次数)的建议、水土保持措施建议、防止泄露等事故发生的措施建议、环境管理机构设置的建议等。

3. 评价建设项目的地面水环境影响的最终结果应得出建设项目在实施过程的不同阶段能否满足预定的地面水环境质量的结论。

(1)下面两种情况应做出可满足地面水环境保护要求的结论:

①建设项目在实施过程的不同阶段,除排放口附近很小范围外,水域的水质均能达到预定要求;

②在建设项目实施过程的某个阶段,个别水质参数在较大范围内不能达到预定的水质要求,但采取一定的环保措施后可满足要求。

(2)下面两种情况原则上应做出不能满足地面水环境保护要求的结论:

①地面水现状水质已超标;

②污染消减量过大以至于消减措施在技术、经济上明显不合理。

(3)建设项目在个别情况下虽然不能满足预定的环保要求,但其影响不大且发生的机会不多,此时应根据具体情况做出分析。

(4)有些情况不宜做出明确的结论,如建设项目恶化了地面水环境的某些方面,同时又改善了其他方面,应说明建设项目对地面水环境的正影响、负影响及其范围、程度和评价者的意见。

4.需要在评价过程中确定建设项目与地面水环境有关部分的方案比较时,应在小结中确定推荐方案并说明其理由。

第八节　水环境污染防控措施

水污染的严重性没有异议,我国在水污染方面也有相关立法以规范水污染的治理、污水的排放,并予以污染水体的人以应有的惩罚。我国出台了《中华人民共和国水污染防治法》(2008.06)等法律,保障水污染防治的有效实施。

一、水污染防治思路

在中国污水排放总量中,工业废水排放量约占60%。水体中绝大多数有毒有害物质来源于工业废水,工业废水大量排放是造成水环境状况日趋恶化、水体使用功能下降的重要原因。因此,工业水污染的防治是水污染防治的首要任务。国内外工业水污染防治的经验表明,工业水污染的防治必须采取综合性对策,从宏观性控制、技术性控制、管理性控制三方面着手,将会起到良好的整治效果。

1.宏观性控制

优化产业结构与工业结构,合理进行工业布局。在产业规划和工业发展之中,贯穿可持续发展的指导思想,调整产业结构,完成结构的优化,使之与环境发展相协调。同时要落实节能减排,再次减少对环境的伤害,保证人与自然的和谐发展。

2.技术性控制

积极推行清洁生产,提高工业用水重复利用率,实行污染物排放总量控制制度,促进工业废水和城市生活污水的集中处理。

3.管理型控制

进一步完善污水排放标准和相关的水污染控制法规和条例,加大执法力度,严格限制污水的超标排放。对个单位的排污口和受纳水体进行在线监测,逐步建立完善城市和工业排污监测网络和数据库,杜绝"偷排"现象。

二、防治水体污染的主要措施

1. 减少和消除污染源排放的废水量

首先，可采用改革工艺，减少甚至不排废水或降低有毒废水的毒性。其次，重复利用废水，尽量采用重复用水及循环用水系统，使废水排放减至最少或将生产废水经适当处理后循环利用，如电镀废水闭路循环，高炉煤气洗涤废水经沉淀、冷却后可再用于洗涤。第三，控制废水中污染物浓度，回收有用产品，尽量使流失在废水中的原料和产品与水分离，就地回收，这样既可减少生产成本，又可降低废水浓度。第四处理好城市垃圾与工业废渣，避免因降水或径流的冲刷、溶解而污染水体。

2. 全面规划，合理布局，进行区域性综合治理

第一，在制定区域规划、城市建设规划、工业区规划时都要考虑水体污染问题，对可能出现的水体污染，要采取预防措施。第二，对水体污染源进行全面规划和综合治理。第三，杜绝工业废水和城市污水任意排放，规定排放标准。第四，同行业废水应集中处理，以减少污染源的数目，便于管理。第五，有计划治理已被污染的水体。

3. 加强监测管理，制定法律和控制标准

第一，设立国家级、地方级的环境保护管理机构，执行有关环保法律和控制标准，协调和监督各部门和工厂保护环境，保护水源。第二，颁布有关法规，制定保护水体，控制和管理水体污染源的具体条例。

思考题

1. 何谓水体？水体是如何分类的？水体污染源和污染物是如何分类的？

2. 水环境评价参数如何选择？

3. 废水排入水体后，污染物与水体的有哪些混合过程？

4. 水环境影响评价的工作程序有哪些？

5. 某企业年新鲜工业用水 0.9 万 t，无监测排水流量，排污系数取 0.7，废水处理设施进口 COD 浓度为 500mg/L，排放口 COD 浓度为 100mg/L，则该企业去除的 COD 是多少 kg，排放的 COD 是多少 kg？

6. 某建设项目污水排放量为 $300m^3/h$，COD_{Cr}：200mg/L，石油类：20mg/L，氰化物：10mg/L，Cr^{6+}：6mg/L。污水排入附近一条小河，河水流量为 $5000m^3/h$，对应污染物监测浓度分别为 COD_{Cr}：10mg/L，石油类：0.4mg/L，氰化物：0.1mg/L，Cr^{6+}：0.03mg/L。请分别计算每种污染物的 ISE 值，并进行排序。

7. 一个改扩建工程拟向河流排放废水，废水量 $q=0.15m^3/s$，苯酚浓度为 $30\mu g/L$；河流流量 $Q=5.5m^3/s$，流速 $u_x=0.3m/s$，苯酚背景浓度为 $0.5\mu g/L$，苯酚的降解系数 $K=0.2d^{-1}$，纵向弥散系数 $E_x=10m^2/s$。求排放点下游 10km 处的苯酚浓度。

8. 工厂 A 和 B 向一均匀河段排放含酚污水，水量均为 $100m^3/d$，水质均为 50mg/L。两工厂排放口相距 20km。两工厂排放口的上游河水流量为 $9m^3/s$，河水含酚为 0mg/L，河水的平均流速为 40km/d，酚的衰减速率常数为 $2d^{-1}$。如要在该河流的两工厂排放口的下游建一自来水厂，根据生活饮用水卫生标准，河水含酚应不超过 0.002mg/L，问该水厂应建在何处（距 A、B 排放口的距离）？

9. 某均匀河段流量 $Q=2.16×10^6 m^3/d$，流速 $u=46km/d$，水温 $T=13.6℃$，饱和 DO 为 10.35mg/L，测得河水 20℃时：$k_1=0.94d^{-1}$（BOD 衰减），$k_2=1.82d^{-1}$（DO 衰减）。河段始端排放流量 $q=1×10^5 m^3/d$ 的污水，$BOD_5=500mg/L$，DO 为 0mg/L；排放口上游河水的 $BOD_5=0mg/L$，上游河水的 DO 为 8.95mg/L。求：临界点出现的距离（距排放口）、BOD_5 和 DO 值。

10. 有一条河流为 II 类水体，COD_{Cr} 背景监测浓度为 6mg/L；有一个拟建项目投产后废水将使河流的 COD_{Cr} 浓度提高到 12mg/L。当地的发展规划已确定还将有两个同样的拟建项目在附近兴建，如按照水环境规划此河段自净能力允许利用率为 0.8。问当地环保部门是否应批准后面两个拟建项目排放废水？

拓展阅读

我国水形势不容乐观：中国是世界 13 个缺水国家之一，全国 600 多个城市中目前大约一半的城市缺水，水污染的恶化更使水短缺雪上加霜；我国江河湖泊普遍遭受污染，全国 75% 的湖泊出现了不同程度的富营养化；90% 的城市水域污染严重，南方城市总缺水量的 60%～70% 是由于水污染造成的；对我国 118 个大中城市的地下水调查显示：有 115 个城市地下水受到污染，其中重度污染约占 40%。水污染降低了水体的使用功能，加剧了水资源短缺，对我国可持续发展战略的实施带来了负面影响。

我国的水资源正在遭受各种污染的侵袭，水污染严重破坏生态环境、影响人类生存，要想实现人类社会的可持续发展，首先要解决水污染问题。

近些年来发生的水污染事件依旧触目惊心：(1)淮河水污染事件：1994 年 7 月，淮河上游的河南境内突降暴雨，颍上水库水位急骤上涨超过防洪警戒线，因此开闸泄洪将积蓄于上游一个冬春的 2 亿 m^3 水放了下来。水所经之处河水泛滥，河面上泡沫密布，顿时鱼虾丧失。下游一些地方居民饮用了虽经自来水厂处理，但未能达到饮用标准的河水后，出现恶心、腹泻、呕吐等症状。经取样检验证实上游来水水质恶化，沿河各自来水厂被迫停止供水达 54 天之久，百万淮河民众饮水告急，不少地方花高价远途取水饮用，有些地方出现居民抢购矿泉水的场面，这就是震惊中外的"淮河水污染事件"。(2)金矿事件：2000 年 1 月 30 日，罗马尼亚境内一处金矿污水沉淀池，因积水暴涨发生漫坝，10 多万升含有大量氰化物、铜和铅等重金属的污水冲泄到多瑙河支流蒂萨河，并顺流南下，迅速汇入多瑙河向下游扩散，造成河鱼大量死亡，河水不能饮用。匈牙利、南斯拉夫等国深受其害，国民经济和人民生活都遭受一定的影响，严重破坏了多瑙河流域的生态环境，并引发了国际诉讼。

参考文献

1.陆书玉.环境影响评价[M].北京:高等教育出版社,2001

2.叶文虎,等.环境质量评价学[M].北京:高等教育出版社,1994

3.国家环保局开发监督司.环境影响评价技术原则和方法[M].北京:北京大学出版社,1992

4.国家环境局.环境影响评价的原则与技术[M].北京:中国环境科学出版社,1990

5.HJ 2.1—2011 环境影响评价技术导则　总纲[S],2011

6.HJT 2.3—93 环境影响评价技术导则　地面水环境[S],1993

7.HJ 610—2011 环境影响评价技术导则　地下水环境[S],2011

8.环境保护部环境工程评估中心编.环境影响评价技术导则与标准[M].北京:中国环境科学出版社,2012

9.环境保护部环境工程评估中心编.环境影响评价技术方法[M].北京:中国环境科学出版社,2012

10.陈丽.我国水污染的现状及其防治.中国环境科学学会学术年会优秀论文集[G],2008

11.陈永焦.浅谈我国水污染现状及治理对策[J].环境论坛,2011

12.过孝明,张慧勤,李平.我国环境污染造成的经济损失估算[J].中国环境科学,1990

13.鲍强.中国水污染控制的政策目标与技术选择[J].环境科学丛刊,1993

14.屠清瑛,顾丁锡,尹澄清,等.巢湖富营养化研究[M].合肥:中国科学技术大学出版社,1990

15.唐受印,等.废水处理工程[M].北京:化学工业出版社,1998

16.上海市环保局.废水物化处理[M].上海:同济大学出版社,1999

17.王金梅,薛叙明,等.水污染控制技术.[M]北京:化学工业出版社,2004

第七章　地下水环境影响评价

【本章要点】

地下水环境影响评价是环境影响评价的主要内容之一,在准确全面的工程分析和充分的地下水环境状况调查的基础上,划分环境影响的程度和范围,利用合理的数学模型对建设项目给地下水环境带来的影响进行计算、预测、分析和论证,比较项目建设前后水体主要指标的变化情况,并结合当地的水环境功能区划,得出是否满足使用功能的结论,并进一步提出建设项目影响区域主要污染物的控制和防治对策。

第一节　地下水概念与分类

一、地下水概念与特点

地下水(groundwater),以各种形式埋藏在地壳空隙中的水,包括包气带和饱水带中的水。广义地下水包括土壤、隔水层和含水层中的重力水和非重力水。狭义地下水指土壤、隔水层和含水层中的重力水。地下水具有地域分布广、随时接受降水和地表水体补给、便于开采、水质良好、径流缓慢等特点。因此,世界许多国家都把地下水作为人类生活用水和饮用水源。

此外,地下水也是生态系统的组成部分。地下水一旦受到污染,即使彻底消除其污染源,也得十几年,甚至几十年才能使水质复原。至于要进行人工的地下含水层的更新,问题就更复杂。

二、地下水分类

1. 按起源不同,可将地下水分为渗入水、凝结水、初生水和埋藏水。

(1)渗入水:降水渗入地下形成渗入水。

(2)凝结水:水汽凝结形成的地下水称为凝结水。当地面的温度低于空气的温度时,空气中的水汽便要进入土壤和岩石的空隙中,在颗粒和岩石表面凝结形成地下水。

(3)初生水:既不是降水渗入,也不是水汽凝结形成的,而是由岩浆中分离出来的气体冷凝形成,这种水是岩浆作用的结果,成为初生水。

(4)埋藏水:与沉积物同时生成或海水渗入到原生沉积物的孔隙中而形成的地下水成为埋藏水。

2.按矿化程度不同,可分为淡水、微咸水、咸水、盐水、卤水。

3.按含水层性质,可分为孔隙水、裂隙水、岩溶水。

(1)孔隙水:疏松岩石孔隙中的水。孔隙水是储存于第四纪松散沉积物及第三纪少数胶结不良的沉积物的孔隙中的地下水。

(2)裂隙水:赋存于坚硬、半坚硬基岩裂隙中的重力水。裂隙水的埋藏和分布具有不均一性和一定的方向性;含水层的形态多种多样;明显受地质构造的因素的控制;水动力条件比较复杂。

(3)岩溶水:赋存于岩溶空隙中的水。水量丰富而分布不均一,在不均一之中又有相对均一的地段;含水系统中多重含水介质并存,既具有统一水位面的含水网络,又具有相对孤立的管道流;既有向排泄区的运动,又有导水通道与蓄水网络之间的互相补排运动;水质水量动态受岩溶发育程度的控制,在强烈发育区,动态变化大,对大气降水或地表水的补给响应快;岩溶水既是赋存于溶孔、溶隙、溶洞中的水,又是改造其赋存环境的动力,不断促进含水空间的演化。

4.按埋藏条件不同,可分为上层滞水、潜水、承压水。

(1)上层滞水:埋藏在离地表不深、包气带中局部隔水层之上的重力水。一般分布不广,呈季节性变化,雨季出现,干旱季节消失,其动态变化与气候、水文因素的变化密切相关。

(2)潜水:埋藏在地表以下、第一个稳定隔水层以上、具有自由水面的重力水。潜水在自然界中分布很广,一般埋藏在第四纪松散沉积物的孔隙及坚硬基岩风化壳的裂隙、溶洞内。

(3)承压水:埋藏并充满两个稳定隔水层之间的含水层中的重力水。承压水受静水压;补给区与分布区不一致;动态变化不显著;承压水不具有潜水那样的自由水面,所以它的运动方式不是在重力作用下的自由流动,而是在静水压力的作用下,以水交替的形式进行运动。

地下水是一个庞大的家庭。据估算,全世界的地下水总量多达 1.5 亿 km^3,几乎占地球总水量的十分之一,比整个大西洋的水量还要多。

三、地下水污染

工业及城市废水、废渣的不合理排放、处置,农业生产中农药、化肥的淋失等,造成很多地区的地下水水质恶化。影响经济发展,甚至威胁到人民的身体健康和生命安全。对地下水污染的监测、预报和防护已成为地下水研究的重要课题。

地下水污染源可按不同方法进行分类。按产生污染物的部门或活动,可将污染源分为工业污染源、生活污染源、农业污染源等。按污染源的空间分布特征可将其分为点状污染源、线状污染源和面状污染源。按污染物存在的状态又可将其分为固体的、液体的、气体的及可溶混合不可溶混的污染源。从不同的角度对污染源进行分类研究,便于掌握地下水污染物的特征、运动规律和采取相应的治理措施。

第二节　地下水环境影响评价

地下水环境影响评价执行《环境影响评价技术导则　地下水环境》(HJ 610—2011)。地下水环境影响评价基础是应充分掌握水文地质条件,工作区在地质、水文地质方面的研究。

一、评价执行标准

地下水环境影响评价采用的标准为《地下水质量标准》(GB 14848—2002)、国家环保部 2011 年 6 月 1 日实施的《环境影响评价技术导则　地下水环境》(HJ 610—2011)、《地下水环境监测技术规范》(HJ/T 164—2004)、《饮用水水源保护区划分技术规范》(HJ/T 338—2007)和《供水水文地质勘察规范》(GB 50027—2001)等。

二、评价基本任务

地下水环境影响评价的基本任务包括:进行地下水环境现状评价,预测和评价建设项目实施过程中对地下水环境可能造成的直接影响和间接危害(包括地下水污染,地下水流场或地下水位变化),并针对这种影响和危害提出防治对策,预防与控制环境恶化,保护地下水资源,为建设项目选址决策、工程设计和环境管理提供科学依据。

地下水环境影响评价应按本标准划分的评价工作等级,开展相应深度的评价工作。

三、工作程序

地下水环境影响评价工作可划分为准备、现状调查与工程分析、预测评价和报告编写四个阶段。地下水环境影响评价工作程序如图 7-1。

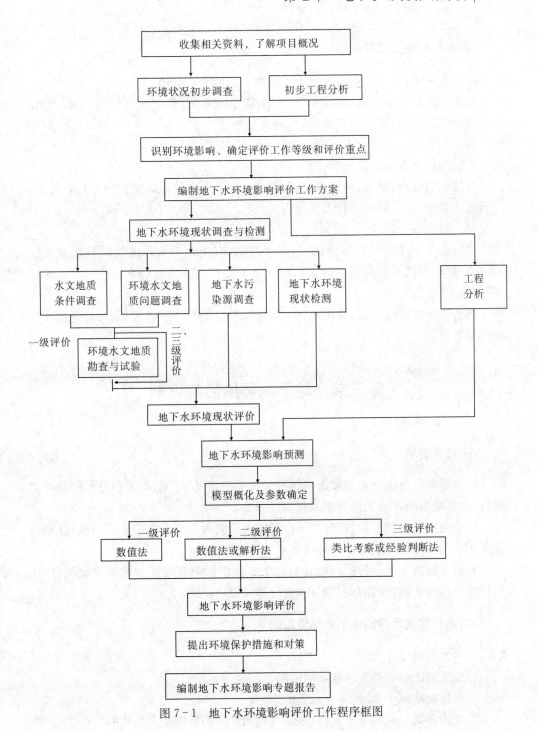

图 7-1 地下水环境影响评价工作程序框图

四、各阶段主要工作内容

(一)准备阶段

搜集和研究有关资料、法规文件；了解建设项目工程概况；进行初步工程分析；踏勘现场，对环境状况进行初步调查；初步分析建设项目对地下水环境的影响，确定评价工作等级和评价重点，并在此基础上编制地下水环境影响评价工作方案。

(二)现状调查与工程分析阶段

开展现场调查、勘探、地下水监测、取样、分析、室内外试验和室内资料分析等，进行现状评价工作，同时进行工程分析。

(三)预测评价阶段

进行地下水环境影响预测；依据国家、地方有关地下水环境管理的法规及标准，进行影响范围和程度的评价。

(四)报告编写阶段

综合分析各阶段成果，提出地下水环境保护措施与防治对策，编写地下水环境影响专题报告。

第三节　地下水环境影响识别

一、基本要求

1.建设项目对地下水环境影响识别分析应在建设项目初步工程分析的基础上进行，在环境影响评价工作方案编制阶段完成。

2.应根据建设项目建设、生产运行和服务期满后三个阶段的工程特征，分别识别其正常与事故两种状态下的环境影响。

3.对于随着生产运行时间推移对地下水环境影响有可能加剧的建设项目，还应按生产运行初期、中期和后期分别进行环境影响识别。

二、典型建设项目的地下水环境影响

(一)工业类项目

1.废水的渗漏对地下水水质的影响；

2.固体废物对土壤、地下水水质的影响；

3.废水渗漏引起地下水水位、水量变化而产生的环境水文地质问题；

4.地下水供水水源地产生的区域水位下降而产生的环境水文地质问题。

（二）固体废物填埋场工程

1.固体废物对土壤的影响；

2.固体废物渗滤液对地下水水质的影响。

（三）污水土地处理工程

1.污水土地处理对地下水水质的影响；

2.污水土地处理对地下水水位的影响；

3.污水土地处理对土壤的影响。

（四）地下水集中供水水源地开发建设及调水工程

1.水源地开发（或调水）对区域（或调水工程沿线）地下水水位、水质、水资源量的影响；

2.水源地开发（或调水）引起地下水水位变化而产生的环境水文地质问题；

3.水源地开发（或调水）对地下水水质的影响。

（五）水利水电工程

1.水库和坝基渗漏对上、下游地区地下水水位、水质的影响；

2.渠道工程和大型跨流域调水工程，在施工和运行期间对地下水水位、水质、水资源量的影响；

3.水利水电工程可能引起的土地沙漠化、盐渍化、沼泽化等环境水文地质问题。

（六）地下水库建设工程

1.地下水库的补给水源对地下水水位、水质、水资源量的影响；

2.地下水库的水位和水质变化对其他相邻含水层水位、水质的影响；

3.地下水库的水位变化对建筑物地基的影响；

4.地下水库的水位变化可能引起的土壤盐渍化、沼泽化和岩溶塌陷等环境水文地质问题。

（七）矿山开发工程

1.露天采矿人工降低地下水水位工程对地下水水位、水质、水资源量的影响；

2.地下采矿对地下水水位、水质、水资源量的影响；

3.矿石、矿渣、废石堆放场对土壤、渗滤液对地下水水质的影响；

4.尾矿库坝下淋渗、渗漏对地下水水质的影响；

5.矿坑水对地下水水位、水质的影响；

6.矿山开发工程可能引起的水资源衰竭、岩溶塌陷、地面沉降等环境水文地质问题。

（八）石油（天然气）开发与储运工程

1.油田基地采油、炼油排放的生产、生活废水对地下水水质的影响；

2.石油（天然气）勘探、采油和运输储存（管线输送）过程中的跑、冒、滴、漏油对土壤、地下水水质的影响；

3.采油井、注水井以及废弃油井、气井套管腐蚀损坏和固井质量问题对地下水水质的影响；

4.石油（天然气）田开发大量开采地下水引起的区域地下水位下降而产生的环境水文地质问题；

5.地下储油库工程对地下水水位、水质的影响。

（九）农业类项目

1.农田灌溉、农业开发对地下水水位、水质的影响；

2.污水灌溉和施用农药、化肥对地下水水质的影响；

3.农业灌溉可能引起的次生沼泽化、盐渍化等环境水文地质问题。

（十）线性工程类项目

1.线性工程对其穿越的地下水环境敏感区水位或水质的影响；

2.隧道、洞室等施工及后续排水引起的地下水位下降而产生的环境问题；

3.站场、服务区等排放的污水对地下水水质的影响。

三、建设项目分类

根据建设项目对地下水环境影响的特征，将建设项目分为以下三类：

Ⅰ类：指在项目建设、生产运行和服务期满后的各个过程中，可能造成地下水水质污染的建设项目；

Ⅱ类：指在项目建设和运营过程中，可能引起地下流场或地下水水位变化，并导致环境水文地质问题的建设项目；

Ⅲ类：指同时具备Ⅰ类和Ⅱ类建设项目环境影响特征的建设项目。

四、评价工作等级的确定

Ⅰ类和Ⅱ类建设项目，分别根据其对地下水环境的影响类型、建设项目所处区域的环境特征及其环境影响程度划定评价工作等级。

Ⅲ类建设项目应分别按Ⅰ类和Ⅱ类建设项目评价工作等级划分办法，进行地下水环境影响评价工作等级划分，并按所划定的最高工作等级开展评价工作。

（一）类建设项目划分依据

Ⅰ类建设项目地下水环境影响评价工作等级的划分，应根据建设项目场地的包气带防污性能、含水层易污染特征、地下水环境敏感程度、污水排放量与污水水质复杂程度等指标确定。建设项目场地包括主体工程、辅助工程、公用工程、储运工程等涉及的场地。

(1)建设项目场地的包气带防污性能

建设项目场地的包气带防污性能按包气带中岩(土)层的分布情况分为强、中、弱三级,分级原则表 7-1 所示。

表 7-1　包气带防污性能分级

分级	包气带岩土的渗透性能
强	岩(土)层单层厚度 $M_b \geq 0.1m$,渗透系数 $K \leq 10^{-7}$ cm/s,且分布连续、稳定
中	岩(土)层单层厚度 $0.5m \leq M_b \leq 1.0m$,渗透系数 $K \leq 10^{-7}$ cm/s,且分布连续、稳定 岩(土)层单层厚度 $M_b \geq 1.0m$,渗透系数 10^{-7} cm/s $< K \leq 10^{-4}$ cm/s,且分布连续、稳定
弱	岩(土)层不满足上述"强"和"中"条件

(2)建设项目场地的含水层易污染特征

建设项目场地的含水层易污染特征分为易、中、不易三级,分级原则见表 7-2。

表 7-2　建设项目场地的含水层易污染特征分级

分级	项目场地所处位置与含水层易污染特征
易	潜水含水层埋深浅的地区;地下水与地表水联系密切地区;不利于地下水中污染物稀释、自净的地区;现有地下水污染问题突出的地区
中	多含水层系统且层间水力联系较密切的地区;存在地下水污染问题的地区
不易	以上情形之外的其他地区

(3)建设项目场地的地下水环境敏感程度

建设项目场地的地下水环境敏感程度可分为敏感、较敏感、不敏感三级,分级原则见表 7-3。

表 7-3　地下水环境敏感程度分级

分级	项目场地的地下水环境敏感特征
敏感	生活供水水源地(包括已建成的在用、备用、应急水源地,在建和规划的水源地)准保护区;除生活供水水源地以外的国家或地方政府设定的与地下水环境相关的其他保护区,如热水、矿泉水、温泉等特殊地下水资源保护区。

（续表）

分级	项目场地的地下水环境敏感特征
较敏感	生活供水水源地（包括已建成的在用、备用、应急水源地，在建和规划的水源地）准保护区以外的补给径流区；特殊地下水资源（如矿泉水、温泉等）保护区以外的分布区以及分散居民饮用水源等其他未列入上述敏感分级的环境敏感区
不敏感	上述地区之外的其他地区

（4）建设项目污水排放强度

建设项目污水排放强度可分为大、中、小三级，分级标准见表7-4。

表7-4　污水排放量分级

分级	污水排放总量（m³/d）
大	10000
中	1000～10000
小	1000

（5）建设项目污水水质的复杂程度

根据建设项目所排污水中污染物类型和需预测的污水水质指标数量，将污水水质分为复杂、中等、简单三级，分级原则见表7-5。当根据污水中污染物类型所确定的污水水质复杂程度和根据污水水质指标数量所确定的污水水质复杂程度不一致时，取高级别的污水水质复杂程度级别。

表7-5　污水水质复杂程度分级

污水水质复杂程度级别	污染物类型	污水水质指标（个）
复杂	污染物类型数≥2	需预测的水质指标≥6
中等	污染物类型数≤2	需预测的水质指标＜6
	污染物类型数=1	需预测的水质指标≥6
简单	污染物类型数=1	需预测的水质指标＜6

（6）Ⅰ类建设项目评价工作等级

Ⅰ类建设项目地下水环境影响评价工作等级的划分见表7-6。

表 7-6 Ⅰ类建设项目评价工作等级分级

评价等级	建设目的场地宝气带防污性能	建设项目场地的含水层易污染特性	建设项目场地的地下水环境敏感程度	建设项目污水排放量	建设项目水质复杂程度
一级	弱—强	易—不易	敏感	大—小	复杂—简单
	弱	易	较敏感	大—小	复杂—简单
			不敏感	大	复杂—简单
				中	复杂—中等
				小	复杂
		中	较敏感	大—中	复杂—简单
				小	复杂—中等
			不敏感	大	
				中	复杂
		不易	较敏感	大	复杂—中等
				中	复杂
	中	易	较敏感	大	复杂—简单
				中	复杂—中等
				小	复杂
			不敏感	大	复杂
		中	较敏感	大	复杂—中等
				中	复杂
	强	易	较敏感	大	复杂
二级	除了一级和三级以外的其他组合				

（续表）

评价等级	建设目的场地宝气带防污性能	建设项目场地的含水层易污染特性	建设项目场地的地下水环境敏感程度	建设项目污水排放量	建设项目水质复杂程度
三级	弱	不易	不敏感	中	简单
				小	中等—简单
	中	易	不敏感	小	简单
		中	不敏感	中	简单
				小	中等—简单
		不易	较敏感	中	简单
				小	中等—简单
			不敏感	大	中等—简单
				中—小	复杂—简单
	强	易	较敏感	小	简单
			不敏感	大	简单
				中	中等—简单
				小	复杂—简单
		中	较敏感	中	简单
				小	中等—简单
			不敏感	大	中等—简单
				中—小	复杂—简单
		不易	较敏感	大	中等—简单
				中—小	复杂—简单
			不敏感	大—小	复杂—简单

（二）Ⅱ类建设项目划分依据

Ⅱ类建设项目地下水环境影响评价工作等级的划分，应根据建设项目地下水供水（或排水、注水）规模、引起的地下水水位变化范围、建设项目场地的地下水环境敏感程度以及可能造成的环境水文地质问题的大小等条件确定。

(1)建设项目供水(或排水、注水)规模

建设项目供水(或排水、注水)规模按水量的多少可分为大、中、小三级,分级标准见表7-7。

表7-7　地下水供水(或排水、注水)规模分级

分级	供水、排水(或注水)量(万 m³/d)
大	≥1.0
中	0.2~1.0
小	≤0.2

(2)地下水水位变化区域范围分级

建设项目引起的地下水水位变化区域范围可用影响半径来表示,分为大、中、小三级,分级标准见表7-8。

表7-8　地下水水位变化区域范围分级

分级	地下水水位变化影响半径(km)
大	≥1.5
中	0.5~1.5
小	≤0.5

(3)地下水环境敏感程度分级

建设项目场地的地下水环境敏感程度可分为敏感、较敏感、不敏感三级,分级原则见表7-9。

表7-9　地下水环境敏感程度分级

分级	项目场地的地下水环境敏感程度
敏感	集中式饮用水水源地(包括已建成的在用、备用、应急水源。在建和规划的水源地)准保护区;除集中式饮用水水源地以外的国家或地方政府设定的与地下水环境相关的其他保护区。如热水、矿泉水、温泉等特殊地下水资源保护区;生态脆弱区重点保护区域;地质灾害防治区;重要湿地、水土流失重点防治区、沙化土地封禁保护区等
较敏感	集中式饮用水水源地(包括已建成的在用、备用、应急水源地,在建和规划的水源地)准保护区以外的补给径流区;特殊地下水资源(如矿泉水、温泉等)保护区以外的分布区及分散式居民饮用水水源等其他未列入上述敏感分级的环境敏感区
不敏感	上述地区之外的其他地区

注:1.表中"地质灾害"系指因水文地质条件变化发生的地而沉降、岩溶塌陷等。2.表中"环境敏感区"系指《建设项目环境影响评价分类管理名录》中所界定的涉及地下水的环境敏感区。3.如建设项目场地的含水层(含水系统)处于补给区域经流域区与排泄区的边界时,则敏感程度上调一级。

(4)环境水文地质问题分级

建设项目造成的环境水文地质问题包括:区域地下水水位下降产生的土地次生荒漠化、地面沉降、地裂缝、岩溶塌陷、海水入侵、湿地退化等及灌溉导致局部地下水位上升产生的土壤次生盐渍化、次生沼泽化等,按其影响程度大小可分为强、中等、弱三级,分级原则见表 7-10。

表 7-10 环境水文地质问题分级

级别	可能造成的环境水文地质问题
强	产生地面沉降、地裂缝、岩溶塌陷、海水入侵、湿地退化、土地荒漠化等环境水文地质问题,含水层疏干现象明显,产生土壤盐渍化、沼泽化
中等	出现土壤盐渍化、沼泽化迹象
弱	无上述环境水文地质问题

(5)Ⅱ类建设项目评价工作等级

Ⅱ类建设项目地下水环境影响评价工作等级的划分见表 7-11。

表 7-11 Ⅱ类建设项目评价工作等级分级

评价等级	建设项目供水、排水(或注水)规模	建设项目引起的地下水水位变化区域范围	建设项目场地的地下水环境敏感程度	建设项目造成的环境水文地质问题大小
一级	小—大	小—大	敏感	弱—强
	中等	中等	较敏感	强
		大	较敏感	中等—强
	大	大	较敏感	弱—强
			不敏感	强
		中	较敏感	中等—强
			较敏感	强
二级	除了一级和三级以外的其他组合			
三级	小—中	小—中	较敏感—不敏感	弱—中

第四节 地下水环境影响评价技术要求

一、一级评价要求

通过搜集资料和环境现状调查,了解区域内多年的地下水动态变化规律,详细掌握评价区域的环境水文地质条件(给出≥1/10000 的相关图件)、污染源状况、地下水开采利用现状与规划,查明各含水层间及与地表水间的水力联系,同时掌握评价区评价期内至少一个连续水文年的枯、平、丰水期的地下水动态变化特征;根据建设项目污染源特点及具体的环境水文地质条件有针对性地开展勘察试验,进行地下水环境现状评价;对地下水水质、水量采用数值法进行影响预测和评价,对环境水文地质问题进行定量或半定量的预测和评价,提出切实可行的环境保护措施。

二、二级评价要求

通过搜集资料和环境现状调查,了解区域内多年的地下水动态变化规律,基本掌握评价区域的环境水文地质条件(给出≥1/50000 的相关图件)、污染源状况、项目所在区域的地下水开采利用现状与规划,查明各含水层及与地表水间的水力联系,同时掌握评价区至少一个连续水文年的枯、丰水期的地下水动态变化特征;结合建设项目污染源特点及具体的环境水文地质条件有针对性地补充必要的勘察试验,进行地下水环境现状评价;对地下水水质、水量采用数值法或解析法进行影响预测和评价,对环境水文地质问题进行半定量或定性的分析和评价,提出切实可行的环境保护措施。

三、三级评价要求

通过搜集现有资料,说明地下水分布情况,了解当地的主要环境水文地质条件(给出相关水文地质图件)、污染源状况、项目所在区域的地下水开采利用现状与规划;了解建设项目环境影响评价区的环境水文地质条件,进行地下水环境现状评价;结合建设项目污染源特点及具体的环境水文地质条件有针对性地进行现状监测,通过回归分析、趋势外推、时序分析或类比预测分析等方法进行地下水影响分析与评价;提出切实可行的环境保护措施。

第五节　地下水环境现状调查与评价

一、调查与评价原则

1. 地下水环境现状调查与评价工作应遵循资料搜集与现场调查相结合、项目所在场地调查与类比考察相结合、现状监测与长期动态资料分析相结合的原则。

2. 地下水环境现状调查与评价工作的深度应满足相应的工作级别要求。当现有资料不能满足要求时，应组织现场监测及环境水文地质勘察与试验。对一级评价，还可选用不同历史时期地形图以及航空、卫星图片进行遥感图像解译配合地面现状调查与评价。

3. 对于地面工程建设项目应监测潜水含水层以及与其有水力联系的含水层，兼顾地表水体，对于地下工程建设项目应监测受其影响的相关含水层。对于改、扩建 I 类建设项目，必要时监测范围还应扩展到包气带。

二、调查与评价范围

(一) I 类建设项目

I 类建设项目地下水环境现状调查与评价的范围可按表 7 - 12 确定。此调查评价范围应包括与建设项目相关的环境保护目标和敏感区域，必要时还应扩展至完整的水文地质单元。

表 7 - 12　I 类建设项目地下水环境现状调查评价范围参考表

评价等级	调查评价范围（km²）	备注
一级	≥50	环境水文地质条件复杂、地下水流速较大的地区，调查评价范围可取较大值，否则可取较小值。
二级	20～50	
三级	≤20	

当 I 类建设项目位于基岩地区时，一级评价以同一地下水文地质单元为调查评价范围，二级评价原则上以同一地下水水文地质单元或地下水块段为调查评价范围，三级评价以能说明地下水环境的基本情况，并满足环境影响预测和分析的要求为原则确定调查评价范围。

(二) II 类建设项目

II 类建设项目地下水环境现状调查与评价的范围应包括建设项目建设、生产运行和服务期满后三个阶段的地下水水位变化的影响区域,其中应特别关注相关的环境保护目标和敏感区域,必要时应扩展至完整的水文地质单元及可能与建设项目所在的水文地质单元存在直接补排关系的区域。

(三)Ⅲ类建设项目

Ⅲ类建设项目地下水环境现状调查与评价的范围应同时包括Ⅰ类建设项目和Ⅱ类建设项目所确定的范围。

三、地下水环境现状调查内容

(一)水文地质条件调查

主要内容包括:

(1)气象、水文、土壤和植被状况。

(2)地层岩性、地质构造、地貌特征与矿产资源。

(3)包气带岩性、结构、厚度。

(4)含水层的岩性组成、厚度、渗透系数和富水程度;隔水层的岩性组成、厚度、渗透系数。

(5)地下水类型、地下水补给、径流和排泄条件。

(6)地下水水位、水质、水量、水温。

(7)泉的成因类型,出露位置、形成条件及泉水流量、水质、水温,开发利用情况。

(8)集中供水水源地和水源井的分布情况(包括开采层的成井的密度、水井结构、深度以及开采历史)。

(9)地下水现状监测井的深度、结构以及成井历史、使用功能。

(10)地下水背景值(或地下水污染对照值)。

(二)环境水文地质问题调查

主要内容包括:

(1)原生环境水文地质问题:包括天然劣质水分布状况及由此引发的地方性疾病等环境问题。

(2)地下水开采过程中水质、水量、水位的变化情况及引起的环境水文地质问题。

(3)与地下水有关的其他人类活动情况调查,如保护区划分情况等。

(三)地下水污染源调查

1.调查原则

主要内容包括:

(1)对已有污染源调查资料的地区,一般可通过搜集现有资料解决。

(2)对于没有污染源调查资料或已有部分调查资料,尚需补充调查的地区,可与环境水文地质问题调查同步进行。

(3)对调查区内的工业污染源,应按原国家环保总局《工业污染源调查技术要求及其建档技术规定》的要求进行调查。对分散在评价区的非工业污染源,可根据污染源的特点,参照上述规定进行调查。

2. 调查对象

地下水污染源主要包括工业污染源、生活污染源、农业污染源。调查重点主要包括废水排放口、渗坑、渗井、污水池、排污渠、污灌区、已被污染的河流、湖泊、水库和固体废物堆放(填埋)场等。

3. 不同类型污染源调查要点

主要内容包括:

(1)对工业或生活废(污)水污染源中的排放口,应测定其位置,了解和调查其排放量及渗漏量、排放方式(如连续或瞬时排放)、排放途径和去向、主要污染物及其浓度、废水的处理和综合利用状况等。

(2)对排污渠和已被污染的小型河流、水库等,除按地表水监测的有关规定进行流量、水质等调查外,还应选择有代表性的渠(河)段进行渗漏量和影响范围调查。

(3)对污水池和污水库应调查其结构和功能,测定其蓄水面积与容积,了解池(库)底的物质组成或地层岩性以及与地下水的补排关系,进水来源、出水去向和用途、进出水量和水质及其动态变化情况,池(库)内水位标高与其周围地下水的水位差,坝堤、坝基和池(库)底的防渗设施和渗漏情况及渗漏水对周边地下水质的污染影响。

(4)对于农业污染源,重点应调查和了解施用农药、化肥情况。对于污灌区,重点应调查和了解污灌区的土壤类型、污灌面积、污灌水源、水质、污灌量、灌溉制度与方式及施用农药、化肥情况,必要时对污灌区的土壤类型、污灌前后土壤污染物含量及累积情况。必要时可补做渗水试验,以便了解单位面积渗水量。

(5)对工业固体废物堆放(填埋)场,应测定其位置、堆积面积、堆积高度、堆积量等,并了解其底部、侧部渗透性能及防渗情况,同时采取有代表性的样品进行浸溶试验、土柱淋滤试验,了解废物的有害成分、可浸出量、雨后淋滤水中污染物种类、浓度和入渗情况。

(6)对生活污染源中的生活垃圾、粪便等,应调查了解其物质组成及排放、储存、处理利用状况。

(7)对于改、扩建Ⅰ类建设项目,还应对建设项目场地所在区域可能污染的部位(如物料装卸区、储存区、事故池等)开展包气带污染调查,包气带污染调查取样深度一般在地面以下 25～80cm 之间即可。当调查点所在位置一定深度之下有埋藏的排污系统或储藏污染物的容器时,取样深度应至少达到排污系统或储藏污染物的容器底部以下。

4.调查因子

应根据拟建项目的污染特征选定。

四、地下水环境现状监测

1.地下水环境现状监测主要通过对地下水水位、水质的动态监测,了解和查明地下水水流与地下水化学组分的空间分布现状和发展趋势,为地下水环境现状评价和环境影响预测提供基础资料。

2.于Ⅰ类建设项目应同时监测地下水水位、水质。对于Ⅱ类建设项目应监测地下水水位,涉及可能造成土壤盐渍化的Ⅱ类建设项目,也应监测相应的地下水水质指标。

3.现状监测井点的布设原则:

(1)地下水环境现状监测井点采用控制性布点与功能性布点相结合的布设原则。监测井点应主要布设在建设项目场地、周围环境敏感点、地下水污染源、主要现状环境水文地质问题以及对于确定边界条件有控制意义的地点。对于Ⅰ类和Ⅲ类改、扩建项目,当现有监测井不能满足监测井点位置和监测深度要求时,应布设新的地下水现状监测井。

(2)监测井点的层位应以潜水和有开发利用价值的含水层为主。潜水监测井不得穿透潜水隔水底板,承压水监测井中的目的层与其他含水层之间应止水良好。

(3)一般情况下,地下水水位监测点数应大于相应评价级别地下水水质监测点数的 2 倍以上。

(4)地下水水质监测点布设的具体要求:

①一级评价项目目的含水层的水质监测点应不少于 7 个点/层。评价区面积大于 100km² 时,每增加 15km² 水质监测点应至少增加 1 个点/层。

一般要求建设项目场地上游和两侧的地下水水质监测点各不得少于 1 个点/层,建设项目场地及其下游影响区的地下水水质监测点不得少于 3 个点/层。

②二级评价项目目的含水层的水质监测点应不少于 5 个点/层。评价区面积大于 100km² 时,每增加 20km² 水质监测点应至少增加 1 个点/层。

一般要求建设项目场地上游和两侧的地下水水质监测点各不得少于 1 个点/层,建设项目场地及其下游影响区的地下水水质监测点不得少于 2 个点/层。

③三级评价项目目的含水层的水质监测点应不少于 3 个点/层。

一般要求建设项目场地上游水质监测点不得少于 1 个点/层,建设项目场地及其下游影响区的地下水水质监测点不得少于 2 个点/层。

4.地下水水质现状监测点取样深度的确定：

(1)评价级别为一级的 I 类和Ⅲ类建设项目,对地下水监测井(孔)点应进行定深水质取样,具体要求：

①地下水监测井中水深<20m 时,取 2 个水质样品,取样点深度应分别在井水位以下 1.0m 之内和井水位以下井水深度约 3/4 处。

②地下水监测井中水深>20m 时,取 3 个水质样品,取样点深度应分别在井水位以下 1.0m 之内、井水位以下井水深度约 1/2 处和井水位以下井水深度约 3/4 处。

(2)评价级别为二级、三级的 I 类和Ⅲ类建设项目和所有评价级别的Ⅱ类建设项目,只取一个水质样品,取样点深度应在井水位以下 1.0m 之内。

5.地下水水质现状监测项目的选择,应根据建设项目行业污水特点、评价等级、存在或可能引发的环境水文地质问题而确定。即评价等级较高,环境水文地质条件复杂的地区可适当多取,反之可适当减少。

6.现状监测频率要求：

(1)评价等级为一级的建设项目,应在评价期内至少分别对一个连续水文年的枯、平、丰水期的地下水水位、水质各监测一次。

(2)评价等级为二级的建设项目,对于新建项目,若有近 3 年内不少于一个连续水文年的枯、丰水期监测资料,应在评价期内进行至少一次地下水水位、水质监测。对于改、扩建项目,若掌握现有工程建成后近 3 年内不少于一个连续水文年的枯、丰水期观测资料,也应在评价期内进行至少一次地下水水位、水质监测。

若已有的监测资料不能满足本条要求,应在评价期内分别对一个连续水文年的枯、丰水期的地下水水位、水质各监测一次。

(3)评价等级为三级的建设项目,应至少在评价期内监测一次地下水水位、水质,并尽可能在枯水期进行。

7.地下水水质样品采集与现场测定：

(1)地下水水质样品应采用自动式采样泵或人工活塞闭合式与敞口式定深采样器进行采集。

(2)样品采集前,应先测量井孔地下水水位(或地下水水位埋藏深度)并做好记录,然后采用潜水泵或离心泵对采样井(孔)进行全井孔清洗,抽取的水量不得小于 3 倍的井筒水(量)体积。

(3)地下水水质样品的管理、分析化验和质量控制按《地下水环境监测技术规范》(HJ/T 164—2004)执行。pH、DO、水温等不稳定项目应在现场测定。

五、地下水环境现状评价

(一)污染源整理与分析

按评价中所确定的地下水质量标准对污染源进行等标污染负荷比计算;将累计等标污染负荷比大于70%的污染源(或污染物)定为评价区的主要污染源(或主要污染物);通过等标污染负荷比分析,列表给出主要污染源和主要污染因子,并附污染源分布图。

1. 等标污染负荷(P_{ij})计算公式:

$$P_{ij} = \frac{c_{ij}}{c_{oij}} Q_j \qquad (7-1)$$

式中,P_{ij}——第j个污染源废水中第i种污染物等标污染负荷,$\mathrm{m^3/a}$;

　　　c_{ij}——第j个污染源废水中第i种污染物排放的平均浓度,$\mathrm{mg/L}$;

　　　c_{oij}——第j个污染源废水中第i种污染物排放标准浓度,$\mathrm{mg/L}$;

　　　Q_j——第j个污染源废水的单位时间排放量,$\mathrm{m^3/a}$。

若第j个污染源共有n种污染物参与评价,则该污染源的总等标污染负荷计算公式:

$$P_j = \sum_{i=1}^{n} P_{ij} \qquad (7-2)$$

式中,P_j——第j个污染源的总等标污染负荷,$\mathrm{m^3/a}$;

　　　P_{ij}——第j个污染源废水中第i种污染物等标污染负荷,$\mathrm{m^3/a}$。

若评价区共有m个污染源中含有第i种污染物,则该污染物的总等标污染负荷计算公式:

$$P_i = \sum_{j=1}^{m} P_{ij} \qquad (7-3)$$

式中,P_i——第i种污染源的总等标污染负荷,$\mathrm{m^3/a}$;

　　　P_{ij}——第j个污染源废水中第i种污染物等标污染负荷,$\mathrm{m^3/a}$。

若评价区共有m个污染源,n种污染物,则评价区污染物的总等标污染负荷计算公式:

$$P = \sum_{j=1}^{m} \sum_{i=1}^{n} P_{ij} \qquad (7-4)$$

式中,P——评价区污染物的总等标污染负荷,$\mathrm{m^3/a}$。

2. 等标污染负荷比(K_{ij})计算公式:

$$K_{ij} = \frac{P_{ij}}{P} \qquad (7-5)$$

式中，K_{ij}——第 j 个污染源中第 i 种污染物的等标污染负荷比，无量纲；

P_{ij}——第 j 个污染源废水中第 i 种污染物等标污染负荷，m^3/a；

P——评价区污染物的总等标污染负荷，m^3/a。

$$K_j = \sum_{i=1}^n K_{ij} = \frac{\sum_{i=1}^n P_{ij}}{P} \qquad (7-6)$$

式中，K_j——评价区第 j 个污染源的等标污染负荷比，无量纲；

P_{ij}——第 j 个污染源废水中第 i 种污染物等标污染负荷，m^3/a；

P——评价区污染物的总等标污染负荷，m^3/a。

$$K_i = \sum_{j=1}^m K_{ij} = \frac{\sum_{j=1}^m P_{ij}}{P} \qquad (7-7)$$

式中，K_i——评价区第 i 个污染源的等标污染负荷比，无量纲；

P_{ij}——第 j 个污染源废水中第 i 种污染物等标污染负荷，m^3/a；

P——评价区污染物的总等标污染负荷，m^3/a。

(二)包气带污染分析

对于改、扩建Ⅰ类和Ⅲ类建设项目，应根据建设项目场地包气带污染调查结果开展包气带水、土壤污染分析，并作为地下水环境影响预测的基础。

六、地下水水质现状评价

1.根据现状监测结果进行最大值、最小值、均值、标准差、检出率和超标率的分析。

2.地下水水质现状评价应采用标准指数法进行评价。标准指数＞1，表明该水质因子已超过了规定的水质标准，指数值越大，超标越严重。标准指数计算公式分为以下两种情况：

(1)对于评价标准为定值的水质因子，其标准指数计算公式：

$$P_i = \frac{c_i}{c_{si}} \qquad (7-8)$$

式中，P_i——第 i 个水质因子的指标指数，无量纲；

c_i——第 i 个水质因子的监测浓度值，mg/L；

c_{si}——第 i 个水质因子的标准浓度值，mg/L。

(2)对于评价标准为区间值的水质因子(如 pH 值)，其标准指数计算公式：

$$P_{pH} = \frac{7.0 - pH}{7.0 - pH_{sd}} (pH < 7) \qquad (7-9)$$

$$P_{pH} = \frac{pH - 7.0}{pH_{su} - 7.0}(pH > 7) \qquad\qquad (7-10)$$

式中，P_{pH}——pH 的标准指数，无量纲；

　　　pH——pH 监测值；

　　　pH_{sd}——标准中 pH 的上限值；

　　　pH_{su}——标准中 pH 的下限值。

七、环境水文地质问题的分析

1. 环境水文地质问题的分析应根据水文地质条件及环境水文地质调查结果进行。

2. 区域地下水水位降落漏斗状况分析，应叙述地下水水位降落漏斗的面积、漏斗中心水位的下降幅度、下降速度及其与地下水开采量时空分布的关系，单井出水量的变化情况，含水层疏干面积等，阐明地下水降落漏斗的形成、发展过程，为发展趋势预测提供依据。

3. 地面沉降、地裂缝状况分析，应叙述沉降面积、沉降漏斗的沉降量（累计沉降量、年沉降量）等及其与地下水降落漏斗、开采（包括回灌）量时空分布变化的关系，阐明地面沉降的形成、发展过程及危害程度，为发展趋势预测提供依据。

4. 岩溶塌陷状况分析，应叙述与地下水相关的塌陷发生的历史过程、密度、规模、分布及其与人类活动（如采矿、地下水开采等）时空变化的关系，并结合地质构造、岩溶发育等因素，阐明岩溶塌陷发生、发展规律及危害程度。

5. 土壤盐渍化、沼泽化、湿地退化、土地荒漠化分析，应叙述与土壤盐渍化、沼泽化、湿地退化、土地荒漠化发生相关的地下水位、土壤蒸发量、土壤盐分的动态分布及其与人类活动（如地下水回灌过量、地下水过量开采）时空变化的关系，并结合包气带岩性、结构特征等因素，阐明土壤盐渍化、沼泽化、湿地退化、土地荒漠化发生、发展规律及危害程度。

第六节　地下水环境影响预测

一、预测原则

1. 建设项目地下水环境影响预测应遵循 HJ2.1 中确定的原则进行。考虑到地下水环境污染的隐蔽性和难恢复性，还应遵循环境安全性原则，预测应为评价各方案的环境安全和环境保护措施的合理性提供依据。

2.预测的范围、时段、内容和方法均应根据评价工作等级、工程特征与环境特征,结合当地环境功能和环保要求确定,应以拟建项目对地下水水质、水位、水量动态变化的影响及由此而产生的主要环境水文地质问题为重点。

3.Ⅰ类建设项目,对工程可行性研究和评价中提出的不同选址(选线)方案或多个排污方案等所引起的地下水环境质量变化应分别进行预测,同时给出污染物正常排放和事故排放两种工况的预测结果。

4.Ⅱ类建设项目,应遵循保护地下水资源与环境的原则,对工程可行性研究中提出的不同选址方案或不同开采方案等所引起的水位变化及其影响范围应分别进行预测。

5.Ⅲ类建设项目,应同时满足3和4的要求。

二、预测范围

地下水环境影响预测的范围可与现状调查范围相同,但应包括保护目标和环境影响的敏感区域,必要时扩展至完整的水文地质单元,以及可能与建设项目所在的水文地质单元存在直接补排关系的区域。

预测重点应包括:

(1)已有、拟建和规划的地下水供水水源区。

(2)主要污水排放口和固体废物堆放处的地下水下游区域。

(3)地下水环境影响的敏感区域(如重要湿地、与地下水相关的自然保护区和地质遗迹等)。

(4)可能出现环境水文地质问题的主要区域。

(5)其他需要重点保护的区域。

三、预测时段

地下水环境影响预测时段应包括建设项目建设、生产运行和服务期满后三个阶段。

四、预测因子

(一)Ⅰ类建设项目

Ⅰ类建设项目预测因子应选取与拟建项目排放的污染物有关的特征因子,选取重点应包括:

(1)改、扩建项目已经排放的及将要排放的主要污染物。

(2)难降解、易生物蓄积、长期接触对人体和生物产生危害作用的污染物,应特别关注持久性有机污染物。

(3)国家或地方要求控制的污染物。

(4)反映地下水循环特征和水质成因类型的常规项目或超标项目。

(二)Ⅱ类建设项目

Ⅱ类建设项目预测因子应选取水位及与水位变化所引发的环境水文地质问题相关的因子。

(三)Ⅲ类建设项目

Ⅲ类建设项目,应同时满足(一)和(二)的要求。

五、预测方法

1.建设项目地下水环境影响预测方法包括数学模型法和类比预测法。其中,数学模型法包括数值法、解析法、均衡法、回归分析、趋势外推、时序分析等方法。

2.一级评价应采用数值法;二级评价中水文地质条件复杂时应采用数值法,水文地质条件简单时可采用解析法;三级评价可采用回归分析、趋势外推、时序分析或类比预测法。

3.采用数值法或解析法预测时,应先进行参数识别和模型验证。

4.采用解析模型预测污染物在含水层中的扩散时,一般应满足以下条件:

(1)污染物的排放对地下水流场没有明显的影响。

(2)预测区内含水层的基本参数(如渗透系数、有效孔隙度等)不变或变化很小。

5.采用类比预测分析法时,应给出具体的类比条件。类比分析对象与拟预测对象之间应满足以下要求:

(1)二者的环境水文地质条件、水动力场条件相似。

(2)二者的工程特征及对地下水环境的影响具有相似性。

六、预测模型概化

(一)水文地质条件概化

应根据评价等级选用的预测方法,结合含水介质结构特征,地下水补、径、排条件,边界条件及参数类型来进行水文地质条件概化。

(二)污染源概化

污染源概化包括排放形式与排放规律的概化。根据污染源的具体情况,排放形式可以概化为点源或面源;排放规律可以简化为连续恒定排放或非连续恒定排放。

(三)水文地质参数值的确定

对于一级评价,地下水水量(水位)、水质预测所需用的含水层渗透系数、释水系数、给水度和弥散度等参数值,应通过现场试验获取。对于二级、三级评价所需的水文地质参数值,可从评价区以往环境水文地质勘察成果资料中选取,或依据相邻地区和类比区最新的勘察成果资料确定;对环境水文地质条件复杂而又缺少资料的地区,二级、三级评价所需的水文地质参数值,也应通过现场试验获取。

第七节 地下水环境影响评价

一、评价原则

1. 评价应以地下水环境现状调查和地下水环境影响预测结果为依据,对建设项目不同选址(选线)方案、各实施阶段(建设、生产运行和服务期满后)不同排污方案及不同防渗措施下的地下水环境影响进行评价,并通过评价结果的对比,推荐地下水环境影响最小的方案。

2. 地下水环境影响评价采用的预测值未包括环境质量现状值时,应叠加环境质量现状值后再进行评价。

3. Ⅰ类建设项目应重点评价建设项目污染源对地下水环境保护目标(包括已建成的在用、备用、应急水源地,在建和规划的水源地、生态环境脆弱区域和其他地下水环境敏感区域)的影响。评价因子与影响预测因子相同。

4. Ⅱ类建设项目应重点依据地下水流场变化,评价地下水水位(水头)降低或升高诱发的环境水文地质问题的影响程度和范围。

二、评价范围

地下水环境影响评价范围与环境影响预测范围相同。

三、评价方法

1. Ⅰ类建设项目的地下水水质影响评价,可采用标准指数法进行评价。

2. Ⅱ类建设项目评价其导致的环境水文地质问题时,可采用预测水位与现状调查水位相比较的方法进行评价,具体方法如下:

(1)地下水位降落漏斗:对水位不能恢复、持续下降的疏干漏斗,采用中心水位降和水位下降速率进行评价。

(2)土壤盐渍化、沼泽化、湿地退化、土地荒漠化、地面沉降、地裂缝、岩溶塌陷:根据地下水水位变化速率、变化幅度、水质及岩性等分析其发展的趋势。

四、评价要求

（一）Ⅰ类建设项目

评价Ⅰ类建设项目对地下水水质影响时，可采用以下判据评价水质能否满足地下水环境质量标准要求。

1. 以下情况应得出可以满足地下水环境质量标准要求的结论：

（1）建设项目在各个不同生产阶段、除污染源附近小范围以外地区，均能达到地下水环境质量标准要求。

（2）在建设项目实施的某个阶段，有个别水质因子在较大范围内出现超标，但采取环保措施后，可满足地下水环境质量标准要求。

2. 以下情况应做出不能满足地下水环境质量标准要求的结论：

（1）改、扩建项目已经排放和将要排放的主要污染物在评价范围内的地下水中已经超标。

（2）削减措施在技术上不可行，或在经济上明显不合理。

（二）Ⅱ类建设项目

评价Ⅱ类建设项目对地下水流场或地下水水位（水头）影响时，应依据地下水资源补采平衡的原则，评价地下水开发利用的合理性及可能出现的环境水文地质问题的类型、性质及其影响的范围、特征和程度等。

（三）Ⅲ类建设项目

Ⅲ类建设项目的环境影响评价应按照（一）和（二）进行。

第八节　地下水环境保护措施与对策

一、基本要求

1. 地下水保护措施与对策应符合《中华人民共和国水污染防治法》的相关规定，按照"源头控制，分区防治，污染监控，应急响应"、突出饮用水安全的原则确定。

2. 环保对策措施建议应根据Ⅰ类、Ⅱ类和Ⅲ类建设项目各自的特点以及建设项目所在区域环境现状、环境影响预测与评价结果，在评价工程可行性研究中提出的污染防治对策有效性的基础上，提出需要增加或完善的地下水环境保护措施和对策。

3. 改、扩建项目还应针对现有的环境水文地质问题、地下水水质污染问题，提出"以新带老"的对策和措施。

4. 给出各项地下水环境保护措施与对策的实施效果，列表明确各项具体措施的投资估算,并分析其技术、经济可行性。

二、建设项目污染防治对策

(一)Ⅰ类建设项目污染防治对策

Ⅰ类建设项目场地污染防治对策应从以下方面考虑:

(1)源头控制措施。主要包括提出实施清洁生产及各类废物循环利用的具体方案,减少污染物的排放量;提出工艺、管道、设备、污水储存及处理构筑物应采取的控制措施,防止污染物的跑、冒、滴、漏,将污染物泄漏的环境风险事故降到最低限度。

(2)分区防治措施。结合建设项目各生产设备、管廊或管线、贮存与运输装置、污染物贮存与处理装置、事故应急装置等的布局,根据可能进入地下水环境的各种有毒有害原辅材料、中间物料和产品的泄漏(含跑、冒、滴、漏)量及其他各类污染物的性质、产生量和排放量,划分污染防治区,提出不同区域的地面防渗方案,给出具体的防渗材料及防渗标准要求,建立防渗设施的检漏系统。

(3)地下水污染监控。建立场地区地下水环境监控体系,包括建立地下水污染监控制度和环境管理体系、制定监测计划、配备先进的检测仪器和设备,以便及时发现问题,及时采取措施。

地下水监测计划应包括监测孔位置、孔深、监测井结构、监测层位、监测项目、监测频率等。

(4)风险事故应急响应。制定地下水风险事故应急响应预案,明确风险事故状态下应采取的封闭、截流等措施,提出防止受污染的地下水扩散和对受污染的地下水进行治理的具体方案。

(二)Ⅱ类建设项目地下水保护与环境水文地质问题减缓措施

(1)以均衡开采为原则,提出防止地下水资源超量开采的具体措施,以及控制资源开采过程中由于地下水水位变化诱发的湿地退化、地面沉降、岩溶塌陷、地面裂缝等环境水文地质问题产生的具体措施。

(2)建立地下水动态监测系统,并根据项目建设所诱发的环境水文地质问题制定相应的监测方案。

(3)针对建设项目可能引发的其他环境水文地质问题提出应对预案。

(三)Ⅲ类建设项目污染防治对策

Ⅲ类建设项目的污染防治对策应按照(一)和(二)进行。

三、环境管理对策

1.提出合理、可行、操作性强的防治地下水污染的环境管理体系,包括环境监测方案和向环境保护行政主管部门报告等制度。

2.环境监测方案应包括：

(1)对建设项目的主要污染源、影响区域、主要保护目标和与环保措施运行效果有关的内容提出具体的监测计划。一般应包括：监测井点布置和取样深度、监测的水质项目和监测频率等。

(2)根据环境管理对监测工作的需要，提出有关环境监测机构和人员装备的建议。

3.向环境保护行政主管部门报告的制度应包括：

(1)报告的方式、程序及频次等，特别应提出污染事故的报告要求。

(2)报告的内容一般应包括：所在场地及其影响区地下水环境监测数据，排放污染物的种类、数量、浓度，以及排放设施、治理措施运行状况和运行效果等。

第九节　地下水模拟软件

利用数值模型对地下水流和溶质运移问题进行模拟的方法以其有效性、灵活性和相对廉价性逐渐成为地下水研究领域的一种不可或缺的重要方法，并受到越来越大的重视和广泛的应用。一个完整的地下水模拟过程包含 3 个部分：前处理、模型计算和后处理。

传统的地下水模拟过程复杂烦琐，前后处理所花费的时间往往是计算时间的几倍，甚至是几十倍。如何获取、组织和输入模拟计算所必备的含水层复杂结构、庞大的数据与参数，如何分析和理解模拟计算过程中所产生的庞大的结果数据，如何减轻研究人员的劳动强度，缩短研究工作时间，成为传统地下水模拟研究工作面临的突出问题和困难。计算机技术的快速发展，在不断驱使研究人员对更为复杂的含水层系统中的地下水运动及溶质运移进行数值模拟的同时，又不断为解决问题提供新的技术和手段。近年来，在人机交互、计算机图形学和科学可视化等技术的推动下，国外地下水模拟软件不论是在数量还是质量上都有了巨大的发展和提高，前后处理的可视化功能日益强大。

随着 Windows 在操作系统中统治地位的确立，传统的地下水模拟软件纷纷在windows 的基础上进行修改、扩充与功能增强，特别是在人机交互、计算机图形学和科学可视化等计算机技术的推动下，带有可视化功能的地下水模拟软件发展迅速，目前已经占据国际地下水模拟软件市场的主流地位。它们的共同特点是适应的问题广，将数值模拟的前处理、模型计算和后处理全过程中的各个步骤很好地连接起来，从建模、网格剖分、输入或修改各类水文地质参数和几何参数、运行模型、反演校正参数,一直到显示输出结果,整个过程从头至尾寻求计算机化。其中较有影响的有 PMWIN、Visual MODFLOW、GMS、MSVMS、Argus ONE、FEFLOW 等。

FEFLOW(Finite Element subsurface FLOW system)是由德国水资源规划与系统研究所(WASY)历时二十多年的研究,开发出来的地下水流动及物质迁移模拟软件系统。该软件提供图形人机对话功能、具备地理信息系统数据接口、能够自动产生空间各种有限单元网、具有空间参数区域化、快速精确的数值算法和先进的图形视觉化技术等特点。软件问世以来,在理论研究和实际问题的处理上,经过了不断地发展、修改、扩充、提高,日趋完善。从 20 世纪 70 年代末至今,FEFLOW 经过了大量的测试和检验,成功地解决了一系列与地下水有关的实质性问题,如判断污染物迁移途径、追溯污染物的来源、海水入浸等等,是迄今为止世界上功能最齐全、技术最为先进的三维地下水模拟分析软件。

FEFLOW 的应用领域包括:

1.模拟地下水区域流场及其他地下水资源规划和管理方案;

2.模拟矿区露天开采或地下水开采对区域地下水的影响及其最优对策方案;

3.模拟由于近海岸区抽取地下水或者矿区抽排地下水引起的海水或深部盐水入侵问题;

4.模拟非饱和带以及饱和带地下水流及其温度分布问题;

5.模拟污染物在地下水中迁移过程及其时间空间分布规律(可用于分析和评价工业污染物及城市废物堆放对地下水资源和生态环境的影响,研究最优治理方案和对策);

6.结合降雨-径流模型进行模拟"降雨—径流—地下水"的系统问题(可用于研究水资源合理利用、管理以及生态环境保护方案等)。

系统输入特点:

1.通过标准数据输入接口,用户既可以直接利用已有的 GIS 空间多边型数据生成有限单元网格,还可以基于地图用鼠标进行设计,能够自定义网格的数目,方便地调整网格的几何形状,增加和放疏网格的宽度;

2.在建立水流场和迁移模型时,用户不仅能够根据具体情况定义第一、第二和第三类边界,而且可以对边界条件增加特定的限制条件,以避免非合理的数值解;

3.能够直接定义多含水层中的分层开采井和混合开采井,以及注水井;

4.所有边界及附加条件既可设置为常数,也能定义为随时间变化的函数;

5.已知的边界及模型参数可以按点,线或面的形式直接输入,也可以调用已有的空间数据。对离散的空间抽样数据进行内插或外推(数据区域化),FEFLOW 提供克里金法(Kriging),阿基玛(Akima)、距离反比加权法(IDW)和 ID 线性插值法

(Liner ID interpolation);

输入数据格式既可以是 ASCII 码文件,也可以是 GIS 地理信息系统文件。FE-FLOW 还支持点、线、面的广义数据格式,DXF 格式,Tiff 图形以及 HPGL 数据格式。

思考题

1. 何谓地下水? 地下水是如何分类的?
2. 地下水环境影响评价的工作程序有哪些?
3. 地下水环境影响评价识别的基本要求有哪些?
4. 如何进行地下水环境现状的调查? 原则有哪些?
5. 地下水环境影响评价的评价方法有哪些?

拓展阅读

目前我国地下水开采总量已占总供水量的 18%,北方地区 65% 的生活用水、50% 的工业用水和 33% 的农业灌溉用水来自地下水。全国 657 个城市中,有 400 多个以地下水为饮用水源。随着我国城市化、工业化进程加快,部分地区地下水超采严重,水位持续下降;一些地区城市污水、生活垃圾和工业废弃物污液以及化肥农药等渗漏渗透,造成地下水环境质量恶化、污染问题日益突出,给人民群众生产生活造成严重影响。污染物还可通过饮用水或地下水—土壤—植物系统,经食物链进入人体,因此也影响到人类的健康。鉴于地下水污染的严重性,国内外学者已广泛开展对地下水污染修复技术的研究,同时地下水污染修复技术在大量实践应用中得到了不断地改进和创新。

目前较典型的地下水污染修复技术已经有十多种,修复技术根据技术原理可分为四大类,即物理法、化学法、生物法和复合修复技术。按修复方式可分为异位修复和原位修复技术。异位修复主要包括被动收集和抽出处理(pumpandtreat,P&T)。异位修复是将污染物先用收集系统或抽提系统转移到地上,然后再处理的技术。原位修复技术是指在基本不破坏土体和地下水自然环境条件下,对受污染对象不作搬运或运输,而在原地进行修复的方法。原位修复技术不但可以节省处理费用,还可减少地表处理设施的使用,最大限度地减少污染物的暴露和对环境的扰动,因此应用更有前景。

(一)渗透反应墙(PRBs)修复技术

渗透反应墙是一个填充有活性反应介质材料的被动反应区,当受污染的地下水通过时,其中的污染物质与反应介质发生物理、化学和生物等作用而被降解、吸附、沉淀或去除,从而使污水得以净化。PRBs 使用的反应材料一般根据污染物的组分及修复目的不同而各异,最常见的是零价铁(FeO)。其机理是根据化学热力学和化学反应动力学理论,FeO 易被氧化,失去的电子传递给具有氧化性的有毒重金属离子和有机氯代烃等有机物,使其被还原,从而达到地下水修复的目的。渗透反应墙常见的有氧化还原和生物降解两种类型。

最新研究成果是将零价纳米铁(NZVI)介质与超声波联用,协同处理地下水中的污染物协同作用的优势在于 NZVI 的比表面积大,吸附能力强,能将超声空化产生的微气泡吸附在其表面,强化超声波的空化作用同时超声波产生极强烈的冲击波、微射流,以其振动和搅拌作用去除降解过程中纳米、铁表面形成的钝化层,强化界面间的化学反应和传递过程,促进反应界面的更新。在超声作用下,水体中产生的空化微泡增多,搅拌强度加强,可加快反应物的传递速率和铁表面活化,强化界面上的还原降解反应,提高去除率。

(二)原位曝气技术

原位曝气技术是与土壤气相抽提互补的一种技术,将空气注入污染区域以下,将挥发有机物从地下水中解析到空气流并引至地面上处理的原位修复技术。该技术被认为是去除地下水挥发性有机物的最有效方法。将原位曝气法和土壤蒸气抽提法相结合,去除砂质地下含水层中的石油烃,结果表明与单独使用土壤蒸气抽提法比较,将原位曝气技术与土壤蒸气抽提法联用,28 天后石油烃去除量提高 19 倍,同时原位曝气还为地下水中残留的 NAPL 的去除创造了更有利条件。曝入的空气能为地下水中的好氧微生物提供足够氧气,促进土著微生物的降解作用。该技术在可接受的成本范围内,能够处理较多的受污染地下水,系统容易安装和转移,容易与其他技术组合使用。但是对既不容易挥发又不易生物降解的污染物处理效果不佳,并且对土壤和地质结构的要求比较高。

目前,我国地下水污染修复技术主要处于实验小试和中试阶段。综合前人的工作,我国尚需深入研究的工作有:进一步加强对污染地下水修复机理和污染物迁移机理的研究,建立完善的模型,为制定修复计划提供可靠依据。针对我国地下水以石油烃类、TCE、氯苯、亚硝酸盐氮、硝酸盐氮和重金属的污染最为严重的实际情况,目前 PRBs 技术是一个较好的选择。与此同时,应该加强污染物的控制,将"防""治""管"三者结合起来,真正做到地下水不受污染或少受污染。

参考文献

1. 国家环保局开发监督司. 环境影响评价技术原则和方法[M]. 北京:北京大学出版社,1992

2. 国家环境局. 环境影响评价的原则与技术[M]. 北京:中国环境科学出版社,1990

3. HJ 2.1—2011 环境影响评价技术导则　总纲[S],2011

4. HJ 610—2011 环境影响评价技术导则　地下水环境[S],2011

5. 王建琴、杨武成. 地下水环境影响评价理论研究[J]. 农业科技与装备,2014,(2):53—55

6. 龚星、陈植华、孙璐. 地下水环境影响评价若干关键问题探讨[J]. 安全与环境工程,2013,20(2):95—99

7. 梁静、徐铁兵. 地下水环境影响一级评价水文地质调查的工作内容和方法[J]. 中国环境管理,2013,5(2):13—16. DOI:10.3969/j. issn. 1674—6252. 2013.02.004

8. 岳强、范亚民、耿磊,等. 地下水环境影响评价导则执行过程中遇到的问题及建议[J]. 环境科学与管理,2012,(10):174—177

第八章　大气环境影响评价

【本章要点】

常见的大气污染物来源、分类及主要性质；影响大气污染物扩散的主要因素；大气环境影响识别、因子筛选、评价等级、评价范围的确定方法；大气环境质量现状监测与评价；SCREEN 估算模型，进一步的预测模型；大气污染物的控制技术。

第一节　大气污染与大气污染物的扩散

一、大气污染概念

随着不同来源的大气污染物进入大气中，导致大气环境受到污染。关于大气污染的概念有不同表述，但本质要求一致。

（1）大气污染：由于人类活动或自然过程使得某些物质进入大气中，呈现出足够的浓度，达到了足够的时间，并因此危害了人体的舒适、健康和人们的福利，甚至危害了生态环境（郝吉明等）。该定义指出了大气污染的产生原因：自然和人为原因；还指出了大气污染的形成条件和产生的后果，因此，该定义较好地反映了大气污染的含义。

（2）大气污染：是指大气因某种物质的介入而导致化学、物理、生物和放射性等方面的特性改变，从而影响大气的有效利用，危害人体健康、破坏生态，造成大气环境恶化的现象（沈洪艳等）。上述定义也指出了大气污染产生的原因和造成的后果。

从法律法规角度看，大气污染是相对于环境空气质量标准而言的，指大气环境中某种有害物质的浓度和存留时间超过了大气环境标准所允许的范围，致使大气环境质量恶化，给人类和生态环境带来损害。

二、大气污染分类

按照污染产生来源分为：自然污染和人为污染。通常认为：由于自然原因产生的大气污染可以靠环境的自净作用消除;因此,重点考虑由于人类活动所产生的大气污染。

按照污染的范围可分为:局部地区污染,地区性污染,广域性污染和全球性污染。

三、大气污染物

大气污染物:指由于人类活动或自然过程排入大气的并对人和环境产生有害影响的物质(郝吉明等)。

大气污染物的种类很多,按照存在状态(或相态)可分为两类:气溶胶状态污染物和气体状态污染物,其中粒径小于 $15\mu m$ 的颗粒污染物亦可划分为气态污染物。按照污染物的特性可分为常规污染物和特征污染物两类。常规污染物指《环境空气质量标准》(GB 3095—1996)中规定的二氧化硫(SO_2)、总悬浮颗粒物(TSP)、可吸入颗粒物(PM_{10})、氮氧化物(NO_x)、二氧化氮(NO_2)、一氧化碳(CO)、臭氧(O_3)、铅(Pb)、苯并[a]芘(B[a]P)和氟化物(F)。特征污染物:指项目排放的污染物中除常规污染物以外的污染物,主要指项目实施后可能导致潜在污染或对周边环境空气保护目标产生特有影响的特有污染物。GB 3095—2012 中环境空气污染物基本项目有:二氧化硫(SO_2)、二氧化氮(NO_2)、一氧化碳(CO)、臭氧(O_3)、颗粒物(PM_{10}、$PM_{2.5}$);其他项目有:总悬浮颗粒物(TSP)、氮氧化物(NO_x)、铅(Pb)、苯并[a]芘(B[a]P)。

常见的各类工业生产向大气排放的主要污染物见表 8-1。

表 8-1　各类工业生产向大气中排放的主要污染物

工业部门	企业类别	主要污染物	备注
电力	火力发电	烟尘、SO_2、NO_x	
冶金	钢铁厂	烟尘、煤尘、SO_2、CO、氧化铁粉尘、氧化锰粉尘	SO_2 易造成呼吸道感染
	有色金属冶炼厂	粉尘(含各种重金属:铜、镉、铅、锌等)、SO_2	重金属,有毒性
	炼焦厂	烟尘、SO_2、CO、H_2S	苯、酚,有毒

（续表）

工业部门	企业类别	主要污染物	备注
化工	石油化工厂	氰化物、NO_x、烃类、氯化物	氰化物,有毒
	氮肥厂	烟尘、氮氧化物、SO_2、氨、H_2S、甲醇	
	磷肥厂	烟尘、氟化氢、硫酸气溶胶	氟化氢有毒
	氯碱厂	氯气、氟化氢、NH_3、硫酸气溶胶	
	化纤厂	烟尘、H_2S、甲醇、丙酮等	
	硫酸厂	SO_2、氮氧化物、砷等	砷有毒
	合成橡胶厂	苯乙烯、乙烯、异丁烯、异戊二烯等	苯乙烯气体有毒
	农药厂	砷、汞、氯气、农药等	砷、汞、氯气、农药等都有毒
机械	机械加工	焊接粉尘	
轻工	造纸厂	烟尘、硫尘、H_2S	
	仪表厂	汞、氰化物	毒性大
	灯管厂	烟尘、汞	汞毒性大
建材	水泥厂	烟尘、SO_2、NO_x、氟化物	粉尘易得尘肺病
	石棉矿	石棉粉尘	有致癌作用

四、大气污染源及分类

大气污染源:一个能够释放污染物到大气中的装置和活动(指排放大气污染物的设施或者排放大气污染物的建筑构造),称为大气污染源(排放源)。

凡不通过排气筒或通过15m高度以下排气筒的排放,均属无组织排放。污染源的排放能力称为源强。连续源源强以单位时间内排放的物质或体积表示。瞬时源源强则以排放物的总质量或总体积表示。按几何形状分为:点源、线源、面源、体源;按排放时间可分为:连续源、瞬时源、间歇源;按排放形式可分为:有组织排放、无组织排放;按几何高度分为:高架源、地面源。按预测模型的模拟形式分为点源、面源、线源、体源四种类别:

(1)点源:通过某种装置集中排放的固定点状源,如烟囱、集气筒等。

(2)面源:在一定区域范围内,以低矮密集的方式自地面或近地面的高度排放污染物的源,如工艺过程中的无组织排放、储存堆、渣场等排放源。

（3）线源：污染物呈线状排放或由移动源构成线状排放的源，如城市道路的机动车排放源等。

（4）体源：由源本身或附近建筑物的空气动力学作用使污染物呈一定体积向大气排放的源，如焦炉炉体、屋顶天窗等。

五、大气污染物的扩散

进入大气中的污染物，受大气水平运动、湍流扩散运动及大气不同尺度的扰动的影响，被输送、混合和稀释的过程。影响大气污染物扩散的主要因素有污染物的性质、污染源的参数、当地气象参数、下垫面状况的性质。对于某一实际工程项目，污染源的相关参数是固定的，因此，气象条件和下垫面状况对大气污染物扩散有重要影响。

（一）气象条件对扩散的影响

表征大气状态的基本气象要素有：气压、气温、风向和风速、湿度、云高和云量、大气能见度，可通过常规气象台（站）获得。

1. 气象条件对大气污染物扩散的影响

（1）风

风是影响大气污染物扩散、稀释的最重要的一个因子，风速的大小决定着污染物扩散的速率，风向决定着污染物的影响区域。涉及与风因素有关的内容有：风速随着高度的变化规律（对数律风速廓线模型、指数律风速廓线模型）。

（2）温度层结

温度是决定烟气抬升的一个重要因素。温廓线表示温度随着高度而变化的曲线，能够反映温度随高度的变化影响湍流扩散的能力。气温随高度的分布称为温度层结或温度层结曲线，可通过常规的高空气象探测资料获得或通过中尺度的气象模型模拟获得。近地面的大气温度垂直分布可分为四类：正常分布温度层结（递减层结）、中性层结、等温层结和逆温。逆温层是非常稳定的气层，阻碍大气污染物的上下扩散，较易导致污染现象发生。通过对温廓线的分析，可掌握逆温层出现的时间、频率、平均高度范围和强度等，为后续的大气环境影响评价服务。相应参数包括：气温直减率、气温干绝热直减率、位温。

（3）湍流

大气的无规则运动称为湍流，其表现为气流的速度和方向随时间和空间位置的不同而呈随机变化，并由此引起温度、湿度以及污染物浓度等属性的随机涨落。湍流的特征量是时空随机变量。湍流具有较强的扩散能力，比分子扩散快 $10^5 \sim 10^6$ 倍，因此，湍流的扩散作用非常重要。按成因分为热力湍流和机械湍流。机械湍流决定于下垫面的不平滑程度及气流本身的流体力学性质；热力湍流和大气稳定度密切相关。通常情况下,白天太阳辐射越强,大气越不稳定,越有利于湍流的发展;风速垂直切变越大,湍流越易发展。大气湍流运动的发展和削弱一般采用理查逊数 R_i 来判别:

$$R_i \approx \frac{g}{T} \frac{(\gamma_d - \gamma)}{\left(\frac{\partial \bar{u}}{\partial z}\right)^2} \tag{8-1}$$

式中,g——重力加速度;

　　γ_d——气温干绝热直减率;

　　γ——气温直减率;

　　T——近地面层气温;

　　$\frac{\partial \bar{u}}{\partial z}$——平均风速梯度。

该数值综合反映了热力因子和动力因子对湍流发展的影响。

(4)大气稳定度及分级

大气稳定度是指在垂直方向上大气稳定的程度,即是否容易发生对流。关于大气稳定度的定量判断可通过气温直减率和干绝热直减率的比较进行判断。烟流形状与大气稳定度的关系可分为五类:波浪型、锥型、扇型、爬升型和漫烟型。

我国国家标准《制定地方大气污染物排放标准的技术方法》(GB/T 13201—1991)采用经过修正的帕斯奎尔稳定度分级法,将大气扩散稳定度分为强不稳定、不稳定、弱不稳定、中性、较稳定、稳定六级,采用 A、B、C、D、E、F 来表示。先按太阳高度角和云量确定太阳辐射等级,再由辐射等级和地面风速确定稳定度级别。根据《环境影响评价技术导则　大气环境》(HJ 2.2—2008)要求和推荐的进一步预测模型中的稳定度分级方法介绍如下:

①AERMOD

莫宁-奥布霍夫长度对产生湍流的动力和热力因子都做了适当的考虑,用来表示大气的稳定程度,定义用 L 表示。在白天,由于地表受热,大气处于不稳定状态,这时是负值;在夜间,由于地表辐射冷却,大气处于稳定状态,这时为正值;中性时(昼夜转换期、阴天或大风条件),趋向于无穷大。

②ADMS

在 ADMS 中,边界层特征由两个参数决定:混合层高度 h 和莫宁-奥布霍夫长度 L。边界层参数(h,L)和 $P-G$ 稳定度没有直接具体的对应关系,具体对应情况如下:稳定,$h/L \geqslant 1$;中性,$-0.3 \leqslant h/L < 1$;对流,$h/L < -0.3$。

③CALPULL

在 CALPULL 模型中,对大气稳定度的分级采用可供选择的不同方案,根据环境湍流的变化及与污染源相关的常用变量确定:湍流测量方法;基于相似理论从模拟的地表热量和动量通量估算方法;$P\text{-}G$ 扩散曲线方法(乡村区域),应用平均时间校正地面粗糙度调整 $P\text{-}G$ 参数;McElroy-Pooler(MP)方法(城市区域);基于复杂地形扩散模型(CTDM)的扩散方程方法(中性/稳定条件下)。

(5)混合层厚度

由于热力和动力作用,大气边界层内会出现上、下层湍流强度不同的现象。若下层空气湍流强,上层空气湍流弱,中间存在一个湍流强度不连续面,此时湍流不连续面上下两侧污染物浓度差别很大,该不连续面会抑制下层空气向上输送,污染物在下层空气强烈混合,称不连续面以下能发生强烈湍流混合的层次为混合层,其高度称为混合层高度或混合层厚度。混合层高度是地面空气对流所能达到的高度,因此是影响污染物垂直扩散的重要气象参数。大气混合层产生的主要原因是温度层结的不连续性,即有上部逆温的存在。确定最大混合层厚度的简单方法:

1)作图法:在温度层结曲线图上,从下午最大地面温度点作干绝热线,与早晨(7:00)温度层结曲线的交点的高度即为代表全天的混合层高度。

2)公式法:

①当大气稳定度为 A,B,C 和 D 时,$h=a_sU_{10}/f$;

②当大气稳定度为 E 和 F 时 $h=b_s\sqrt{U_{10}/f}$,$f=2\Omega\sin\varphi$;

式中,h——混合层高度,m;

　　a_s,b_s——分别为混合层系数,取值可查表 8-2;

　　f——地转参数;

　　Ω——地转角速度,7.29×10^{-5}rad/s;

　　Φ——地理纬度,°。

表 8-2　我国各地区 a_s、b_s 值

地区	a_s				b_s	
	A	B	C	D	E	F
新疆、西藏、青海	0.090	0.067	0.041	0.031	1.66	0.70
黑龙江、吉林、辽宁、内蒙古、北京、天津、河北、河南、山东、山西、陕西(秦岭以北)、宁夏、甘肃(渭河以北)	0.073	0.060	0.041	0.019	1.66	0.70
上海、广东、广西、湖南、湖北、江苏、浙江、安徽、海南、台湾、福建、江西	0.056	0.029	0.020	0.012	1.66	0.70
云南、贵州、四川、甘肃(渭河以南)、陕西(秦岭以南)	0.073	0.048	0.031	0.022	1.66	0.70

注:静风区各类稳定度的 a_s、b_s 可取表中的最大值。

(6)天气形势

天气形势是指大范围的气压分布状况。局地气象条件受天气形势的影响和制约,因此,局地污染物扩散条件与天气条件相联系。当为高压控制区时,一般天气比较晴朗,风速较小,并伴有空气的下沉运动,往往在几百米或 $1\sim 2km$ 的高度上形成下沉逆温,阻碍污染物的扩散,容易造成地面污染。当为低压控制区,空气作上升运动,通常风速也较大,有利于污染物的稀释扩散。

(二)下垫面的影响(地方性风场)

地形或地面状况(土地利用)的不同,即下垫面状况不同,会影响到该地区的局部气象条件,形成局部地区的热力环流,表现出独特的局地气象特征。主要有海陆风、山谷风、城市热岛环流等。

1.城市下垫面的影响

城市下垫面状况以两种基本方式改变着局地风场:城市热岛效应;城市粗糙地面的动力效应。

(1)城市热岛效应

城市是人口、工商业高度密集、能源使用强度高的地区,由于人的活动和工业生产,能源消耗强度大,加上城市的覆盖物(建筑物、水泥、柏油路面等)和上空存在的污染物(烟雾和二氧化碳等)作用,致使城市的温度比周围郊区温度高,于是城市地区热空气上升,并在高空向四周辐射,而四周郊区较冷的空气过来补充,形成了城市特有的热力环流-热岛环流。这种现象在夜间、在晴朗平稳的天气下,表现最为明显。因此,若周围有排放污染物的工厂,就会使污染物在夜间向城市中心输送,造成污染。在布局工业区时,要考虑该效应的影响。图8-1就是这种环流的示意图。

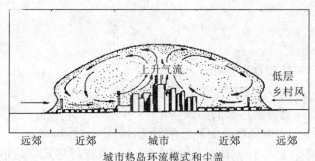

城市热岛环流模式和尘盖

图8-1　城市热岛环流示意图

(2)动力效应

城市下垫面粗糙度大,对气流产生阻挡作用,使得气流的速度与方向变得复杂,而且还能造成小尺度的涡流,阻碍烟气的迅速传输,从而不利于烟气的扩散。这种影响的大小与建筑物的形状、大小、高矮及烟囱的高度有关,烟囱越矮,影响越大。典型的作用考虑建筑物的下洗效应。

建筑物的存在会导致其周围一定范围内、一定高度的大气流场发生变化,从而会影响建设项目大气污染源排放烟羽的扩散、稀释发生一定的变化,有时会出现高浓度的大气污染情况。关于建筑物下洗的研究经历了三个阶段(王栋成等):第一阶段,以观测事实和经验判断为依据,考虑的对象包括山体和建筑物;第二阶段,主要采用对模型中的扩散参数进行修正的简单的定量模拟,只考虑建筑物;第三阶段,以精确模型模拟建筑物下洗影响下的污染物落地浓度,有 AERMOD 中的PRIME 背风涡及下洗模型、ADMS 中以 Hunt-robins 模型为基础的建筑物影响模型、CALPUFF 中集成 Huber-Snyder 方法和 Schulman-Scire 方法的建筑物下洗模型。

气流流过障碍物受背风涡和下洗影响的示意图分别见图 8-2 和图 8-3:

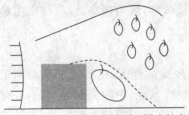

图 8-2　建筑物下洗示意图　　　　图 8-3　气流流过障碍物下洗示意图
(AERMOD 使用手册)

关于具体影响的范围,可采用如下的经验公式进行判断:

$$L_c/H = 1.5 \sim 10 \tag{8-2}$$

$$h_c/H = 1.5 \sim 2.5 \tag{8-3}$$

$$L_w/H = 4 \sim 30 \tag{8-4}$$

式中,H——障碍物高度,m;

L_c——背风涡(或空腔区、近尾迹区)长度,m;

h_c——背风涡扩展的高度,m;

L_w——自障碍物背面算起的下洗(尾迹)长度,m。

图 8-2 和图 8-3 中的障碍物也可是山体,原理同建筑物的情况。为考虑该种影响,估算模型 SCREEN 中关于建筑物下洗的设置与计算(王栋成等):包括两项建筑物下洗参数的运算法则:

①Huber-Snyder 模型,在排气筒有效高度远远高于 $h_b + 1.5L_b$ 时,使用此模型。其中,h_b 为建筑物高度,L_b 为建筑物高度或投影宽度 h_w 中的较小者。

②Schulman-Scire 模型,在排气筒有效高度低于 $h_b + 1.5L_b$ 时,使用此模型。

该模型适用于因建筑物诱导而产生的扩散系数线性衰变的情况下,解析了烟羽抬升时的下洗效应。

SCREEN 3 建筑物下洗模型的输入、输出参数:需要输入的建筑物参数有建筑物高度 h_b,建筑物的宽度 h_w,建筑物的长度;输出为地面浓度的分布。

(3)SCREEN 3 中建筑物下洗计算结果分析

① DWASH＝MEANS NO CALA MADE (CONC＝0.0)

下洗＝ ,表示没有进行建筑物下洗浓度计算(浓度为 0)

② DWASH＝ NO MEANS NO BUILDING DOWNWASH USED

下洗＝ NO,表示 没有选用建筑物下洗算法

③ DWASH＝ HS MEANS HUBER－SNYDER DOWNWASH USED

下洗＝ HS,表示采用了 HUBER－SNYDER 下洗算法

④ DWASH＝ SS MEANS SCHULMAN－SCIRE DOWNWASH USED

下洗＝ SS,表示采用了 SCHULMAN－SCIRE 下洗算法

⑤ DWASH＝ NA MEANS DOWNWASH NOT APPLICABLE,X<3 * LB

下洗＝ NA,表示该点不能使用建筑物下洗(即当 $x<3h_b$ 或 $x<3h_w$ 时,属于强湍流性质的背风涡区,不计算这一区域内的浓度)

2. 山区下垫面的影响

山区地形复杂,由于地形高低不均导致日照不均匀,使得各处近地层大气的增热与冷却的速度不同,因而形成了山区特有的局部热力环流,对大气污染物的扩散影响很大,主要有过山气流和山谷风。

(1)过山气流

气流通过山顶(建筑物)时,在山坡迎风面造成上升气流,山脚处形成反向旋涡;背风面造成下沉气流,山脚处形成回流区,出现"背风波"、"背风涡"以及"下洗"等现象。若污染源在山坡上风侧时,对迎风坡会造成污染,而在背风侧,污染物会被下沉气流带至地面,或在回流区内回旋积累,无法扩散出去,很容易造成局部高浓度污染。背风波只在有逆温的层结天气条件下出现,对污染物浓度影响较大的是背风涡和下洗(或尾迹)。影响范围情况同前述内容"建筑物下洗"。

(2)山谷风

山谷风是山风和谷风的总称,主要是由于下垫面受热不均而引起的以一日为周期、风向相反的局部风场。白天由于受热的不均,风从山谷吹向山坡,叫谷风;夜间山谷和山坡的散热不均,导致风从山坡吹向山谷,叫山风。

谷风的形成是由于白天山坡受到太阳辐射作用,空气增温快,气流上升;而山谷中同样高度上的空气因受热增温较小,因而形成山谷指向山坡的水平气压梯度,形成热力环流,下层风由谷底吹向山坡。山风的形成是由于夜间山坡辐射冷却快,

气温下降得多,谷中同高度的气温则冷却较慢,降温少,因而形成与白天相反的热力环流,下层风是由山坡吹向山谷。因白天受热所造成的温差,一般比夜间辐射冷却造成的温差大,故谷风风速常大于山风。山谷风是山区在晴朗而稳定的天气条件下,能经常观察到的现象。在热带和副热带的干季,温带的夏季山谷风最为明显,在平原和高原相接地区,由于高原边缘地带气温与平原同高度上的气温差异,也会出现类似山谷的现象。山谷风的强度与山坡的坡度、坡向和山地地形条件等有密切关系。

3. 水陆交界区(海陆风)

海陆风是海风和陆风的总称。在水陆交界处(沿海、沿湖地带),经常出现海陆风。白天,地表受热后,陆地增温比海面快,因此陆地上的气温高于海面上的气温;陆地上的暖空气上升并在上层流向海洋,而下层海面上的空气则由海洋流向陆地,形成海风。夜间,陆地散热快,海洋散热慢,形成和白天相反的热力环流,上层空气由海洋吹向陆地而下层空气由陆地吹向海洋,即为陆风。

海陆风的环状气流不能把污染物全部输送、扩散出去,当海陆风转换时,原来被陆风带走的污染物被海风带回原地,形成重复污染。因此,在大型水域边界布局工厂时,应考虑海陆风的影响。

第二节　大气环境影响识别

根据建设项目的具体情况,在工程分析及大气污染源调查的基础上,按《环境影响评价技术导则总纲》(HJ 2.1—2011)的要求识别大气环境影响因素,并筛选出大气环境影响评价因子。大气环境影响评价因子主要为项目排放的常规污染物及特征污染物。

一、环境影响因素的识别

在了解和分析建设项目所在区域发展规划、环境保护规划、环境功能区划及环境质量现状的基础上,分析建设项目的直接和间接行为及可能受上述行为影响的环境要素及相关参数。根据项目的建设行为和环境要素编制影响因素识别表。影响识别应明确建设项目在施工期、生产运行、服务期满后等不同阶段的各种行为与可能受影响的环境要素间的作用关系、影响性质、影响范围和影响程度等,分析建设项目对各环境要素可能产生的污染影响与生态破坏、有利与不利影响、长期与短期影响、可逆与不可逆影响、直接与间接影响、累积与非累积影响等。对项目实施形成制约的关键因素或条件,应作为环境影响评价所关注的重点。

环境影响因素的识别方法一般有矩阵法、网络法、GIS 支持下的叠加图法等，一般多采用矩阵法，具有简便、直观的特点且可进行定量识别。

二、评价因子的筛选原则和方法

评价因子的筛选是进行定量环境影响评价的基础，而对建设项目污染因子的分析，则是评价因子、监测因子和预测因子确定的前提条件。

1. 大气环境评价因子的筛选原则

根据环境影响因素的识别结果，并结合区域环境质量要求或确定的环境保护目标，筛选确定评价因子，并重点关注环境制约因素。

(1)选择的评价因子必须能够突出项目的特点，能反映建设项目大气环境影响的主要特征和大气环境系统的基本情况，能判断项目影响大气环境的主要因素，能预测分析和评价项目带来的主要环境问题。

(2)评价因子要同时考虑常规污染物和特征污染物。

(3)应筛选出没有环境标准的环境影响特征因子，并参考有关标准进行评价。

(4)对改、扩建项目及有区域替代污染源项目，还应筛选出其现有主要污染因子作为评价因子。

(5)应特别注意对污染物排放量较小但其毒性较大的污染排放项目评价因子的筛选。如农药项目，虽然生产规模可能较小，但排放的污染物毒性大，具有累积性影响和难处理等特点。

(6)评价因子的筛选过程中，应注意区分污染因子、评价因子、监测因子和预测因子的不同含义，见表 8-3。

表 8-3　大气环境影响污染因子、评价因子、预测因子的含义和筛选要求

	基本含义	筛选要求和原则	评价过程
污染因子	指建设项目或区域开发过程中，对人类生存环境造成有害影响的所有污染物的泛称，即生产活动产生和排放的所有大气污染物	按《环境影响评价技术导则总纲》(HJ 2.1—2011)的要求识别大气环境影响因素，分解和列出建设项目的直接和间接行为等在施工过程、生产运行、服务期满后等不同阶段的产生和排放的所有污染因子	环境影响因素识别，工程分析及污染源调查
评价因子	指建设项目或开发活动自身排放的大气污染物中，对周边环境影响较大、需要进行定量或定性分析评价的污染因子。主要是常规污染物及特征污染物	根据环境影响因素识别结果，并结合区域环境功能要求或所确定的环境保护目标，筛选确定评价因子，应重点关注环境制约因素。评价因子须能够反映环境影响的主要特征、区域环境的基本状况及建设项目特点和排污特征	工程分析、污染源调查和大气环境影响评价过程中

(续表)

	基本含义	筛选要求和原则	评价过程
监测因子	对环境空气质量现状评价时,所需选择进行监测的污染因子,用来了解评价区环境空气质量的背景值	根据《环境影响评价技术导则 大气环境》(HJ 2.2—2008)规定,凡项目排放的属于常规污染物的应筛选为监测因子;凡项目排放的特征污染物有国家或地方环境质量标准的,应筛选为监测因子;对于没有相应标准的污染物,且属于毒性较大的,应按照实际情况,选代表性的污染物作为监测因子,同时给出参考标准和出处	环境空气质量现状监测与评价过程
预测因子	指大气环境影响评价因子中有环境空气质量标准的,且必须进行浓度预测计算以定量分析评价其环境影响的因子	根据《环境影响评价技术导则 大气环境》(HJ 2.2—2008)规定,应根据评价因子而定,选取有环境空气质量标准的评价因子作为预测因子	大气环境影响预测过程中

2.评价因子的筛选方法

(1)评价因子的筛选方法

根据建设项目的特点和当地大气污染状况,进行大气环境影响评价因子的筛选。

首先,应选择建设项目等标排放量较大的污染物作为主要污染因子;

其次,应考虑在评价区内已造成严重污染的污染物;

再次,列入国家主要污染物总量控制指标的污染物,应将其作为评价因子。

(2)污染因子的确定方法

根据工程分析中对生产装置排污环节和公用工程(主要是供热锅炉或导热油炉、贮运系统装卸和罐区、制冷剂等)排污环节详细了解,确定污染因子和评价因子。

一般情况下,各因子的数量关系为:污染因子数≥监测因子数≥评价因子数≥预测因子数。

第三节 评价目的、程序、评价等级与评价范围的确定

一、评价目的与程序

评价目的:通过调查、预测等手段,对项目在建设施工期及建成后运营期所排放的大气污染物对环境空气质量影响的程度、范围和频率进行分析、预测和评估,为项目的厂址选择、排污口设置、大气污染防治措施制定以及其他有关的工程设计、项目实施环境监测等提供科学依据或指导性意见。

具体的评价程序分三个阶段：

(1)第一阶段：包括研究有关文件、环境空气质量现状调查、初步工程分析、环境空气敏感区调查、评价因子筛选、评价标准确定、气象特征调查、地形特征调查、编制工作方案、确定评价工作等级和评价范围等。

(2)第二阶段：主要包括污染源的调查与核实、环境空气质量现状监测、气象观测资料调查与分析、地形数据收集和大气环境影响预测与评价等。

(3)第三阶段：主要包括给出大气环境影响评价结论与建议、完成环境影响评价文件的编写等。

大气环境影响评价工作程序如图8-4。

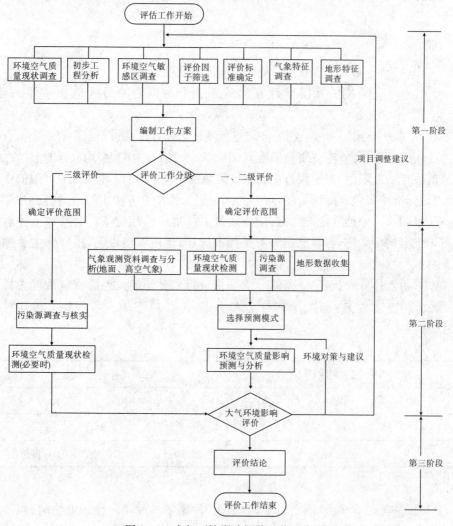

图8-4　大气环境影响评价工作程序图

二、评价等级的确定

确定的依据:选择推荐模型中的估算模型对项目的大气环境评价工作进行分级。结合项目的初步工程分析结果,选择正常排放的主要污染物及排放参数,采用估算模型计算各污染物在简单平坦地形、全气象组合情况条件下的最大影响程度和最远影响范围,然后按评价工作分级判据进行分级。

1.根据项目的初步工程分析结果,选择1~3种主要污染物,分别计算每一种污染物的最大地面质量浓度占标率 P_i(第 i 个污染物)及第 i 个污染物的地面质量浓度达标准限值10%时所对应的最远距离 $D_{10\%}$。其中 P_i 定义为:

$$P_i = \frac{c_i}{c_{oi}} \times 100\% \tag{8-5}$$

式中,P_i——第 i 个污染物的最大地面质量浓度占标率,%;

  c_i——采用估算模型计算出的第 i 个污染物的最大地面质量浓度,mg/m³;

  c_{oi}——第 i 个污染物的环境空气质量浓度标准,mg/m³。

c_{oi} 一般选用《环境空气质量标准》(GB 3095—2012)中1h平均取样时间的二级标准的质量浓度限值;对于没有小时浓度限值的污染物,可取日平均浓度限值3倍值;对该标准中未包含的污染物,可参照居住区大气中有害物质的最高容许浓度的一次浓度限值。如已有地方标准,应选用地方标准中的相应值。对某些上述标准中都未包含的污染物,可参照国外有关标准选用,但应做出说明,报环保主管部门批准后执行。

2.评价工作等级按表8-4的分级判据进行划分。最大地面质量浓度占标率 P_i 按公式8-1计算,如污染物数 i 大于1,取 P 值中最大者(P_{max})和其对应的 $D_{10\%}$。

表8-4 评价工作等级

评价工作等级	评价工作分级判据
一级	$P_{max} \geq 80\%$,且 $D_{10\%} \geq 5km$
二级	其他
三级	$P_{max} < 10\%$ 或 $D_{10\%} <$ 污染源距厂界最近距离

3.注意事项

(1)同一项目有多个(两个以上,含两个)污染源排放同一种污染物时,则按各污染源分别确定其评价等级,并取评价级别最高者作为项目的评价等级。

（2）对于高耗能行业的多源（两个以上，含两个）项目，评价等级应不低于二级。

（3）对于建成后全厂的主要污染物排放总量都有明显减少的改、扩建项目，评价等级可低于一级。

（4）如果评价范围内包含一类环境空气质量功能区或评价范围内主要评价因子的环境质量已接近或超过环境质量标准或项目排放的污染物对人体健康或生态环境有严重危害的特殊项目，评价等级一般不低于二级。

（5）对于以城市快速路、主干路等城市道路为主的新建、扩建项目，应考虑交通线源对道路两侧的环境保护目标的影响，评价等级应不低于二级。

（6）对于公路、铁路等项目，应分别按项目沿线主要集中式排放源（如服务区、车站等大气污染源）排放的污染物计算其评价等级。

（7）可根据项目性质，评价范围内环境空气敏感区的分布情况及当地大气污染程度，对评价工作等级做适当调整，但调整幅度上下不应超过一级。调整结果应征得环保主管部门同意。

其他注意的事项：①一、二级评价应选择《环境影响评价技术导则　大气环境》（HJ 2.2—2008）推荐模型清单中的进一步预测模型进行大气环境影响预测工作。三级评价可不进行大气环境影响预测工作，直接以估算模型的计算结果作为预测与分析依据。②确定评价工作等级的同时应说明估算模型计算参数和选项。

三、评价范围的确定

1. 根据项目排放污染物的最远影响范围确定项目的大气环境影响评价范围。即以排放源为中心点，以 $D_{10\%}$ 为半径的圆或 $2 \times D_{10\%}$ 为边长的矩形作为大气环境影响评价范围；当最远距离超过 25km 时，确定评价范围为半径 25km 的圆形区域或边长 50km 矩形区域。

2. 评价范围的直径或边长一般不应小于 5km。

3. 对于以线源为主的城市道路等项目，评价范围可设定为线源中心两侧各 200m 的范围。

四、环境空气敏感区的确定

调查评价范围内所有环境空气敏感区，在图中标注，并列表给出环境空气敏感区内主要保护对象的名称、大气环境功能区划级别、与项目的相对距离、方位及受保护对象的范围和数量。

第四节 环境空气质量现状调查与评价

一、污染源调查与分析

(一)大气污染源调查与分析对象

1. 对于一、二级评价项目,应调查分析项目的所有污染源(对于改、扩建项目应包括新、老污染源)、评价范围内与项目排放污染物有关的其他在建项目、已批复环境影响评价文件的拟建项目等污染源。如有区域替代方案,还应调查评价范围内所有的拟替代的污染源。

2. 对于三级评价项目可只调查分析项目污染源。

(二)污染源调查与分析方法

1. 对于新建项目可通过类比调查、物料衡算或设计资料确定;对于评价范围内的在建和未建项目的污染源调查,可使用已批准的环境影响报告书中的资料;对于现有项目和改、扩建项目的现状污染源调查,可利用已有有效数据或进行实测;对于分期实施的工程项目,可利用前期工程最近 5 年内的验收监测资料、年度例行监测资料或进行实测。

2. 评价范围内拟替代的污染源调查方法参考项目的污染源调查方法。

(三)污染源调查内容

1. 一级评价项目污染源调查内容

(1)污染源排污概况调查

①在满负荷排放下,按分厂或车间逐一统计各有组织排放源和无组织排放源的主要污染物排放量;

②对改、扩建项目应给出:现有工程排放量、扩建工程排放量及现有工程经改造后的污染物预测削减量,并按上述三个量计算最终排放量;

③对于毒性较大的污染物还应估计其非正常排放量;

④ 对于周期性排放的污染源,还应给出周期性排放系数。周期性排放系数取值为 0~1,一般可按季节、月份、星期、日和小时等给出周期性排放系数。

(2)点源调查内容

①排气筒底部中心坐标,以及排气筒底部的海拔高度(m);

②排气筒几何高度(m)及排气筒出口内径(m);

③烟气出口速度(m/s);

④排气筒出口处烟气温度(K);

⑤各主要污染物正常排放速率(g/s),排放工况,年排放小时数(h);

⑥毒性较大物质的非正常排放速率(g/s),排放工况,年排放小时数(h);

⑦点源(包括正常排放和非正常排放)参数调查清单参见《环境影响评价技术导则 大气环境》(HJ 2.2—2008)附录C表C.4。

(3)面源调查内容

①面源起始点坐标及面源所在位置的海拔高度(m);

②面源初始排放高度(m);

③各主要污染物正常排放速率[g/(s·m²)],排放工况,年排放小时数(h);

④矩形面源:初始点坐标,面源的长度(m),面源的宽度(m),与正北方向逆时针的夹角;

⑤多边形面源:多边形面源的顶点数或边数(3~20)以及各顶点坐标;

⑥近圆形面源:中心点坐标,近圆形半径(m),近圆形顶点数或边数;

⑦各类面源参数调查清单表参见《环境影响评价技术导则 大气环境》(HJ 2.2—2008)附录C表C.5~表C.7。

(4)体源调查内容

①体源中心点坐标及体源所在位置的海拔高度(m);

②体源高度(m);

③体源排放速率(g/s),排放工况,年排放小时数(h);

④体源的边长(m);

⑤初始横向扩散参数(m),初始垂直扩散参数(m),体源初始扩散参数的估算分别见表8-5和表8-6;

⑥体源参数调查清单参见《环境影响评价技术导则 大气环境》(HJ 2.2—2008)附录C表C.8。

表8-5 体源初始横向扩散参数的估算

源类型	初始横向扩散参数
单个源	$\sigma_{y0}=$边长/4.3
连续划分的体源	$\sigma_{y0}=$边长/2.15
间隔划分的体源	$\sigma_{y0}=$两个相邻间隔中心点的距离/2.15

表8-6 体源初始垂直扩散参数的估算

源位置		初始垂直扩散参数
源基底处地形高度 $H_0\approx0$		$\sigma_{z0}=$源的高度/2.15
源基底处地形高度 $H_0>0$	在建筑物上,或邻近建筑物	$\sigma_{z0}=$建筑物高度/2.15
	不在建筑物上,或不邻近建筑物	$\sigma_{z0}=$源的高度/4.3

(5)线源调查内容

①线源几何尺寸(分段坐标),线源距地面高度(m),道路宽度(m),街道街谷高度(m);

②各种车型的污染物排放速率[g/(km·s)];

③平均车速(km/h),各时段车流量(辆/h)、车型比例;

④线源参数调查清单参见《环境影响评价技术导则 大气环境》(HJ 2.2—2008)附录 C 表 C.9。

(6)其他需调查的内容

①建筑物下洗参数

在考虑由于周围建筑物引起的空气扰动而导致地面局部高浓度的现象时,需调查建筑物下洗参数。建筑物下洗参数应根据所选预测模型的需要,按相应要求内容进行调查。

②颗粒物的粒径分布

颗粒物粒径分级(最多不超过 20 级),颗粒物的分级粒径(μm)、各级颗粒物的质量密度(g/cm³)及各级颗粒物所占的质量比(0~1)。颗粒物粒径分布调查清单参见《环境影响评价技术导则 大气环境》(HJ 2.2—2008)附录 C 表 C.10。

2.二级评价项目污染源调查内容

参照一级评价项目执行,可适当从简。

3.三级评价项目污染源调查内容

可只调查污染源排污概况,调查内容见(1),并对估算模型中的污染源参数进行核实。

二、环境空气质量现状调查及监测要求

(一)环境空气质量现状调查原则

1.现状调查资料来源分三种途径,可视不同评价等级对数据的要求结合进行。具体如下:①评价范围内及邻近评价范围的各例行空气质量监测点的近 3 年与项目有关的监测资料;②收集近 3 年与项目有关的历史监测资料;③进行现场监测。

2.监测资料统计内容与要求

凡涉及《环境空气质量标准》(GB 3095—2012)中污染物的各类监测资料的统计内容与要求,均应满足该标准中各项污染物数据统计的有效性规定。

3.监测方法

涉及《环境空气质量标准》(GB 3095—2012)中各项污染物的分析方法应符合《环境空气质量标准》(GB 3095—2012)对分析方法的规定。应首先选用国家环保主管部门发布的标准监测方法。对尚未制定环境标准的非常规大气污染物,应尽

可能参考 ISO 等国际组织和国内外相应的监测方法,在环评文件中详细列出监测方法、适用性及其引用依据,并报请环保主管部门批准。监测方法的选择,应满足项目的监测目的,并注意其适用范围、检出限、有效检测范围等监测要求。

(二)现有监测资料的分析

对照各污染物有关的环境质量标准,分析其长期质量浓度(年平均质量浓度、季平均质量浓度、月平均质量浓度)、短期质量浓度(日平均质量浓度、小时平均质量浓度)的达标情况。若监测结果出现超标,应分析其超标率、最大超标倍数以及超标原因。分析评价范围内的污染水平和变化趋势。

(三)环境空气质量现状监测

1. 监测因子

凡项目排放的污染物属于常规污染物的应筛选为监测因子。凡项目排放的特征污染物有国家或地方环境质量标准或有其他标准参考的,应筛选为监测因子;对于没有相应环境质量标准的污染物,且属于毒性较大的,应按照实际情况,选取有代表性的污染物作为监测因子,同时应给出参考标准值和出处。

2. 监测制度

一级评价项目应进行 2 期(冬季、夏季)监测;二级评价项目可取 1 期不利季节进行监测,必要时应作 2 期监测;三级评价项目必要时可作 1 期监测。每期监测时间,至少应取得有季节代表性的 7 天有效数据,采样时间应符合监测资料的统计要求。对于评价范围内没有排放同种特征污染物的项目,可减少监测天数。监测时间的安排和采用的监测手段,应能同时满足环境空气质量现状调查、污染源资料验证及预测模型的需要。监测时应使用空气自动监测设备,在不具备自动连续监测条件时,1 小时质量浓度监测值应遵循下列原则:一级评价项目每天监测时段,应至少获取当地时间 02,05,08,11,14,17,20,23 时 8 个小时质量浓度值,二级和三级评价项目每天监测时段,至少获取当地时间 02,08,14,20 时 4 个小时质量浓度值。日平均质量浓度监测值应符合《环境空气质量标准》(GB 3095—2012)对数据的有效性规定。对于部分无法进行连续监测的特殊污染物,可监测其一次质量浓度值,监测时间须满足所用评价标准值的取值时间要求。

3. 监测布点

(1)监测点设置要求

①应根据项目的规模和性质,结合地形复杂性、污染源及环境空气保护目标的布局,综合考虑监测点设置数量。

②一级评价项目,监测点应包括评价范围内有代表性的环境空气保护目标,点位不少于 10 个;二级评价项目,监测点应包括评价范围内有代表性的环境空气保护目标,点位不少于 6 个。对于地形复杂、污染程度空间分布差异较大,环境空气

保护目标较多的区域,可酌情增加监测点数目。三级评价项目,若评价范围内已有例行监测点位,或评价范围内有近3年的监测资料,且其监测数据有效性符合《环境影响评价技术导则 大气环境》(HJ 2.2—2008)有关规定,并能满足项目评价要求的,可不再进行现状监测,否则,应设置2~4个监测点。若评价范围内没有其他污染源排放同种特征污染物的,可适当减少监测点位。

③对于公路、铁路等项目,应分别在各主要集中式排放源(如服务区、车站等大气污染源)评价范围内,选择有代表性的环境空气保护目标设置监测点位,监测点设置数目参考②执行。

④城市道路项目,可不受上述监测点设置数目限制,根据道路布局和车流量状况,并结合环境空气保护目标的分布情况,选择有代表性的环境空气保护目标设置监测点位。

(2)监测点位

监测点的布设,应尽量全面、客观、真实反映评价范围内的环境空气质量。依项目评价等级和污染源布局的不同,按照以下原则进行监测布点,各级评价项目现状监测布点原则见表8-7。

表 8-7 现状监测布点原则

一级评价	二级评价	三级评价	
监测点数	≥10	≥6	2~4
布点方法	极坐标布点法	极坐标布点法	极坐标布点法
布点方位	在约 0°、45°、90°、135°、180°、225°、270°、315°等方向布点,并且在下风向加密,也可根据局地地形条件、风频分布特征以及环境功能区、环境空气保护目标所在方位做适当调整	至少在约 0°、90°、180°、270°等方向布点,并且在下风向加密,也可根据局地地形条件、风频分布特征以及环境功能区、环境空气保护目标所在方位做适当调整	至少在约 0°、180°等方向布点,并且在下风向加密,也可根据局地地形条件、风频分布特征以及环境功能区、环境空气保护目标所在方位做适当调整
布点要求	各个监测点要有代表性,环境监测值应能反映各环境敏感区域、各环境功能区的环境质量及预计受项目影响的高浓度区的环境质量		

1)对于一级评价项目

①以监测期间所处季节的主导风向为轴向,取上风向为0°,至少在约0°、45°、90°、135°、180°、225°、270°、315°方向上各设置1个监测点,在主导风向下风向距离中心点(或主要排放源)不同距离,加密布设1~3个监测点。具体监测点位可根据局地地形条件、风频分布特征以及环境功能区、环境空气保护目标所在方位做适当

调整。各个监测点要有代表性，环境监测值应能反映各环境空气敏感区、各环境功能区的环境质量及预计受项目影响的高浓度区的环境质量。

②各监测期环境空气敏感区的监测点位置应重合。预计受项目影响的高浓度区的监测点位，应根据各监测期所处季节主导风向进行调整。

2)对于二级评价项目

①以监测期间所处季节的主导风向为轴向，取上风向为 0°，至少在约 0°、90°、180°、270°方向上各设置 1 个监测点，主导风向下风向应加密布点。具体监测点位根据局地地形条件、风频分布特征以及环境功能区、环境空气保护目标所在方位做适当调整。各个监测点要有代表性，环境监测值应能反映各环境空气敏感区、各环境功能区的环境质量，以及预计受项目影响的高浓度区的环境质量。

②如需要进行 2 期监测，应与一级评价项目相同，根据各监测期所处季节主导风向调整监测点位。

3)对于三级评价项目

①以监测期所处季节的主导风向为轴向，取上风向为 0°，至少在约 0°、180°方向上各设置 1 个监测点，主导风向下风向应加密布点，也可根据局地地形条件、风频分布特征以及环境功能区、环境空气保护目标所在方位做适当调整。各个监测点要有代表性，环境监测值应能反映各环境空气敏感区、各环境功能区的环境质量及预计受项目影响的高浓度区的环境质量。

②如果评价范围内已有例行监测点可不再安排监测。

4)对于城市道路评价项目

对于城市道路等线源项目，应在项目评价范围内，选取有代表性的环境空气保护目标设置监测点。监测点的布设还应结合敏感点的垂直空间分布进行设置。

(3)监测点位置的周边环境条件

环境空气质量监测点位置的周边环境应符合相关环境监测技术规范的规定。监测点周围空间应开阔，采样口水平线与周围建筑物的高度夹角小于 30°；监测点周围应有 270°采样捕集空间，空气流动不受任何影响；避开局地污染源的影响，原则上 20m 范围内应没有局地排放源；避开树木和吸附力较强的建筑物，一般在 15～20m 范围内没有绿色乔木、灌木等。应注意监测点的可到达性和电力保证。

4.监测采样

环境空气监测中的采样点、采样环境、采样高度及采样频率的要求，按相关环境监测技术规范执行。

5.同步气象资料要求

应同步收集项目位置附近有代表性的，且与各环境空气质量现状监测时间相对应的常规地面气象观测资料。

6.监测结果统计分析

以列表的方式给出各监测点大气污染物的不同取值时间的质量浓度变化范围,计算并列表给出各取值时间最大质量浓度值占相应标准质量浓度限值的百分比和超标率,并评价达标情况。分析大气污染物质量浓度的日变化规律以及大气污染物质量浓度与地面风向、风速等气象因素及污染源排放的关系。分析重污染时间分布情况及其影响因素。

三、气象观测资料调查

(一)气象观测资料调查的基本原则

1.气象观测资料的调查要求与项目的评价等级有关,还与评价范围内地形复杂程度、水平流场是否均匀一致、污染物排放是否连续稳定有关。

2.常规气象观测资料包括常规地面气象观测资料和常规高空气象探测资料。

3.对于各级评价项目,均应调查评价范围20年以上的主要气候统计资料。包括年平均风速、风向玫瑰图、最大风速与月平均风速、年平均气温、极端气温与月平均气温、年平均相对湿度、年均降水量、降水量极值和日照等。

4.对于一级、二级评价项目,还应调查逐日、逐次的常规气象观测资料及其他气象观测资料。

(二)一级评价项目气象观测资料调查要求

1.对于一级评价项目,气象观测资料调查基本要求分两种情况:①评价范围小于50km条件下,须调查地面气象观测资料,并按选取的模型要求和地形条件,补充调查必需的常规高空气象探测资料。②评价范围大于50km条件下,须调查地面气象观测资料和常规高空气象探测资料。

2.地面气象观测资料调查要求

调查距离项目最近的地面气象观测站,近5年内的至少连续3年的常规地面气象观测资料。如果地面气象观测站与项目的距离超过50km,并且地面站与评价范围的地理特征不一致,还需要按照补充地面气象观测要求进行补充地面气象观测。

3.常规高空气象探测资料调查要求

调查距离项目最近的高空气象探测站,近5年内的至少连续3年的常规高空气象探测资料。如果高空气象探测站与项目的距离超过50km,高空气象资料可采用中尺度气象模型模拟的50km内的格点气象资料。

(三)二级评价项目气象观测资料调查要求

1.对于二级评价项目,气象观测资料调查基本要求同一级评价项目。

2.地面气象观测资料调查要求

调查距离项目最近的地面气象观测站,近 3 年内的至少连续 1 年的常规地面气象观测资料。如果地面气象观测站与项目的距离超过 50km,并且地面站与评价范围的地理特征不一致,还需要按照补充地面气象观测要求进行补充地面气象观测。

3.常规高空气象探测资料调查要求

调查距离项目最近的常规高空气象探测站,近 3 年内的至少连续 1 年的常规高空气象探测资料。如果高空气象探测站与项目的距离超过 50km,高空气象资料可采用中尺度气象模型模拟的 50km 内的各点气象资料。

(四)气象观测资料调查内容

1.地面气象观测资料

①观测资料的时次:根据所调查地面气象观测站的类别,并遵循先基准站,次基本站,后一般站的原则,收集每日实际逐次观测资料。②观测资料的常规调查项目:时间(年、月、日、时)、风向(以角度或按 16 个方位表示)、风速、干球温度、低云量、总云量。③根据不同评价等级预测精度要求及预测因子特征,可选择调查的观测资料的内容:湿球温度、露点温度、相对湿度、降水量、降水类型、海平面气压、观测站地面气压、云底高度、水平能见度等。④地面气象观测资料内容见表 8-8。

表 8-8　地面气象观测资料内容

名称	单位	名称	单位
年		湿球温度	℃
月		露点温度	℃
日		相对湿度	%
时		降水量	mm/h
风向	(°)(方位)	降水类型	
风速	m/s	海平面气压	hPa(百帕)
总云量	十分量	观测站地面气压	hPa(百帕)
低云量	十分量	云底高度	km
干球温度	℃	水平能见度	km

2.常规高空气象探测资料

①观测资料的时次:根据所调查常规高空气象探测站的实际探测时次确定,一般应至少调查每日 1 次(北京时间 08 点)的距地面 1500m 高度以下的高空气象探测资料。

②观测资料的常规调查项目:时间(年、月、日、时)、探空数据层数、每层的气压、高度、气温、风速、风向(以角度或按 16 个方位表示)。

③常规高空气象探测资料内容见表 8-9。

表 8-9　常规高空气象探测资料

名称	单位
年	
月	
日	
时	
探空数据层数	
气压	hPa(百帕)
高度	m
干球温度	℃
露点温度	℃
风速	m/s
风向	(°)(方位)

3.补充地面气象观测要求

(1)观测地点

在评价范围内设立地面气象站,站点设置应符合相关地面气象观测规范的要求。

(2)观测期限

一级评价的补充观测应进行为期 1 年的连续观测;二级评价的补充观测可选择有代表性的季节进行连续观测,观测期限应在 2 个月以上。

(3)观测内容

应符合地面气象观测资料的要求。

(4)观测方法

应符合相关地面气象观测规范的要求。

(5)观测数据的应用

补充地面气象观测数据可作为当地长期气象条件参与大气环境影响预测。

4.常规气象资料分析内容

(1)温度

①温度统计量

统计长期地面气象资料中每月平均温度的变化情况,参见《环境影响评价技术导则　大气环境》(HJ 2.2—2008)附录 C 表 C.11,并绘制年平均温度月变化曲线图。

②温廓线

对于一级评价项目,需酌情对污染较严重时的高空气象探测资料作温廓线的分析,分析逆温层出现的频率、平均高度范围和强度。

(2)风速

①风速统计量

统计月平均风速随月份的变化和季小时平均风速的日变化。即根据长期气象资料统计每月平均风速、各季每小时的平均风速变化情况,分别参见《环境影响评价技术导则　大气环境》(HJ 2.2—2008)附录 C 表 C.12 和表 C.13,并绘制平均风速的月变化曲线图和季小时平均风速的日变化曲线图。

②风廓线

对于一级评价项目,需酌情对污染较严重时的高空气象探测资料作风廓线的分析,分析不同时间段大气边界层内的风速变化规律。

(3)风向、风频

①风频统计量

统计所收集的长期地面气象资料中,每月、各季及长期平均各风向风频变化情况,分析要求参见《环境影响评价技术导则　大气环境》(HJ 2.2—2008)附录 C 表 C.14 和表 C.15。

②风向玫瑰图

统计所收集的长期地面气象资料中,各风向出现的频率,静风频率单独统计。在极坐标中按各风向标出其频率的大小,绘制各季及年平均风向玫瑰图。风向玫瑰图应同时附当地气象台站多年(20 年以上)气候统计资料的统计结果。

③主导风向

主导风向指风频最大的风向角的范围。风向角范围一般在连续 45°左右,对于以 16 方位角表示的风向,主导风向一般是指连续 2~3 个风向角的范围。某区域的主导风向应有明显的优势,其主导风向角风频之和应≥30%,否则可称该区域没有主导风向或主导风向不明显。在没有主导风向的地区,应考虑项目对全方位的环境空气敏感区的影响。

四、大气环境质量现状评价方法

对监测数据进行统计分析,包括环评现状监测期间的监测数据、例行监测数据、历史环评监测数据、现状厂界浓度监测数据等,客观分析污染物的变化规律及达标情况。一般用简单、直观的单因子指数法对大气环境质量现状做出评价。单因子指数法的计算公式如下：

$$P_i = S_i / c_i \qquad (8-6)$$

式中，P_i——单因子指数；

S_i, c_i——i 污染物的浓度和评价标准，mg/m^3。当 $P_i > 1$ 时，表示实测的污染物浓度已超过评价标准。

第五节　大气环境影响预测模型

一、预测模型的基本理论

预测方法大体上可分经验方法和数学模型两大类。经验方法主要是在统计、分析历史资料的基础上，结合未来的发展规划进行预测。数学模型主要指利用数学建模进行计算或模拟。由于计算机技术的飞速发展，数学方法应用得较为普遍。按经典的划分法，数学方法可分三大类：第一类是基于 Taylor 统计理论的所谓"统计理论"；第二类是假设湍流通量正比于平均梯度的所谓"梯度理论"；第三类是基于量纲分析的"相似理论"。萨顿首先应用泰勒公式，提出了解决污染物在大气中扩散的实用模型。高斯在大量实测资料分析的基础上，应用湍流统计理论得到了正态分布假设下的扩散模型。目前，高斯模型得到了较广泛的应用。本节重点介绍《环境影响评价技术导则　大气环境》(HJ 2.2—2008)中的模型及软件。

二、大气环评的初步估算模型(SCREEN)

(一)模型概述

估算模型是一种单源高斯烟羽预测模型，可计算点源、面源和体源等污染源的最大地面浓度，以及建筑物下洗和熏烟等特殊条件下的最大地面浓度，估算模型中嵌入了多种预设的气象组合条件，包括一些最不利的气象条件，此类气象条件在某个地区有可能发生，也有可能不发生。经估算模型计算出的最大地面浓度大于进一步预测模型的计算结果。对于小于 1 小时的短期非正常排放，可采用估算模型进行预测。

SCREEN 软件采用高斯烟羽模型来预测连续排放源的污染物浓度，综合考虑了与污染源相关的因素和气象的因素。假设污染物不进行化学变化和进行其他的去除过程，诸如在传输过程中的干、湿沉降。ISC(Industrial Source Complex)的用户指导手册中描述了高斯模型方程及污染源因素与气象因素的交互作用。预测污

染物的轴线落地浓度的基本公式如下:

$$c=\frac{Q}{2\pi U\sigma_y\sigma_z}\times\left\{\exp\left[-\frac{(z-H_e)^2}{2\sigma_z^2}\right]+\exp\left[-\frac{(z+H_e)^2}{2\sigma_z^2}\right]+\sum_{n=1}^{k}\left\{\exp\left[-\frac{(z-H_e-2nh)^2}{2\sigma_z^2}\right]\right.\right.$$

$$\left.\left.+\exp\left[-\frac{(z+H_e-2nh)^2}{2\sigma_z^2}\right]+\exp\left[-\frac{(z-H_e+2nh)^2}{2\sigma_z^2}\right]+\exp\left[-\frac{(2nh+z+H_e)^2}{2\sigma_z^2}\right]\right\}\right\}$$

$$(8-7)$$

式中,c——接受点的污染物落地浓度,g/m^3;

  Q——排放源强,g/s;

  U——排气筒出口处风速,m/s;

  σ_y,σ_z——y 和 z 方向扩散参数,m;

  z——接受点离地面的高度,m;

  H_e——排气筒有效高度,m;

  h——混合层高度,m;

  k——烟羽从地面到混合层之间的反射次数,一般≤4。

(二)模型功能及实用

估算模型适用于评价等级及评价范围的确定。估算模型所需参数及说明如下:

1. 点源参数

①点源排放速率(g/s);②排气筒几何高度(m);③排气筒出口内径(m);④排气筒出口处烟气排放速度(m/s);⑤排气筒出口处的烟气温度(K)。

2. 面源参数

①面源排放速率$[g/(s\cdot m^2)]$;②排放高度(m);③长度(m)(矩形面源较长的一边),宽度(m)(矩形面源较短的一边)。

3. 体源参数

①体源排放速率(g/s);②排放高度(m);③初始横向扩散参数(m),初始垂直扩散参数(m)。体源初始扩散参数的估算见表8-10。

表8-10 体源初始扩散参数的估算(针对估算模型)

源的类型		初始横向扩散参数	初始垂直扩散参数
源基底处地形高度 $H_0\approx0$		$\sigma_{y0}=$ 源的横向边长/4.3	$\sigma_{z0}=$ 源的高度/2.15
源基底处地形高度 $H_0>0$	在建筑物上	$\sigma_{y0}=$ 源的横向边长/4.3	$\sigma_{z0}=$ 建筑物高度/2.15
	不在建筑物上	$\sigma_{y0}=$ 源的横向边长/4.3	$\sigma_{z0}=$ 源的高度/4.3

4. 环境温度

评价区域20年以上的年平均气温(K)。

5.计算选项

城市或农村选项。

(三)软件的操作方法

以点源为例(SCREEN 使用手册,环境保护部环境工程评估中心　环境质量模拟重点实验室),在 SCREEN3 估算模型所在的文件目录中,直接点击应用程序 SCREEN3.exe,然后根据提示符,选择相应的参数。

(1)ENTER TITLE FOR THIS RUN(UP TO 79 CHARACTERS)输入项目名称(最多 79 个字符);

(2)ENTER SOURCE TYPE AND ANY OF THE ABOVE OPTIONS 按照上面选项选择源的类型(P 点源;F 火炬源、A 面源、V 体积源);

(3)ENTER EMISSION RATE 输入源强排放速率(g/s);

(4)ENTER STACK HEIGHT 烟囱高度(m);

(5)ENTER STACK INSIDE DIAMETER 烟囱内径(m);

(6)ENTER STACK GAS EXIT VELOCITY (DEFAULT)烟气排放速度(m/s)(缺省选项);

(7)ENTER STACK GAS EXIT TEMPERATURE 烟气排放温度(K);

(8)ENTER AMBIENT AIRTEMPERATURE 烟囱出口处的环境温度(K);(说明:计算评价等级时,环境温度取当地多年平均温度)

(9)ENTER RECEPTOR HEIGHT ABOVE GROUND 计算点距地面高度(m);(说明:计算评价等级时,计算点距地面高度可取 0m)

(10)ENTER URBAN/RURAL OPTION (U=URBAN,R=RURAL)输入城市/乡村? 选项(U=城市,R=乡村);

(11)CONSIDER BUILDING DOWNWASH IN CALCS ENTER Y OR N 是否考虑建筑物下洗? 输入 Y 或 N;(说明:计算评价等级时选择 N,不考虑建筑物下洗)

(12) USE COMPLEX TERRAIN SCREEN FOR TRRRAIN ABOVE STACK HEIGHT

ENTER Y OR N 使用地形高于烟囱高度的复杂地形? 输入 Y 或 N;(说明:计算评价等级时选择 N,不考虑复杂地形)

(13)USE SIMPLE TERRAIN SCREEN WITH TRRRAIN ABOVE STACK BASE ENTER Y OR N 使用地形高于烟囱基底的简单地形? 输入 Y 或 N;(说明:计算评价等级时选择 N,仅考虑平坦地形)

(14)ENTER CHOICE OF METEOROLGY

1— FULL METROROLOGY (ALL STABILITIES & WIND SPEED)

选择气象数据,在计算评价等级时,选择全部的稳定度和风速组合 1;

(15)USE AUTOMATED DISTANCE ARRAY ENTER Y OR N 是否使用计算点的自动间距? 输入 Y 或 N;(说明:计算评价等级时可选择 Y,也可只定义计算间距,但间距设置不应小于自动设置计算点间距)

(16)ENTER TERRAIN HEIGHT ABOVE STACK BASE 输入烟囱底部的地形高度(M);

(17)ENTER MIN AND MAX DISTANCES TO USE 输入最小和最大计算点的距离 (M);(说明:在计算评价等级时,一般选择从 10m 到 25000m,如果排放量小、烟囱低,可视实际情况设置最远距离)

(18)USE DISCRETE DISANCES ENTER Y OR N 要计算不同距离的计算点吗? 输入 Y 或 N;(说明:计算评价等级时可选择 N,也可根据实际情况,加密计算离散计算点)

(19)DO YOU WISH TO MAKE A FUMIGATION CALCULATION ENTER Y OR N 要计算熏烟情况吗? 输入 Y 或 N;(说明:计算评价等级时选择 N,不考虑熏烟情况;对于近海岸项目,可采用此功能计算高架点源在发生海岸线熏烟下的浓度影响)

(20)DO YOU WANT TO PRINT A HARDCOPY OF THE RESULTS ENTER Y OR N 结果需要通过打印机打印结果吗? 输入 Y 或 N。(说明:计算评价等级时选择 N,不打印结果)

三、进一步预测模型

(一) AERMOD 模型系统

1.软件概述

该系统是由美国国家环保局联合美国气象学会组建法规模型改善委员会开发的。该模型应用了最新的大气边界层理论、大气扩散理论和计算机技术更新 ISC3 计算程序。AERMOD 一个稳态烟羽扩散模型,可基于大气边界层数据特征模拟点源、面源、体源等排放出的污染物在短期(小时平均、日平均)、长期(年平均)的浓度分布,适用于农村或城市地区、简单或复杂地形。AERMOD 考虑了建筑物尾流的影响,即烟羽下洗。模型使用每小时连续预处理气象数据模拟≥1h 平均时间的浓度分布。

模型理论假定:是一个以扩散统计理论为出发点的稳态烟羽模型,在稳定边界层中假定浓度在垂直和水平方向上都是正态分布;在对流边界层中,水平方向仍假设为正态分布,但其垂直分布则用一个双正态概率密度函数(PDF)来描述。

AERMOD 包括一个主程序 AERMOD 和两个预处理器,即 AERMET 气象预处理和 AERMAP 地形预处理模型。AERMET 是 AERMOD 的气象预处理模型，需要的气象数据有地面气象数据和高空气象数据。输入数据具体包括每小时云量、地面气象观测资料和一天两次的探空资料，输出文件包括地面气象观测数据和一些大气参数的垂直分布数据。AERMAP 是 AERMOD 的地形预处理模型，仅需输入标准的地形数据，输入数据包括计算机地形高度数据。地形数据可为数字化地形数据格式，美国地理观测数据使用这种格式，输出文件包括每一个计算点的位置和高度，计算点高度用于计算山丘对气流的影响。

2. 功能和输入数据

AERMOD 适用于评价范围小于等于 50km 的一级、二级评价项目。

(1)AERMET 的边界层参数

数据和廓线数据可由输入的现场观测数据确定，或由输入的国家气象局常规气象资料（地面数据、探空数据）生成。

(2)AERMOD 模型运行所需要的参数

主要有污染源数据、气象数据、地形数据等。污染源数据包括点源排放率(g/s)、烟气温度(K)、烟囱高度(m)、烟囱出口烟气排放速度(m/s)、烟囱出口内径(m)。

(3)气象数据的地面气象数据包括：风速、风向、云量、气温等边界层参数；探空廓线数据包括：位势高度、温度、风向、风速、水平向及垂直向湍流脉动量等参数。

(4)地形数据包括评价区域网格点或任意点的地理坐标、评价区地形高程数据文件。其中，地形高程数据包含的地理范围不得小于评价区域的范围，以保证所有的计算点都能从地形数据文件中获取各自的地形高程值。

3. 输出结果

包括典型小时气象条件下、典型日气象条件下、长期气象条件下，项目对环境空气敏感区和评价范围的最大环境影响，得出是否超标、超标程度、超标位置，分析小时（日平均）浓度超标概率和最大持续发生时间，并绘制评价范围内区域小时（日）平均浓度最大值时所对应的浓度等值线分布。

(二)ADMS 模型系统

1. ADMS 可模拟点源、面源、线源和体源等排放出的污染物在短期（小时平均、日平均）、长期（年平均）的浓度分布，还包括一个街道窄谷模型，适用于农村或城市地区、简单或复杂地形。模型考虑了建筑物下洗、湿沉降、重力沉降和干沉降以及化学反应等功能。化学反应模块包括计算 NO、NO_2 和 O_3 等之间的反应。ADMS 有气象预处理程序，可用地面的常规观测资料、地表状况以及太阳辐射等参数模拟基本气象参数的廓线值。在简单地形条件下，使用该模型模拟计算时，可不调查探空观测资料。

2. ADMS-EIA 版适用于评价范围小于等于 50km 的一级、二级评价项目。

3. ADMS‐EIA 的说明、执行文件、用户手册以及技术文档可到环境保护部环境工程评估中心环境质量模拟重点实验室网站(http://www.lem.org.cn/)下载。

(三)CALPUFF 模型系统

1. CALPUFF 是一个烟团扩散模型系统,可模拟三维流场随时间和空间发生变化时污染物的输送、转化和清除过程。CALPUFF 适用于从 50km 到几百 km 的模拟范围,包括次层网格尺度的地形处理,如复杂地形的影响;还包括长距离模拟的计算功能,如污染物的干、湿沉降、化学转化及颗粒物浓度对能见度的影响。

2. CALPUFF 适用于评价范围大于 50km 的区域和规划环境影响评价等项目。

3. CALPUFF 的说明、执行文件、用户手册以及技术文件可到 http://www.lem.org.cn/网站下载。

第六节　大气环境影响预测与评价

大气环境影响预测通过模拟计算工程投产后将造成的长期和短期污染物的浓度分布,可得到影响浓度值。进一步将本底浓度值与影响浓度值叠加,即可得到浓度分布预测值,并可据此绘制污染物的浓度分布专题图。

一、预测内容与步骤

(一)预测目的及步骤

大气环境影响预测用于判断项目建成后对评价范围大气环境影响的程度和范围。常用的大气环境影响预测方法是通过建立数学模型来模拟各种气象条件、地形条件下的污染物在大气中输送、扩散、转化和清除等物理、化学机制。大气环境影响预测的步骤一般为:①确定预测因子;②确定预测范围;③确定计算点;④确定污染源计算清单;⑤确定气象条件;⑥确定地形数据;⑦确定预测内容和设定预测情景;⑧选择预测模型;⑨确定模型中的相关参数;⑩进行大气环境影响预测与评价。

(二)预测因子

预测因子应根据评价因子而定,选取有环境空气质量标准的评价因子作为预测因子。

(三)预测范围

1. 预测范围应覆盖评价范围,同时还应考虑污染源的排放高度、评价范围的主导风向、地形和周围环境空气敏感区的位置等,并进行适当调整。

2. 计算污染源对评价范围的影响时,一般取东西向为 X 坐标轴、南北向为 Y 坐标轴,项目位于预测范围的中心区域。

(四)计算点

1. 计算点可分三类:环境空气敏感区、预测范围内的网格点以及区域最大地面浓度点。

2. 应选择所有的环境空气敏感区中的环境空气保护目标作为计算点。

3. 预测网格点的设置应具有足够的分辨率以尽可能精确预测污染源对评价范围的最大影响,预测网格可根据具体情况采用直角坐标网格或极坐标网格,并应覆盖整个评价范围。预测网格点设置方法见表 8-11。

表 8-11 预测网格点设置方法

预测网格方法		直角坐标网格	极坐标网格
布点原则		网格等间距或近密远疏法	径向等间距或距源中心近密远疏法
预测网格点网格距	距离源中心 ≤1000m	50~100m	50~100m
	距离源中心 >1000m	100~500m	100~500m

4. 区域最大地面浓度点的预测网格设置,应依据计算出的网格点质量浓度分布而定,在高浓度分布区,计算点间距应不大于 50m。

5. 对于邻近污染源的高层住宅楼,应适当考虑不同代表高度上的预测受体。

(五)污染源计算清单

点源、面源、体源和线源源强计算清单参见《环境影响评价技术导则 大气环境》(HJ 2.2—2008)附录 C 表 C.4～表 C.9。颗粒物计算清单参见《环境影响评价技术导则 大气环境》(HJ 2.2—2008)附录 C 表 C.10。

(六)气象条件

1. 计算小时平均质量浓度需采用长期气象条件,进行逐时或逐次计算。选择污染最严重的(针对所有计算点)小时气象条件和对各环境空气保护目标影响最大的若干个小时气象条件(可视对各环境空气敏感区的影响程度而定)作为典型小时气象条件。

2. 计算日平均质量浓度需采用长期气象条件,进行逐日平均计算。选择污染最严重的(针对所有计算点)日气象条件和对各环境空气保护目标影响最大的若干个日气象条件(可视对各环境空气敏感区的影响程度而定)作为典型日气象条件。

(七)地形数据

1. 在非平坦的评价范围内,地形的起伏对污染物的传输、扩散会有一定的影响。对于复杂地形下的污染物扩散模拟需要输入地形数据。

2.地形数据的来源应予以说明,地形数据的精度应结合评价范围及预测网格点的设置进行合理选择。

(八)确定预测内容和设定预测情景

1.大气环境影响预测内容依据评价工作等级和项目的特点而定。

(1)一级评价项目预测内容一般包括:

①全年逐时或逐次小时气象条件下,环境空气保护目标、网格点处的地面质量浓度和评价范围内的最大地面小时质量浓度;

②全年逐日气象条件下,环境空气保护目标、网格点处的地面质量浓度和评价范围内的最大地面日平均质量浓度;

③长期气象条件下,环境空气保护目标、网格点处的地面质量浓度和评价范围内的最大地面年平均质量浓度;

④非正常排放情况,全年逐时或逐次小时气象条件下,环境空气保护目标的最大地面小时质量浓度和评价范围内的最大地面小时质量浓度;

⑤对于施工期超过一年,并且施工期排放的污染物影响较大的项目,还应预测施工期间的大气环境质量。

(2)二级评价项目预测内容为(1)中的①～④项内容。

(3)三级评价项目可不进行上述预测。

2.根据预测内容设定预测情景,一般考虑五个方面的内容:污染源类别、排放方案、预测因子、气象条件、计算点。

(1)污染源类别分新增加污染源、削减污染源和被取代污染源及其他在建、拟建项目相关污染源。新增污染源分正常排放和非正常排放两种情况。

(2)排放方案分工程设计或可行性研究报告中现有排放方案和环评报告所提出的推荐排放方案,排放方案内容根据项目选址、污染源的排放方式以及污染控制措施等进行选择。

(3)预测因子、计算点、气象条件见(二)、(四)、(六)相关条款所述。

(4)常规预测情景组合见表8-12。

表8-12　常规预测情景组合

序号	污染源类别	排放方案	预测因子	计算点	常规预测内容
1	新增污染源 (正常排放)	现有方案/ 推荐方案	所有预测因子	环境空气保护目标 网格点区域最大地 面浓度点	小时平均质量浓度 日平均质量浓度 年平均质量浓度

（续表）

序号	污染源类别	排放方案	预测因子	计算点	常规预测内容
2	新增污染源（非正常排放）	现有方案/推荐方案	主要预测因子	环境空气保护目标区域最大地面浓度点	小时平均质量浓度
3	削减污染源（若有）	现有方案/推荐方案	主要预测因子	环境空气保护目标	日平均质量浓度年平均质量浓度
4	被取代污染源（若有）	现有方案/推荐方案	主要预测因子	环境空气保护目标	日平均质量浓度年平均质量浓度
5	其他在建、拟建项目相关污染源（若有）		主要预测因子	环境空气保护目标	日平均质量浓度年平均质量浓度

（九）预测模型

采用《环境影响评价技术导则　大气环境》（HJ 2.2—2008）附录 A 推荐模型清单中的模型进行预测，并说明选择模型的理由。选择模型时，应结合模型的适用范围和对参数的要求进行合理选择。

（十）模型中的相关参数

1. 在进行大气环境影响预测时，应对预测模型中的有关参数进行说明。

2. 化学转化。在计算 1h 平均质量浓度时，可不考虑 SO_2 的转化；在计算日平均或更长时间平均质量浓度时，应考虑化学转化。SO_2 转化可取半衰期为 4h。对于一般的燃烧设备，在计算小时或日平均质量浓度时，可假定 $Q(NO_2)/Q(NO_x)=0.9$；在计算年平均质量浓度时，可假定 $Q(NO_2)/Q(NO_x)=0.75$。在计算机动车排放 NO_2 和 NO_x 比例时，应根据不同车型的实际情况而定。

3. 重力沉降。在计算颗粒物浓度时，应考虑重力沉降的影响。

（十一）大气环境影响预测分析与评价

1. 按设计的各种预测情景分别进行模拟计算。

2. 大气环境影响预测分析与评价的主要内容。

（1）对环境空气敏感区的环境影响分析，应考虑其预测值和同点位处的现状背景值的最大值的叠加影响；对最大地面质量浓度点的环境影响分析可考虑预测值和所有现状背景值的平均值的叠加影响。

（2）叠加现状背景值，分析项目建成后最终的区域环境质量状况，即：新增污染源预测值＋现状监测值－削减污染源计算值（如果有）－被取代污染源计算值（如果有)＝项目建成后最终的环境影响。若评价范围内还有其他在建项目、已批复环境影响评价文件的拟建项目,也应考虑其建成后对评价范围的共同影响。

(3)分析典型小时气象条件下,项目对环境空气敏感区和评价范围的最大环境影响,分析是否超标、超标程度、超标位置,分析小时质量浓度超标概率和最大持续发生时间,并绘制评价范围内出现区域小时平均质量浓度最大值时所对应的质量浓度等值线分布图。

(4)分析典型日气象条件下,项目对环境空气敏感区和评价范围的最大环境影响,分析是否超标、超标程度、超标位置,分析日平均质量浓度超标概率和最大持续发生时间,并绘制评价范围内出现区域日平均质量浓度最大值时所对应的质量浓度等值线分布图。

(5)分析长期气象条件下,项目对环境空气敏感区和评价范围的环境影响,分析是否超标、超标程度、超标范围及位置,并绘制预测范围内的质量浓度等值线分布图。

(6)分析评价不同排放方案对环境的影响,即从项目的选址、污染源的排放强度与排放方式、污染控制措施等方面评价排放方案的优劣,并针对存在的问题(如果有)提出解决方案。

(7)对解决方案进行进一步预测和评价,并给出最终的推荐方案。

(十二)大气环境防护距离

1.大气环境防护距离确定方法

(1)采用推荐模型中的大气环境防护距离模型计算各无组织排放源的大气环境防护距离。计算出的距离是以污染源中心点为起点的控制距离,并结合厂区平面布置图,确定需要控制的范围。对于超出厂界以外的范围,确定为项目大气环境防护区域。

(2)当无组织源排放多种污染物时,应分别计算,并按计算结果的最大值确定其大气环境防护距离。

(3)对于属于同一生产单元(生产区、车间或工段)的无组织排放源,应合并作为单一面源计算并确定其大气环境防护距离。

2.大气环境防护距离参数选择

(1)采用的评价标准应遵循评价等级中的相关规定。

(2)有场界无组织排放监控浓度限值的,大气环境影响预测结果应首先满足场界无组织排放监控浓度限值要求。如预测结果在场界监控点处(以标准规定为准)出现超标,应要求削减排放源强。计算大气环境防护距离的污染物排放源强应采用削减达标后的源强。

3.大气环境防护距离管理要求

在大气环境防护距离内不应有长期居住的人群。

(十三)大气环境影响评价结论与建议

1.项目选址及总图布置的合理性和可行性

根据大气环境影响预测结果及大气环境防护距离计算结果,评价项目选址及总图布置的合理性和可行性,并给出优化调整的建议及方案。

2.污染源的排放强度与排放方式

根据大气环境影响预测结果,比较污染源的不同排放强度和排放方式(包括排气筒高度)对区域环境的影响,并给出优化调整的建议。

3.大气污染控制措施

大气污染控制措施必须保证污染源的排放符合排放标准的有关规定,同时最终环境影响也应符合环境功能区划要求。根据大气环境影响预测结果评价大气污染防治措施的可行性,并提出对项目实施环境监测的建议,给出大气污染控制措施优化调整的建议及方案。

4.大气环境防护距离设置

根据大气环境防护距离计算结果,结合厂区平面布置图,确定项目大气环境防护区域。若大气环境防护区域内存在长期居住的人群,应给出相应的搬迁建议或优化调整项目布局的建议。

5.污染物排放总量控制指标的落实情况

评价项目完成后污染物排放总量控制指标能否满足环境管理要求,并明确总量控制指标的来源。

6.大气环境影响评价结论

结合项目选址、污染源的排放强度与排放方式、大气污染控制措施以及总量控制等方面综合进行评价,明确给出大气环境影响可行性结论。

第七节　大气环境影响评价案例分析

针对大气预测软件系统 AERMOD 的使用,河北环安科技公司开发出一个界面交互友好的应用程序,解决了 DOS 环境下程序操作的不便。本节引用其提供的案例,对 AERMOD 模型在大气环境影响评价点源预测中的应用进行介绍。

一、案例一

1. 基础资料

以一个简单的建设项目为例,有一个烟囱,位置为 E117°15′23.45″,N34°40′36.28″,排放源为三种污染物 SO_2、NO_2、PM_{10},所用气象数据已预先处理好软件所使用的格式。污染源数据见表 8-13、敏感点数据见表 8-14、监测数据见表 8-15 和监测布点图见图 8-5。

表 8-13　污染源数据

装置名称	污染源	烟气量(m/s)	污染物排放量(kg/h)			排放参数		
			SO_2	NO_2	PM_{10}	烟囱高度(m)	出口内径(m)	烟气温度(K)
动力站	锅炉	19.64	86	96	8.3	180	4	343

表 8-14　敏感点数据

编号	评价点名称	方位	相对坐标
1	齐家沟	NW	在软件中由鼠标定位得出
2	任家庄	SSE	
3	童家庄	E	

表 8-15　监测数据

污染物	SO_2			NO_2			PM_{10}		
敏感点	齐家沟	任家庄	童家庄	齐家沟	任家庄	童家庄	齐家沟	任家庄	童家庄
小时最大	0.107	0.12	0.083	0.053	0.054	0.049			
日均最大	0.069	0.0665	0.069	0.041	0.033	0.035	0.148	0.16	0.17
监测小时平均	0.113			0.045					
监测日均平均	0.061			0.036			0.163		

图 8-5　监测布点图

2.运行步骤

按照设定气象数据(地面气象数据、高空气象数据和地表参数)、设定 AER-MOD 预测参数、设定预测的污染物、导入预测用的底图、输入污染源、设定预测网格、设定敏感点、设定气象参数和地形参数、设定预测方案、进行运行操作,得到预测结果。

3.结果分析

(1)典型小时气象条件下的影响

①小时最大落地浓度

SO_2、NO_2 小时最大地面浓度前 5 位及出现位置预测结果见表 8-16 和表8-17。

表 8-16　SO_2 小时最大地面浓度及出现位置预测结果

浓度排序	坐标(x,y)	浓度(mg/m^3)	出现时刻	背景值(mg/m^3)	预测值(mg/m^3)	标准值	占标率$(\%)$
1	−8001,600	0.03463	2008/1/22 16:00	0.113	0.14763	0.5	29.52566

（续表）

浓度排序	坐标 (x,y)	浓度 (mg/m^3)	出现时刻	背景值 (mg/m^3)	预测值 (mg/m^3)	标准值	占标率 $(\%)$
2	−600 1,400	0.03457	2008/1/22 16:00	0.113	0.14757	0.5	29.51355
3	−800 1,400	0.03413	2008/1/22 16:00	0.113	0.14713	0.5	29.4268
4	−600 1,200	0.03413	2008/1/22 16:00	0.113	0.14713	0.5	29.42593
5	−800 1,800	0.0332	2008/1/22 16:00	0.113	0.1462	0.5	29.24032

表 8-17　NO_2 小时最大地面浓度及出现位置预测结果

浓度排序	坐标 (x,y)	浓度 (mg/m^3)	出现时刻	背景值 (mg/m^3)	预测值 (mg/m^3)	标准值	占标率 $(\%)$
1	−800 1,600	0.04498	2008/1/22 16:00	0.045	0.08998	0.2	44.99023
2	−600 1,400	0.0439	2008/1/22 16:00	0.045	0.0889	0.2	44.44807
3	−800 1,800	0.04379	2008/1/22 16:00	0.045	0.08879	0.2	44.39467
4	−800 1,400	0.04367	2008/1/22 16:00	0.045	0.08867	0.2	44.3344
5	−600 1,200	0.04268	2008/1/22 16:00	0.045	0.08768	0.2	43.84223

由表 8-16 和表 8-17 得出，全年中 SO_2、NO_2 小时平均预测浓度均达标，SO_2 最大小时平均浓度为 0.14763mg/m^3，占标率为 29.52566%；NO_2 最大小时平均浓度为 0.08998mg/m^3，占标率为 44.99023%。

②敏感点 SO_2、NO_2 小时浓度预测结果

表 8-18　敏感点 SO_2 小时最大浓度预测结果

序号	离散点	坐标 (x,y,z)	浓度 (mg/m^3)	出现时刻	背景值 (mg/m^3)	预测值 (mg/m^3)	标准值	占标率 $(\%)$
1	齐家沟	−2354.23, 2605.5,30.39	0.00972	2008/1/22 16:00	0.107	0.11672	0.5	23.34378
2	任家庄	1498.77, −2858.02,28	0.0123	2008/2/7 15:00	0.12	0.1323	0.5	26.4609
3	董家庄	3394.69, 138.76,34.09	0.0112	2008/1/19 16:00	0.083	0.0942	0.5	18.84077
4	区域最大值	−800, 1600,30.6	0.03463	2008/1/22 16:00	0.113	0.14763	0.5	29.52566

由表 8-18 可知，各敏感点 SO_2 小时均浓度影响值在 0.00972～0.0112mg/m^3 之间，敏感点中最大占标率为 26.4609%，叠加背景浓度后均可满足《环境空气质量标准》(GB 3095—2012)二级标准要求。

表 8-19　敏感点 NO_2 小时最大浓度预测结果

序号	离散点	坐标 (x,y,z)	浓度 (mg/m^3)	出现时刻	背景值 (mg/m^3)	预测值 (mg/m^3)	标准值	占标率 $(\%)$
1	齐家沟	−2354.23, 2605.5,30.39	0.01446	2008/1/22 16:00	0.053	0.06746	0.2	33.72751
2	任家庄	1498.77, −2858.02,28	0.01822	2008/2/7 15:00	0.054	0.07222	0.2	36.10774
3	董家庄	3394.69, 138.76,34.09	0.01677	2008/1/19 16:00	0.049	0.06577	0.2	32.88562
4	区域 最大值	−800, 1600,30.6	0.04498	2008/1/22 16:00	0.045	0.08998	0.2	44.99023

由表 8-19 可知,各敏感点 NO_2 小时均浓度影响值在 $0.06577\sim0.07222mg/m^3$ 之间,敏感点中最大占标率为 36.10774%,叠加背景浓度后均可满足《环境空气质量标准》(GB 3095—2012)二级标准要求。

浓度预测分布图分别如图 8-6 和图 8-7 所示。

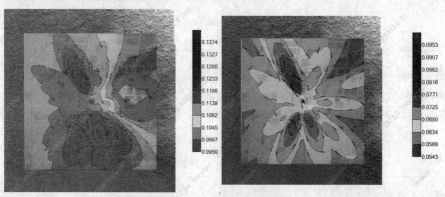

图 8-6　SO_2 小时浓度分布　　　图 8-7　NO_2 小时浓度分布

(2)典型日气象条件对环境的影响

①SO_2、NO_2 和 PM_{10} 日均最大落地浓度前 5 位及出现位置预测结果分别见表 8-20、表 8-21 和表 8-22。

表 8-20　SO_2 日均最大落地浓度前 5 位及出现位置预测结果

浓度 排序	坐标 (x,y)	浓度 (mg/m^3)	出现时刻	背景值 (mg/m^3)	预测值 (mg/m^3)	标准值	占标率 $(\%)$
1	200,0	0.00437	2008/9/7	0.061	0.06537	0.15	43.58129
2	0,200	0.00437	2008/9/7	0.061	0.06537	0.15	43.58127

（续表）

浓度排序	坐标 (x,y)	浓度 (mg/m^3)	出现时刻	背景值 (mg/m^3)	预测值 (mg/m^3)	标准值	占标率 （%）
3	0,-200	0.00437	2008/9/7	0.061	0.06537	0.15	43.58127
4	-200,0	0.00437	2008/9/7	0.061	0.06537	0.15	43.58127
5	-200,0	0.00417	2008/5/22	0.061	0.06517	0.15	43.44453

表 8-21　NO_2 日均最大落地浓度前 5 位及出现位置预测结果

浓度排序	坐标 (x,y)	浓度 (mg/m^3)	出现时刻	背景值 (mg/m^3)	预测值 (mg/m^3)	标准值	占标率 （%）
1	200,0	0.00496	2008/9/7	0.036	0.04096	0.08	51.19778
2	0,200	0.00496	2008/9/7	0.036	0.04096	0.08	51.19775
3	0,-200	0.00496	2008/9/7	0.036	0.04096	0.08	51.19774
4	-200,0	0.00496	2008/9/7	0.036	0.04096	0.08	51.19774
5	-200,0	0.00473	2008/5/22	0.036	0.04073	0.08	50.90934

表 8-22　PM_{10} 日均最大落地浓度前 5 位及出现位置预测结果

浓度排序	坐标 (x,y)	浓度 (mg/m^3)	出现时刻	背景值 (mg/m^3)	预测值 (mg/m^3)	标准值	占标率 （%）
1	200,0	0.00043	2008/9/7	0.163	0.16343	0.15	108.9525
2	0,200	0.00043	2008/9/7	0.163	0.16343	0.15	108.9525
3	0,-200	0.00043	2008/9/7	0.163	0.16343	0.15	108.9525
4	-200,0	0.00043	2008/9/7	0.163	0.16343	0.15	108.9525
5	-200,0	0.00041	2008/5/22	0.163	0.16341	0.15	108.9392

由表 8-20、表 8-21 和表 8-22 得出，全年中 SO_2 和 NO_2 日均浓度均达标。SO_2 最大日平均浓度为 0.06537mg/m³，占标率为 43.58129%，NO_2 最大日平均浓度为 0.04096mg/m³，占标率为 51.19778%。由于区域 PM_{10} 背景浓度较高，致使区域内大范围超标。

②敏感点 SO_2、NO_2 和 PM_{10} 日均浓度预测结果

表 8-23　敏感点 SO_2 日均最大落地浓度预测结果

序号	离散点	坐标 (x, y, z)	浓度 (mg/m^3)	出现时刻	背景值 (mg/m^3)	预测值 (mg/m^3)	标准值	占标率 (%)
1	齐家沟	−2354.23, 2605.5, 30.39	0.00091	2008/11/11	0.069	0.06991	0.15	46.60757
2	任家庄	1498.77, −2858.02, 28	0.0012	2008/7/23	0.0665	0.0677	0.15	45.13646
3	董家庄	3394.69, 138.76, 34.09	0.00157	2008/1/19	0.069	0.07057	0.15	47.04792
4	区域最大值	200, 0, 28	0.00437	2008/9/7	0.061	0.06537	0.15	43.58129

表 8-24　敏感点 NO_2 日均最大落地浓度预测结果

序号	离散点	坐标 (x, y, z)	浓度 (mg/m^3)	出现时刻	背景值 (mg/m^3)	预测值 (mg/m^3)	标准值	占标率 (%)
1	齐家沟	−2354.23, 2605.5, 30.39	0.00115	2008/1/22	0.041	0.04215	0.08	52.69019
2	任家庄	1498.77, −2858.02, 28	0.00153	2008/7/23	0.033	0.03453	0.08	43.15921
3	董家庄	3394.69, 138.76, 34.09	0.00202	2008/1/19	0.035	0.03702	0.08	46.27243
4	区域最大值	200, 0, 28	0.00496	2008/9/7	0.036	0.04096	0.08	51.19778

表 8-25　敏感点 PM_{10} 日均最大落地浓度预测结果

序号	离散点	坐标 (x, y, z)	浓度 (mg/m^3)	出现时刻	背景值 (mg/m^3)	预测值 (mg/m^3)	标准值	占标率 (%)
1	齐家沟	−2354.23, 2605.5, 30.39	0.0001	2008/1/22	0.148	0.1481	0.15	98.73307
2	任家庄	1498.77, −2858.02, 28	0.00013	2008/7/23	0.16	0.16013	0.15	106.7547
3	董家庄	3394.69, 138.76, 34.09	0.00017	2008/1/19	0.17	0.17017	0.15	113.4497
4	区域最大值	0, −200, 28	0.00043	2008/9/7	0.163	0.16343	0.15	108.9525

　　由表 8-23、表 8-24 和表 8-25 可得，各敏感点 SO_2 日平均浓度预测值在 0.0667~0.07057mg/m³ 之间，NO_2 日平均浓度预测值在 0.03453~0.04215mg/m³ 之间，均可满足《环境空气质量标准》(GB 3095—2012)二级标准要求。PM_{10} 的日

平均浓度预测值在 $0.1481 \sim 0.17017 mg/m^3$ 之间,除齐家沟村外,其余两个村庄超标。浓度预测分布图分别如图 8-8、图 8-9 和图 8-10 所示。

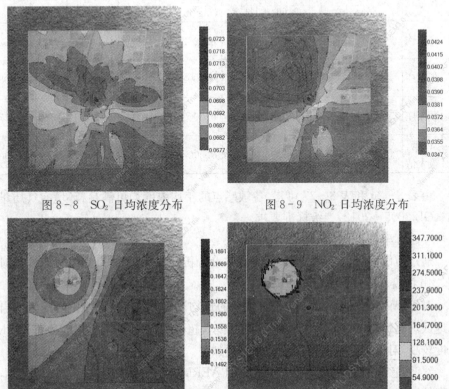

图 8-8　SO₂ 日均浓度分布　　　　图 8-9　NO₂ 日均浓度分布

图 8-10　PM₁₀ 日均浓度分布　　　图 8-11　PM₁₀ 日均浓度超标情况

③长期气象条件对环境的影响

表 8-26　敏感点 SO₂ 年均最大落地浓度预测结果

序号	离散点	坐标 (x,y,z)	平均时间	浓度排序	浓度 (mg/m^3)	背景值 (mg/m^3)	预测值 (mg/m^3)	标准值	占标率 $(\%)$
1	齐家沟	-2354.23, $2605.5,30.39$	年平均	第 1 大	0.0002	0	0.0002	0.06	0.32593
2	任家庄	1498.77, $-2858.02,28$	年平均	第 1 大	0.0002	0	0.0002	0.06	0.33883
3	董家庄	3394.69, $138.76,34.09$	年平均	第 1 大	0.00015	0	0.00015	0.06	0.25073
4	区域最大值	200, $800,30.3$	年平均	第 1 大	0.00062	0	0.00062	0.06	1.02688

表 8-27 敏感点 NO_2 年均最大落地浓度预测结果

序号	离散点	坐标 (x,y,z)	平均时间	浓度排序	浓度 (mg/m^3)	背景值 (mg/m^3)	预测值 (mg/m^3)	标准值	占标率 $(\%)$
1	齐家沟	−2354.23, 2605.5,30.39	年平均	第1大	0.00026	0	0.00026	0.04	0.65285
2	任家庄	1498.77, −2858.02,28	年平均	第1大	0.00027	0	0.00027	0.04	0.66805
3	董家庄	3394.69, 138.76,34.09	年平均	第1大	0.00021	0	0.00021	0.04	0.51743
4	区域最大值	200, 800,30.3	年平均	第1大	0.00072	0	0.00072	0.04	1.79043

由表 8-26 和表 8-27 可得,各敏感点的年均浓度均可满足《环境空气质量标准》(GB 3095—2012)二级标准要求。

④超标率分析

通过对敏感点的 SO_2、NO_2 污染物浓度分析,叠加背景浓度后的预测的小时浓度、24h 浓度均未超标;

对于 PM_{10},叠加背景浓度后的预测的日均浓度除齐家沟村附近外,区域内其他地区均超标,具体分布图如图 8-11 所示,超标时间为全年。该区的背景 PM_{10} 浓度较高,对该区的颗粒污染物控制必须加强。

致谢:感谢河北环安科技公司提供的 AERMOD 软件试用许可,得以完成本节的实例运算。

第八节 大气污染物的控制措施

大气污染物的主要来源有:①生产性污染,是大气污染物的主要来源,来自工业企业燃煤和石油燃烧过程中排放的大量的烟尘、SO_2 和 CO 等和不同工业行业排放的烟尘和废气。②生活污染,炉灶和采暖期锅炉燃煤排放的烟尘和 SO_2 等有害气体。③交通运输污染,各类交通工具排放的尾气。

根据污染物在大气中的物理状态,分为气溶胶状态(颗粒)污染物和气态污染物两大类。烟(粉)尘净化技术又称为除尘技术,将颗粒污染物从废气中分离出来并加以回收的操作过程。气态污染物的净化利用污染物与其物理或化学性质的差异(沸点、溶解度、吸附性、反应性等),实现分离或转化。常用的方法有:吸收法、吸附法、催化法、燃烧法、冷凝法、膜分离法、生物净化法和等离子体电束照射法。

一、颗粒污染物的治理措施

除尘器是去除烟尘的设备。按工作原理可分为：机械除尘器、静电除尘器、湿式除尘器和过滤式除尘器。选择除尘器主要考虑的因素：①烟气及粉尘的物理、化学性质；②烟气流量、粉尘浓度和排放标准要求浓度；③除尘器的除尘效率、压力损失；④粉尘的回收利用、后续处理问题；⑤其他因素：投资、运行费用、可利用的空间、运行维护要求等。

（一）机械除尘器

包括重力沉降室、惯性除尘器和旋风除尘器。适用于处理密度较大、颗粒较粗的粉尘，在多级串联系统中常作为高效除尘器的预除尘进行使用。重力沉降室适用于捕集粒径＞50um 的尘粒，惯性除尘器适用于捕集粒径 10um 以上的尘粒，旋风除尘器适用于捕集粒径 5um 以上的尘粒。

（二）静电除尘器

包括板式电除尘器和管式电除尘器。静电除尘器属于高效除尘设备，用于处理大风量的高温烟气，适用于捕集电阻率在 $1\times10^4\sim5\times10^{10}\,\Omega\cdot cm$ 范围内的粉尘。已较普遍地用于火力发电厂、建材水泥厂、钢铁厂、有色冶炼厂、化工厂等。其中，火电厂是电除尘器的第一大用户。

（三）湿式除尘器

湿式除尘器使含尘气体与液体密切接触，利用水滴和颗粒的惯性碰撞及其他作用捕集颗粒或使颗粒增大的过程。主要有喷淋塔、填料塔、筛板塔、湿式水膜除尘器、自激式湿式除尘器和文氏管除尘器。具有结构简单、造价低、占地面积小、操作及维修方便和净化效率高的特点，能够处理高温、高湿的气流。缺点是要注意管道设备的堵塞和腐蚀问题及污泥污水的后处理问题。同时，冬天注意防冻的问题。

（四）过滤式除尘器

使含尘气流通过过滤材料将粉尘分离捕集的装置。在工业尾气除尘方面，采用纤维织物作滤料；采用滤纸或玻璃纤维作为过滤材料的空气过滤器，用于通风及空气调节方面；在高温烟气除尘方面，使用砂、砾、焦炭等颗粒物作为滤料的颗粒层除尘器。包括机械振动袋式除尘器、逆气流反吹袋式除尘器和脉冲喷吹袋式除尘器等。具有除尘效率高的特点，广泛地应用于冶金、铸造、建材、电力等行业。主要用于处理风量大、浓度范围广和波动较大的含尘气体。

（五）电袋复合除尘器

电袋复合除尘器是在一个箱体内安装电场区和滤袋区，有机结合静电除尘和过滤除尘两种机理的一种除尘器。适用于电除尘难以高效收集的高比电阻、特殊煤种等烟尘的净化处理；适应于去除 0.1um 以上的尘粒。

二、气态污染物的控制措施

（一）吸收法

利用气体混合物中各组分在一定液体中溶解度的不同而分离气体混合物的方法，是处理气态污染物的常用方法。主要用于吸收效率和速率较高的有毒有害气体的净化，尤其对于大气量小、低浓度的气体。

选择吸收工艺时，应注意：废气流量、浓度、温度、压力、组分、性质、吸收剂性质、吸收剂再生、吸收装置运行等因素。常用的吸收装置有填料塔、喷淋塔、板式塔、鼓泡塔和文丘里等。对吸收装置要求：较大的有效接触面积、良好传质条件、较小阻力和较大推动力。

（二）吸附法

利用固体吸附剂对气体混合物中各组分吸附选择性的不同而将气体浓集于固体表面，从而将有害组分去除的方法，主要适用于低浓度有毒有害气体的净化。吸附法由于能有效地捕集浓度很低的有害物质，因此当采用常规的吸收法去除液体或气体中的有害物质特别困难时，该法可能是比较好的选择方法。

吸附工艺分为变温吸附和变压吸附，目前应用较多的是变温吸附法。常用的吸附设备有固定床、移动床和流化床。工业应用采用固定床。常用的吸附剂有：活性炭（活性炭纤维）、分子筛、活性氧化铝和硅胶等。吸附剂的再生方法有：加热再生、降压或真空解吸、置换再生和溶剂萃取。

（三）燃烧法

用燃烧方法将有害气体、蒸气、液体或烟尘转化为无害物质的过程，又称为焚烧法。适用于气态及气溶胶态烃类化合物、醇类化合物等挥发性有机化合物的净化。对化工、喷漆、绝缘材料等行业的生产装置所排出的有机废气，广泛采用燃烧法。有机废气经过催化净化装置净化后可以被彻底地分解为 CO_2 和 H_2O，无二次污染，操作方便，使用简单。该法可用来消除恶臭气体。

燃烧工艺有：①直接燃烧法，把废气中可燃有害组分当作燃料直接燃烧，直接燃烧的设备包括一般的燃烧炉、窑或通过某种装置将废气导入锅炉作燃料燃烧；该法不适用于低浓度废气。②热力燃烧：用于可燃有机物质含量较低的废气的净化处理，为使废气温度提高到有害组分分解温度，该过程需用辅助燃料燃烧来供热。③催化燃烧，在催化剂作用下，使废气中的有害可燃组分完全氧化为 CO_2 和 H_2O。

（四）催化法

指含有污染物的气体通过催化剂床层的催化反应，使其中的污染物转化为无害或易于处理与回收利用物质的净化方法。该法对不同浓度的污染物都有较高的转化率，无须使污染物与主气流分离，避免了其他方法可能产生的二次污染，并使操作过程简化。该法有两个显著特征：①催化剂只能加速化学反应速度，因而只能缩短达到平衡时的时间，而不能使平衡移动；②催化作用具有特殊的选择性。

(五)冷凝法

利用物质在不同的温度和压力下具有不同的饱和蒸气压这一性质，采用降低温度、提高系统的压力或既降低温度又提高压力的方法，使处于蒸气状态的污染物冷凝并与废气分离。该法适用于处理废气体积分数在 10^{-2} 以上的有机蒸气。冷凝法不适用于处理低浓度的有机气体，而常作为其他方法净化高浓度废气的前处理，以降低有机负荷，回收有机物。两种最通用的冷凝方法是表面冷凝和接触冷凝。表面冷凝的常用设备是壳管式热交换器。与表面冷凝相反，接触冷凝是通过直接向气体中喷射冷却液的方法使气体冷凝。

(六)生物法

利用滤料中的微生物将有害气体中的有机组分作为碳源和能量，将有机物分解。生物法在控制 VOCs 时得到了广泛的应用。该法具有设备简单、运行费用低、较少形成二次污染的特点。在废气处理过程中，根据系统中微生物的存在形式，可将生物处理工艺分成悬浮生长系统和附着生长系统。生物装置形式有：生物洗涤塔、生物滴滤塔和生物过滤塔。

(七)等离子体法(电子束辐射法)

利用高能电子束照射，烟气中的 N_2、O_2 和水蒸气等发生辐射反应，生成大量的离子、自由基、原子、电子和激发态的原子、分子等活性物质，它们与烟气中有害物质作用，将其转化为易于处理的物质。

思考题

1.简述大气导则中的简单地形与复杂地形的含义。

2.影响大气污染的主要气象因子有哪些？

3.简述大气环境影响评价分级时应注意的问题。

4.大气环境影响评价工作分级判据是什么？

5.大气环境影响评价范围如何确定？

6.简述大气环境影响预测的结果有哪些方面。

7.大气环境预测的计算点如何选取？

8.大气污染源调查需要明确的数据有哪些？

9.大气环境影响评价的预测内容和预测情景组合是什么？

10.大气环境影响预测模型有哪些？这些模型的适用条件是什么？

11.大气污染物的控制措施有哪些？

12.大气环评结论应关注哪几个方面？

13.结合 AERMOD 软件，简述应用该软件进行预测的步骤。

拓展阅读

关于大气环境防护距离和老的卫生防护距离的选择问题(沈洪艳等):

1.提出大气防护距离的用意是建立环保系统内的管理要求,以取代原有卫生部提出的卫生防护距离。计算大气的环境防护距离,直接采用《环境影响评价技术导则 大气环境》(HJ 2.2—2008)的推荐模型计算即可,不需要考虑原来所涉及的提级、叠加周围点源的综合影响,也不考虑污染物的毒性。

2.对于现行国家标准中尚有效的各行业卫生防护距离标准,首先执行该卫生防护距离标准。在环评中可参考计算大气环境防护距离,作为一个参考。对于没有相关的行业卫生防护距离标准的,不必再采用原有 1991 年的卫生防护距离公式进行计算,直接计算大气环境防护距离即可。

参考文献

1.国家环境保护部.环境影响评价技术导则 大气环境(HJ 2.2—2008)[S]

2.国家环境保护部.环境影响评价技术导则 总纲(HJ 2.1—2011)[S]

3.国家环境保护部、国家质量监督检验检疫总局.环境空气质量标准(GB 3095—2012)[S]

4.环境保护部环境工程评估中心.环境影响评价技术导则与标准(2014 版)[M].北京:中国环境出版社,2014

5.环境保护部环境工程评估中心.环境影响评价技术方法(2014 版)[M].北京:中国环境出版社,2014

6.王栋成,林国栋,徐宗波.大气环境影响评价实用技术[M].北京:中国标准出版社,2010

7.SCREEN3 Model User's Guide. EPA—454/B—95—004

8.环境保护总局环境工程评估中心,环境质量模拟重点实验室.大气预测软件系统 AER-MOD 简要用户使用手册[S],2009

9.环境保护总局环境工程评估中心-环境质量模拟重点实验室.《环境影响评价技术导则大气环境》HJ 2.2—2008 推荐模型—SCREEN3 中文应用手册[S],2009

10.国家环境保护总局环境影响评价管理司.环境影响评价上岗培训教材[M].北京,2006

11.王罗春,蒋海涛,胡晨燕,等.环境影响评价[M].北京:冶金工业出版社,2012

12.郝吉明.大气污染控制工程[M].北京:高等教育出版社,2004

13.陆书玉,栾胜基,朱坦,等.环境影响评价[M].北京:高等教育出版社,2001

14.沈洪艳,崔建升.环境影响评价实用技术与方法[M].北京:中国石化出版社,2011

15.朱世云,林春绵,等.环境影响评价[M].北京:化学工业出版社,2013

16.马太玲,张江山.环境影响评价[M].武汉:华中科技大学出版社,2009

17.郭廷忠.环境影响评价学[M].北京:科学出版社,2007

18.毛战坡,王雨春.环境影响评价与管理—实务大全[M].北京:中国水利水电出版社,2008

19.环境保护总局环境工程评估中心.环境质量模拟重点实验室. http://www.lem.org.cn/

20.闫克平,严辉,黄逸凡,等.等离子体科学与技术在环境的应用[J].国际学术动态,2013,3:42—43

第九章　声环境影响评价

【本章要点】

声环境影响评价是对建设项目和规划进行环境影响评价的主要内容之一。通过声环境影响评价可评价建设项目实施引起的声环境质量的变化和外界噪声对需要安静建设项目的影响程度,提出合理可行的防治措施,把噪声污染降低到允许水平,从声环境影响角度评价建设项目实施的可行性,为建设项目优化选址、选线、合理布局以及城市规划提供科学依据。本章首先介绍了声环境影响评价的基本概念及噪声的衰减和反射效应,其次论述了声环境影响评价的等级、程序和影响预测,最后叙述了声环境影响评价的主要内容及噪声污染防治对策。

第一节　噪声环境影响评价的基本概念

一、环境噪声和噪声源

(一)环境噪声

声音是由物质振动产生的,来源于发声体振动引起的周围介质质点位移及质点密度的疏密变化,当声传到人耳时,引起鼓膜振动并刺激听觉神经使人产生的一种主观感受。声音的传播必须具有声源、传播介质、接受体三个要素,缺一不可。

噪声是声波的一种,具有声波的一切特性。从物理学观点来看,凡是振幅和频率杂乱、断续或统计上无规律的声振动,都称为噪声。从人们的感受与影响来讲,凡是人们不需要的声音都称为噪声。环境噪声污染一般没有残余污染物,是局部性的物理性污染,噪声一旦消除,噪声污染就消除,不会引起区域和全球性污染。其危害主要有损伤听力、诱发疾病、影响正常生活等。

(二)噪声源分类

环境噪音按来源分为交通噪音、工业噪音、施工噪音、生活噪音等。按噪声发生的机理分为机械噪音、空气动力性噪音和电磁噪音;按辐射特性和传播距离分为点声源、线声源和面声源;按声波频率分为低频噪声($<500Hz$)、中频噪声($500\sim$

1000Hz)和高频噪声(＞1000Hz);按时间变化分为稳态噪声(在测量时间内声源的声级起伏≤3dB)和非稳态噪声(在测量时间内声源的声级起伏＞3dB);按声源移动性分为固定声源和流动声源。

二、噪声物理量

(一)波长、频率、声速

1.波长:振动经过一个周期,声波传播的距离称为波长,用 λ 表示,单位为 nm。

2.频率:单位时间内介质质点振动的次数,用 f 表示,单位为 Hz。人耳能听到的声音其频率一般在 20 至 20000Hz 之间,高于 20000Hz 的为超声波,低于 20Hz 的为次声波。

3.声速:单位时间内声波在介质中通过的距离,用 C 表示,单位为 m/s。声速的大小与介质的性质和温度的高低有关。介质的温度越高,声速越快;介质的密度越大,声速越快。

(二)声功率、声强、声压

1.声功率:单位时间内声波辐射的总能量,用 W 表示,单位为 w。声功率是表示声源特性的一个物理量。声功率越大,表示声源单位时间内发射的声能量越大,引起的噪声越强。声功率的大小,只与声源本身有关。

2.声强:单位时间内通过垂直于声波传播方向单位面积的声能,用 I 表示,单位为 w/m^2。通常距声源愈远的点声强愈小。若不考虑介质对声能的吸收,点声源在自由声场中向四周均匀辐射声能时,距声源 r 处的声强为:

$$I = \frac{W}{4\pi r^2} \tag{9-1}$$

式中,I——距离声源为 r 处的声强,W/m^2;

$\quad\quad W$——点声源的声功率,W。

3.声压:声波在介质中传播时所引起的介质压强的变化,用 P 表示,单位为 Pa。声音在振动过程中,声压是随时间迅速起伏变化的,人耳感受到的实际只是一个平均效应,因为瞬时声压有正负值之分,所以有效声压取瞬时声压的均方根值:

$$P_T = \sqrt{\frac{1}{T}\int_0^T P^2(t)\,\mathrm{d}t} \tag{9-2}$$

式中,P_T——T 时间内的有效声压,Pa;

$\quad\quad P(t)$——某一时刻的瞬时声压,Pa。

通常所说的声压,若未加说明,即指有效声压,若 P_1,P_2 分别表示两列声波在某一点所引起的有效声压,该点叠加后的有效声压可由波动方程导出,即:

$$P_T = \sqrt{P_1^2 + P_2^2} \qquad (9-3)$$

声压是声场中某点声波压力的量度,影响它的因素与声强相同。并且,在自由声场中多声波传播方向上某点声强与声压、介质密度 ρ 存在如下关系:

$$I = \frac{P^2}{\rho c} \qquad (9-4)$$

(三)声压级、声强级与声功率级

正常人耳刚刚能听到的最低声压称听阈声压。对于频率为 $1000Hz$ 的声音,听阈声压约为 $2 \times 10^{-5} Pa$。刚刚使人耳产生疼痛感觉的声压称痛阈声压。对于频率为 $1000Hz$ 的声音,正常人耳的痛阈声压为 $20Pa$。从听阈到痛阈,声压相差 6 个数量级。从听阈到痛阈,相应声强的变化为 $10^{-12} \sim 1 W/m^2$,声强相差 12 个数量级。因此用声压或用声强的绝对值表示声音的强弱都很不方便。加之人耳对声音大小的感觉,近似地与声压、声强呈对数关系,所以通常用对数值来度量声音,分别称为声压级与声强级。

$$L_P = 20 \lg \frac{P}{P_0} (dB) \qquad (9-5)$$

$$L_I = 10 \lg \frac{I}{I_0} (dB) \qquad (9-6)$$

式中,P_0——基准声压(听阈声压),为 $2 \times 10^{-5} Pa$;

　　I_0——基准声强,为 $10^{-12} W/m^2$。

同理,某声源的声功率级为:

$$L_W = 10 \lg \frac{W}{W_0} (dB) \qquad (9-7)$$

式中,W_0——基准声功率,为 $10^{-12} W$。

声压级、声强级和声功率级都是描述空间声场中某处声音大小的物理量。实际工作中常用声压级评价声环境功能区的声环境质量,用声功率级评价声源源强。

声压级、声强级和声功率级的单位都是分贝。分贝是"级"的单位,是无量纲的量,是指两个相同的物理量(例如 A_1 和 A_0)之比取以 10 为底的对数乘以 10(或 20),即

$$N = 10 \lg \frac{A_1}{A_0} \qquad (9-8)$$

式中,A_0——基准量(或参考量);

　　A_1——被量度的量。被量度量与基准量取对数,所得值称为被量度量的

"级",它表示被量度量比基准量高出多少"级"。

(四)分贝的运算

1. 分贝的加法

由声压级、声强级、声功率级的定义式可知,级的分贝数运算不能按算术法则进行,而应按对数运算的法则进行。n个不同噪声源同时作用在声场中同一点,这点的总声压级计算可从声压级的定义得到

$$L_{PT} = 10\lg \frac{P_T^2}{P_0^2} = 10\lg \frac{\sum\limits_{i=1}^{n} P_i^2}{P_0^2} = 10\lg \sum\limits_{i=1}^{n} \left(\frac{P_i}{P_0}\right)^2 \qquad (9-9)$$

则有

$$L_{PT} = 10\lg \left[\sum\limits_{i=1}^{n} \left(10^{\frac{L_{Pi}}{10}}\right)\right] \qquad (9-10)$$

式中,L_{PT}——总声压级,

L_{Pi}——第i个声源的声压级,n表示噪声源数量。

直接采用上两式计算,比较麻烦！实际工作中常利用表9-1,根据两噪声源声压级的数值之差$(L_{P1}-L_{P2})$查出对应的增值ΔL,再将此增值直接加到声压级数值大的L_{P1}上,所得结果即为总声压级之和,即

$$L_{PT} = L_{P1} + \Delta L \qquad (9-11)$$

表9-1 $(L_{P1}-L_{P2})$ 与 ΔL 对应关系表　　　　　　单位:dB

$L_{P1}-L_{P2}$	0	1	2	3	4	5	6	7	8	9	10	11	12	13	14	15
ΔL	3	2.5	2.1	1.8	1.5	1.2	1	0.8	0.6	0.5	0.4	0.3	0.3	0.2	0.2	0.1

2. 分贝的减法

若已知两个声源在M点产生的总声压级L_{PT}及其中一个声源在该点产生的声压级L_{P1},则另一声源在该点产生的声压级L_{P2}可按定义计算。

$$L_{P2} = 10\lg[10^{0.1L_{PT}} - 10^{0.1L_{P1}}] = L_{PT} + 10\lg[1 - 10^{-0.1(L_{PT}-L_{P1})}] \qquad (9-12)$$

令

$$\Delta L = 10\lg[1 - 10^{0.1(L_{PT}-L_{P1})}]$$

得

$$L_{P2} = L_{PT} - \Delta L \qquad (9-13)$$

$\Delta L \leqslant 0$,由$(L_{PT}-L_{P1})$值查表9-2可得ΔL值。

表 9 - 2　$(L_{PT}-L_{P1})$ 与 ΔL 对应关系表　　　（单位：dB）

$L_{PT}-L_{P1}$	1	2	3	4	5	6	7	8	9	10
ΔL	-6.8	-4.3	-3	-2.2	-1.6	-1.3	-1	-0.8	-0.6	-0.5

注：$L_{PT}-L_{P1}>10$，$\Delta L\approx 0$。

3.分贝的平均值

某一地点的环境噪音常常是非稳态噪音，为求该点不同时间的噪声平均值$\overline{L_P}$，可通过式(9-14)计算：

$$\overline{L_P}=10\lg\left[\frac{1}{n}\sum_{i=1}^{n}10^{\frac{L_{Pi}}{10}}\right]=10\lg\sum_{i=1}^{n}(10^{0.1L_{Pi}})-10\lg n \qquad (9-14)$$

式中，n——噪声源的总数。

(五)倍频带声压级

人耳能听到的声波频率范围是 20～20000Hz，高低相差 1000 倍，一般情况下，不可能也没必要对每一个频率逐一测量。为方便和实用，通常把声频的变化范围划分为若干个区段，称为频带(频段或频程)。

实际应用中，根据人耳对声音频率的反应，把可听声频率分为 10 段频段，每一段的上限频率比下限频率高一倍，即上下限频率之比为 2:1(称为 1 倍频)，同时取上限与下限频率的几何平均值作为该倍频段的中心频率并以此表示该倍频段。在噪声测量中常用的倍频带中心频率为 31.5、63、125、250、500、1000、2000、4000、8000 和 16000Hz，这 10 个倍频带涵盖全部可听范围。

在实际噪声测量中往往只用 63～8000Hz 的 8 个倍频带就能满足测定要求。在同一个倍频带频率范围内声压级的累加称为倍频带声压级，实际中采用等比带宽滤波器直接测量。等比带宽是指滤波器上、下截止频率 f_u 与 f_1 之比以 2 为底的对数值$[\log_2(f_u/f_1)]$为一常数 n，常用 1 倍频程滤波器($n=1$)和 1/3 倍频程滤波器($n=1/3$)来测量。

(六)噪声的主观评价量

噪声危害的大小，不仅与声音的强度、频率成分有关，而且与噪声的作用时间、起伏变化的程度以及人们工作或者生活的状态、情绪有关。为此，需要根据人们对噪声的感受程度，即人对噪声的心理效应，对噪声做出主观评价。

1.等响曲线与响度级

通常，声音愈响，对人的干扰愈大。实践证明，人耳对高频声较低频声敏感，同样声压级的声音，中、高频声显得比低频声更响一些，这是人耳的听觉特性所决定的。如大型离心式压缩机的噪声和小轿车内的噪音，声压级都是 90dB，由于前者是高频，后者是低频，所以听起来前者比后者响得多。

为了解决听觉对噪声的主观评价问题,人们又根据人耳特性,仿照声压级概念,引出一个与频率有关的响度级,并且用一个单位"方"(phon 值)把声压级和频率统一起来,使噪声的方值等于 1000Hz 纯音的声压级,而且听起来响度相等。如某噪声听起来与声压级 80dB、频率为 1000Hz 的基准声音一样响,则该噪声的响度级等于 80phon。

利用与基准声音比较的方法,即可得到可听范围的纯音响度级。通过实验即能制得如图 9 - 1 所示的等响曲线。

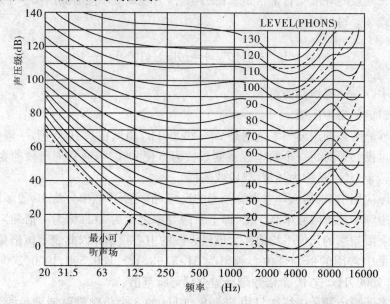

图 9 - 1 等响曲线

等响曲线簇中,每一条曲线相当于声压级和频率不同而响度相同的声音,也就是相当于一定响度级的声音,图中最下面的曲线为听阈曲线,最上一根曲线为痛阈曲线。

从等响曲线图上还可看出,当声压级小和频率低时,对某一声音来说,声压级和响度级的差别很大,如声压级为 40dB 的 50Hz 低频率是听不见的,而图中所示响度级仍不到 0phon,应引起注意。

2. A 声级

为了模拟人耳对声音的反应,在噪声测量仪器中安装一个滤波器,这个滤波器称为计权网络。当声音进入网络时,中、低频率的声音按比例衰减通过,而 1000Hz 以上的高频声则无衰减通过。由于计权网络是把可听声频按 A、B、C、D 等种类特定频率进行计权,所以就把被 A 网络计权的声压级称为 A 声级;被 B 网络计权的称为 B 声级,以下为 C 声级、D 声级。单位分别记为 dB(A)、dB(B)、dB(C)、dB

(D)。

A 声级与人耳对噪声强度和频率的感觉最相近,因此,A 声级是应用最广的评价量。D 声级在飞机噪声环境影响评价中仍常使用,但 B 声级现在已基本不再使用。

3. 等效连续 A 声级

A 声级适用于评价一个连续的稳态噪声,但如果在某一受声点观察到的 A 声级是随时间的变化而变化的,如交通噪声随车流量和种类变化,又如一台间隙工作的机器,即在某一段时间内的 A 声级有时高有时低,在这种情况下,用某一瞬间的 A 声级去评价一段时间内的 A 声级是不确切的。因此,又引入等效连续 A 声级作为评价量,即考虑了某一段时间内的噪声随时间变化的特性,用能量平均的方法并以一个 A 声级去表示该段时间内的噪声大小,记为 L_{eq},单位为 dB(A)。其数学表达式:

$$L_{eq}=10\lg\left(\frac{1}{T}\int_0^T 10^{\frac{L_A(t)}{10}}\mathrm{d}t\right) \tag{9-15}$$

式中,L_{eq}——等效连续 A 声级,dB(A);

$L_A(t)$——t 时刻的瞬时 A 声级,dB(A);

T——连续取样的总时间,min。

由于 A 声级的测量,实际上是采用间隔取样的,所以等效连续 A 声级可按式(9-16)表示:

$$L_{eq}=10\lg\left[\frac{1}{N}\sum_{i=1}^n(10^{\frac{L_{Ai}}{10}})\right] \tag{9-16}$$

式中,L_{eq}——N 次取样的等效连续 A 声级,dB(A);

L_{Ai}——第 i 次取样的 A 声级,dB(A);

N——取样总次数。

等效连续 A 声级的应用领域较广,在我国多用此评价量去评价工业噪声、公路噪声、铁路噪声、港口与航道噪声以及施工噪声等不稳态噪声。噪声在昼间(6:00 至 22:00)和夜间(22:00 至次日 6:00)对人的影响程度是不同的,为此利用等效连续声级分别计算昼间等效声级(昼间时间内测得的等效连续 A 声级)和夜间等效声级(夜间时间内测得的等效连续 A 声级),并分别采用昼间等效声级(L_d)和夜间等效声级(L_n)作为声环境功能区的声环境质量评价量和厂界(场界、边界)噪声的评价量。

4. 累计百分声级

累计百分声级是指占测量时间段一定比例的累计时间内 A 声级的最小值,用作评价测量时间内噪声强度时间统计分布特征的指标,故又称统计百分声级,记作 L_N,常用 L_{10},L_{50},L_{90} 表示。L_{10} 表示在取样时间内 10% 的时间超过的噪声级,相当于噪声平均峰值。L_{50} 表示在取样时间内 50% 的时间超过的噪声级,相当于噪声平均值。L_{90} 表示在取样时间内 90% 的时间超过的噪声级,相当于噪声背景值。

其计算方法:将测得的 100 个或 200 个数据按大小顺序排列,总数为 100 个的第 10 个数据或总数为 200 个的第 20 个数据即为 L_{10},总数为 100 个的第 50 个数据或总数为 200 个的第 100 个数据即为 L_{50}。同理,第 90 个数据或第 180 个数据即为 L_{90}。由此 3 个噪声级可按式(9-17)近似求出测定时间内的等效连续 A 声级。

$$L_{eq} \approx L_{50} + \frac{(L_{10} - L_{90})^2}{60} \qquad (9-17)$$

第二节　噪声的衰减和反射效应

声音在大气中传播将产生几何发散、反射、衍射和折射等现象,并在传播过程中引起衰减。噪声从声源传播到受声点,因受传播距离、空气吸收、阻挡物的反射与屏障等影响,会使其衰减。为了保证噪声影响预测和评价的准确性,必须考虑各种因素引起的衰减值。一般噪声影响预测是根据声源附近某一位置(参考位置)处的已知声级来计算远处预测点的声级。

一、户外声传播衰减计算

(一)基本公式

户外声传播衰减包括几何发散(A_{div})、大气吸收(A_{atm})、地面效应(A_{gr})、屏障屏蔽(A_{bar})、其他多方面效应(A_{misc})引起的衰减。

1. 在环境影响评价中,应根据声源声功率级或靠近声源某一参考位置处的已知声级(如实测得到的)、户外声传播衰减,计算距离声源较远处的预测点的声级。在已知距离无指向性点声源参考点 r_0 处的倍频带(用 63Hz 到 8000Hz 的 8 个标准倍频带中心频率)声压级 $L_P(r_0)$ 和计算出参考点(r_0)和预测点(r)处之间的户外声传播衰减后,预测点 8 个倍频带声压级可分别用式(9-18)计算。

$$L_P(r) = L_P(r_0) - (A_{div} + A_{atm} + A_{dar} + A_{gr} + A_{misc}) \qquad (9-18)$$

2. 预测点的 A 声级可按式(9-18)计算,即将 8 个倍频带声压级合成,计算出预测点的 A 声级[$L_A(r)$]。

$$L_{A}(r) = 10\lg(\sum_{i=1}^{8} 10^{0.1(L_{P_i}(r) - \Delta L_i)}) \tag{9-19}$$

式中，$L_{P_i}(r)$——预测点(r)处，第 i 倍频带声压级，dB；

ΔL_i——第 i 倍频带的 A 计权网络修正值，dB。

63～16000Hz 范围内的 A 计权网络修正值见表 9-3 所列。

表 9-3 A 计权网络修正值

频率(Hz)	63	125	250	500	1000	2000	4000	8000	16000
ΔL_i(dB)	−26.2	−16.1	−8.6	−3.2	0	1.2	1	−1.1	−6.6

3. 在只考虑几何发散衰减时，可用式(9-20)计算：

$$L_{A}(r) = L_{A}(r_0) - A_{\mathrm{div}} \tag{9-20}$$

(二)几何发散衰减

1. 点声源的几何发散衰减

以球面波形式辐射声波的声源，辐射声波的声压幅值与声波传播距离(r)成反比。任何形状的声源，只要声波波长远远大于声源几何尺寸，该声源可视为点声源。在声环境影响评价中，声源中心到预测点之间的距离超过声源最大几何尺寸 2 倍时，可将该声源近似为点声源。

无指向性点声源几何发散衰减的基本公式如(9-21)所示：

$$L_P(r) = L_P(r_0) - 20\lg(r/r_0) \tag{9-21}$$

式(9-21)中第二项表示了点声源的几何发散衰减：

$$A_{\mathrm{div}} = 20\lg(r/r_0) \tag{9-22}$$

如果已知点声源的倍频带声功率级 L_W 或 A 声功率级(L_{AW})，且声源处于自由声场，则式(9-21)等效为式(9-23)或式(9-24)：

$$L_P(r) = L_W - 20\lg(r) - 11 \tag{9-23}$$

$$L_{A}(r) = L_{AW} - 20\lg(r) - 11 \tag{9-24}$$

如果声源处于半自由声场，则式(9-21)等效为式(9-25)或式(9-26)

$$L_P(r) = L_W - 20\lg(r) - 8 \tag{9-25}$$

$$L_{A}(r) = L_{AW} - 20\lg(r) - 8 \tag{9-26}$$

具有指向性点声源几何发散衰减的计算公式：

声源在自由空间中辐射声波时，其强度分布的一个主要特性是指向性。如喇叭发声,其喇叭正前方声音大,而侧面或背面就小。

对于自由空间的点声源,其在某一 θ 方向上距离 r 处的倍频带声压级 $[L_P(r)_{\theta}]$:

$$L_P(r)_{\theta}=L_W-20\lg(r)+D_{l\theta}-11 \qquad (9-27)$$

式中,$D_{l\theta}$——θ 方向上的指向性指数,$D_{l\theta}=10\lg R_{\theta}$;

$\quad R_{\theta}$——指向性因子,$R_{\theta}=I_{\theta}/I$;

$\quad I$——所有方向上的平均声强,W/m^2;

$\quad I_{\theta}$——某一 θ 方向上的声强,W/m^2。

反射体引起的修正:

如图 9-2 所示,当点声源与预测点处在反射体同侧附近时,到达预测点的声级是直达声与反射声叠加的结果,从而使预测点声级增高。

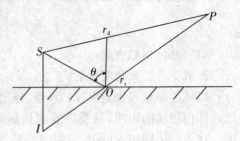

图 9-2 中 S 代表点声源,I 代表反射体对点声源的反射点,P 代表预测点,O 代表反射点和预测点之间的连线与反射面的交点,r_d 代表点声源和预测点之间的距离,

图 9-2 反射体的影响

离,r_r 代表反射点和预测点之间的距离,θ 代表点声源到反射面的入射角。

当满足下列条件时,需考虑反射体引起的声级增高:反射体表面平整光滑、坚硬;反射体尺寸远远大于所有声波波长 λ;入射角 $\theta<85°$。

反射体引起的声级增高值与 r_r/r_d 之间的关系为:$r_r/r_d\approx1$ 时,声级增高 3dB;$r_r/r_d\approx1.4$ 时,声级增高 2dB;$r_r/r_d\approx2$ 时,声级增高 1dB;$r_r/r_d>2.5$ 时,声级增高 0dB。

2. 线声源的几何发散衰减

当许多点声源连续分布在一条直线上时,可看作线状声源,如公路上的汽车流、铁路列车等。实际工作中可分为无限长线声源和有限长线声源。垂直于线声源方向上,线声源随着传播距离的增加所引起的衰减值为:

$$\Delta L=10\lg(r/4\pi l) \qquad (9-28)$$

式中,r——线声源到受声点的距离,m;

$\quad l$——线声源的长度,m。

无限长线声源几何发散衰减的基本公式为:

$$L_P(r)=L_P(r_0)-10\lg(r/r_0) \qquad (9-29)$$

式中,r,r_0——分别为垂直于线声源的距离,m;

    $L_P(r)$——垂直于线声源距离 r 处的 A 声级;

    $L_P(r_0)$——垂直于线声源距离 r_0 处的 A 声级。

由此式可见,当噪声沿垂直于线声源方向的传播距离增加 1 倍时,其声压级衰减 3dB。

有限长线声源:

设线声源长为 l,在线声源平分线上距声源 r 处的声压级可简化为三种情况:

①当 $r>l$,且 $r_0>l$ 时,在有限长线声源的远场,可将有限长线声源当作点声源,即:

$$L_P(r)=L_P(r_0)-20\lg(r/r_0) \tag{9-30}$$

②当 $r<l/3$,且 $r_0<l/3$ 时,在有限长线声源的近场,可将有限长线声源当作无限长线声源,即:

$$L_P(r)=L_P(r_0)-10\lg(r/r_0) \tag{9-31}$$

③当 $l/3<r<l$ 且 $l/3<r_0<l$,有限长线声源的声压级近似为:

$$L_P(r)=L_P(r_0)-15\lg(r/r_0) \tag{9-32}$$

【例题 9-1】锅炉房 3m 处测为 80dB,距离居民楼 15m;冷却塔 5m 处测为 80dB,距离居民楼 25m,求两个设备噪声对居民楼共同影响是否超标(标准为 60dB)?

解:根据式(9-21),锅炉房对居民楼的影响为:

$$L_P(15)=L_P(3)-20\lg(15/3)=80-20\times\lg5=66(dB)$$

同理,冷却塔对居民楼的影响为:

$$L_P(25)=L_P(5)-20\lg(25/5)=80-20\times\lg5=66(dB)$$

两个设备噪声对居民楼的共同影响为:$L_{PT}=L_P(15)+L_P(25)=66dB+66dB=69dB$

3. 面声源的几何发散衰减

一个大型机器设备的振动表面,车间透声的墙壁,均可认为是面声源。如果已知面声源单位面积的声功率为 W,各面积元噪声的位相随机,面声源可看作由无数点声源连续分布组合而成,其合成声级可按能量叠加法求出。

图 9-3 给出了长方形面声源中心轴线上的声衰减曲线。当预测点和面声源中心距离处于以下条件时,可按下述方法近似计算 $r<a/\pi$ 时,几乎不衰减($A_{div}\approx0$);当 $a/\pi<r<b/\pi$,距离加倍衰减 3dB 左右,类似线声源衰减特性[$A_{div}\approx10\lg(r/r_0)$];

当 $r>b/\pi$ 时,距离加倍衰减趋近于 6dB,类似点声源衰减特性$[A_{div}\approx20\lg(r/r_0)]$。其中面声源的 $b>a$。图中虚线为实际衰减量。

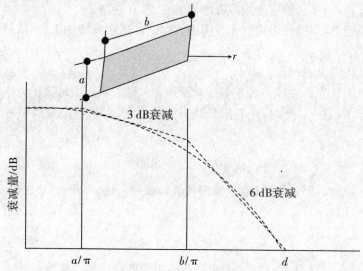

图 9-3　长方形面声源中心轴线上的声衰减曲线

(三)大气吸收引起的衰减

声波在空气中传播时,部分声波被空气吸收而衰减,空气吸收引起的衰减按式(9-33)计算:

$$A_{atm}=a(r-r_0)/1000 \tag{9-33}$$

式中,A_{dtm}——空气吸收引起的 A 声级衰减量,dB(A);

　　　a——空气吸收系数,dB/km,是温度、相对湿度和声波频率的函数,预测计算中一般根据建设项目所处区域常年平均气温和湿度选择相应的大气吸收衰减系数,具体见表 9-4。

表 9-4　倍频带噪声的大气吸收衰减系数 a

温度(℃)	相对湿度(%)	空气吸收衰减系数 a(dB/km)							
		倍频带中心频率(Hz)							
		63	125	250	500	1000	2000	4000	8000
10	70	0.1	0.4	1.0	1.9	3.7	9.7	32.8	117.0
20	70	0.1	0.3	1.1	2.8	5.0	9.0	22.9	76.6
30	70	0.1	0.3	1.0	3.1	7.4	12.7	23.1	59.3

（续表）

温度/(℃)	相对湿度/(%)	空气吸收衰减系数 a(dB/km)							
		倍频带中心频率/(Hz)							
		63	125	250	500	1000	2000	4000	8000
15	20	0.3	0.6	1.2	2.7	8.2	28.2	28.8	201.0
15	50	0.1	0.5	1.2	2.2	4.2	10.8	36.2	129.0
15	80	0.1	0.3	1.1	2.4	4.1	8.3	23.7	82.8

（四）屏障引起的衰减

位于声源和预测点之间的实体障碍物，如围墙、建筑物、土坡或地堑等起声屏障作用，从而引起声能量的较大衰减。在环境影响评价中，可将各种形式的屏障简化为具有一定高度的薄屏障。如图 9-4 所示，S、O、P 三点在同一平面内且垂直于地面。定义 $\delta = SO + OP - SP$ 为声程差，$N = 2\delta/\lambda$ 为菲涅尔数，其中 λ 为声波波长。在噪声预测中，声屏障插入损失的计算方法应需要根据实际情况作简化处理。

1. 有限长薄屏障在点声源声场中引起的衰减计算

首先计算图 9-5 所示三个传播途径的声程差 δ_1，δ_2，δ_3 和相应的菲涅尔数 N_1，N_2，N_3；声屏障引起的衰减按式（9-34）计算：

$$A_{bar} = -10\lg\left[\frac{1}{3+20N_1} + \frac{1}{3+20N_2} + \frac{1}{3+20N_3}\right] \qquad (9-34)$$

当屏障很长（作无限长处理）时，则

$$A_{bar} = -10\lg\left(\frac{1}{3+20N_1}\right) \qquad (9-35)$$

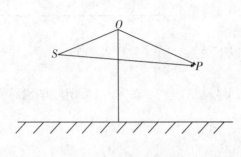

图 9-4　无限长声屏障

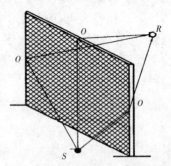

图 9-5　有限长声屏障上不同的传播距离

在任何频带上，薄屏障引起的衰减量最大取 20dB。

2.绿化林带噪声衰减

绿化林带的附加衰减与树种、林带结构和密度等因素有关。在声源附近的绿化林带，或在预测点附近的绿化林带，或两者均有的情况都可使声波衰减。密集林带对宽带噪音典型的附加衰减量为每 10m 衰减 1～2dB，具体取值与树种类型、树带结构、树种密度等因素有关，最大衰减量一般不超过 10dB。计算了屏障衰减后，不再考虑地面效应衰减。

(五)地面效应衰减

地面效应是指声波在地面附近传播时由于地面的反射和吸收而引起的声衰减现象。地面效应引起的声衰减与地面类型（铺筑或夯实的坚实地面、被草或作物覆盖的疏松地面、坚实地面和疏松地面组成的混合地面）有关。不管传播距离多远，地面效应引起的声级衰减量最大不超过 10dB。

若同时存在声屏障和地面效应，则声屏障和地面效应引起声级衰减量之和 ≤25dB。

(六)其他多方面效应

其他衰减包括通过工业场所的衰减、通过房屋群的衰减等。在声环境影响评价中，一般情况下，不考虑自然条件（如风、温度梯度、雾）变化引起的附加修正。工业场所的衰减、房屋群的衰减等可参照《声学户外声传播的衰减第 2 部分：一般计算方法》(GB/T 17247.2—1998)进行计算。

二、噪声的反射效应

当点源与预测点在反射体（如平整、光滑、坚硬的固体表面）附近，到达预测点的声级是直达声与反射声叠加的结果，从而使预测点的声级增加（图 9-6）。

由图 9-6 可知，被 O 点反射而到达 P 点的声波相当于从虚声源 I 处辐射的声波，即 $\overline{SP}=r$，$\overline{OP}=r_r$。经验表明，声源辐射的声波一般都为宽频带，且满足 $r-r_r$ 远大于 λ 条件。因反射而引起声波的增高 ΔL_r 值，可按以下关系确定（$a=r/r_r$）

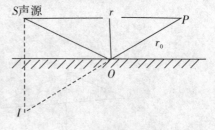

图 9-6　反射体的影响

当 $a\approx1$ 时，$\Delta L_r=3$dB；$a\approx1.4$ 时，$\Delta L_r=2$dB；

$a\approx2$ 时，$\Delta L_r=1$dB；$a>2.5r$ 时，$\Delta L_r=0$dB；

第三节　噪声环境影响的评价等级与程序

一、评价工作等级

（一）划分的依据

声环境影响评价工作等级划分依据包括：建设项目所在区域的声环境功能区类别；建设项目建设前后所在区域的声环境质量变化程度；受建设项目影响人口的数量。

（二）评价等级划分

1. 声环境影响评价工作等级一般分为三级，一级为详细评价，二级为一般性评价，三级为简要评价。

2. 评价范围内有适用于《声环境质量标准》（GB 3096—2008）规定的 0 类声环境功能区域以及对噪声有特别限制要求的保护区等敏感目标或建设项目建设前后评价范围内敏感目标噪声级增高量达 5dB(A)以上[不含 5dB(A)]，或受影响人口数量显著增多时，按一级评价。

3. 建设项目所处的声环境功能区为《声环境质量标准》（GB 3096—2008）规定的 1 类、2 类地区，或建设项目建设前后评价范围内敏感目标噪声级增高量达 3～5dB(A)[含 5dB(A)]，或受噪声影响人口数量增加较多时，按二级评价。

4. 建设项目所处的声环境功能区为《声环境质量标准》（GB 3096—2008）规定的 3 类、4 类地区，或建设项目建设前后评价范围内敏感目标噪声级增高量在 3dB(A)以下[不含 3dB(A)]，且受影响人口数量变化不大时，按三级评价。

5. 在确定评价工作等级时，如建设项目符合两个以上级别的划分原则，按较高级别的评价等级评价。

二、评价范围和基本要求

（一）评价范围的确定

1. 声环境影响评价范围依据评价工作等级确定。

2. 对于以固定声源为主的建设项目（如工厂、港口、施工工地、铁路站场等）：满足一级评价的要求，一般以建设项目边界向外 200m 为评价范围；二级、三级评价范围可根据建设项目所在区域和相邻区域的声环境功能区类别及敏感目标等实际情况适当缩小；如依据建设项目声源计算得到的贡献值到 200m 处，仍不能满足相应功能区标准值时，应将评价范围扩大到满足标准值的距离。

3.城市道路、公路、铁路、城市轨道交通地上线路和水运线路等建设项目:满足一级评价的要求,一般以道路中心线外两侧 200m 以内为评价范围;二级、三级评价范围可根据建设项目所在区域和相邻区域的声环境功能区类别及敏感目标等实际情况适当缩小;如依据建设项目声源计算得到的贡献值到 200m 处,仍不能满足相应功能区标准值时,应将评价范围扩大到满足标准值的距离。

4.机场周围飞机噪声评价范围应根据飞行量计算到机场飞机噪声计权等效连续感觉噪声级(L_{WECPN})为 70dB 的区域。满足一级评价的要求,一般以主要航迹离跑道两端各 5～12km、侧向各 1～2km 的范围为评价范围;二级、三级评价范围可根据建设项目所处区域的声环境功能区类别及敏感目标等实际情况适当缩小。

(二)一级评价的基本要求

1.在工程分析中,给出建设项目对环境有影响的主要声源的数量、位置和声源源强,并在标有比例尺的图中标识固定声源的具体位置或流动声源的路线、跑道等位置。在缺少声源源强的相关资料时,应通过类比测量取得,并给出类比测量的条件。

2.评价范围内具有代表性的敏感目标的声环境质量现状需要实测。对实测结果进行评价,并分析现状声源的构成及其对敏感目标的影响。

3.噪声预测应覆盖全部敏感目标,给出各敏感目标的预测值及厂界(或场界、边界)噪声值。固定声源评价、机场周围飞机噪声评价、流动声源经过城镇建成区和规划区路段的评价应绘制等声级线图,当敏感目标高于(含)三层建筑时,还应绘制垂直方向的等声级线图。给出建设项目建成后不同类别的声环境功能区内受影响的人口分布、噪声超标的范围和程度。

4.当工程预测的不同代表性时段噪声级可能发生变化的建设项目,应分别预测其不同时段的噪声级。

5.对工程可行性研究和评价中提出的不同选址(选线)和建设布局方案,应根据不同方案噪声影响人口的数量和噪声影响的程度进行比选,并从声环境保护角度提出最终的推荐方案。

6.针对建设项目的工程特点和所在区域的环境特征提出噪声防治措施,并进行经济、技术可行性论证,明确防治措施的最终降噪效果和达标分析。

(三)二级评价的基本要求

1.在工程分析中,给出建设项目对环境有影响的主要声源的数量、位置和声源源强,并在标有比例尺的图中标识固定声源的具体位置或流动声源的路线、跑道等位置。在缺少声源源强的相关资料时,应通过类比测量取得,并给出类比测量的条件。

2.评价范围内具有代表性的敏感目标的声环境质量现状以实测为主,可适当利用评价范围内已有的声环境质量监测资料,并对声环境质量现状进行评价。

3.噪声预测应覆盖全部敏感目标,给出各敏感目标的预测值及厂界(或场界、边界)噪声值,根据评价需要绘制等声级线图。给出建设项目建成后不同类别的声环境功能区内受影响的人口分布、噪声超标的范围和程度。

4.当工程预测的不同代表性时段噪声级可能发生变化的建设项目,应分别预测其不同时段的噪声级。

5.从声环境保护角度对工程可行性研究和评价中提出的不同选址(选线)和建设布局方案的环境合理性进行分析。

6.针对建设项目的工程特点和所在区域的环境特征提出噪声防治措施,并进行经济、技术可行性论证,给出防治措施的最终降噪效果和达标分析。

(四)三级评价的基本要求

1.在工程分析中,给出建设项目对环境有影响的主要声源的数量、位置和声源源强,并在标有比例尺的图中标识固定声源的具体位置或流动声源的路线、跑道等位置。在缺少声源源强的相关资料时,应通过类比测量取得,并给出类比测量的条件。

2.重点调查评价范围内主要敏感目标的声环境质量现状,可利用评价范围内已有的声环境质量监测资料,若无现状监测资料时应进行实测,并对声环境质量现状进行评价。

3.噪声预测应给出建设项目建成后各敏感目标的预测值及厂界(或场界、边界)噪声值,分析敏感目标受影响的范围和程度。

4.针对建设项目的工程特点和所在区域的环境特征提出噪声防治措施,并进行达标分析。

三、噪声评价的工作程序

声环境影响评价的工作程序如图 9-7 所示。

四、噪声环境影响评价

(一)基本任务

评价建设项目实施引起的声环境质量的变化和外界噪声对需要安静建设项目的影响程度,提出合理可行的防治措施,把噪声污染降低到允许水平,从声环境影响角度评价建设项目实施的可行性,为建设项目优化选址、选线、合理布局以及城市规划提供科学依据。

(二)评价类别

1.按评价对象划分,可分为建设项目声源对外环境的环境影响评价和外环境声源对需要安静建设项目的环境影响评价。

2.按声源种类划分,可分为固定声源和流动声源的环境影响评价。

（1）固定声源：主要指工业（工矿企业和事业单位）和交通运输（包括航空、铁路、城市轨道交通、公路、水运等）固定声源的环境影响评价。

（2）流动声源：主要指在城市道路、公路、铁路、城市轨道交通上行驶的车辆以及从事航空和水运等运输工具，在行驶过程中产生的噪声环境影响评价。

3.停车场、调车场、施工期施工设备、运行期物料运输、装卸设备等，按照固定源或流动源定义，可分别划分为固定声源或流动声源。

4.建设项目既有固定声源，又有流动声源时，应分别进行噪声环境影响评价；同一敏感点既受到固定声源影响，又受到流动声源影响时，应进行叠加环境影响评价。

（三）评价时段

根据建设项目实施过程中噪声的影响特点，可按施工期和运行期分别开展声环境影响评价。运行期声源为固定声源时，固定声源投产运行后作为环境影响评价时段；运行期声源为流动声源时，将工程预测的代表性时段（一般分为运行近期、中期、远期）分别作为环境影响评价时段。

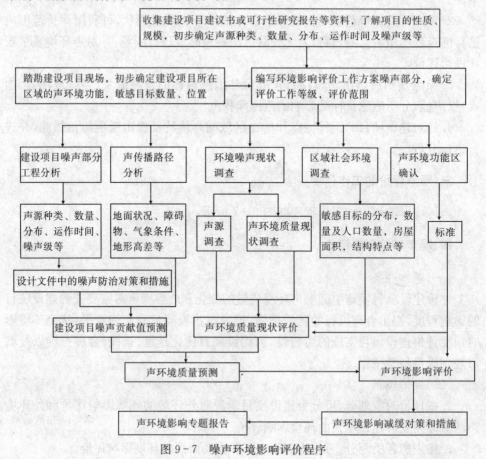

图 9-7 噪声环境影响评价程序

（四）评价标准的确定

应根据声源的类别和建设项目所处的声环境功能区等确定声环境影响评价标准，没有划分声环境功能区的区域由地方环境保护部门参照《声环境质量标准》（GB 3096—2008）和《声环境功能区划分技术规范》（GB/T 15190—2014）的规定划定声环境功能区。

（五）评价的主要内容

1. 评价方法和评价量

根据噪声预测结果和环境噪声评价标准，评价建设项目在施工、运行期噪声的影响程度、影响范围，给出边界（厂界、场界）及敏感目标的达标分析。

进行边界噪声评价时，新建建设项目以工程噪声贡献值作为评价量；改扩建建设项目以工程噪声贡献值与受到现有工程影响的边界噪声值叠加后的预测值作为评价量。

进行敏感目标噪声环境影响评价时，以敏感目标所受的噪声贡献值与背景噪声值叠加后的预测值作为评价量。

2. 影响范围、影响程度分析

给出评价范围内不同声级范围覆盖下的面积，主要建筑物类型、名称、数量及位置，影响的户数、人口数。

3. 噪声超标原因分析

分析建设项目边界（厂界、场界）及敏感目标噪声超标的原因，明确引起超标的主要声源。对于通过城镇建成区和规划区的路段，还应分析建设项目与敏感目标间的距离是否符合城市规划部门提出的防噪声距离的要求。

4. 对策建议

分析建设项目的选址（选线）、规划布局和设备选型等的合理性，评价噪声防治对策的适用性和防治效果，提出需要增加的噪声防治对策、噪声污染管理、噪声监测及跟踪评价等方面的建议，并进行技术、经济可行性论证。

第四节　噪声环境影响预测

一、基本要求

（一）预测范围：应与评价范围相同。

（二）预测点的确定原则：建设项目厂界（或场界、边界）和评价范围内的敏感目标应作为预测点。

(三)预测需要的基础资料

1.声源资料主要包括:声源种类、数量、空间位置、噪声级、频率特性、发声持续时间和对敏感目标的作用时间段等。

2.影响声波传播的各类参量:应通过资料收集和现场调查取得,如建设项目所处区域的年平均风速和主导风向,年平均气温,年平均相对湿度;声源和预测点间的地形、高差;声源和预测点间障碍物(如建筑物、围墙等;若声源位于室内,还包括门、窗等)的位置及长、宽、高等数据;声源和预测点间树林、灌木等的分布情况,地面覆盖情况(如草地、水面、水泥地面和土质地面等)。

二、预测步骤

1.声环境影响预测步骤:建立坐标系,确定各声源坐标和预测点坐标,并根据声源性质以及预测点与声源之间的距离等情况,把声源简化成点声源、线声源或面声源;根据已获得的声源源强的数据和各声源到预测点的声波传播条件资料,计算出噪声从各声源传播到预测点的声衰减量,由此计算出各声源单独作用在预测点时产生的 A 声级(L_{Ai})或有效感觉噪声级(L_{EPN})。

2.声级计算

建设项目声源在预测点产生的等效声级贡献值(L_{eqg})计算公式:

$$L_{eqg} = 10\lg\left(\frac{1}{T}\sum_i t_i 10^{0.1L_{Ai}}\right) \tag{9-36}$$

式中,L_{eqg}——建设项目声源在预测点的等效声级贡献值,dB(A);

L_{Ai}——i 声源在预测点产生的 A 声级,dB(A);

T——预测计算的时间段,s;

t_i——i 声源在时段内的运行时间,s。

预测点的预测等效声级(L_{eq})计算公式:

$$L_{eq} = 10\lg(10^{0.1L_{eqg}} + 10^{0.1L_{eqb}}) \tag{9-37}$$

式中,L_{eqg}——建设项目声源在预测点的等效声级贡献值,dB(A);

L_{eqb}——预测点的背景值,dB(A)。

机场飞机噪声计权等效连续感觉噪声级(L_{WECPN})计算公式:

$$L_{WECPN} = \overline{L_{EPN}} + 10\lg(N_1 + 3N_2 + 10N_3) - 39.4 \tag{9-38}$$

式中,N_1——7:00～19:00 对某个预测点声环境噪声影响的飞行架次;

N_2——19:00～22:00 对某个预测点声环境噪声影响的飞行架次;

N_3——22:00～7:00 对某个预测点声环境噪声影响的飞行架次;

$\overline{L_{\text{EPN}}}$——$N$ 次飞行有效感觉噪声级能量平均值（$N = N_1 + N_2 + N_3$），dB。

$\overline{L_{\text{EPN}}}$ 的计算公式：

$$\overline{L_{\text{EPN}}} = 10\lg\left(\frac{1}{N_1 + N_2 + N_3}\sum_i\sum_j 10^{0.1L_{\text{EPN}ij}}\right) \qquad (9-39)$$

式中，$L_{\text{EPN}ij}$——j 航路，第 i 架次飞机在预测点产生的有效感觉噪声级，dB。

按工作等级要求绘制等效声级线图。等声级线的间隔应不大于 5dB（一般选 5dB）。对于 L_{eq} 等声级线最低值应与相应功能区夜间标准值一致，最高值可谓 75dB；对于 L_{WECPN} 一般应有 70dB、75dB、80dB、85dB、90dB 的等声级线。

三、典型建设项目噪声影响预测

（一）工业噪声预测计算模型

在环境影响评价中，一般将工业企业噪声源按点声源进行预测。常采用声源的倍频带声功率级，A 声功率级或靠近声源某一位置的倍频带声压级，A 声级来预测计算距工业企业声源不同距离的声级。工业声源有室外和室内两种声源，应分别进行计算。

1. 单个室外的点声源在预测点产生的声级计算

如已知声源的倍频带声功率级（从 63Hz 到 8000Hz 标准频带中心频率的 8 个倍频带），预测点位置的倍频带声压级可按式（9-40）计算：

$$L_P(r) = L_W + D_c - A \qquad (9-40)$$

其中

$$A = A_{\text{div}} + A_{\text{dtm}} + A_{\text{gr}} + A_{\text{bar}} + A_{\text{misc}}$$

式中，L_W——倍频带声功率级，dB；

D_c——指向性校正，对辐射到自由空间的全向点声源，$D_c = 0$dB；其他符号意义同前。

如已知靠近声源处某点的倍频带声压级时，相同方向预测点位置的倍频带声压级可按式（9-41）计算：

$$L_P(r) = L_P(r_0) - A \qquad (9-41)$$

预测点的 A 声级，可利用 8 个倍频带的声压级按式（9-19）计算。

在不能取得声源倍频带声功率级或倍频带声压级，只能获得 A 声功率级或某点的 A 声级时，可按式（9-42）和式（9-43）作近似计算：

$$L_A(r) = L_{WA} + D_c - A \qquad (9-42)\cdot$$

或

$$L_A(r) = L_A(r_0) - A \qquad (9-43)$$

A 可选择对 A 声级影响最大的倍频带计算,一般可选中心频率为 500Hz 的倍频带作估算。

2.室内声源等效室外声源声功率级计算

如图 9-8 所示,声源位于室内,室内声源可采用等效室外声源声功率级法进行计算。

(1)室外倍频带声压级的计算

设靠近开口处(或窗户)室内、室外某倍频带的声压级分别为 L_{P1} 和 L_{P2}。若声源所在室内声场为近似扩散声场,则室外的倍频带声压级可按式(9-44)近似求出:

$$L_{P2} = L_{P1} - (TL + 6) \qquad (9-44)$$

式中,TL——隔墙(或窗户)倍频带的隔声量,dB。

L_{P1} 可通过测量获得,也可按照式(9-45)计算:

$$L_{P1} = L_w + 10\lg\left(\frac{Q}{4\pi r_1^2} + \frac{4}{R}\right) \qquad (9-45)$$

式中,Q——指向性因数,通常对无指向性声源,当声源放在房间中心时,$Q=1$,当放在一面墙的中心时,$Q=2$;当放在两面墙夹角处时,$Q=4$,当放在三面墙夹角处时,$Q=8$;

R——房间常数,$R = Sa/(1-a)$,S 为房间内表面面积,m^2,a 为平均吸声系数;

r——声源到靠近围护结构某点处的距离,m。

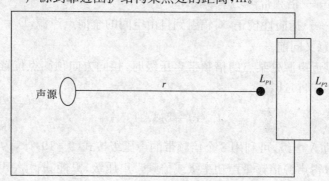

图 9-8 室内声源等效为室外声源图例

室内外声源在围护结构处的倍频带叠加声压级：

按式(9-46)计算出所有室内声源在围护结构处产生的 i 倍频带叠加声压级：

$$L_{P1i}(T) = 10\lg\Big(\sum_{j=1}^{N} 10^{0.1L_{P1ij}}\Big) \tag{9-46}$$

式中，$L_{P1i}(T)$——靠近围护结构处室内 N 个声源 i 倍频带的叠加声压级，dB；

　　　　L_{P1ij}——室内 j 声源 i 倍频带的声压级，dB；

　　　　N——室内声源总数。

设室内近似为扩散声场，则按式(9-47)计算出靠近室外围护结构处的 N 个声源 i 倍频带的叠加声压级 $L_{P2i}(T)$：

$$L_{P2i}(T) = L_{P1i}(T) - (TL_i + 6) \tag{9-47}$$

式中，TL_i——围护结构 i 倍频带的总隔音量，dB。

(2)室外等效声源的倍频带声功率级

将室外声源的声压级和透过面积换算成等效的室外声源，按式(9-48)计算出中心位置位于透声面积(S)处等效声源的倍频带声功率级 L_W：

$$L_W = L_{P2}(T) + 10\lg S \tag{9-48}$$

室外等效声源在预测点处的 A 声级：

求出 L_W 后，然后按室外声源预测方法计算预测点处的 A 声级。

3. 靠近声源处的预测点噪声预测模型

如预测点在靠近声源处，但不能满足点声源条件时，需按线声源或面声源模型计算。

4. 噪声贡献值计算

设第 i 个室外声源在预测点产生的 A 声级为 L_{Ai}，在 T 时间内该声源工作时间为 t_i；第 j 个等效室外声源在预测点产生的 A 声级为 L_{Aj}，在 T 时间内该声源工作时间为 t_j，则拟建工程声源对预测点产生的贡献值(t_{eqg})为：

$$L_{eqg} = 10\lg\Big[\frac{1}{T}\sum_{i=1}^{N} t_i 10^{0.1L_{Ai}} + \sum_{j=1}^{M} t_j 10^{0.1L_{Aj}}\Big] \tag{9-49}$$

式中，T——用于计算等效声级的时间，s；

　　　　N——室外声源个数；

　　　　M——等效室外声源个数。

5. 预测值的计算

按式(9-37)计算。

(二)公路(道路)交通运输噪声预测模型

1.公路交通运输噪声预测基本模型

第 i 类车等效声级的预测模型：

$$L_{eq}(h)_i = \overline{(L_{0E})_i} + 10\lg\left(\frac{N_i}{V_i T}\right) + 10\lg\left(\frac{7.5}{r}\right) + 10\lg\left(\frac{\psi_1 + \psi_2}{\pi}\right) + \Delta L - 16$$

$$(9-50)$$

式中，$L_{qe}(h)_i$——第 i 类车的小时等效声级，dB(A)，第 i 类车是指将机动车辆分为大、中、小型，具体分类参照《机动车辆及挂车分类》(GB/T 15089—2001)规定；

$\overline{(L_{0E})_i}$——第 i 类车速度为 V_i，km/h，水平距离为 7.5m 处的能量平均 A声级，dB(A)，具体计算可按照《公路建设项目环境影响评价规范》(JT-GB 03—2006)中的相关模型进行，也可通过类比测量进行修正；

N_i——昼间、夜间通过某个预测点的第 i 类车平均小时车流量，辆/h；

r——从车道中心线到预测点的距离，m，式(9-51)适用于 $r>7.5$m 预测点的噪声预测；

V_i——第 i 类车的平均车速，km/h；

T——计算等效声级的时间，1h；

ψ_1,ψ_2——预测点到有限长路段两端的张角，弧度。ΔL_1——由其他因素引起的修正量，dB(A)。

可按式(9-51)计算：

$$\Delta L = \Delta L_{坡度} + \Delta L_{路面} - (A_{atm} + A_{gr} + A_{bar} + A_{misc}) + \Delta L_1 \qquad (9-51)$$

式中，$\Delta L_{坡度}$——公路纵坡修正量，dB(A)；

$\Delta L_{路面}$——公路路面材料引起的修正量，dB(A)；

ΔL_1——由反射等引起的修正量，dB(A)；

其他符号见式(9-18)。

总车流等效声级为：

$$L_{eq}(T) = 10\lg(10^{0.1L_{eq}(h)大} + 10^{0.1L_{eq}(h)中} + 10^{0.1L_{eq}(h)小}) \qquad (9-52)$$

如某个预测点受多条线路交通噪声影响(如高架桥周边预测点受桥上和桥下多条车道的影响，路边高层建筑预测点受地面多条车道的影响)，应分别计算每条车道对该预测点的声级后，经叠加后得到贡献值。

2.修正量和衰减量的计算 ΔL

修正量($\Delta L_{坡度}$)：大、中、小型车的 $\Delta L_{坡度}$ 分别为 98βdB(A)、73βdB(A)、50βdB

（A），其中 β 为公路纵坡坡度，%。

路面修正量（$\Delta L_{路面}$）：对于水泥混凝土路面，车辆行驶速度为 30、40 和 ≥ 50km/h 时的 $\Delta L_{路面}$ 依次为 1.0、1.5 和 2.0dB（A）；$\Delta L_{路面}$ 对于沥青混凝土路面，均为 0dB（A）。

反射修正量（ΔL_1）：城市道路交叉路口可造成车辆加速或减速，使单车噪声声级发生变化，交叉路口的噪声附加值与受声点至最近快车道中轴线交叉点的距离有关，其最大增加量为 3dB。

当道路两侧建筑物间距小于总计算高度 30% 时，其反射声修正量为：两侧建筑物是反射面 $\Delta L_1 \leqslant 3.2$dB；两侧建筑物是一般吸收表面时 $\Delta L_1 \leqslant 1.6$dB；两侧建筑物为全吸收表面时 $\Delta L_1 \approx 0$dB。

障碍物衰减量（A_{bar}）：具体计算方法参照《环境影响评价技术导则　声环境》（HJ 2.4—2009）。A_{atm}、A_{gr} 和 A_{misc} 衰减项计算按相关模型计算。

第五节　噪声污染防治对策

一、基本要求

（1）工业（工矿企业和事业单位）建设项目噪声防治措施应针对建设项目投产后噪声影响的最大预测值制订，以满足厂界（场界、边界）和厂界外敏感目标（或声环境功能区）的达标要求。

（2）交通运输类建设项目（如公路、铁路、城市轨道交通、机场项目等）的噪声防治措施应针对建设项目不同代表性时段的噪声影响预测值分期制定，以满足声环境功能区及敏感目标功能要求。其中，铁路建设项目的噪声防治措施还应同时满足铁路边界噪声排放标准要求。

二、防治途径

（一）规划防治对策

主要指从建设项目的选址（选线）、规划布局、总图布置和设备布局等方面进行调整，提出减少噪声影响的建议。如采用"闹静分开"和"合理布局"的设计原则，使高噪声设备尽可能远离噪声敏感区；建议建设项目重新选址（选线）或提出城乡规划中有关防止噪声的建议等。

(二)技术防治措施

1. 声源上降低噪声

主要包括:改进机械设计,如在设计和制造过程中选用发声小的材料来制造机件,改进设备结构和形状、改进传动装置以及选用已有的低噪声设备等;采取声学控制措施,如对声源采用消声、隔声、隔振和减振等措施;维持设备处于良好的运转状态;改革工艺、设施结构和操作方法等。

2. 噪声传播途径上降低噪声

主要包括:在噪声传播途径上增设吸声、声屏障等措施;利用自然地形物(如利用位于声源和噪声敏感区之间的山丘、土坡、地堑、围墙等)降低噪声;将声源设置于地下或半地下的室内等;合理布局声源,使声源远离敏感目标等。

3. 敏感目标自身防护

主要包括:受声者自身增设吸声、隔声等措施;合理布局噪声敏感区中的建筑物功能和合理调整建筑物平面布局。

(三)管理措施

主要包括提出环境噪声管理方案(如制订合理的施工方案、优化飞行程序等),制订噪声监测方案,提出降噪减噪设施的运行使用、维护保养等方面的管理要求,提出跟踪评价要求等。

三、典型建设项目噪声防治措施

(一)工业(工矿企业和事业单位)噪声

1. 应从选址、总图布置、声源、声传播途径及敏感目标自身防护等方面分别给出噪声防治的具体方案。主要包括:选址的优化方案及其原因分析,总图布置调整的具体内容及其降噪效果(包括边界和敏感目标);给出各主要声源的降噪措施、效果和投资。

2. 设置声屏障和对敏感建筑物进行噪声防护等的措施方案、降噪效果及投资,并进行经济、技术可行性论证。

3. 在符合《中华人民共和国城乡规划法》(2007.10)中规定的可对城乡规划进行修改的前提下,提出厂界(或场界、边界)与敏感建筑物之间的规划调整建议。

4. 提出噪声监测计划等对策建议。

(二)公路、城市道路交通噪声

1. 通过不同选线方案的声环境影响预测结果,分析敏感目标受影响的程度,提出优化的选线方案建议。

2. 根据工程与环境特征,给出局部线路调整、敏感目标搬迁、邻路建筑物使用功能变更、改善道路结构和路面材料、设置声屏障和对敏感建筑物进行噪声防护等具体的措施方案及其降噪效果,并进行经济、技术可行性论证。

3.在符合《中华人民共和国城乡规划法》(2007.10)中规定的可对城乡规划进行修改的前提下,提出城镇规划区段线路与敏感建筑物之间的规划调整建议。

4.给出车辆行驶规定及噪声监测计划等对策建议。

(三)铁路、城市轨道噪声

1.通过不同选线方案声环境影响预测结果,分析敏感目标受影响的程度,提出优化的选线方案建议。

2.根据工程与环境特征,给出局部线路和站场调整,敏感目标搬迁或功能置换,轨道、列车、路基(桥梁)、道床的优选,列车运行方式、运行速度、鸣笛方式的调整,设置声屏障和对敏感建筑物进行噪声防护等具体的措施方案及其降噪效果,并进行经济、技术可行性论证。

3.在符合《中华人民共和国城乡规划法》(2007.10)中明确的可对城乡规划进行修改的前提下,提出城镇规划区段铁路(或城市轨道交通)与敏感建筑物之间的规划调整建议。

4.给出列车行驶规定及噪声监测计划等对策建议。

(四)机场噪声

1.通过不同机场位置、跑道方位、飞行程序方案的声环境影响预测结果,分析敏感目标受影响的程度,提出优化的机场位置、跑道方位、飞行程序方案建议。

2.根据工程与环境特征,给出机型优选,昼间、傍晚、夜间飞行架次比例的调整,对敏感建筑物进行噪声防护或使用功能变更、拆迁等具体的措施方案及其降噪效果,并进行经济、技术可行性论证。

3.在符合《中华人民共和国城乡规划法》(2007.10)中明确的可对城乡规划进行修改的前提下,提出机场噪声影响范围内的规划调整建议。

4.给出飞机噪声监测计划等对策建议。

思考题

1.简述噪声环境影响评价工作等级的划分依据及基本原则。

2.简述噪声预测的范围和预测点的布置原则。

3.简述噪声预测点噪声级计算的基本步骤。

4.简述一级噪声环境影响评价工作的基本要求。

5.简述噪声环境评价的基本内容。

6.在噪声的防治对策中,应从哪些途径考虑降低噪声?

7.某热电厂排气筒(直径为1m)排出蒸汽产生噪声,在距排气筒为2m处测得噪声为80dB,排气筒距居民楼为12m,问排气筒噪声在居民楼处是否超标(标准为60dB)?如果超标,排气筒应离开居民楼至少多少m?

拓展阅读

水利水电工程声环境影响分析及防治措施

一、项目概述

为了协调水资源在时间和空间上分布的不均衡状况,实现水资源的综合利用,满足人类社会发展的需要,必须兴建具有一定容积的水利水电工程。新中国成立以来,我国修建了大量的水利水电工程,在改造自然和合理利用水资源方面产生了巨大的作用和效益。但任何事物都一分为二,在带来正面影响的同时,也会对周围环境产生一定的负面影响。

水利水电工程的建设,库区水位的抬高,对环境的影响主要有:工程施工带来的"三废"污染问题;水库淹没造成土地资源和生物资源的减少问题;库区人们后靠或远迁带来的移民问题,水库蓄水对文物、景观、水质、水生生物的影响问题等。虽然对于某一具体工程来说,影响的范围或大或小,影响的因素有多有少,但其产生的影响却是不可回避的事实。因此,对工程兴建产生的环境影响进行分析,提出污染防治措施,则成为环境保护的一项重要内容。

如上所述,水利水电工程对环境的影响是多方面的,在此仅对水利水电工程施工期的声环境影响进行分析,对噪声影响做出科学预测,同时提出噪声污染防治措施。

二、声环境影响分析

1. 噪声危害

噪声对人们健康的危害,与噪声评价的环境功能特点有关,与受害人的生理与心理因素有关,噪声危害有:

(1)听力损伤。在长期噪声环境下工作和生活,耳聋发病率高。从附表 9-1 可看出,在80dB(A)以下工作 40 年不致耳聋,80dB(A)以上,每增加 5dB(A),噪声性发病率增加约 10%。

附表 9-1　工作 40 年后噪声性耳聋发病率(%)

噪声 dB(A)	国际统计(ISO)	美国统计
80	0	0
85	10	8
90	21	18
95	29	28
100	41	40

(2)对睡眠干扰。睡眠对人类是极端重要的,它能够使人的新陈代谢得到调节,使人的大脑得到休息,从而使人恢复体力和消除疲劳,保证睡眠是人体健康的重要因素。噪声会影响人的睡眠质量和数量,连续噪声可加快熟睡到轻睡的回转,使人熟睡时间缩短,突然噪声可使人惊醒。一般 40dB(A)连续噪声可使 10% 的人受影响,70dB(A)连续噪声使 50% 人受影响;突然的噪声 40dB(A)时,使 10% 的人惊醒,60dB(A)时,能惊醒 70% 的人。

(3)对交谈、工作思考的干扰。研究表明:噪声干扰交谈。从附表 9-2 可看出,当噪声为

65dB(A)，通话较为困难，当达到 85dB(A)时，通话已不可能。另外，国内外大量的主观评价的调查表明，当噪声超过 55dB(A)时，会有 15%的人感到很吵，当达到 50dB(A)时，还有 6%的人感到很吵，只有 45dB(A)以下，才使一般人感到安静。

附表 9-2　噪声对交谈的影响

噪声 dB(A)	主要反映	保证正常讲话距离(m)	通话质量
45	安静	10	很好
55	稍吵	3.5	好
65	吵	1.2	较困难
75	很吵	0.3	困难
85	太吵	0.1	不可能

(4)对心理影响。噪声会引起烦恼，使人激动、易怒、甚至失去理智。因噪声干扰引发民间纠纷等事件是常见的。吵闹环境中，儿童智力发育比安静环境中低 20%。

2.噪声源分析及评价标准的确定

噪声来源是多方面的。大中型水利水电工程施工噪声便是其中的一种。在工程开工后，由于大量施工机械涌入，各种机械设备的运转，如挖掘机、凿岩台车、冲击钻、推土机、破碎机、筛分机等，各种交通工具的使用，均会形成噪声源。有些机械产生的噪声比较大，而且持续时间长，有的则是连续数年，有的则昼夜施工，对周边群众的生产生活影响很大。

目前，我国还没有关于水利水电工程施工区噪声影响评价标准，只能参考《工业企业厂界噪声标准》(GB 12348—2008)和《声环境质量标准》(GB 3096—2008)来分析确定。

城市区域各类标准的适用区域：

0 类标准适用于指康复疗养区等特别需要安静的区域。

1 类标准适用于以居民住宅、医疗卫生、文化教育、科研设计、行政办公为主要功能，需要保持安静的区域。

2 类标准适用于指以商业金融、集市贸易为主要功能，或者居住、商业、工业混杂，需要维护住宅安静的区域。

3 类标准适用于以工业生产、仓储物流为主要功能，需要防止工业噪声对周围环境产生严重影响的区域。

4 类标准适用于指交通干线两侧一定距离之内，需要防止交通噪声对周围环境产生严重影响的区域，包括 4a 类和 4b 类两种类型。4a 类为高速公路、一级公路、二级公路、城市快速路、城市主干路、城市次干路、城市轨道交通(地面段)、内河航道两侧区域；4b 类为铁路干线两侧区域。

水利水电工程施工期间的噪声分为两类，一为固定声源，二为流动声源。固定声源的(砂石料加工系统)噪声标准采用 2 类标准，即昼间为 60dB(A)，夜间为 50dB(A)。流动声源采用《工业企业厂界环境噪声排放标准》(GB 12348—2008)4 类标准，即昼间为 70dB(A)，夜间为 55dB(A)。

3.预测模型与结果分析

(1)固定声源噪声

①预测模型

水利水电工程施工场地的固定声源,主要为砂石料加工系统,其噪声可用点源模型进行预测。

②结果及分析

噪声的计算需要具体目标,这里以小浪底水利枢纽工程为例进行分析。根据小浪底工程施工布置,固定声源主要集中在Ⅰ标马粪滩反滤料场和Ⅱ标连地骨料场。按照1m处源强噪声的实测值120dB(A)及《声环境质量标准》(GB 3096—2008)中2类标准,即昼间60dB(A),夜间50dB(A),计算得砂石料加工系统,昼间噪声污染距离1000m,夜间噪声污染距离3162m。

通过现场监测,在1000m和3162m处,噪声基本为标准的临界值。经调查,1000m和3162m范围内分布有一座小学和少部分居民,噪声将会对学生正常听课和居民的休息产生影响。

(2)流动声源噪声

①预测模型

水利水电工程施工区交通道路边界噪声,采用单车种单边道模型进行预测:

$$L_{eq} = L_A + 10\lg N - 10\lg 2rV = 25.4 + \Delta L$$

式中,L_{eq}——等效声级,dB(A);

L_A——测点距行车中心线7.5m时的噪声级,dB(A);

V——机动车行车速度,km/h;

ΔL——鸣笛噪声,dB(A);

r——假设车辆集中道路中心线,则r应为路宽的一半,m;

N——车流量,辆/h;

②结果及分析。根据机动车辆噪声标准,当测点距行车中心线7.5m时,重型车L_A为82dB(A),轻型车为73dB(A),考虑最差情况,预测L_A取82dB(A);仍以小浪底工程为例,根据施工现场车辆的统计,机动车行车速度为40km/h;鸣笛噪声为2dB(A);小浪底施工道路宽10m,则r为5m。车流量采用实测值120辆/h。经计算得出,L_{eq}为104dB(A),已超出交通道路两侧为昼间小于70dB(A),夜间小于55dB(A)的标准。经调查,小浪底施工区9号路在连地段的周围有村民居住,施工交通噪声将会对这些村民产生影响。

三、声污染防治措施

噪声虽然对人有害,但噪声并不可怕,是可采取措施消除或降低分贝数。当然,噪声的防治措施与工程所在地的条件、工程自身特点、影响区域内敏感点的性质、位置、规模等因素有关。但一般可考虑以下对策与措施:

(1)源头控制:对噪声进行源头控制,是指生产厂家从机器设备的设计开始,一直到制造完成,全过程采用无声和设备符合噪声标准。这是最积极防治噪声的办法。

(2)建造声屏障:在噪声强的区域,可采用吸声砖、加气混凝土等建造隔音墙,或栽植绿化林带,通过吸收部分声音,或减弱声音,达到降低噪声的效果。

(3)调整施工布置:通过调整施工总布置,使产生噪声的机械远离敏感点或居民区。如果施工布置不好调整,则可考虑调整临噪声源一侧建筑物的使用功能。也可采取搬迁处理。

(4)安装消声装置:在空气动力设备的气流通道上,装上消声器,以阻止声音的传播。另外,也可采取一些个人防护措施。如对现场人员发放耳塞、耳罩等,这些辅助措施,也有一定的防声效果。

(5)加强管理:除了对一些车辆或设备采取消声措施外,还需要建立一些控制噪声的规章制度,并严格监督执行。这样,噪声的干扰就可减小或消除。

参考文献

1.蔡建安,王诗生,郭丽娜.环境质量评价与系统分析[M].合肥:合肥工业大学出版社,2014

2.马太玲,张江山.环境影响评价[M].武汉:华中科技大学出版社,2009

3.李淑芹,孟宪林.环境影响评价[M].北京:化学工业出版社,2011

4.杨仁斌.环境影响评价[M].北京:中国农业出版社,2006

5.程声通.环境系统分析教程(第二版)[M].北京:化学工业出版社,2012

6.李祚泳.环境质量评价原理和方法[M].北京:化学工业出版社,2004

7.李勇.环境影响评价[M].南京:河海大学出版社,2012

8.国家环保部.环境影响评价技术导则　声环境(HJ2.4—2009)[S]

9.国家质量技术监督局.声学　户外声传播衰减(第1部分:大气声吸收的计算)(GB/T 17247.1—2000)[S]

10.国家质量技术监督局.声学　户外声传播衰减(第2部分:一般计算方法)(GB/T 17247.2—1998)[S]

第十章　固体废物环境影响评价

【本章要点】

建设项目在建设和运行阶段都会产生固体废物,对环境造成不同程度的影响。固体废物环境影响评价是确定拟开发行动或建设项目建设和运行过程中固体废物的种类、产生量,对人群和生态环境影响的范围和程度,提出处理处置方法,避免、消除和减少其影响的措施。本章介绍了固体废物的定义和分类,固体废物环境影响评价类型、特点以及相关标准,生活垃圾填埋场的环境影响评价,固体废物的管理制度与体系,固体废物污染的控制对策。

第一节　固体废物的基本概念

一、固体废物的定义和分类

(一)固体废物定义

固体废物指在生产、生活和其他活动中产生的丧失原有利用价值或者虽未丧失利用价值但被抛弃或者放弃的固态、半固态和置于容器中的气态的物品、物质以及法律、行政法规规定纳入固体废物管理的物品、物质。

(二)固体废物的分类

固体废物种类繁多,按废物来源可分为城市固体废物、工业固体废物和农业固体废物。按其污染特性可分为一般废物和危险废物。

1.城市固体废物:居民生活、商业活动、市政建设与维护、机关办公等过程产生的固体废物,一般分为:生活垃圾、建筑垃圾、商业固体废物和粪便。

2.工业固体废物:在工业生产活动中产生的固体废物,主要包括冶金工业固体废物、能源工业固体废物、石油化学工业固体废物、矿业固体废物、轻工业固体废物及其他工业固体废物。

3.农业固体废物:农业生产、畜禽粪便、农副产品加工所产生的废物,如农作物秸秆和农用薄膜等。

4.危险废物:除放射性废物外,具有毒性(急性毒性和浸出毒性)、易燃性、反应性、腐蚀性、爆炸性和传染性等危险特性,因而可能对人类的生活环境产生危害的废物。危险废物是指列入《国家危险废物名录》或是根据国家规定的危险废物鉴别标准和鉴别方法认定的具有危险性的废物。

于 2008 年 8 月 1 日实施的《国家危险废物名录》列出了 49 类危险废物类别、废物来源、废物代码、废物危险特性、常见危险废物组分和废物名称,共 400 多种,明确了医疗废物属于 HW01 号危险废物。

现行的危险废物鉴别执行《危险废物鉴别技术规范》(HJ/T 298—2007)和《危险废物鉴别标准》(GB 5085—2007),其包括 7 项鉴别标准,分别为《危险废物鉴别标准　腐蚀性鉴别》(GB 5085.1—2007)、《危险废物鉴别标准　急性毒性初筛》(GB 5085.2—2007)、《危险废物鉴别标准　浸出毒性鉴别》(GB 5085.3—2007)、《危险废物鉴别标准　易燃性鉴别》(GB 5085.4—2007)、《危险废物鉴别标准　反应性鉴别》(GB 5085.5—2007)、《危险废物鉴别标准　毒性物质含量鉴别》(GB 5085.6—2007)、《危险废物鉴别标准　通则》(GB 5085.7—2007)。

新化学物质应符合《新化学物质申报类名编制导则》(HJ/T 420—2008)。

二、固体废物的特点

数量巨大、种类繁多、成分复杂;固体废物具有鲜明的时间和空间特征,是在错误的时间放在错误地点的资源;富集多种污染成分的终态,污染环境的"源头";危害具有潜伏性、长期性和灾难性。

三、固体废物对环境的影响

(一)对大气环境的影响

固体废物在堆放和处理过程中会产生有害气体,若不加以妥善处理对大气环境造成不同程度的影响。露天堆放和填埋的固体废物会由于有机组分的分解而产生沼气。一方面沼气中的氨气、硫化氢、甲硫醇等的扩散会造成恶臭的影响;另一方面沼气的主要成分 CH_4 气体是一种温室气体,其温室效应是 CO_2 的 21 倍;CH_4 在空气中含量达到 5%～15%时很容易发生爆炸,对生命安全造成很大威胁。

另外,堆放的固体废物中的细微颗粒、粉尘等可随风飞扬,从而对大气环境造成污染。据研究表明:当发生 4 级以上的风力时,在粉煤灰或尾矿堆表层的粒径为 1～1.5cm 以上的粉末将出现剥离,其飘扬的高度可达 20～50m 以上。在季风期间可使平均视程降低 30%～70%。堆放的固体废物中的细微颗粒、粉尘等可随风飞扬,从而对大气环境造成污染。

一些有机固体废物,在适宜的湿度和温度下被微生物分解,能释放出有害气体,可以不同程度上产生毒气或恶臭,造成地区性空气污染。固体废物在焚烧过程中会产生粉尘、酸性气体、二噁英也会对大气环境造成污染。采用焚烧法处理固体废物,已成为有些国家大气污染的主要污染源之一。据报道,有的发达国家的固体废物焚烧炉,约有 2/3 由于缺乏空气净化装置而污染大气,有的露天焚烧炉排出的粉尘在接近地面处的浓度达到 $0.56g/m^3$。我国的部分企业,采用焚烧法处理塑料排出 Cl_2、HCl 和大量粉尘,也造成严重的大气污染。而一些工业和民用锅炉,由于收尘效率不高造成的大气污染更是屡见不鲜。

(二)对水环境的影响

固体废物对水环境的污染途径有直接污染和间接污染两种。直接污染是把水体作为固废的接纳体;间接污染是固废在堆积过程中,经过自身分解和雨水淋溶产生的渗滤液流入江河、湖泊和渗入地下而导致地面水和地下水的污染。在世界历史范围内有不少国家直接将固废倾倒于河流、湖泊或海洋,甚至把海洋当成处置固废的场所之一。固废弃置于水体,将使水质直接受到污染,严重危害水生物的生存条件,并影响水资源的利用。

此外,向水体倾倒固体废物还将缩减江河湖面有效面积,使其排洪和灌溉能力降低。在陆地堆积的或简单填埋的固废,经过雨水的浸渍和废物本身的分解,将会产生含有有害化学物质的渗滤液,会对附近地区的地表及地下水系造成污染。

(三)对土壤环境的影响

固体废物对土壤的环境影响有两个方面。第一个影响是废物堆放、贮存和处置过程中,其中有害组分容易污染土壤。土壤是许多细菌、真菌等微生物聚居的场所。这些微生物与其周围环境构成一个生态系统,在大自然的物质循环中,担负着碳循环和氮循环的一部分重要任务。工业固废特别是有害固废,经过风化、雨雪淋溶、地表径流的侵蚀,产生高温和有毒液体渗入土壤,能杀害土壤中的微生物,改变土壤的性质和土壤结构,破坏土壤的腐解能力,导致草木不生。第二个影响是固废堆放需要占用土地。固废的任意露天堆放,不但占用一定土地,而且其累积的存放量越多,所需的面积也越大,如此一来,势必使可耕地面积短缺的矛盾加剧。

第二节　固体废物环境影响评价的主要内容及特点

一、环境影响评价的类型和内容

固体废物的环境影响评价主要分为两个大类。第一类是对一般工程项目产生的固体废物,由产生、收集、运输、处理到最终处置的环境影响评价;第二类是对处理、处置固体废物设施建设项目(如一般工业废物的存储、处置场,危险废物存储场所,生活垃圾填埋场,生活垃圾焚烧厂,危险废物填埋场,危险废物焚烧厂等)的环境影响评价。

对第一类环境影响评价的内容主要包括三个方面。第一是污染源调查。根据调查结果,要给出包括固体废物的名称、组分、形态、数量等内容的调查清单,应按一般工业固废和危险废物分别列出。第二是污染防治措施的论证。根据工艺过程、各个产出环节提出防治措施,并对防治措施的可行性加以论证。第三是提出最终处理措施方案,如综合利用、填埋、焚烧等。并应包括对固体废物搜集、贮运、预处理等,全过程的环境影响及污染防治措施。

对第二类环境影响评价的内容,则是根据处理处置的工艺特点,依据《环境影响评价技术导则》及相应的污染控制标准,进行环境影响评价。在这些工程项目污染物控制标准中,对厂(场)址选择、污染物控制项目、污染物排放限制等都有相应的规定,是环境影响评价必须严格予以执行的。将以生活垃圾填埋场为例,较为全面地介绍固体废物环境影响评价方法。

二、固体废物环境影响评价的特点

(一)固体废物环境影响评价必须重视贮存和运输过程,执行《固体废物处理处置工程技术导则》(HJ 2035—2013)。一方面,由于国家要求对固体废物污染实行由产生、收集、贮存、运输、预处理直至处置全过程控制,在环境影响评价中必须包括所建设项目涉及的各个过程。另一方面,为了保证固体废物处理、处置设施的安全稳定运行,必须建立一个完整的收、贮、运系统,即在环境影响评价过程中收集、贮存、运输是与处理、处置设施构成一个整体。且贮存可能对地表径流和地下水产生影响,运输可能对运输路线周围环境敏感目标造成影响,因此,固体废物环境影响评价必须要重视贮存和运输过程。

(二)固体废物环境影响评价没有固定的评价模型。对于废水、废气、噪声等的环境影响评价都有固定的数学模型或物理模型,而固体废物的环境影响评价则不同,它没有固定的评价模型,由于固体废物对环境的危害是通过水体、大气、土壤等介质体现出来的,这就决定了固体废物环境影响评价对水体、大气、土壤等环境影响评价的依赖性。

三、固体废物环境影响评价的相关标准

(一)《一般工业固体废物贮存、处置场污染控制标准》(GB 18599—2001)

1. 标准中的相关定义与分类

一般工业固体废物系指未被列入《国家危险废物名录》(2008.08)或根据国家

规定的《危险废物鉴别标准》(GB 5085—2007)和《固体废物进出毒性　浸出方法翻转法》(GB 5086.1—1997)及《固体废物监测方法标准》(GB/T 15555—1995)判定不具有危险特性的工业固体废物,可分为:

第Ⅰ类一般工业固体废物:按照 GB 5086.1—1997 规定方法进行浸出试验而获得的浸出液中,任何一种污染物的浓度均未超过 GB 8978 最高允许排放浓度,且pH 值在 6~9 范围之内的一般工业固体废物。

第Ⅱ类一般工业固体废物:按照 GB 5086 规定方法进行浸出试验而获得的浸出液中,有一种或一种以上的污染物浓度超过《污水综合排放标准》(GB 8978—2002)最高允放排放浓度,或是 pH 值在 6~9 范围之外的一般工业固体废物。

贮存、处置场划分为Ⅰ和Ⅱ两个类型:堆放第Ⅰ类一般工业固体废物的贮存、处置场为第一类,简称Ⅰ类场;堆放第Ⅱ类一般工业固体废物的贮存、处置场为第二类,简称Ⅱ类场。

2.厂址选择的硬性要求

Ⅰ类场和Ⅱ类场的共同要求:所选场址应符合当地城乡建设总体规划要求;应依据环境影响评价结论确定场址的位置及其与周围人群的距离,并经具有审批权的环境保护行政主管部门批准,并可作为规划控制的依据。

在对一般工业固体废物贮存、处置场场址进行环境影响评价时,应重点考虑一般工业固体废物贮存、处置场产生的渗滤液以及粉尘等大气污染物等因素,根据其所在地区的环境功能区类别,综合评价其对周围环境、居住人群的身体健康、日常生活和生产活动的影响,确定其与常住居民居住场所、农用地、地表水体、高速公路、交通主干道(国道或省道)、铁路、飞机场、军事基地等敏感对象之间合理的位置关系。

应选在满足承载力要求的地基上,以避免地基下沉的影响,特别是不均匀或局部下沉的影响。应避开断层、断层破碎带、溶洞区,以及天然滑坡或泥石流影响区。禁止选在江河、湖泊、水库最高水位线以下的滩地和洪泛区。禁止选在自然保护区、风景名胜区和其他需要特别保护的区域。

Ⅰ类场的其他要求:应优先选用废弃的采矿坑、塌陷区。

Ⅱ类场的其他要求:应避开地下水主要补给区和饮用水源含水层。应选在防渗性能好的地基上。天然基础层地表距地下水位的距离不得小于 1.5m。

3.污染控制监测项目

渗滤液及其处理后的排放水:应选择一般工业固体废物的特征组分作为控制项目。

地下水:贮存、处置场投入使用前,以《地下水质量标准》(GB/T 14848—1993)规定的项目为控制项目,使用过程中和关闭或封场后的控制项目,可选择所贮存、处置的固体废物的特征组分。

大气：贮存、处置场以颗粒物为控制项目，其中属于自燃性煤矸石的贮存、处置场，以颗粒物和 SO_2 为控制项目。

(二)《生活垃圾填埋场污染控制标准》(GB 16889—2008)

1. 生活垃圾填埋场选址的环境保护要求

生活垃圾填埋场的选址应符合区域性环境规划、环境卫生设施建设规划和当地的城市规划。

生活垃圾填埋场场址不应选在城市工农业发展规划区、农业保护区、自然保护区、风景名胜区、文物(考古)保护区、生活饮用水水源保护区、供水远景规划区、矿产资源储备区、军事要地、国家保密地区和其他需要特别保护的区域内。

生活垃圾填埋场选址的标高应位于重现期不小于 50 年一遇的洪水位之上，并建设在长远规划中的水库等人工蓄水设施的淹没区和保护区之外。拟建有可靠防洪设施的山谷型填埋场，并经过环境影响评价证明洪水对生活垃圾填埋场的环境风险在可接受范围内，规定的选址标准可适当降低。

生活垃圾填埋场场址的选择应避开下列区域：破坏性地震及活动构造区；活动中的坍塌、滑坡和隆起地带；活动中的断裂带；石灰岩溶洞发育带；废弃矿区的活动塌陷区；活动沙丘区、海啸及涌浪影响区；湿地；尚未稳定的冲积扇及冲沟地区；泥炭及其他可能危及填埋场安全的区域。

生活垃圾填埋场场址的位置及与周围人群的距离应依据环境影响评价结论确定，并经地方环境保护行政主管部门批准。

2. 污染物排放控制要求

水污染物排放控制要求：生活垃圾填埋场应设置污水处理装置，生活垃圾渗滤液(含调节池废水)等污水经处理并符合标准规定的污染物排放控制要求后，可直接排放。现有和新建生活垃圾填埋场自 2008 年 7 月 1 日起执行表 10 - 1 规定的水污染物排放质量浓度限值。2011 年 7 月 1 日前，现有生活垃圾填埋场无法满足表 10 - 1 规定的水污染物排放质量浓度限值要求的，满足以下条件时可将生活垃圾渗滤液送往城市二级污水处理厂进行处理：生活垃圾渗滤液在填埋场经过处理后，总汞、总镉、总铬、Cr^{6+}、总砷、总铅等污染物质量浓度达到表 10 - 1 规定的质量浓度限值；城市二级污水处理厂每日处理生活垃圾渗滤液总量不超过污水处理量的0.5%，并不超过城市二级污水处理厂额定的污水处理能力；生活垃圾渗滤液应均匀注入城市二级污水处理厂；不影响城市二级污水处理厂的污水处理效果；2011年 7 月 1 日起，现有全部生活垃圾填埋场应自行处理生活垃圾渗滤液并执行表 10 - 1 规定的水污染排放质量浓度限值。

表 10-1 现有和新建生活垃圾填埋场水污染物排放质量浓度限值

序号	控制污染物	排放质量浓度限值	污染物排放监控位置
1	色度(稀释倍数)	40	常规污水处理设施排放口
2	COD(mg/L)	100	常规污水处理设施排放口
3	BOD(mg/L)	30	常规污水处理设施排放口
4	悬浮物 SS(mg/L)	30	常规污水处理设施排放口
5	TN(mg/L)	40	常规污水处理设施排放口
6	$NH_4^+ - N(mg/L)$	25	常规污水处理设施排放口
7	TP(mg/L)	3	常规污水处理设施排放口
8	粪大肠菌群数(个/L)	10000	常规污水处理设施排放口
9	总汞(mg/L)	0.001	常规污水处理设施排放口
10	总镉(mg/L)	0.01	常规污水处理设施排放口
11	总铬(mg/L)	0.1	常规污水处理设施排放口
12	Cr^{6+}(mg/L)	0.05	常规污水处理设施排放口
13	总砷(mg/L)	0.1	常规污水处理设施排放口
14	总铅(mg/L)	0.1	常规污水处理设施排放口

根据环境保护工作要求,在国土开发密度已经较高、环境承载能力开始减弱或环境容量较小,生态环境脆弱,易发生严重环境污染问题而需要采取特别保护措施的地区,应严格控制生活垃圾填埋场的污染物排放行为,在上述地区的现有和新建生活垃圾填埋场执行表 10-2 规定的水污染物特别排放限值。

表 10-2 现有和新建生活垃圾填埋场水污染物特别排放限值

序号	控制污染物	排放质量浓度限值	污染物排放监控位置
1	色度(稀释倍数)	30	常规污水处理设施排放口
2	COD(mg/L)	60	常规污水处理设施排放口
3	BOD(mg/L)	20	常规污水处理设施排放口
4	悬浮物 SS(mg/L)	30	常规污水处理设施排放口
5	TN(mg/L)	20	常规污水处理设施排放口
6	$NH_4^+ - N(mg/L)$	8	常规污水处理设施排放口

（续表）

序号	控制污染物	排放质量浓度限值	污染物排放监控位置
7	TP(mg/L)	1.5	常规污水处理设施排放口
8	粪大肠菌群数(个/L)	10000	常规污水处理设施排放口
9	总汞(mg/L)	0.001	常规污水处理设施排放口
10	总镉(mg/L)	0.01	常规污水处理设施排放口
11	总铬(mg/L)	0.1	常规污水处理设施排放口
12	Cr^{6+}(mg/L)	0.05	常规污水处理设施排放口
13	总砷(mg/L)	0.1	常规污水处理设施排放口
14	总铅(mg/L)	0.1	常规污水处理设施排放口

CH_4 排放控制要求：填埋工作面上 2m 以下高度范围内 CH_4 的体积分数应不大于 0.1%。生活垃圾填埋场应采取 CH_4 减排措施，当通过导气管道直接排放填埋气体时，导气管排放口的 CH_4 的体积分数不大于 5%。生活垃圾填埋场在运行中应采取必要的措施防止恶臭物质的扩散。在生活垃圾填埋场周围环境敏感点方位的场界的恶臭污染物质量浓度应符合《恶臭污染物排放标准》(GB 14554—1993)的规定。生活垃圾转运站产生的渗滤液经收集后，可采用密闭运输送到城市污水处理厂处理、排入城市排水管道进入城市污水处理厂处理或自行处理等方式。排入环境水体、排入未设置污水处理厂或设置城市污水处理厂的排水管网，应在转运站内对渗滤液进行处理，总汞、总镉、总铬、Cr^{6+}、总砷、总铅等污染物质量浓度达到表 9-1 规定的质量浓度限值，其他水污染物排放控制要求由企业与城镇污水处理厂根据其污水处理能力商定或执行相关标准。

第三节　生活垃圾填埋场的环境影响评价

处理与处置固体废物的设施主要有垃圾填埋场、垃圾焚烧场、危险废物填埋场、危险废物焚烧场。对于这类建设项目的环境影响评价，应根据处理与处置的工艺特点，依据相应环境影响评价技术导则，执行相应的污染控制标准进行环境影响评价，这些标准对厂(场)址选择、污染控制项目、污染物排放限值等都有相应的规定，是环境影响评价必须严格执行的。不同的固体废物处理与处置设施建设项目的环境影响评价内容略有不同,这里以生活垃圾填埋场为例进行说明。

一、垃圾填埋场的主要污染源

(一)垃圾渗滤液

城市生活垃圾填埋场渗滤液是一种高污染负荷且表现出很强的综合污染特征、成分复杂的高浓度有机废水,其性质在一个相当大的范围内变动。一般说来,城市生活垃圾填埋场渗滤液 pH 值为 $4\sim9$,COD 浓度为 $2000\sim62000mg/L$,BOD浓度为 $60\sim45000mg/L$,BOD/COD 值较低,可生化性差。重金属浓度和市政污水中重金属浓度基本一致。通常,填埋场渗滤液的来源由直接落入填埋场的降水(包括降雨和降雪)、进入填埋场的地表水、进入填埋场的地下水和处置废物中含水等组成。

鉴于填埋场渗滤产生量及其性质的高度动态变化特性,评价时应选择有代表性的数值。一般来说,渗滤液的水质随填埋场使用年限的延长将发生变化。垃圾填埋场渗滤液通常可根据填埋场"年龄"分为两大类:"年轻"填埋场(填埋时间在 5年以下)渗滤液的水质特点是:pH 较低,BOD 及 COD 浓度较高,色度大,且 BOD/COD 值较高,同时各类重金属离子浓度也较高(因较低 pH 值);"年老"的填埋场(填埋时间一般在 5 年以上)渗滤液主要水质特点:pH 值接近中性或弱碱性(一般在 $6\sim8$),BOD 及 COD 浓度较低,而 $NH_4^+ - N$ 的浓度高,重金属离子浓度则开始下降(因此,阶段 pH 值开始下降,不利于重金属离子的溶出),渗滤液的可生化性差。

(二)填埋场释放气体

填埋场释放气体由主要气体和微量气体两部分组成。城市生活垃圾填埋场产生的气体主要为 CH_4 和 CO_2,还含有少量的 CO、H_2、H_2S、NH_3、N_2 和 O_2 等,接受工业废物的城市生活填埋场垃圾其气体中还可能含有微量挥发性有毒气体。填埋场释放气体中的微量气体量很小,但成分多。国外通过对大量填埋场释放气体取样分析,发现 116 种有机成分,其中许多为挥发性有机组分(VOCs)。

二、垃圾填埋场的主要环境影响

运行中的填埋场,对环境的影响主要包括:填埋场渗滤液泄漏或处理不当对地下水及地表水的污染;填埋场产生的气体排放对大气的污染、对公众健康的危害及可能产生的爆炸对公众安全的威胁;填埋场的存在对周围景观的不利影响;填埋场作业及垃圾堆体对周围地质环境的影响,如造成滑坡、崩塌、泥石流等;填埋场机械噪声对公众的影响;填埋场滋生的害虫、昆虫、啮齿动物及在填埋场觅食的鸟类和其他动物可能传播疾病;填埋场垃圾中的塑料袋、纸张及尘土等在未来得及覆土压实情况下可能飘出场外,造成环境污染和景观破坏;流经填埋场区的地表径流可能受到污染。

封场后的填埋场,对环境的影响减小,但填埋场植被恢复过程种植于填埋场顶部覆盖层上的植物可能受到污染。

三、垃圾填埋场环境影响评价的主要工作内容

根据垃圾填埋场建设及排污特点,环境影响评价工作具有多而全的特征,主要工作内容涉及场址合理性论证、环境质量现状调查、工程污染因素调查、大气环境和水环境影响预测与评价、污染防治措施制定等。

(1)场址选择评价:主要是评价拟选场地是否符合选址标准,方法是根据场地自然条件,采用选址标准逐项进行评判。评价重点是场地水文地质条件、工程地质条件、土壤自净能力等。

(2)自然、环境质量现状评价:主要评价拟选场地及其周围的空气、地表水、地下水、噪声等自然环境质量状况。方法一般是根据监测值与各种标准,采用单因子和多因子综合评判法。

(3)工程污染因素分析:主要是分析填埋场建设过程中和建成投产后可能产生的主要污染源、污染物及其数量、种类和排放方式等。方法一般有计算、类比、经验计算等。

(4)施工期影响评价:评价施工期场地内排放生活污水,各类施工机械产生的机械噪声、振动及二次扬尘对周围地区产生的环境影响。

(5)水环境影响预测与评价:主要评价填埋场衬里结构安全性及渗滤液排出对周围水环境的影响。正常排放对地表水影响和非正常渗漏对地下水影响。

(6)大气环境影响预测与评价:主要评价填埋场释放气体及恶臭对环境的影响。释放气体:根据排气系统的结构,预测和评价排气系统的可靠性、排气利用的可能性及排气对环境的影响,预测模型可采用地面源模型。恶臭:评价运输、填埋过程中及封场后可能对环境的影响,评价时要根据垃圾分类,预测各阶段臭气产生位置、种类、浓度及影响范围。

(7)噪声环境影响预测与评价:评价垃圾运输、场地施工、垃圾填埋操作、封场各阶段由各种机械产生的振动和噪声对环境的影响。

(8)污染防治措施:渗滤液的治理和控制措施及填埋场衬里破裂补救措施;释放气的导排或综合利用措施及防臭措施;减振防噪措施。

(9)环境经济损益分析:计算评价污染防治设施投资及所产生的经济、社会、环境效益。

(10)其他评价项目:结合填埋场周围的土地、生态情况,对土壤、生态、景观等

进行评价;对洪涝特征年产生的过量渗滤液及垃圾释放气体因物理、化学条件异变而产生垃圾爆炸等进行风险事故评价。

四、大气污染物排放强度计算

（一）实际产气量计算

填埋场实际产气量由于受到多种因素的影响要比理论产气量小得多。如食品和纸类等有机物通常被视为可降解有机物,但其中少数物质在填埋场环境中有惰性,很难降解,如木质素等;且木质素的存在还将降低有机物中纤维素和半纤维素的降解。再如理论产气量假设了除 CH_4 和 CO_2 外,无其他含碳化合物产生,而实际上,部分有机物被微生物生长繁殖所消耗,形成细胞物质。除此之外,填埋场的实际环境条件也对产气量有着重要的影响,如温度、含水率、营养物质、有机物未完成降解、产生渗滤液造成有机物损失和填埋场的作业方式等。因此,填埋场实际产气量是在理论产气量中去掉微生物消耗部分、去掉难降解部分和因各种因素造成产气量损失或产气量降低部分之后的产气量。

生物降解度是在填埋场环境条件下,有机物中可生物降解部分的含量。据有关资料报道,植物厨渣、动物厨渣、纸的生物降解度分别为 66.7%、77.1%、52.0%。取细胞物质的修正系数为 50%,因各种因素造成实际产气量降低了40%,也即实际产气量的修正系数为 60%。

（二）产气速率计算

填埋场气体的产气速率是在单位时间内产生的填埋场气体总量,单位:m^3/a。一般采用一阶产气速率动力学模型(School Canyon 模型)进行填埋场产气速率的计算:

$$q(t)=kY_0\exp(-kt) \tag{10-1}$$

式中,t——时间,从填埋场开始填埋垃圾时刻算起,a;

$\quad\quad q$——单位气体产生速率,$m^3/(t \cdot a)$;

$\quad\quad Y_0$——垃圾的实际产量,m^3/a;

$\quad\quad k$——产气速率常数,a^{-1}。

式(10-1)是 1a 时间内的单位产气速率。对于运行期为 N 年的城市生活垃圾填埋场,产气速率可通过叠加得到,即

$$R(t)=\sum_{i=1}^{M}Wq_i(t)=kWQ_0\sum_{i=1}^{M}\exp\{-k[t-(i-1)]\} \tag{10-2}$$

式中,$R(t)$——t 时刻填埋场产气速率,m^3/a;

$\quad\quad Q_0$——$t=0$ 时的实际产气量,m^3/t;

M——年数,若填埋场运行年数为 N 年,则当 $t<N$ 年,$M=t$;当 $t>N$ 年,$M=N$。

当垃圾中有多种可降解有机物时,还应把不同降解有机物的产气速率叠加起来,得到填埋场垃圾总的产气速率。有机物的降解速率常数可通过其降解反应的半衰期 $t_{1/2}$ 加以确定,即

$$k=\frac{\ln2}{t_{1/2}} \tag{10-3}$$

实验证明,动植物厨渣 $t_{1/2}$ 为 $1\sim4a$,一般取 $2a$。纸类 $t_{1/2}$ 区间为 $10\sim25a$,一般取 $20a$。因此,动植物厨渣和纸类的降解速率常数通常定为 $0.346a^{-1}$ 和 $0.0346a^{-1}$。

(三)污染物排放强度

在扣除回收利用的填埋气体或收集焚烧处理的填埋气体后,剩余的就是直接释放进入大气的填埋气体速率,然后乘以气体中所评价污染物的浓度,就可确定该种污染物的排放强度。

填埋场恶臭气体的预测和评价通常选择 H_2S、NH_3 作为预测评价因子。此外,填埋场产的 CO 也是重要的环境空气污染源,预测因子中也包括了 CO。

H_2S、NH_3 和 CO 在填埋场气体中的含量范围通常小于理论计算值,原因是垃圾中的氮并不能全部转化为氨,而根据国内外垃圾填埋场的运行经验,产出气体中 H_2S、NH_3 和 CO 的含量一般分别为 $0.1\%\sim1.0\%$,$0.1\%\sim1.0\%$ 和 $0.0\%\sim0.2\%$,因此在预测评价中,考虑到我国城市生活垃圾中有机成分较少,NH_3、H_2S 含量取为 0.4%,CO 取最高限为 0.2%。

(四)渗滤液对地下水污染预测

填埋场渗滤液对地下水的影响评价较为复杂,一般除需要大量的资料外还需要通过复杂的数学模型进行计算分析。这里主要根据降雨入渗量和填埋场垃圾含水量估算渗滤液的产生量;从土壤自净、吸附、弥散能力及有机物自身降解能力等方面,定性和定量地预测填埋场渗滤液可能对地下水产生的影响。

1. 渗滤液产生量

受垃圾含水量、填埋场区降雨情况及填埋作业区大小的影响很大;同时受到场区蒸发量、风力、场地地面情况和种植情况等因素影响。最简单的估算方法是假设整个填埋场的剖面含水率在所考虑的周期内等于或超过其相应田间持水率,用水量平衡法进行计算,即

$$Q=(W_P-R-E)A_a+Q_L \tag{10-4}$$

式中,Q——渗滤液的年产生量,m^3/a;

W_P——年降水量，m^3；

R——年地表径流量，m^3，$R=C\times W_P$，C 为地表径流系数，无量纲；

E——年蒸发量，m^3；

A_a——填埋场地表面积，m^2；

Q_L——垃圾产水量，m^3。

2. 渗滤液渗漏量

对于一般的废物堆放场，未设置衬层的填埋场或虽底部结构部分为黏土层渗漏层渗透系数和厚度满足标准，但无渗滤液收排系统的简单填埋场，渗滤液的产生量就是渗滤液通过包气带土层进入地下水的渗滤量。

对于设有衬层、排水系统的填埋场，通过填埋场地向下渗的渗滤液渗漏量为

$$Q_{渗漏量}=AK_s\frac{d+h_{max}}{d} \qquad (10-5)$$

式中，d——衬层的厚度，cm；

K_s——衬层的渗透系数，cm/s；

A——填埋场底部衬层面积；

h_{max}——填埋场底部最大积水深度。

显然，虽然填埋场衬层的渗透系数大小是影响渗滤液向下渗漏速率的重要因素，但并不是唯一因素。还必须评价渗滤液收排系统的设计是否有足够高的收排效率，能有效排出填埋场底部的渗滤液，尽可能减少渗滤液积水深度。

就填埋场衬层的渗透系数取值来说，即使对于采用渗透系数分别为 10^{-12} cm/s 和 10^{-12} cm/s 的高密度聚乙烯（HDPE）和黏土组成的复合衬层，也不能就采用 10^{-12} cm/s 作为衬层渗透系数值去进行评价。原因是高密度聚乙烯在运输、施工和填埋过程中不可避免会出现针孔和小孔，甚至发生破裂等。确定这种复合衬层渗透系数的最简单方法，是用高密度聚乙烯膜上破损面积所占比例乘以下面黏土衬层的渗透系数。

3. 防治地下水污染的工程屏障和地质屏障评价

固体废物，特别是危险废物和放射性废物最终处置的基本原则是合理地、最大限度地使其与自然和人类环境隔离，减少有毒有害物质释放进入地下水的速率和总量，将其在长期处置过程中对环境的影响减至最低程度。为达目的所依赖的天然环境地质条件，称为天然防护屏障，所采取工程措施则称为工程防护屏障。

不同废物有不同的安全处置期要求。通常，城市生活垃圾填埋场的安全处置期在 $30\sim40a$，而危险废物填埋场的安全处置期大于 $100a$。

渗滤液实际渗流速度：为确定渗滤液中污染物通过场底垂直向下迁移的速度和穿过包气带及潜水层的时间，需要确定渗滤液在衬层和各土层中的实际渗流

速度。

污染物迁移速度:污染物在衬层和包气带土层中的迁移是由于地下水的运动速度,污染物与介质之间吸附/解吸、离子交换、化学沉淀/溶解和机械过滤等多种物理化学反应共同作用所致,其迁移路线与地下水的运移路线基本相同。

填埋场工程屏障评价:填埋场衬层系统是防止废物填埋处置污染环境的关键工程屏障。根据渗滤液收集系统、防渗系统和保护层、过滤层的不同组合,填埋场的衬层系统有不同的结构,如单层衬层系统、复合衬层系统、双层衬层系统和多层衬层系统等。要求的安全填埋处置时间越长,所选用的衬层就应该越好。应重点评价填埋场所选用的衬层(类型、材料、结构)防渗性能及其在废物填埋需要的安全处置期内的可靠性是否满足:封闭渗滤液于填埋场之中,使其进入渗滤液收集系统;控制填埋场气体的迁移,使填埋场气体得到有控制释放和收集及防止地下水进入填埋场中,增加渗滤液的产生量。

渗滤液穿透衬层的所需时间,通常是用于评价填埋场衬层工程屏障性能的重要指标,一般要求应大于 30a。

填埋场址地质屏障评价:一般来说,在含水层中的强渗透性砂、砾、裂隙岩层等地质介质对有害物质具有一定的阻滞作用,但由于这些矿物质的表面吸附能力一再因吸附量的增大而减弱。此外,地下水径流量的变化,对有害物质的阻滞作用不可能长时间存在,因而含水层介质不能被看作是良好的地质屏障。只有渗透性非常低的黏土、黏结性松散岩石和裂隙不发育的坚硬岩石有足够的屏障作用。包气带的地质屏障中作用大小取决于介质对渗滤液中污染物阻滞能力和该污染物在地质介质中的物理衰变、化学或生物降解作用。

显然,地质介质的屏障作用可分为三种不同类型:

隔断作用:在不透水的深地层岩石层内处置的废物,地质介质的屏障作用可将所处置废物与环境隔断。

阻滞作用:对于在地质介质中只被吸附的污染物质,虽其在此地质介质中的迁移速度小于地下水的运移速度,所需的迁移时间比地下水的运移时间长,但此地质介质层的作用只是使该污染物进入环境的时间延长,所处置废物中的污染物质,最终会大量进入到环境中来。

去除作用:对于在地质介质中既被吸附,又会发生衰变或降解的污染物质,只要该污染物在此地质介质层内有足够的停留时间,就可使其穿透此介质后的浓度达到所要求的低浓度。

第四节　固体废物的管理制度与体系

一、固体废物的管理制度

(一)废物的交换制度

一个行业或企业的废物可能是另一个行业或企业的原料。通过信息系统对固体废物进行交换,这种废物交换已不同于一般意义上的废物综合利用,二是利用信息技术实行废物资源合理配置的系统工程。

(二)废物审核制度

废物审核制度是对废物从产生、处理到处置、排放实行全过程监督的有效手段。主要内容:废物合理产生的估量;废物流向和分配及监测记录;废物处理和转化;废物有效排放和废物总量核算;废物从产生到处置的全过程评估。

废物审核结果可及时判断工艺的合理性,发现操作过程中是否有跑、冒、滴、漏或非法排放。有助于改善工艺、改进操作,实现废物最小量化。

(三)申报登记制度

为使环境保护主管部门掌握工业固体废物和危险废物的种类、产生量、流向以及对环境的影响等情况,有效地防治工业固体废物和危险废物对环境的污染,《中华人民共和国固体废物污染环境防治法》(2005.04)要求实施工业固体废物和危险废物申报登记制度。

(四)排污收费制度

根据《中华人民共和国固体废物污染环境防治法》(2005.04)规定:"企业事业单位对其产生的不能利用或者暂时不利用的工业固体废物,必须按照国务院环境保护主管部门的规定建设贮存或处置的设施、场所。"这样,任何单位都被禁止向环境排放固体废物。固体废物排污费的交纳,则是对那些在按照规定和环境保护标准建成工业固体废物贮存或者处置的设施、场所或经改造这些设施、场所达到环境保护标准之前产生的工业固体废物而言。

(五)许可证制度

废物的储存、转运、加工处理特别是处置实行经营许可证制度。经营者原则上应独立于生产者,经营者和经营人员必须经过专门的培训,并经考核取得专门的资格证书,经营者必须持有专门的废物管理机构发放的经营许可证,并接受废物管理机构的监督检查。废物经营实行收费制,促使废物最小量化。

(六)建立废物信息系统和转移跟踪制度

废物从产生起到最终处置的每个环节实行申报、登记、监督跟踪管理。废物产生者和经营者要对所有产生的废物名称、时间、地点、生产厂家、生产工艺、废物种类、组成、数量、物理化学特性和加工、处理、转移、储存、处置及对环境的影响向废物管理机构进行申报、登记,所有数据和信息都存入信息系统并实行跟踪。管理部门对废物业主和经营者进行监督管理和指导。

二、固体废物的管理体系

体系是以环境保护主管部门为主,结合有关的工业主管部门以及建设主管部门共同对固体废物实行全过程管理。为实现固体废物的"三化",各主管部门在职权范围内,建立相应的管理体系和管理制度。

各级环境保护主管部门工作职责有:制定有关固体废物管理的规定、规则和标准;建立固体废物污染环境的监测制度;审批产生固体废物的项目以及假设贮存、处置固体废物的项目的环境影响评价;验收、监督和审批固体废物污染环境防治设施的"三同时"及其关闭、拆除;对与固体废物污染环境有关的单位进行现场检查;对固体废物的转移、处置进行审批、监督;进口可用作原料的废物的审批。

国务院有关部门、地方人民政府有关部门工作职责有:对所管辖范围内的有关单位的固体废物污染环境防治工作进行监督管理;对造成固体废物严重污染环境的企事业单位进行限期治理;制定防治工业固体废物严重污染环境的技术政策,组织推广先进的防治工业固体废物污染环境的生产工艺和设备;组织、研究、开发和推广减少工业固体废物产生量的生产工艺和设备,限期淘汰产生严重污染环境的工业固体废物的落后生产工艺、落后设备;制定工业固体废物污染环境防治工作规划;组织建设工业固体废物和危险废物贮存、处置设施。

各级人民政府环境卫生行政主管部门工作职责有:组织制定有关城市生活垃圾管理的规定和环境卫生标准;组织建设城市生活垃圾的清扫、贮存、运输和处置设施、并对其运转进行监督管理;对城市生活垃圾的清扫、贮存、运输和处置经营单位进行统一管理。

第五节　固体废物控制措施

一、固体废物控制的主要原则

（一）"三化"原则

"三化"原则是指对固体废物的污染防治采用减量化、资源化、无害化的指导思想和基本战略。

1.减量化：意味采取措施，减少固体废物的产生量，最大限度地合理开发资源和能源，是治理固体废物污染环境的首先要求和措施。就我国而言，应当改变粗放经营的发展模型，鼓励和支持开展清洁生产，开发和推广先进的技术和设备。就产生和排放固体废物的单位和个人而言，法律要求其合理地选择和利用原材料、能源和其他资源，采用可使废物产生量最少的生产工艺和设备。

2.资源化：指对已产生的固体废物进行回收加工、循环利用或其他再利用等，即废物综合利用，使废物经过综合利用后直接变为产品或转化为可供再利用的二次原料，实现资源化不但减轻固废危害，还可减少浪费，获得经济效益。

3.无害化：指对已产生但又无法或暂时无法进行综合利用的固体废物进行对环境无害或低危害的安全处理、处置，还包括尽可能地减少其种类、降低危险废物的有害浓度，减轻和消除其危险特征等，以此防止、减少或减轻固体废物的危害。

（二）全过程管理原则

是指对固体废物的产生、运输、贮存、处理和处置的全过程及各个环节上都实行控制管理和开展污染防治工作，这一原则又形象地被称为从"摇篮"到"坟墓"的管理原则，固废环境管理是一项集体活动，废物产生者、承运者、贮存者、处置者和有关过程中的其他操作者都要分担责任。

（三）固废分类，优先管理危险废物的原则

固体废物种类繁多，危害特性与方式各有不同，因此，应根据不同废物的危害程度与特性区别对待，实行分类管理。

《中华人民共和国固体废物污染环境防治法》(2005.04)中第三章第二节明确规定：政府经济主管部门负责工业固废产生，运输贮存、综合利用的管理，促进清洁生产。环境主管部门负责监督工业固废可能产生和产生的污染环境行为，杜绝工业固废向环境排放。

《中华人民共和国固体废物污染环境防治法》(2005.04)中第三章第三节对城市生活垃圾污染环境的防治，明确了人民政府环境卫生行政主管部门的责任，并且明确了建设部门对清运建筑垃圾的责任。

对含有特别严重危害性质的危险废物，实行严格控制的优先管理，对其污染防治提出比一般废物的污染防治更为严厉的特别要求和实行特殊控制，在固体废物污染环境防治法中对危险废物的污染防治专辟一章，做出严格的特别规定，来体现优先管理的原则。

（四）鼓励集中处置的原则

根据国内外固体废物污染防治的经验，对固体废物的处置，采取社会化区域性控制的形式，不仅可从整体上改善环境质量，又可较少地投入获得尽可能大的效益，还利于监督管理。《中华人民共和国固体废物污染环境防治法》(2005.04)规定国家鼓励支持有利于保护环境的集中处置固体废物的措施,集中处置的形式多样,其中主要是建设区域专业性集中处置设施,如医疗垃圾集中焚烧炉及危险废物区域性专业处置场所等。

二、固体废物的处理与处置

(一)一般固体废物的处理技术

1.压实技术:压实是一种通过对废物实行减容化、降低运输成本、延长填埋寿命的预处理技术,压实是一种普遍采用的固体废弃物的预处理方法,如汽车、易拉罐、塑料瓶等通常首先采用压实处理,适于压实,减少体积处理的固体废弃物;不宜采用压实处理:某些可能引起操作问题的废弃物,如焦油、污泥或液体物料,一般也不宜作压实处理。

2.破碎技术:为使进入焚烧炉、填埋场、堆肥系统等废弃物的外形减小,必须预先对固体废弃物进行破碎处理,经过破碎处理的废物,由于消除了大的空隙,不仅尺寸大小均匀,且质地均匀,在填埋过程中压实。固体废弃物的破碎方法很多,主要有冲击破碎、剪切破碎、挤压破碎、摩擦破碎等。此外还有专有的低温破碎和湿式破碎等。

3.分选技术:是实现固体废物资源化、减量化的重要手段,通过分选将有用的充分选出来加以利用,将有害的充分分离出来;另一种是将不同粒度级别的废弃物加以分离,分选的基本原理是利用物料的某些性方面的差异,将其分离开。分选包括手工拣选、筛选、重力分选、磁力分选、涡电流分选和光学分选等。

4.固化处理技术:是指通向废弃物中添加固化基材,使有害固体废物固定或包容在惰性固化基材中的一种无害化处理过程,经过处理的固化产物应具有良好的抗渗透性、良好的机械性以及抗浸出性、抗干湿、抗冻融特性,固化处理根据固化基材的不同可分为水泥固化、沥青固化、玻璃固化及胶结固化等。

5.焚烧和热解技术:焚烧法是固体废物高温分解和深度氧化的综合处理过程,优点:大量有害的废料分解而变成无害的物质。但缺点:投资较大,焚烧过程排烟造成二次污染,设备锈蚀现象严重等。

热解是将有机物在无氧或缺氧条件下高温(1000℃～1200℃)加热,使之分解为气、液、固三类产物,与焚烧法相比,热解法是更有前途的处理方法,最显著优点:基建投资少,且热解后产生的气体可作燃料。

6.生物处理技术:是利用微生物对有机固体废物的分解作用使其无害化可以使有机固体废物转化为能源、食品、饲料和肥料,还可用来从废品和废渣中提取金属,是固体废物资源化的有效的技术方法,目前应用比较广泛的有:堆肥、制沼气、废纤维素制糖、废纤维生产饲料和生物浸出等。

（二）一般固体废物的处置方式

固体废物处置是指最终处置或安全处置，是固体废物污染控制的末端环节，是解决固体废物的归宿问题。一些固体废物经过处理和利用，总还会有部分残渣存在，且很难再加以利用，这些残渣可能又富集了大量有毒有害成分；还有些固体废物，目前尚无法利用，将长期地保留在环境中，是一种潜在的污染源。为了控制其对环境的污染，必须进行最终处置，使之最大限度地与生物圈隔离。

以往，"处置"是指无控地"将固体废物排放、堆积、注入、倾倒、泄入任意的土地上或水体中，使这些废物进入环境"，很少考虑其长期的不利影响。随着环境法规的完善，向水体倾倒和露天堆弃等无控处置被严格禁止，故今天所说的"处置"是指"安全处置"。

固体废物处置方法包括海洋处置和陆地处置两大类。

（1）海洋处置：海洋处置主要分海洋倾倒与远洋焚烧两种方法。近年来，随着人们对保护环境生态重要性认识的加深和总体环境意识的提高，海洋处置已受到越来越多的限制。

（2）陆地处置：陆地处置包括土地耕作、工程库或贮留池贮存、土地填埋以及深井灌注等。其中土地填埋法是最常用方法。

1.农用：即利用表层土壤的离子交换、吸附、微生物降解及渗滤液浸出、降解产物的挥发等综合作用机制处置固体废物的一种方法。具有工艺简单、费用适宜、设备易于维护、对环境影响很小、能够改善土壤结构、增长肥效等优点，主要用于处置含盐量低、不含毒物、可生物降解的固体废物。

如污泥和粉煤灰施用于农田作为一种处理方法已引起重视。生产实践和科学研究工作证明，施污泥、粉煤灰于农田可肥田，起到改良土壤和增产作用。

2.土地填埋处置：是从传统的堆放和填埋处置发展起来的一项最终处置技术。因其工艺简单、成本较低、适于处置多种类型的废物，目前已成为一种处置固体废物的主要方法。

土地填埋处置种类很多，采用的名称也不尽相同。按填埋地形特征可分为山间填埋、平地填埋、废矿坑填埋；按填埋场的状态可分为厌氧填埋、好氧填埋、准好氧填埋；按法律可分为卫生填埋和安全填埋等。随填埋种类的不同其填埋场构造和性能也有所不同。一般来说，填埋主要包括：废弃物坝、雨水集排水系统（含浸出液体集排水系统、浸出液处理系统）、释放气处理系统、入场管理设施、入场道路、环境监测系统、飞散防止设施、防灾设施、管理办公室和隔离设施等。

卫生土地填埋适于处置一般固体废物。用卫生填埋来处置城市垃圾，不仅操作简单，施工方便，费用低廉，还可同时回收 CH_4 气体，目前在国内外被广泛采用。在进行卫生填埋场地选择、设计、建造、操作和封场过程中，应着重考虑防止浸出液的渗漏、降解气体的释出控制、臭味和病原菌的消除、场地的开发利用等主要问题。

3.深井灌注处置:指把液体注入地下与饮用水和矿脉层隔开的可渗性岩层内。一般废物和有害废物可采用深井灌注方法处置。但主要还是用来处置那些实践证明难于破坏、难于转化、不能采用其他方法处理或采用其他方法费用昂贵的废物。深井灌注处置前,需使废物液化,形成真溶液或乳浊液。

深井灌注处置系统的规划、设计、建造与操作主要分废物的预处理、场地的选择、井的钻探与施工以及环境监测等阶段。

思考题

1.什么是固体废物? 固体废物是如何分类的?

2.什么是危险废物? 危险废物的特性有哪些?

3.固体废物环境影响评价的类型、内容和特点。

4.垃圾填埋场的主要环境影响有哪些?

5.垃圾填埋场环境影响评价包括哪些主要内容?

6.固体废物有哪些管理原则和管理制度?

7.简述固体废物污染控制的主要措施。

拓展阅读

某市城市生活垃圾卫生填埋场工程环境影响评价报告书

一、建设项目的名称及概要

项目名称:某市城市生活垃圾无害化处理场工程。

项目概况:该项目远期总征地面积共 563 亩,其中近期工程占地 318.58 亩。远期库容 630 万 m^3,远期日处理规模 423t/d,服务年限 36 年;近期库容 210 万 m^3,日处理规模 370t/d,使用年限为 14 年,服务范围为该市城区。工程建设主要内容包括:垃圾填埋主体工程,渗滤液收集及处理工程,填埋气收集及处理工程、生活设施工程,道路工程,输配电工程等内容。项目近期工程计划总投资 12146 万元。本工程拟采用卫生填埋方法,采用分区、分单元逐日填埋覆盖的填埋工艺。防渗系统采用高密度聚乙烯(HDPE)土工膜水平防渗工艺。填埋场填埋气体采用"收集—燃烧净化"的方式进行。填埋场渗滤液采取"污水处理站处理—达标排放"的方式进行,经处理达标后排入周围地表水。项目建成后将有助于改善该市生活垃圾处理现状,改善该市生产生活需要,改善投资和旅游环境的需要,有利于该市的可持续发展。

二、环境质量现状评价

环境空气:拟建项目场址周围地区环境空气的各评价因子现状监测结果表明:各因子均可达到《环境空气质量标准》(GB 3095—2012)二级标准限值要求;

地表水:现状监测结果表明,周围甲流域各监测断面监测指标值均满足《地表水环境质量标准》(GB 3838—2002)Ⅱ类标准,乙河、丙河监测断面监测指标值均满足《地表水环境质量标准》(GB 3838—2002)Ⅲ类标准的要求;

地下水:地下水现状评价结果表明,各项水质指标均达到《地下水环境质量标准》(GB/T

14848—1993)Ⅲ类标准限值要求,评价区域地下水的水质状况良好;

声环境:拟建项目所在区域声环境质量良好,各监测点的噪声值均满足《声环境质量标准》(GB 3096—2008)1类标准要求。

三、环境影响预测评价

1. 环境空气

正常工况下:叠加背景浓度后,敏感点 SO_2 的小时地面浓度最大值为 0.046775mg/Nm^3,占标率达 9.36%;敏感点 H_2S 的小时地面浓度最大值为 0.009644mg/Nm^3,占标率达 96.44%,出现在下风向 800m;敏感点 NH_3 的小时地面浓度最大值为 0.180052mg/Nm^3,未发生超标,出现在与主导风向西垂直方向 850m;SO_2 日均浓度最大值 0.024105mg/Nm^3,占标率 16.07%;SO_2 年均浓度最大值 0.005532mg/Nm^3,占标率 9.22%,由此可知,项目运营期间以上各污染物贡献浓度对其他敏感点影响较小。

非正常工况条件下,填埋区 NH_3、H_2S 的小时贡献浓度最大值分别为 0.413707mg/m^3、0.02102mg/m^3,对应的占标率分别为 206.85%、210.20%,大部分环境敏感点贡献值均出现超标现象。由此可见,非正常工况条件下周边敏感点受填埋区恶臭的影响较大。

通过计算得出:本工程防护距离为 500m,位于本项目卫生防护距离内有 1 户 3 人。须对垃圾填埋场 500m 范围内的住户(1 户 3 人)进行搬迁安置,确保垃圾填埋场项目顺利实施。

2. 地表水

本项目产生的垃圾渗滤液及生活污水等经场区污水处理站处理后的尾水中各水质指标均满足《生活垃圾填埋场污染控制标准》(GB 16889—2008)的要求限值,经过处理后全部排入西大沟,本项目排放的水量较小且水质可达标排放,故尾水不会对西大沟水质产生明显不利影响。

3. 地下水

由工程分析内容可知,该工程采取了防渗措施,在正常填埋情况下,库区内不会对场区周围地下水产生太大的影响。但由于渗滤液处理后的尾水就近排入羊皮沟,枯水季节羊皮沟断流,尾水在流入西大沟的过程中发生跑、冒、滴、漏现象后对沿途的土壤产生一定影响。

4. 声环境

厂界四周昼间噪声均达到《工业企业厂界环境噪声排放标准》(GB 12348—2008)1类标准要求;项目周边敏感点昼间噪声均达到《声环境噪声标准》(GB 3096—2008)1类标准。由此可见,本项目噪声对周围环境没有造成明显影响。

四、预防或减轻不良影响的对策和措施

1. 大气污染防治措施

对于废气的污染防治,通过采取气体收集系统和填埋气处理系统后,填埋场的废气被有效收集并焚烧处理后排放;同时辅以经常打扫、冲洗路面,建植防护林,及时覆盖当日垃圾等措施后,对周围空气环境不会产生明显的不利影响。

2. 废水污染防治措施

对于本项目,拟建项目渗滤液、填埋场生活污水及生产废水经场区渗滤液处理站采用"外置式 MBR+单级 DTRO(碟管式反渗透)"处理工艺处理后,其出水水质可满足于《生活垃圾填埋污染控制标准》(GB 16889—2008)中表 2 标准限值要求及《农田灌溉水质标准》(GB 5084—2005)限值要求。

3.声污染防治措施

对于噪声的污染控制,通过加强施工过程的管理、合理安排作业时间、选用低噪声设备等措施后,本项目对周围的声环境不会产生不利影响。

经过本评价预测分析,本项目在污水处理站、填埋气体处理系统正常运转,各项污染防治措施实施后,垃圾填埋场对周围地下水环境、地表水环境、环境空气、声环境、农业生态、敏感人群健康均不会产生明显的不利影响。

四、环境影响评价结论要点

本项目拟建于××市××镇××村六组,拟建项目符合《××市城市总体规划(2011—2030)》中环保规划相关要求、符合《××镇土地利用总体规划(2010—2020年)》及《××市环境保护十二五规划》要求,拟选场址具有可行性,本项目实施后,在建设单位充分落实本报告中提出的各项环保措施及相关环境风险应急措施的情况下,运营时所排放的各项污染物可做到达标排放,周围环境质量可控制在可接受范围,从环境保护角度分析,本项目建设可行。

参考文献

1.马太玲,张江山.环境影响评价[M].武汉:华中科技大学出版社,2009

2.李淑芹,孟宪林.环境影响评价[M].北京:化学工业出版社,2011

3.杨仁斌.环境影响评价[M].北京:中国农业出版社,2006

4.程声通.环境系统分析教程(第二版)[M].北京:化学工业出版社,2012

5.李祚泳.环境质量评价原理和方法[M].北京:化学工业出版社,2004

6.李勇.环境影响评价[M].南京:河海大学出版社,2012

7.国家环境保护总局,国家质量监督检验检疫总局.一般工业固体废物贮存、处置场污染控制标准(GB 18599—2001)[S]

8.国家环境保护总局,国家质量监督检验检疫总局.生活垃圾填埋场污染控制标准(GB 16889—2008)[S]

第十一章　土壤环境影响评价

【本章要点】

通过本章的学习,了解土壤环境影响评价的工作程序和技术方法。重点掌握是土壤污染和土壤退化的现状评价,土壤环境影响的识别方法,土壤污染和土壤退化的预测模式,土壤环境影响评价内容和方法。

第一节　土壤特征及其主要影响因素

土壤是位于地球陆地表面,具有肥力、能生长植物的疏松表层。它是由岩石风化而成的矿物质、动植物残体腐解产生的有机质以及水分、空气等组成。在环境系统中,土壤和水、空气、岩石和生物之间,以及土壤子系统内部,都能不断地进行着物质与能量的交换。土壤圈层是与人类关系最密切的一种环境要素。

一、土壤的主要特征

最重要特征是土壤具有肥力,除此之外,土壤环境还具有缓冲性、同化和净化性能。这些特性使得土壤成为人类社会生存发展的一种重要资源,也使土壤在稳定和保护人类生存环境中起着重要的作用。

土壤肥力是土壤为植物生长供应和协调营养条件与环境条件的能力。它是土壤物理、化学、生物等性质的综合反映。土壤中各个肥力因素(水、肥、气、热)是相互联系和相互制约的。良好的作物生长必须要求诸肥力因素同时存在和互相协调。土壤中水、肥、气、热的协调能力,主要决定于土体构型和耕层土壤结构。

正是由于土壤具有肥力这个特性,才使得土壤具有巨大的生产能力。据估计,在地球大气层上界垂直于太阳光的平面上所接受的太阳辐射能约为 $8.4kJ/(cm^2 \cdot min)$,这叫太阳常数。天空晴朗时大约有 80% 的能量能够到达地面,云层浓密时只有不到 45% 的能量能到达地面,而大约 42% 为云和尘反射,约 10% 为臭氧、水汽及其他气体分子所吸收。平均只有大约 0.1% 能为植物所固定并转化为化学能。地表陆地生态系统每年产生的有机干物质约为 $(1.6\sim6)\times10^{12}t$,所储存的化学能约相当于

$(2.5\sim6.3)\times10^{19}$ kJ。陆地生物物质中以植物物质最多,动物物质还不到植物的1%,微生物大体与动物相当。植物物质中又以森林多于草本,后者仅为前者的1/10。植物作为初级生产者,它所形成的有机物中的 15%～75% 为其自身的呼吸作用所消耗。在生态系统的逐级能量利用中,植物物质位于"金字塔"的最底部,其上是各级动物和微生物。而土壤是绿色植物生长的基地,所有陆生生物都仰赖于土壤的这种巨大的生产能力。

土壤肥力的这种独特的性质来源于两个方面的作用:一个方面可在气候、生物等自然因素作用下形成,是土壤周围自然诸要素共同作用的结果;另一个方面与人为的措施有关,可在耕种、施肥、灌排等人为因素作用下形成。

土壤具有缓冲性,因而能抵抗、减缓土壤中酸性物质和碱性物质的作用,对大气降水和气温有调节和缓冲的作用,并有调节和平衡向大气环境中释放 CO_2、CH_4、N_2O、SO_2 等温室气体的能力。

土壤具有净化功能,土壤是一个多相的疏松多孔体。存在多种性质的化合物、无机及有机胶体和微生物,能与进入土壤的有毒有害物质,通过物理的、化学的、物理化学的和生物学的多种过程和作用,使有毒有害物质在土壤中的浓度、数量或活性、毒性降低。

土地处理系统主要根据土壤的缓冲性和净化功能,利用土壤特性及其中的微生物和植物根系对污水和污泥以及固体废弃物进行净化处理。土壤是土地处理系统中的主体部分。土壤中有毒有害物质的输入、积累与土壤的自净作用是两个方向相反、同时存在的过程,在正常情况下两者处于动态平衡状态,此时不会发生土壤污染,但在输入土壤的有毒有害物质数量和速度超过土壤的自净能力时,打破了这种动态平衡,使有毒有害物质的积累占据优势,则可发生土壤污染,导致土壤正常功能失调、土壤环境质量下降。对土壤的利用不当可加速土壤的退化和破坏。

二、影响土壤环境质量的主要因素

影响土壤环境质量的因素很多,这里仅从建设项目对土壤环境的影响分析,主要包括土壤污染和土壤退化、破坏两个方面。

(一)建设项目影响土壤环境污染的因素

1. 建设项目类型:如有色金属冶炼厂或矿山,主要污染物为重金属和酸性物质;如化学工业或油田,则主要污染物为矿物油和其他有机物;而以煤为能源的火电厂,主要污染物为粉煤灰等固体废弃物。

2. 污染物性质:污染物性质不同,影响环境的程度各异。重金属中的 Hg、Cd 和有机物中的多环芳烃,远比其他重金属和其他有机物毒害重,影响深。

3. 污染源特点:工业污染源一般多为点源,污染局限和影响范围较小,而农业污染源或交通污染源分别为面源和线源,污染面较宽,影响范围较大。

4. 污染源排放强度:一般与污染程度和污染范围呈正相关。

5. 污染途径:污染物通过大气或水体传输、扩散或通过大气干、湿沉降进入土壤,污染地域较宽。而以垃圾、污泥等固体废物进入土壤,则污染范围相对较小。

以上这些因素,均与污染源直接相关,属影响土壤污染的决定性因素。

6. 土壤所在区域的环境条件以及土壤类型和特性:土壤所在区域的环境条件,一方面影响污染物进入土壤的速度、浓度和范围,同时也制约着土壤的演化,决定了土壤的类型和性质,从而影响到土壤污染的程度。碱性土壤,可缓冲酸性沉降物质的酸度。富含有机质和质地较黏重的土壤,一般对重金属有较强的吸附作用,具有较大的环境容量。微生物数量多,活性强的土壤,对农药等有机污染物有较强的降解作用。但这些因素只能缓和或减轻土壤污染的程度,属影响污染的从属性因素。

(二)影响土壤退化、破坏的主要因素

包括自然因素和人为因素。

纯粹由自然因素引起的土壤沙化、盐渍化、沼泽化和土壤侵蚀,主要在干旱、洪涝、狂风、暴雨、火山、地震等自然灾变爆发的情况下发生,在正常的自然状态下,土壤退化、破坏现象难以出现或不明显。

人为因素能引发严重的土壤退化和破坏,其中主要是限于人类认识土壤自然体及其与环境条件关系的水平,在利用土壤及其环境条件时,存在着盲目性。主要表现在农业生产和工矿、交通及其他事业的发展中。

在农业生产中,如草原土壤地区,盲目追求牲畜产量,放牧过度,牧草破坏,会引起土壤沙化。平原地区,为追求粮食高产,盲目发展灌溉,引起地下水位升高,会发生土壤沼泽化,如地下水矿化度较高,还会发生土壤次生盐渍化。丘陵、山地,土壤垦殖过度,林木破坏,可导致土壤侵蚀。

工矿、交通及其他事业生产,一般来说,均要占用土地,减少土壤资源,改变土壤利用方向,同时影响土壤环境条件,打破各成土因素之间的协调与平衡,改变土壤发育方向,导致土壤退化和破坏。水库和灌渠建设,可能引起库岸和渠道附近地下水位抬升,促使土壤沼泽化发展,在干旱和半干旱化地区,地下水矿化度较高的情况下还可能使土壤发生盐渍化。而厂房、道路、矿山,特别是露采矿山的建设,均要开挖、剥离土壤,破坏植被,有可能引发土壤侵蚀,造成严重的土壤破坏,并促进附近土壤向沙化发展。

第二节 土壤及其环境现状的调查

一、土壤及其环境现状调查

（一）区域自然环境特征的调查

1. 地质地貌：地质主要包括区域地层、岩性、地质构造等基本情况；地貌特征主要包括地貌类型（如山地、丘陵、平原、盆地等）和形态特征（如坡度、坡长等）。

2. 气象气候：主要包括该区域内的风向和风速、气温、降水、蒸发等及干旱、湿润等气候类型和气象要素。

3. 水文状况：主要包括地面水和地下水两个方面。对地面水情况的调查主要包括区域水系的分布、河湖水文及其时空变化情况；地下水的调查包括区域水文地质及地下水的类型、水化学状况等。

4. 植被状况：包括区域植被类型、结构、分布及其特点及植被覆盖度等。

对区域自然环境特征的调查应主要用资料收集的方法。

（二）区域社会经济状况的调查

1. 人口状况：人口数量、密度、分布状况、职业和年龄结构等。

2. 经济状况：产业结构、各产业生产总值及人均产值、国民收入状况等。

3. 交通状况：区域内部及与外界联系的主要交通运输方式、交通干线、流通量等。

4. 文教卫生状况：文教卫生主要设施、居民受教育程度、健康状况、有无地方病及发病率等。

（三）区域土壤类型特征的调查

1. 成土母质：成土母岩和成土母质类型。

2. 土壤类型：土壤名称、分布面积及其所占比例、分布规律等。

3. 土壤组成：土壤矿物质、土壤有机质，氮、磷、钾三要素和主要微量元素的含量。

4. 土壤特性：土壤 pH、Eh、土壤质地、阳离子交换量（CEC，Cation Exchange Capacity）及盐基饱和度、土壤结构等。对土壤类型特征调查应采用资料收集和现场调查相结合方法。

二、土壤环境质量分类

根据土壤应用功能和保护目标，划分为三类。

Ⅰ类：主要适用于国家规定的自然保护区（原有背景重金属含量高的除外）、集中式生活饮用水源地、茶园、牧场和其他保护地区的土壤，土壤质量基本上保持自然背景水平。这一类土壤中的重金属含量基本上处于自然背景水平，不致使植物体发生过多的积累，并使植物含量基本上保持自然背景水平。自然保护区土壤应保持自然背景水平，纳入Ⅰ类环境质量要求；但某些自然保护区（如地质遗迹类型），原有背景重金属含量较高，则可除外，不纳入Ⅰ类要求。为了防止土壤对地面水或地下水源的污染，集中式生活饮用水源地的土壤按Ⅰ类土壤环境质量来要求。对于其他一些要求土壤保持自然背景水平的保护地区土壤，也按Ⅰ类要求。

Ⅱ类：主要适用于一般农田、蔬菜地、茶园、果园、牧场等土壤，土壤质量基本上不对植物和环境造成危害和污染。这一类土壤中的有害物质（污染物）对植物生长不会有不良的影响，植物体的可食部分符合食品卫生要求，对土壤生物特性不致恶化，对地面水、地下水不致造成污染。一般农田、蔬菜地、果园等土壤纳入Ⅱ类土壤环境质量要求。

鉴于一些植物茎叶对有害物质富集能力较强，有可能使茶叶或牧草超过茶叶卫生标准或饲料卫生标准，可根据茶叶、牧草中有害物质残留量，确定茶园、牧场土壤纳入Ⅰ类或Ⅱ类土壤环境质量。

Ⅲ类：主要适用于林地土壤及污染物容量较大的高背景值土壤和矿产附近等地的农田土壤（蔬菜地除外）。土壤质量基本上不对植物和环境造成危害和污染。Ⅲ类尽管规定标准值较宽，但也是要求土壤中的污染物对植物和环境不造成危害和污染。一般说来，林地土壤中污染物不进入食物链，树木耐污染能力较强，故纳入Ⅲ类环境质量要求。原生高背景值土壤、矿产附近等地土壤中的有害物质虽含量较高，但这些土壤中有害物质的活性较低，一般不造成对农田作物（如蔬菜除外）和环境危害与污染，可纳入Ⅲ类。若监测有危害或污染，则不可采用Ⅲ类。

三、土壤环境质量标准分级

1. 一级标准

为保护区域自然生态，维护自然背景的土壤环境质量的限制值。Ⅰ类土壤环境质量执行一级标准。

2. 二级标准

为保障农业生产，维护人体健康的土壤限制值。Ⅱ类土壤环境质量执行二级标准。

3. 三级标准

为保障农林生产和植物正常生长的土壤临界值。Ⅲ类土壤环境质量执行三级标准。

四、土壤环境质量现状评价

土壤环境质量一般是指在一个具体的环境内，土壤环境对人群和其他生物的生存和繁衍以及社会经济发展的适宜程度。"环境污染"问题在 20 世纪 70 年代提出后，常用环境质量的好坏来表示环境受到污染的程度。

（一）土壤环境现状调查与评价

1. 土壤污染源调查

土壤污染是指人类活动产生的污染物进入土壤，使得土壤环境质量已经发生或可能发生恶化，对生物、水体、空气或/和人体健康产生危害或可能有危害的现象。土壤污染主要体现于其对受体的可能污染危害或实际污染危害，而不是其污染物含量多寡。由于不同场地的污染源、土壤、受体等的差别性，因而土壤污染危害具有显著的场地差别性特点。与其他环境介质相比较，土壤污染的场地差别性，是远远地超过大气或水体的。

土壤污染源可分为人为污染源和自然污染源两种类型，其中，人为污染源又分为工业污染源、农业污染源与生活污染源。

工业污染源多属点源污染，通过"三废"向环境中排放污染物，对土壤污染往往是间接的。因此，应重点调查通过"三废"排放进入土壤的污染物种类、数量、途径。

农业污染源主要与农业生产过程有关，污染物主要是农业生产过程中向土壤中施入的化肥、农药、农用地膜、污泥和垃圾肥料等，应对其来源、成分及施用量进行调查，还要对污水灌溉的情况进行调查。

对自然污染源的调查主要是酸性水、碱性水、铁锈水、矿泉水中所含主要污染物及岩石、矿带出现背景值异常的元素含量。

2. 土壤环境污染监测

土壤环境污染监测主要包括采样点选择、样品收集、样品制备和样品分析等内容。

（1）布点

要考虑调查区内土壤类型及其分布，土地利用及地质地貌条件、污染类型等，并且在操作时，要使样点的空间分布均匀并有一定密度，以保证调查结果的代表性和精度。

一般按网格法布点。这种方法布点较多，分布均匀，有利于今后的数据整理工作，但工作量相对较大。在土壤类型较复杂的地区，可根据土壤类型布点；也可根据不同的污染发生类型布点。

（2）采样

取样地点应代表所在的整个田块的土壤，不要取田边、路边或肥堆夯土，按表层取样时,应多点取样均匀混合,使土样有代表性。土壤剖面取样时,只单点分层取样即可。

表层取样,要根据田块具体情况选择取样点,一般采用以下五种形式:

①对角线取样:适宜污水灌溉的田块,由田块的进水口向对角引一斜线,在对角线上取 3～5 个点;

②梅花型取样:适宜于面积较小,地势平坦,土壤较均匀的团块,一般采 5～10 个样点;

③棋盘式取样:适宜于中等面积,地势平调,地形较方正,但土壤不均匀的水污染型土壤的田块,一般取 10 个以上样点;

④蛇型取样和随机取样:适用于面积较大,地势不平坦块,采样点较多;

⑤扇型采样:适宜于在工厂周围的大气型污染的田块。

(3)样品制备:土样运回实验室,摊在塑料薄膜或搪瓷盘内,风干后,去除杂物,用木棍在木板上碾细,过 10 目尼龙筛。将过筛样品用四分法取 100g 左右,用玻璃研钵研磨,再过 100 目尼龙筛,然后分装,备用。

(4)样品分析:按照已选定分析项目和方法,对制备好的土样进行分析,注意分析过程的质量控制和数据处理的统一性。

3.评价因子的选择

一般选取的基本因子如下:

(1)重金属及其他有毒物质:汞、镉、铅、锌、铜、铬、镍、砷、氟及氰等;

(2)有机毒物:酚、DDT、六六六、石油、3,4-苯并芘、三氯乙醛及多氯联苯等。

此外,还可选取一些附加因子,主要包括有机质、土壤质地、酸度、石灰反应、氧化还原电位等。根据需要和可能,也可选取代换量、可溶盐、重金属不同价态的含量等。这些附加因子可反映土壤污染物质的积累、迁移和转化特征,可用来帮助研究土壤污染物的运动规律,但不参与评价。

4.评价标准的确定

(1)土壤环境背景值:判断土壤环境是否已受污染最常用的标准是土壤环境背景值。土壤环境背景值是指一定区域,一定时期,未受污染破坏的土壤中化学元素的含量。

目前,人类活动与现代工业发展的影响已遍布全球,真正的土壤自然背景值已很难确定;土壤环境背景值,不仅含有自然背景部分,还可能含有一些面源污染物(如大气污染物漂移沉降等)。土壤环境背景值受自然条件,尤其是成土母质和成土作用等的影响大,具有显著的区域性特点。若因高背景含量而造成对受体的危害,可称为土壤原生危害,而不称为土壤污染危害。

(2)土壤临界含量:指植物中的化学元素的含量达到卫生标准,或使植物显著减产时土壤中该化学元素的含量。当土壤中污染物达临界含量时,将严重影响人群健康,土壤已严重污染。

(3)其他标准:在土壤环境背景值与土壤临界含量之间,可拟定进一步反映土壤污染程度的标准,如土壤的轻度污染标准可根据植物的初始污染值来确定。植物的初始污染是指植物吸收与积累土壤中的污染物,致使植物体内的污染物含量超过当地同类植物的含量。土壤上种植的植物达初始污染时土壤中污染物的含量,即是土壤轻度污染的标准。也有取土壤环境背景值和临界含量之间的中位值,或土壤环境背景值加3倍标准差作为轻度污染标准。

5.评价模式与指数分级:评价模式包括单因子评价和多因子综合评价两种。

(1)单因子评价:指分别计算各项污染物的污染指数。污染指数的计算有两种方法:

①单元型污染指数:确定单个土壤质量参数污染情况。

$$P_i = \frac{\rho_i}{s_i} \qquad (11-1)$$

式中,P_i——土壤中污染物 i 的污染指数;

ρ_i——土壤中污染物 i 的实测浓度,mg/kg;

s_i——污染物 i 的评价标准,mg/kg。

②分级型污染指数:根据土壤和作物中污染物累积的相关数量计算污染指数,再根据污染指数判定污染等级。具体计算及等级确定方法如下:

$$\rho_i \leqslant X_a, P_i = \frac{\rho_i}{X_a} \qquad (11-2)$$

$$X_a < \rho_i \leqslant X_c, P_i = 1 + \frac{\rho_i - X_a}{X_c - X_a} \qquad (11-3)$$

$$X_c < \rho_i \leqslant X_e, P_i = 2 + \frac{\rho_i - X_c}{X_e - X_c} \qquad (11-4)$$

$$\rho_i > X_e \text{ 时}, P_i = 3 + \frac{\rho_i - X_e}{X_e - X_c} \qquad (11-5)$$

清洁级:$P_i < 1$

轻污染级:$1 \leqslant P_i < 2$

中度污染级:$2 \leqslant P_i < 3$

重污染级:$P_i \geqslant 3$

(2)多因子综合评价

①叠加型综合指数

$$P = \sum_{i=1}^{n} P_i \qquad (11-6)$$

②内梅罗(N. L. Nemerow)污染综合指数

$$P = \sqrt{\frac{\text{ave}(\rho_i/s_i)^2 + \max(\rho_i/s_i)^2}{3}} \qquad (11-7)$$

③加权平均型综合指数

$$P = \sum W_i P_i \qquad (11-8)$$

④均方根综合指数

$$P = \sqrt{\frac{1}{n} \sum_{i=1}^{n} P_i^2} \qquad (11-9)$$

⑤最大值综合指数

$$P = \max(P_1, P_2, \cdots, P_n) \qquad (11-10)$$

(3)质量分级

$P \leqslant 1$,未受污染;$P > 1$,已受污染;P 值越大,受到的污染越严重。

根据 P 值的变化幅度,结合植物受害程度,再划分为轻度污染、中度污染和重度污染等级别。

(4)评价图的编制:一般有两种方法。

①符号法:在地形图上根据不同污染物及其污染等级,制定不同颜色或不同形状大小的图例,标在各取样点的位置上,可用数字标明具体的 P 值。特点是可形象地表现评价区不同地点的质量状况和主要的污染物,并能反映与主要污染源的联系,但不能表示不同质量等级的土壤分布面积。

②网格法:在地形图上,按一定比例划分若干网格,网格内的土样质量等级代表整个网格的土壤质量,若网格内有一个以上样点,按其综合指数平均值确定网格内的土壤质量等级;若某些网格内无样点,则将其附近土样点的污染物浓度指数绘成等值线,用内插法求得空白方格的浓度数值,再依次求出污染指数和质量等级。不同质量等级网格用不同颜色表示,绘制成图。

(二)土壤退化现状评价

1. 土壤沙化现状调查与评价

土壤沙化:包括草原土壤的风蚀过程和风沙堆积过程。一般发生在干旱荒漠及半干旱和半湿润地区,半湿润地区主要发生在河流沿岸地带。

(1)土壤沙化现状调查的主要内容

①沙漠特征:沙漠面积、分布和流动状况;

②气候：降雨量、蒸发量、风向、风速等；

③河流水文：河流含沙量、泥沙沉积特点等；

④植被：植被类型、覆盖度等；

⑤农、牧业生产情况：人均耕地和草地、粮食和牲畜产量等。

(2)土壤沙化评价

①评价因子筛选：一般选取植被覆盖度、流沙占耕地面积比例、土壤质地及能反映沙化的②评价标准：可根据评价区的有关调查研究或咨询有关专家、技术人员的意见拟定。如根据植被覆盖度和流沙面积占耕地面积比例，并参考景观特征等参数拟定的土壤沙化标准，见表11-1。

表11-1　土壤沙化标准

土壤沙化标注		综合景观特征	土壤沙化程度
植被覆盖度	流沙面积比例		
>60%	<5%	绝大部分土地未出现流沙，流沙分布呈斑点状	潜在沙化
30%～60%	5%～25%	出现小片流沙、坑丛沙堆和风蚀坑	轻度沙化
10%～30%	25%～50%	流沙面积大，坑丛沙堆密集，吹蚀强烈	中度沙化
<10%	>50%	密集的流动沙丘占绝对优势	强度沙化

③评价指数计算：一般采用分级评分法，如以潜在沙化评价为1、轻度沙化为0.75、中度沙化评为0.50、强度沙化为0.25。指数值越大，沙化程度越轻。也可采用百分制或10分制，如拟对多种土壤退化趋势进行综合评价，评分制必须统一。

2.土壤盐渍化现状调查与评价

土壤盐渍化：可溶性盐分在土壤表层积累的现象或过程。一般发生在干旱、半干旱和半湿润地区以及部分滨海地带。

(1)土壤盐渍化现状调查的主要内容

①灌溉状况：灌水系统、灌水方式、灌水量、水源及其盐分含量等；

②地下水情况：地下水位(包括季节、年际变化趋势及常年平均水位)，地下水水质(包括矿化度及 CO_3^{2-}、HCO_3^-、SO_4^{2-}、Cl^-、Ca^{2+}、Mg^{2+}、K^+、Na^+ 的含量及其季节、年际变化)；

③土壤含盐量：包括全盐量及 CO_3^{2-}、HCO_3^-、SO_4^{2-}、Cl^-、Ca^{2+}、Mg^{2+}、K^+、Na^+ 的含量；

④农业生产情况：主要调查一般土壤和盐渍化土壤上作物产量的差异、土壤盐渍化程度与作物产量之间的变化关系。

(2)土壤盐渍化评价

①评价因子筛选：一般选取表层土壤全盐量或 CO_3^{2-}、HCO_3^-、SO_4^{2-}、Cl^-、Ca^{2+}、Mg^{2+}、K^+、Na^+ 等可溶性盐的主要离子含量；

②评价标准：一般根据土壤全盐量，或各离子组成的总量拟定标准，在以氯化物为主的滨海地区，也可以 Cl^- 含量拟定标准。如以全盐量为依据，其标准如表 11-2 所示。

表 11-2　土壤盐渍化标准

土壤盐渍化程度	非盐渍化	轻盐渍化	中盐渍化	重盐渍化
土壤盐渍化标准（土壤含盐量）	<2.0%	2%～5%	5%～10%	>10%

③评价指数计算：采用分级评分法，与土壤沙化评价指数计算相同。

3. 土壤沼泽化调查与评价

土壤沼泽化：土壤长期处于地下水浸泡下，土壤剖面中下部某些层次发生 Fe、Mn 还原而生成青灰色斑纹层或青泥层（也称潜育层）或有机质层转化为腐泥层或泥炭层的现象或过程。一般发生在地势低洼、排水不畅、地下水位较高地区。

(1)土壤沼泽化现状调查的主要内容

①地形：包括平原、盆地、山间洼地等地貌类型及其特征；

②地下水：地下水位及其季节、年度变化、常年平均水位；

③排水系统：排水渠道、抽水站网；

④土地利用：水稻及其他水生作物田块特点及面积和作物产量、旱地面积和作物产量。

(2)土壤沼泽化评价

①评价因子：一般选取土壤剖面中潜育层出现的高度；

②评价标准：根据土壤潜育化程度拟定。

表 11-3　土壤沼泽化标准

土壤沼泽化程度	非沼泽化	轻沼泽化	中沼泽化	重沼泽化
土壤沼泽化标准（土壤潜育层距地面高度）	<60cm	60～40cm	40～30cm	<30cm

③评价指数计算：采用分级评分法，与土壤沙化评价指数计算相同。

4. 土壤侵蚀现状调查与评价

土壤侵蚀：土壤中通过水力及其重力作用搬运移走土壤物质过程。主要发生在我国黄河中上游黄土高原地区、长江中上游丘陵地区和东北平原微有起伏的漫岗地形区。

(1)土壤侵蚀现状调查

地形:地貌类型、地势起伏特征(包括坡度、坡长、坡形等);

地质:岩性及其特点;

气候:降雨量、季节分配特点、降雨强度、降雪量;

植被:植被类型、覆盖度;

耕作栽培方式:包括筑埂作垄、修壕挖沟等或顺坡种植、密植或稀植、间种套作等。

(2)土壤侵蚀评价

①评价因子:一般选取土壤侵蚀量或以未侵蚀土壤为对照,选取已侵蚀土壤剖面的发生层次厚度等。

②评价标准:根据黄土地区,按被侵蚀的土壤剖面保留的发生层厚度拟定评价标准。

表 11-4　土壤沼泽化标准

土壤侵蚀程度	无明显侵蚀	轻度侵蚀	中度侵蚀	强度侵蚀
土壤侵蚀标准 (土壤发生层保留厚度)	土壤剖面 保存完整	A层保存 厚度50%	A层全部流失或 保存厚度<50%	B层全部流失或 保存厚度<50%

③评价指数计算:采用分级评分法,与土壤沙化评价指数计算相同。

(三)环境破坏现状评价

土壤破坏:土壤资源被非农、林、牧业长期占用,或土壤极端退化而失去土壤肥力的现象。

1.土壤破坏现状调查

土壤破坏现状调查主要包括区域各土地利用类型现状、变化趋势、各类型面积消长的关系及人均占有量等。

(1)耕地、林地、园地和草地当前的面积,各利用类型过去总面积和多年平均减少的面积,自然灾害破坏的土壤面积以及变化趋势;

(2)城镇工矿和交通建设占用的土地面积,近年增加的面积及变化趋势;

(3)人口、职业及各土地利用类型人均占有面积。

2.土壤破坏评价

(1)评价因子:可选取区域耕地、林地、园地和草地在一定时段(1~5年或多年平均)内被建设项目占用或被自然灾害破坏的土壤面积或平均破坏率。

(2)评价标准:按评价区内耕地、林地、园地和草地损失的土壤面积拟定。具体数据,应根据当地具体情况,咨询有关部门、专家确定。如按乡、区或县的行政范围尺度设定,试拟评价标准。

表 11 - 5　土壤破坏标准

土壤破坏程度	未破坏	轻度破坏	中度破坏	强度破坏
土壤破坏标准（土壤损失面积）	未损失	3.5hm²（合 50 亩））	20hm²（合 300 亩）	35hm²（合 500 亩）

（3）评价土壤损失面积指数计算：采用分级评分表，与土壤沙化评价指数计算相同。

第三节　土壤环境影响识别

一、土壤环境影响识别类型

（一）按影响结果划分

1. 土壤污染型：指由外界进入土壤中污染物，如重金属、化学农药、酸沉降、酸性废水等。

2. 土壤退化型：由于人类活动导致的土壤中各组分间或土壤与其他环境要素（大气、水体、生物）间的正常的自然物质、能量循环过程遭到破坏，而引起土壤肥力、土壤质量和承载力的下降的影响。

3. 土壤资源破坏型：指由于人类活动或由其引起的自然活动（如泥石流、洪水），导致土壤被占用、淹没和破坏，还包括由于土壤过渡侵蚀，或重金属严重污染而使土壤完全丧失原有功能被废弃的情况。

（二）按影响时段划分

1. 建设阶段影响：建设项目在施工期间对土壤产生的影响。主要包括厂房、道路交通施工、建筑材料和生产设备的运输、装卸、储存等对土壤的占压、开挖、土地利用的改变，植被的破坏引起的土壤侵蚀及拆迁居民在居民区建设产生的土壤挖压和破坏。

2. 运行阶段影响：建设项目投产运行和使用期间产生的影响。主要包括项目生产过程中排放的废气、废水和固体废弃物对土壤的污染及部分水利、交通、矿山使用生产过程中引起的土壤退化和破坏。

3. 服务期满后的影响：建设项目使用寿命期结束后仍继续对土壤环境产生的影响。主要包括地质、地貌、气候、水文、生物等土壤条件，随着土地利用类型改变而带来的土壤影响。

（三）按影响方式划分

1. 直接影响指影响因子产生后直接作用于被影响的对象，并直接显示出因果关系。

2.间接影响指影响因子产生后需要通过中间转化过程才能作用于被影响的对象。

(四)按影响性质划分

1.可逆影响指施加影响的活动停止后,土壤可迅速或逐渐恢复到原来的状态。

2.不可逆影响指施加影响的活动一旦发生,土壤就不可能或很难恢复到原来的状态。

3.累积影响指排放到土壤中的某些污染物,对土壤产生的影响需要经过长期作用,直到积累到一定的临界值以后才能体现出来。

4.协同影响指两种以上的污染物同时作用于土壤所产生的影响大于每一种污染物单独影响的总和。

二、工业工程建设项目的土壤环境影响识别

工业工程建设项目对土壤的环境影响主要来自工业"三废"排放。

(一)工业废气对土壤环境的影响

主要是工业生产过程中产生的大量烟尘、粉尘、SO_2、CO 和氟化物等有毒有害气体,它们通过降水、扩散和重力作用降落回地表,渗透进入土壤,导致土壤酸化和营养物质流失,降低土壤肥力。特别是废气中还有大量的重金属飘尘,随废气进入大气,再沉降进入土壤,污染土壤环境。

(二)工业废水对土壤环境的影响

工业废水中含有多种有机和无机毒物,直接采用或使用未经处理的废水灌溉农田,导致土壤污染。

(三)工业固体废物对土壤环境的影响

工业生产过程中将产生各种类型的固体废弃物。它们在填埋、堆放或运输过程中引起污染物质的迁移,从而污染土壤环境。

三、水利工程建设项目的土壤环境影响识别

(一)占用土地资源

水利工程项目三个建设阶段都将占用大量的土地资源,特别是水利工程建成使用后,就立即带来突发性的土壤资源的永久损失。

(二)诱发土壤-地质环境灾害:水利工程可能诱发滑坡、山体崩塌、泥石流、地震等等地质环境灾害。

1.引发土壤盐渍化

水利工程运行后,经过长期的、缓慢的累积作用会产生库区土壤的盐渍化。

2.促进土壤沼泽化

在空间上,水利工程的影响不仅限于库区范围,还可能延伸整个水利工程的流域。

3.促使河口地区土壤肥力下降,海岸后退

四、矿业工程建设项目的土壤环境影响识别

(1)损失土壤资源

土壤资源:指具有农林牧业生产性能土壤类型的总称,是人类赖以生存的最基本和最重要的自然资源,是地球陆地生态系统的重要组成部分。

(2)污染土壤环境:产生的粉尘、废气、废水、固体废弃物等对土壤环境产生污染性的影响。

(3)区域环境条件改变引发土壤退化和破坏:挖掘采剥改变了矿区的地质、地貌、植被等,加剧了水土流失,从而引发土壤退化和破坏。

(4)次生地质灾害加速土壤退化和破坏:地震、崩塌、滑坡、泥石流等次生地质灾害的发生,加速了土壤的退化和破坏。

五、农业工程建设项目的土壤环境影响识别

(一)农业机械化工程建设项目对土壤的影响

农田失去植被保护,水蚀、风蚀的概率增大;土壤被压实,妨碍植物根系与大气中氧和 CO_2 的交换,根系向下生长的阻力增加;土壤的渗透能力下降,形成的径流较大,加速了土壤的侵蚀。

(二)农业排灌工程对土壤环境的影响

良好的土壤排水系统可缓解土壤的盐渍化,使土壤的物理性质得到改善;土壤不易受侵蚀,土地平展,易于机械化耕作,干旱的危险少;减少水饱和土壤的面积,减轻内涝的危险。不利影响:排水强度过高,会加快地表径流,河道洪峰提前出现,会增加泛滥的危险;土壤的质量下降;次生盐渍化。

(三)农业垦殖工程对土壤环境的影响

化肥的使用逐渐改变土壤的组成和化学性质:土壤酸化;有机 C、N 的消减;增加包括重金属、有机化合毒物以及放射性物质在内的污染物;城市生活垃圾的施用:可提高土壤养分,改善土壤物理性质,但也易带来重金属等污染;新耕地的开辟:焚烧草被灌丛可促使土壤的肥沃化,但也造成一些直接养分的减少和土壤腐殖质的损失,同时也可引发严重的水蚀和风蚀。

六、交通工程建设项目的土壤环境影响识别

交通工程建设项目包括陆地上的公路、桥梁建设,山区的隧道。城市的高架道

路建设,江河航道的开辟,港口、码头的建设,另外还包括机场的建设等。其中对土壤产生直接影响的是陆地上的水泥公路建设。交通工程建设项目对土壤环境的影响可分为建设阶段与建成阶段。

(1)占用土地(永久性影响)

公路建设基本上都要征用农用土地。在山区建设公路,有时还需要砍伐部分的森林。占用土地是一切陆上交通工程建设项目对土壤环境的共同影响,并且这种影响是永久性的。在农村地区,农用土地被混凝土所覆盖,造成永久性的损失。城市中建设道路,也必须占用大量的土地资源。城郊的耕地一般为肥力较高的菜园、果园、高产农田,生产力高。中心城区土地价值更高,城市土地资源不足,用地紧张的情况极为普遍。交通建设占用城郊和城市土地的环境影响更为深刻。

(2)建设期间,土地大量裸露,土壤极易受到侵蚀

建设期间,大量的土地裸露,并且由于车辆的运输与开挖引起很大的扰动,在此期间土壤极易受到侵蚀,侵蚀程度相当于自然侵蚀或农业侵蚀的数倍。但当交通工程建设项目完毕后,对土地的扰动停止,稳定后,土壤的侵蚀速度可恢复到公路建设前的水平,与自然条件下或农业耕种前的侵蚀速度基本相当。

(3)使用期间:机动车排放的废气为大气酸沉降准备了物质基础,酸沉降将导致土壤的酸化

公路建成投入使用后,机动车辆往复行驶,排放废气,公路成为线性的污染源,对公路两侧的环境产生影响。机动车辆多以汽油作为动力燃料,汽油在燃烧过程中产生氮氢化合物、硫化物等,为大气酸沉降准备了物质基础,酸沉降将导致土壤的酸化。矿区的公路可能对公路两侧的土地造成矿尘污染。由于运输车辆的运行,矿石的散落,矿尘随风迁移,矿尘在公路两侧的农田中沉积,矿尘中含有重金属,污染公路两侧的土壤环境。

七、能源工程建设项目的土壤对环境影响识别

在石油的开采、炼制、贮运、使用的过程中,原油和各种油制品通过各种途径进入环境造成污染;占用土地资源;采用被石油烃污染的水源灌溉农田,挥发进入大气的石油烃通过沉降作用进入土壤等造成土壤的污染。

第四节 土壤环境影响的评价等级与程序

一、评价等级划分宜遵循以下判据

(1)项目占地面积、地形条件和土壤类型,可能会破坏的植物种类、面积及对当

地生态系统影响的程度；

（2）侵入土壤的污染物的主要种类、数量,对土壤和植物的毒性及其在土壤中降解的难易程度及受影响的土壤面积；

（3）土壤能容纳侵入的各种污染物的能力及现有的环境容量；

（4）项目所在地的土壤环境功能区划要求。

二、土壤环境影响评价的基本工作内容

（1）收集和分析拟建项目工程分析的成果以及与土壤侵蚀和污染有关的地表水、地下水、大气和生物等专题评价的资料。

（2）监测调查项目所在地区土壤环境资料,包括土壤类型、性质,土壤中污染物的背景和基线值；植物的产量、生长情况及体内污染物的基线值；土壤中有关污染物的环境标准和卫生标准及土壤利用现状。

（3）监测调查评价区内现有土壤污染源排污情况。

（4）描述土壤环境现状,包括现有的土壤侵蚀和污染状况,可采用环境指数法加以归纳,并作图表示。

（5）根据污染物进入土壤的种类、数量、方式、区域环境特点、土壤理化特性、净化能力以及污染物在环境中的迁移、转化和累积规律,分析污染物累积趋势,预测土壤环境质量的变化和发展。

（6）运用土壤侵蚀和沉积模型预测项目可能造成的侵蚀和沉积。

（7）评价拟建项目对土壤环境影响的重大性,并提出消除和减轻负面影响的对策及监测措施。

（8）如果由于时间限制或特殊原因,不可能详细、准确地收集到评价区土壤的背景值和基线值及植物体内污染物含量等资料,可采用类比调查；必要时就做盆栽、小区乃至田间试验,确定植物体内的污染物含量或开展污染物在土壤中累积过程的模拟试验,以确定各种系数值。

三、评价范围与程序

（1）项目建设期可能破坏原有的植被和地貌的范围；

（2）可能受项目排放的废水污染的区域（如排放废水渠道经过的土地）；

（3）项目排放到大气中的气态和颗粒态有毒污染物由于干或湿沉降作用而受较重污染的区域；

（4）项目排放的固体废物,特别是危险性废物堆放和填埋场周围的土地。

第五节　土壤环境影响评价

一、土壤环境影响的类型分析

（一）土壤环境影响类型的划分

1. 土壤污染型影响：外界进入土壤中的污染物，导致土壤肥力下降，土壤生态破坏等不良影响。

2. 土壤退化型影响：由于人类活动导致的土壤中各组分之间或土壤与其他环境要素之间的正常的自然物质、能量循环过程遭到破坏，而引起土壤肥力、土壤质量和承载力下降的影响。

3. 土壤资源破坏型影响：由于人类活动或其引起的自然活动导致土壤被占用、淹没和破坏，还包括由于土壤过度侵蚀或重金属严重污染而使土壤完全丧失原有功能被抛弃的情况。

（二）建设项目土壤环境影响类型的判别

1. 土壤影响的广度分析

（1）土壤污染型影响广度分析

主要包括不同污染级别的土壤面积及其评价区总面积的百分比，建设项目开发后，不同污染级别土壤面积变化趋势和速率，主要污染物在土壤剖面各层次的浓度变化趋势，在水平方向上扩散范围的大小等。

（2）土壤退化型影响广度分析

主要内容有土壤沙化、盐渍化土壤侵蚀面积分布的范围、强度，建设项目开发后的变化及发展趋势，对周边地区土壤环境的影响等。

（3）土壤资源破坏型影响分析

主要内容有建设项目开发后土壤资源被破坏和占用面积变化及发展趋势，对土地利用类型结构变化的影响，对评价区及周边地区土壤环境的影响等。

2. 土壤环境影响的深度分析

（1）土壤污染型影响深度分析

污染物在土壤各层次中运动情况和累积分布特点，在土壤生态系统中的迁移转化行为，对其相邻区域环境影响的范围和程度及对其他环境要素、对人类社会经济活动的影响等。

（2）土壤退化型影响深度分析

土壤退化所造成的农作物的减产率，退化土壤大面积的比率对区域，特别生态系统脆弱的干旱、半干旱地区生态影响；土壤表面被侵蚀后对农作物产量的影响，对耕地肥力影响，对河流泥沙、下游河床、下游防洪的影响及因耕地减少、粮食减产而对当地居民生活的影响；土壤盐渍化对河流和地下水矿化度上升的影响；土壤沼泽化对耕地土壤性质、肥力，以及耕地制度改变的影响等。

(3)土壤资源破坏型影响深度分析

建设项目占用破坏土壤资源，引起区域耕地面积减少的范围和速率，及由此引起粮食生产下降的幅度，对当地农业生产的影响程度，区域土地利用类型的改变，对传统生产方式、社会经济和居民生活的影响等。

二、防治土壤资源污染法制管理

(一)加强土壤资源法制管理

认真贯彻落实国家有关法律法规、标准，建立健全地方性土壤环境管理法规及污染防治和控制政策，将土壤环境保护纳入法制轨道，强化执法力度，依法查处污染土壤环境的违法行为。将土壤污染防治作为环境保护重点工作并纳入国民经济与社会发展中长期规划，制定重金属污染防治、土壤治理修复等专项规划并组织实施。

(二)强化土壤环境监管队伍建设

加强土壤环境监管队伍与执法能力建设，由环保部门配备土壤环境监管与监测专职人员，以及现场执法装备。制定各级土壤环境污染事故应急预案，配备土壤环境污染事故应急设备和人员。建立环保、国土资源、农业、建设等相关部门参与的污染场地评估与治理联合监管制度，监督、指导企业在建设前和搬迁后进行场地土壤污染调查和评估，承担污染土壤修复的责任。

(三)加强土壤环境的监测和管理

加大资金投入，提升土壤环境监测能力，将土壤纳入常规性环境监测内容，科学规划和建设土壤环境监测站点和监测网络，确定不同区域的监测指标，建立土壤环境质量评价指标体系，建成土壤环境质量监测平台。

(四)加强土壤保护的科学技术研究

制订土壤环境质量评估和等级划分、受污染地块环境风险评估、土壤污染治理与修复等技术规程。设立土壤环境保护重大科技专项，重点支持土壤重金属和持久性有机污染物治理修复技术研究与应用。加强土壤环境安全性评估与等级划分、土壤环境风险管控、土壤污染治理修复工程技术等基础研究。研发、筛选和推广适合土壤环境保护实用技术和装备，加快治理修复装备国产化步伐。

第六节　土壤环境污染防治措施

一、加强环境管理，做好土壤污染的预防工作

防治土壤污染，必须贯彻"预防为主"的方针。而控制和消除土壤污染源，是防治污染的根本措施。控制进入土壤中的污染物的数量和速度，使其在土壤中缓慢自然降解，而不致大量积累造成土壤污染。控制和消除土壤污染源的措施有：

(1)控制和消除工业"三废"的排放

工业"三废"即废气、废水、废渣，都会通过各种渠道进入土壤，是导致土壤污染的一个主要方面。

(2)控制化学农药的使用

化学农药对土壤、农作物、土壤微生物都有较大的毒害作用，残留期长，通过挥发、淋溶能够进入大气和水环境，且最终会危害人类的健康。因此，控制或取缔化学农药的使用是防止土壤污染的一种重要手段。

(3)合理施用化学肥料

在农业生产中，应根据气候、水利条件、土壤肥力状况、农作物营养状况，合理施用化学肥料，选择最佳用量和方法，防止过量和不当方法施肥，导致化学肥料过剩造成的转化而成为污染物质，污染土壤和大气、水等环境。

(4)加强对污染区域的监测和管理

土壤污染监测必须与水体、大气和生物监测结合起来才能客观反映实际情况。结合污染区域的环境特点并兼顾所能利用的技术手段制定监测方案，包括确定监测范围、时段、指标体系、布点、频次和检测方法以及监测数据的统计监测方法、检测人员安排与拟提交的监测成果等。

二、防治土壤污染的措施

污染土壤的修复主要有三种方法：物理修复法、化学修复法和生物修复法。采用物理或化学方法(如热处理法和化学浸出法)修复污染土壤，虽可产生一定实效，但费用昂贵、易造成二次污染，不适于大面积应用。生物修复是指在一定条件下，利用土壤中各种微生物、植物和其他生物吸收、降解、转化和去除土壤环境中的有毒有害污染物，使污染物的浓度降低到可接受的水平或将其转化为无毒无害物质，恢复受污染生态系统的正常功能。生物修复法近几年发展非常迅速，同传统的物理和化学方法相比，生物修复法具有成本低、效果好、不产生二次污染、可削弱乃至

消除环境污染物的毒性等优点,适于大面积土壤的修复,因而逐渐被人们所重视和广泛接受。

根据机理不同,生物修复主要可以分为三种类型:植物修复、动物修复和微生物修复。

(一)植物修复

植物修复是指利用植物忍耐和超量积累某种或某些化学元素的特性,或利用植物及其根系微生物与环境之间的相互作用,对污染物进行吸附、吸收、转移、降解、挥发,将有毒有害的污染物转化为无毒无害物质,最终使土壤功能得到恢复。植物修复技术因具有安全、成本低、就地、土壤免遭扰动、生态协调及环境美化功能等特点,又被称之为绿色修复。作为一种新兴、高效、绿色、廉价的生物修复途径,植物修复技术已得到广泛认可和应用,尤其在重金属污染土壤修复方面特别显著。

根据修复作用、过程和机理的不同,植物修复又可分为以下三种方式:植物提取、植物稳定和植物挥发。

(二)动物修复

动物修复是利用土壤中的动物吸收和积累有毒有害污染物,可在一定程度上降低土壤中污染物的比例,达到修复和治理污染土壤的目的。

(三)微生物修复

微生物修复是利用某些微生物对土壤中有毒有害污染物具有吸收、沉淀、氧化、还原和降解等作用,从而降低或消除土壤中污染物的毒性。微生物降解有机污染物的技术在废水处理中的应用已有几十年的历史,而将微生物降解技术有意识地大规模应用于受污染的土壤治理仅仅十几年。美国、日本、欧洲等发达国家对微生物修复技术进行了研究,并完成了一些实际的处理工程,从而证实微生物修复污染土壤有效、可行。

我国是土地资源短缺的国家,土壤污染更加剧了短缺的严重程度。对已污染的土地资源开展有效修复,是解决这一问题的有效途径之一。因此,本领域在我国有着良好的应用前景,应当发挥在这一领域中的优势,继续深入开展污染土壤修复研究,将科研成果尽快转化为生产力,特别是发展以污染土壤修复的生物材料、修复设备与成套技术,发展污染土壤修复环保产业,为我国土地资源保护与可持续利用而贡献力量。

思考题

1.土壤环境影响的类型有哪些?

2.土壤环境影响判别依据是什么?

3.土壤评价等级是如何划分的?

4.土壤评价等级工作程序如何?

5.何谓土壤环境影响的广度分析和深度分析？

6.土壤环境影响的广度分析和深度分析内容是什么？

8.土壤环境现状的调查内容有哪些？

9.如何进行土壤环境影响识别？

10.防止土壤环境污染的防治措施有哪些？

拓展阅读

案例一、中国石油大港油田公司王官屯油田产能建筑流动开发项目

1.油气田勘探开发建设期和运营期主要有哪些工艺过程？油气田勘探开发的特点有哪些？

(1)油气田勘探开发建设主要工艺过程有：勘探、钻井、管线敷设、地面站场建设、道路建设、供电、通讯等公共基础设施。

(2)油气田勘探开发运营期主要工艺过程有：采油、油品集输和处理、注水等。

(3)油气田勘探开发的特点是区域广、污染源分散、周期长。

2.各工艺过程中主要污染源和污染物及主要环境影响有哪些？

(1)钻井。钻井过程中产生发电机废气、扬尘、钻井废水、废弃泥浆、钻井岩屑和落地油等污染物，对环境空气、地表水、地下水和土壤产生一定的不利影响。其中钻井废水、废弃泥浆和落地油若处置不当，环境影响较大。

(2)管线敷设。管线敷设过程中因平整施工带、开挖管沟、建设施工便道及施工机械、车辆等对土壤的扰动和对植被的破坏。

(3)注水开采。抽取地下水、采出含油污水、回注水、集油、掺水、注水管线，生活污水等将会污染地下水和地表水，破坏土壤理化性质，影响农业生产等。开采地下水还会导致地表下沉、影响地下水文情势。

(4)油田运营期。集输站场、站场的锅炉或加热炉燃烧产生大气污染物，机械设备运行产生的噪声、污染处理产生的油泥浮渣等固体废物对周围环境会产生一定的影响。

下图为《中华人民共和国环境保护行业标准 清洁生产技术要求(石油天然气开采业)》(HJ/T ××—2002)中的内容，更能辅助记忆。

3.在油气田勘探开发过程中，对生态环境影响较大的有哪些工艺过程？应采取哪些减缓措施？

(1)对生态环境影响较大的工艺过程主要在建设期，既有钻井、地面站场建设、埋设输油管线、进场道路建设等过程。其主要表现为占用土地、改变土地利用性质、扰动土层、破坏植被、景观异质性程度提高等。

(2)采取的减缓措施有：

①预防为主，各种地面建设活动，包括站场、钻井井场、管线等在选址过程中，尽可能避开农田、林地、文物、地表水体等。

②管沟施工中应分层取土、分层回填，保存好表层土。

③严格控制施工车辆、机械及施工人员活动范围，尽可能缩小施工作业带宽度，以减少对地表的碾压。

④切实做好泥浆池的防漏防渗处理，以防污染土壤和地下水环境。

⑤推广使用新型泥浆,减少钻井废物的产生。

⑥及时妥善地处置和处理作业过程中产生的各类废物和落地油等。

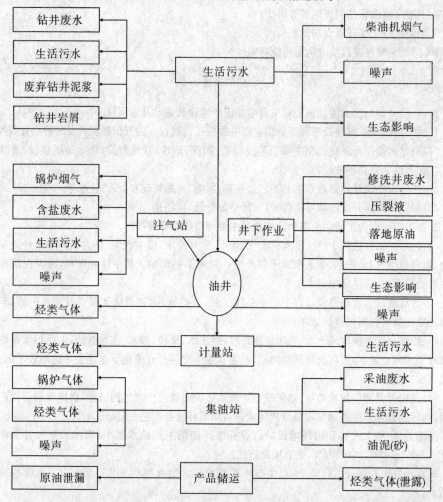

附图 11-1 石油开采业主要污染源构成

4.油气田勘探开发过程中主要有哪些风险事故对环境影响较大? 应采取哪些预防措施,对可能的风险应采取哪些应急措施和事故减缓措施?

(1)主要的风险事故为井喷事故、管线破裂导致的泄漏和井壁坍塌。

(2)采取的减缓措施有:

①加强日常生产监督管理,严格按照规程操作,以减少事故的发生的可能性。

②对各种设备、管线、阀门定期进行检查,防止跑、冒、滴、漏,及时巡查管线,消除事故隐患。

③为了防止井壁坍塌造成的地下水污染,应当采取长期监测和制定应急措施来减缓。

④制定环境风险事故的应急预案,当发生井喷、溢油等严重事故时,及时启动应急预案。应

急措施的重点是防止安全事故转化为环境事故。应急计划中应包含防范、处理环境污染的制度。

5.随着油气田勘探开发工艺技术的改进和提高,在钻井、采油、井下作业、油气集输处理和储运过程中,可采取哪些清洁生产工艺和措施减少污染物的产生和排放?

(1)对生产工艺和设备清洁生产的措施:

①使用环境友好的钻井液。

②建设防止井场落地油的设施。

③原油集输流程密封。

(2)对施工期和营运期的一些清洁生产的措施或技术:

①物探清洁生产技术。通过各种先进的技术,确定钻井井位,提高勘探的成功率,减少钻井的数量,从而达到减少废弃物产生和排放的目的。

②钻井。设备与用品的保养与维护好;对钻井液进行管理,以减少井场化学添加剂的流失;钻井液回收利用;注水泥的合理使用,推广使用新型泥浆,减少钻井废物的产生。目前开发新型的钾酸盐泥浆,对油层的污染系数为0,可缩短钻井周期,减少钻井废物的产生。

钻井产生的钻井废水,全部进入井场泥浆池。在泥浆池中沉淀澄清后,可将含油量较大的上清液处理后回注油层。

③采油。安装井下油水分离装置;安装采油废水处置,开采油气分离出的含油污水一部分回掺用于采油及原油集输,大部分经污水处理场处理后回注油层;对受污染表层土壤进行处置;对井场内径流污染控制。

④井下作业。降低作业频次;采用绕性油管。

⑤储运罐底沉积物的处理。采油生产过程的工艺储罐往往产生不易处置的罐底油泥,可在罐内添加搅拌设备,减少罐底油泥产生,或在罐内投放适宜的添加剂防止罐底油泥的产生。

(3)其他措施

①站场生活污水通过 SBR 生活污水处理设施,可达标排放。

②管线敷设时确保埋设深度和防腐、保温质量。

参考文献

1.中华人民共和国环境影响评价法[M].北京:中国法制出版社,2011

2.环境保护部.环境影响评价技术导则(HJ 2.1—2011)[S]

3.陆书玉.环境影响评价[M].北京:高等教育出版社,2001

4.钱瑜.环境影响评价[M].南京:南京大学出版社,2009

5.环境保护部环境工程评估中心.环境影响评价案例分析[M].北京:中国环境科学出版社,2014

6.刘琦.环境监测教程[M].广州:华南理工大学出版社,2014

第十二章　生态影响评价

【本章要点】

本章介绍了生态影响评价的概念、目的与任务以及原则,生态现状背景调查和主要生态问题调查以及七种常用的生态现状调查方法。并依据《环境影响评价技术导则　生态影响》(HJ 19—2011)介绍生态环境影响评价工作等级划分、工作范围的确定、评价因子的筛选等基础知识;围绕新导则对生态影响预测内容与评价方法、应用进行了详细的重点解析,并提出了生态影响的防护、恢复与补偿原则,生态环境保护措施与替代方案;最后介绍了生态影响评价图件的构成、规范与要求。

生态影响评价是把资源和生态作为一个整体系统,依据生态学的基本原理,重在阐明开发建设项目对生态影响的特点、途径、性质、强度和可能造成的影响后果,目的在于寻求有效的保护、恢复、补偿、建设和改善生态的途径与方法。生态环境影响评价仅仅是环境影响评价的一个方面,它不同于大气环境、水环境、声环境等污染型环境影响评价,其所强调的是建设项目对所在区域的生物(动物、植物和微生物)、生态系统、生态因子以及区域生态问题发展趋势的影响。在环境影响评价表中,它是所有建设项目不可缺少的分析和评价部分;对于农林水利类、输变电及广电通信类、社会区域类、交通运输、采掘类和旅游景观开发类等的环境影响报告书,它也是重要组成内容之一。

中国当前正处于高速工业化和城市化建设和发展时期,建设项目的数量相对越来越多,规模越来越大,影响范围也越来越广,甚至某些大型建设项目已经带有明显的区域开发性质,如长江三峡工程和油气田开发建设工程项目等,建设项目对所在区域生态的影响倍受关注,因此 2003 年 9 月 1 日正式颁布和实施《中华人民共和国环境影响评价法》;此外原国家环境保护总局(现国家环境保护部)制定了《环境影响评价技术导则　非污染生态影响》(HJ/T 19—1997),此导则于 2011 年4 月修订为《环境影响评价技术导则　生态影响》(HJ 19—2011),并于 2011 年 9月 1 日起实施,目的是为从事生态环境影响评价的机构和科研人员提供评价标准和技术支持。修订后的新导则适用于建设项目对生态系统及其组成因子所造成的影响的评价,区域和规划的生态影响评价也可参照使用。本章以新导则为基础,介绍生态影响评价的基本概念、目的和任务、基本原则、生态环境现状调查、生态影响识别、生态影响图件等基本知识;重点对预测与评价的内容、方法及技术要求进行介绍。

第一节 生态影响评价概述

一、生态影响评价的基本概念

生态影响就是指某一生态系统受到外来作用时所发生的变化与响应,对某种生态环境的影响是否显著、不利影响是否严重及可否为社会和生态接受进行的判断。科学地进行分析和预测这种响应和变化的趋势,称为生态影响预测。对生态环境现状进行调查与评价,对生态环境影响进行分析与预测,并对生态环境提出改善和保护的措施以及减小影响的替代方案进行经济技术论证的过程称为生态影响评价。

生态影响具有区域性、累积性、综合性和整体性等特点,这与生态因子之间相互复杂联系紧密相关。生态影响涉及范围十分广泛,包括自然问题、社会问题和经济问题。

二、生态影响评价的目的和任务

进行生态影响评价的主要目的是保护生态环境和自然资源,解决环境优美和持续性问题,为区域乃至全球的长远发展的利益服务。主要研究对象是所有开发建设项目(也包括区域开发建设项目),如农业、林业、水利、水电、矿业、交通运输和旅游业等开发利用自然资源和建设项目,以及海洋和海岸带的开发利用项目等。评价的任务就是研究人类开发建设活动所造成的某一生态系统的变化以及这种变化对相关生态系统的影响,并通过发挥人类的主观能动性,通过实施一系列改善生态环境的措施(合理利用资源、寻找保护、恢复途径和补偿,建设方案及替代方案等),保护或改善生态系统的结构,增强生态系统的功能。在进行生态环境影响评价时,必须从宏观整体角度出发,充分认识区域生态特点及其跨区域的生态作用等影响。

三、生态影响评价的原则

由于生态影响具有涉及范围广、影响程度大、时间长和不可逆性,间接生态影响复杂,难以预测、定量,常规方法不能有效反映生态影响等特点。因此总结生态

影响评价原则,作为生态影响评价工作的总体依据和指导。在进行生态影响评价过程中通常应遵循以下三方面的原则:

(1)坚持重点与全面相结合的原则

既要突出评价项目所涉及的重点区域、关键时段和主导生态因子,又要从整体上兼顾评价项目所涉及的生态系统和生态因子在不同时空等级尺度上结构与功能的完整性。

(2)坚持预防与恢复相结合的原则

预防为先,预防为主,恢复补偿为辅。恢复和补偿等措施必须与项目所在地的生态功能区划的要求相适应。

(3)坚持定量与定性相结合的原则

生态影响评价应尽量采用定量方法进行量化描述和分析,当现有科学方法不能满足定量需要或因其他原因无法实现定量测定时,生态影响评价则可通过定性或类比的方法进行描述和分析。

第二节　生态环境现状调查与评价

生态现状调查是生态现状评价和生态影响预测的基础和根本依据,调查的内容和指标应能反映评价工作范围内的生态背景基本特征和现存的主要生态环境问题,在有敏感生态保护目标(包括特殊生态敏感区和重要生态敏感区)或其他特别保护对象时,应单独进行专题调查。

生态现状调查应在收集资料基础上开展工作,生态现状调查的范围应不小于评价工作范围。

一级评价应给出采样地样方实测和遥感等方法测定的生物量、物种多样性等数据,给出主要生物物种名录、受保护的野生动植物物种等调查资料;

二级评价的生物量和物种多样性调查可依据已有的资料推断或实测一定数量的、具有代表性的样方予以验证;

三级评价可充分借鉴已收集资料进行说明。

一、生态现状调查内容

(一)生态背景调查

根据生态影响的时空尺度特点,调查影响区域内涉及的生态系统类型、结构、功能和过程,以及相关的非生物因子特征(如气候、土壤、地形地貌、水文及水文地质等),重点调查受保护的珍稀濒危物种、关键种和特有种,天然的重要经济物种等。当涉及国家级和省级保护物种、珍稀濒危物种和地方特有物种时,应逐个或逐类加以说明其类型、分布、保护级别和保护状况等;当涉及特殊生态敏感区(Special Ecological Sensitive Region)和重要生态敏感区(Important Ecological Sensitive Region)时,应逐个说明其类型、等级、分布、保护对象、功能区划和保护要求等。其中特殊生态敏感区是指具有极重要的生态服务功能,生态系统极为脆弱或已有较为严重的生态问题,如遭到占用、损失或破坏后所造成的生态影响后果严重且难以预防、生态功能难以恢复和替代的区域,包括自然保护区、世界文化和自然遗产地等;重要生态敏感区是指具有相对重要的生态服务功能或生态系统较为脆弱,如遭到占用、损失或破坏后所造成的生态影响后果较严重,但可通过一定的措施加以预防、恢复和替代的区域,包括风景名胜区、森林公园、地质公园、重要湿地、原始天然林、珍惜濒危野生动植物天然集中分布区、重要水生生物的自然产卵场及索饵场、越冬场和洄游通道以及天然渔场等。

(二)主要生态问题调查

调查影响区域内已存在的制约本区域可持续发展的主要生态问题,如水土流失、沙漠化、石漠化、盐渍化、自然灾害、生物入侵和污染危害等,指出其类型、成因、空间分布和发生特点等。

二、生态现状调查方法

生态现状调查常用方法主要有资料收集(Data Collection)法、现场勘查(Scene Investigation)法、专家和公众咨询(Experts and Public Consultation)法、生态监测(Ecological Monitoring)法、遥感(Remote Sensing, RS)调查法、海洋生态(Marine Ecological Survey)调查方法和水库渔业资源(Reservoir Fishery Resources)调查方法等基本方法。

(一)资料收集(Data Collection)法

资料收集法即收集现有的能反映生态现状或生态背景的资料。资料的类型主要从以下四个方面进行分类:从表现形式上分为文字资料和图形资料;从时间上可分为历史资料和现状资料;从收集行业类别上可分为农、林、牧、渔和环境保护部门;从性质上可分为环境影响报告书、有关污染调查、生态保护规划、生态保护规定、生态功能区划、生态敏感目标的基本情况以及其他生态调查材料等。使用资料收集法时,应保证资料的现时性,引用资料必须建立在现场校验的基础上。

(二)现场勘查(Scene Investigation)法

现场勘查法应遵循整体与重点相结合的原则,在综合考虑主导生态因子结构和功能的完整性的同时,突出重点区域和关键时段的调查,并通过对影响区域的实际踏勘,核实所收集资料的准确性,以获取实际资料和数据。

(三)专家和公众咨询(Experts and Public Consultation)法

专家和公众咨询法是对现场勘查的有益补充。通过咨询有关专家,收集评价工作范围内的公众、社会团体和相关管理部门对建设项目的意见,发现现场踏勘中遗漏的生态问题。专家和公众咨询应与资料收集和现场勘查同步开展工作。

(四)生态监测(Ecological Monitoring)法

当资料收集、现场勘查、专家和公众咨询提供的数据无法满足评价的定量需要,或项目可能产生潜在或长期累积效应时,可考虑选用生态监测法。生态监测是指运用物理、化学或生物等方法对生态系统或生态系统中的生物因子、非生物因子状况及其变化趋势进行的测定和观察。生态监测应根据监测因子的生态学特点和干扰活动的特点确定监测位置和监测频率,有代表性地布点。生态监测方法与技术要求须符合国家现行的有关生态监测规范和监测标准分析方法;对于生态系统生产力的调查,必要时需进行现场采样和实验室测定。

(五)遥感(Remote Sensing, RS)调查法

当涉及区域范围较大或主导生态因子的空间等级尺度较大,通过人力踏勘较为困难或难以完成评价时,可采用遥感调查法。遥感调查过程中,必须辅助必要的现场勘查工作。

(六)海洋生态(Marine Ecological Survey)调查方法

海洋生态系统是指一定海域内生物群落与周围环境相互作用构成的自然系统,具有相对稳定功能并能自我调控的生态单元。海洋生态要素调查主要包括三方面内容:

1. 海洋生物要素调查

(1)海洋生物群落结构要素调查:微生物、叶绿素 a、游泳动物、底栖生物、潮间带生物和污损生物调查;浮游植物调查;浮游动物调查。

(2)海洋生态系统功能要素调查:着重调查初级生产力、新生产力和细菌生产力。

2. 海洋环境要素调查

(1)海洋水文要素调查:深度、水温、盐度、水位和海流;温跃层和盐跃层;海面状况;入海河流径流量和输沙量。

(2)海洋气象要素调查:从调查海区附近的气象台站收集调查期间逐日(月)的日照时数;气温、风速、风向;记录调查期间每日和采样时刻的天气状况,如阴、晴、雨和雾等。

(3)海洋光学要素调查:海面照度、水下向下辐照度和真光层深度;透明度。

(4)海水化学要素调查:硝酸盐、亚硝酸盐、铵盐、活性磷酸盐、活性硅酸盐、DO、TN、TP 和 pH;COD;重金属、有机污染物和油类;悬浮颗粒物(SPM)和颗粒

有机物(POM);颗粒有机碳(POC)和颗粒氮(PN)。

(5)海洋底质要素调查:底质类型、粒度、有机碳(OC)、TN、TP、pH 和 Eh;底质污染物:硫化物、有机氯、油类、重金属(总汞、总铬、铜、铅、镉、砷和硒)。

3.人类活动要素调查

(1)海水养殖生产要素调查

调查海区如果存在一定规模的养殖活动,应调查养殖海区坐标与面积,养殖的种类、密度、数量和方式;收集养殖海区多年的养殖数据,包括养殖时间、种类、密度、数量、单位产量、总产量和养殖从业人口等,并制作养殖空间分布图。具体养殖数据根据不同海区的养殖情况相应增减。

(2)海洋捕捞生产要素调查

存在捕捞生产活动的海区,应现场调查和调访捕捞作业情况,进行渔获物拍照和统计,并收集该海区多年的捕捞生产数据,包括捕捞生产海区坐标与面积,捕捞的种类、方式、时间、产量,渔船数量(马力),网具规格和捕捞从业人口等,并制作捕捞生产空间分布图。具体捕捞生产数据根据不同海区的情况相应增减。

(3)入海污染要素调查

存在排海污染(陆源、海上排污等)的调查海区,应调查和收集多年的排污数据,包括排污口、污染源分布,主要污染物种类、成分、浓度、入海数量和排污方式等,并制作排污口和污染源的空间分布图。具体情况根据不同海区的污染源的情况相应增减。

(4)海上油田生产要素调查

存在油田生产的调查海区,应收集多年的油田生产和污染数据,包括石油平台位置、坐标、数量、产量、输油方式、污水排放量、油水比、溢油事故发生时间、溢油量、污染面积、持续时间、受污染生物种类和数量,使用消油剂种类和使用量等,并制作石油污染源分布图。具体情况根据不同海区的污染源的情况相应增减。

(5)其他人类活动要素调查

若调查海区存在建港、填海、挖沙、疏浚、倾废、围垦、运动(游泳、帆船、滑水等)、旅游、航运和管线铺设等情况,而且对主要调查对象可能有较大影响时,应调查这些人类活动的情况,调查要素主要包括位置、数量、规模、建设和营运情况,对周围海域自然环境的影响程度,排放污染物的种类、数量和时间等,对海洋生物的影响程度等方面。具体内容应根据调查目标来确定。海洋生态调查方法的其他具体内容详见《海洋调查规范》第 9 部分:海洋生态调查指南(GB/T 12763.9—2007)。

(七)水库渔业资源(Reservoir Fishery Resources)调查方法

水库渔业资源调查按《水库渔业资源调查规范》(SL 167—2014)执行。水库渔业资源调查内容主要包括水库形态与自然环境调查、水的理化性质调查、浮游植物和浮游动物调查、浮游植物叶绿素的测定、浮游植物初级生产力的测定、细菌调查、底栖动物调查、着生生物调查、大型水生植物调查、鱼类调查和经济鱼类产卵场调查等方面的调查。

三、生态现状评价

(一)在区域生态基本特征现状调查的基础上,采用文字和图件相结合的表现形式对评价区的生态现状进行定量或定性的分析评价。评价内容如下:

1. 在阐明生态系统现状的基础上,分析影响区域内生态系统状况的主要原因。评价生态系统的结构和功能状况(如水源涵养、防风固沙和生物多样性保护等主导生态功能)、生态系统面临的压力和存在的问题和生态系统的总体变化趋势等。

2. 分析和评价受影响区域内动植物等生态因子的现状组成及分布;当评价区域涉及受保护的敏感物种时,应重点分析该敏感物种的生态学特征;当评价区域涉及特殊生态敏感区或重要生态敏感区时,应分析其生态现状、保护现状和存在的问题等。

(二)生态评价要回答的主要环境问题

(1)从生态完整性的角度评价现状环境质量,即注意区域环境的功能与稳定状况;

(2)用可持续发展观评价自然资源现状、发展趋势和承受干扰的能力;

(3)植被破坏、荒漠化、珍稀濒危动植物物种消失、自然灾害、土地生产能力下降等重大资源环境问题及其产生的历史、现状和发展趋势。

第三节 生态影响识别

环境影响识别是设计环评工作和编制环评大纲中的重要步骤,是将开发建设活动的作用和环境的反应结合起来做综合分析的第一步,目的是明确主要环境因素、主要受影响的对象和生态因子、影响涉及的主要敏感环境目标,从而初步筛选出评价重点内容。生态环境影响识别是通过检查拟建项目的开发行为与环境要素之间的关系,识别可能的环境影响。是一种定性和宏观的生态影响分析、生态影响认识过程。依据生态保护原理、依据实地调查资料和粗略的相关分析进行影响识别。

生态影响识别主要包括三方面识别内容:影响因素(作用)识别,即识别作用主体;影响对象识别,即识别作用受体;影响效应识别,即影响作用的性质和程度等。

一、生态影响因素分析

明确生态影响作用因子,结合建设项目所在区域的具体环境特征和工程内容,识别、分析建设项目实施过程中的影响性质、作用方式和影响后果,分析生态影响范围、性质、特点和程度。应特别关注特殊工程点段分析,如环境敏感区、长大隧道与桥梁、淹没区等,并关注间接性影响、区域性影响、累积性影响以及长期性影响等特有影响因素的分析。

二、生态影响判定依据

生态系统具有复杂性和涉及要素类型多等特点,且目前生态学理论和技术方法尚不成熟,缺乏系统判定生态影响大小的具体依据。《环境影响评价技术导则 生态影响》(HJ 19—2011)明确要求生态影响的判断需要按照已颁布的相关要求、科研测定结果、生态背景、相似项目类比和开展相关咨询的优先顺序进行确定。因此,生态影响判定依据主要包括五个方面:

(1)国家、行业和地方已颁布的资源环境保护等相关法规、政策、标准、规划和区域等确定的目标、措施与要求。

(2)科学研究判定的生态效应或评价项目实际的生态监测和模拟结果。

(3)评价项目所在地区及相似区域生态背景值或本底值。

(4)已有性质、规模以及区域生态敏感性相似项目的实际生态影响类比。

(5)相关领域专家、管理部门及公众的咨询意见。

三、影响因素(作用)识别

影响因素(作用)识别是对作用主体(建设项目)的识别。工作要点是全面性(即要识别全部工程组成)、全过程性质和识别作用方式。作用主体的组成应包括主体工程(或主体设施、主体装置)和全部辅助工程、配套工程、公用工程、环保工程及相关的其他工程在内,如为工程建设开通的进场道路、施工道路、工程作业场地、重要原材料的生产(原料生产、采石场、取土场)、储运设施、污染控制工程、绿化工程、迁建补建工程、施工队伍驻地和拆迁居民安置地等。

在项目实施的时间序列上,应包括施工建设和运营期的影响因素识别,有的项目甚至还包括勘探设计期(如石油天然气钻探、公路铁路选址选线和规划施工布局)和死亡期(如矿山闭矿、渣场封闭与复垦)的影响识别。此外,还应识别不同作业方式所造成的不同影响,如公路建设之桥隧方案或大挖大填、机械作业或手工作业等,集中开发建设地区和分散的影响点,永久占地与临时占地等影响因素。影响因素的识别内容还包括影响的发生方式,作用时间的长短,直接作用还是间接作用等。影响因素识别实质上是一个工程分析工程。这项工作应建立在对工程性质和内容的全面了解和深入认识的基础上。

根据评价项目自身特点、区域的生态特点以及评价项目于区域生态系统的相互关系,确定工程分析的重点,分析生态系统的源及其强度。主要内容包括可能产生重大生态影响的工程行为,与特殊生态敏感区和重要生态敏感区有关的工程行为,可能产生间接、累积生态影响的工程行为,以及可能造成重大资源占用和配置的工程行为。所谓间接生态影响是指经济社会活动及其直接生态所诱发的与该活动步骤同一地点或不在同一时间发生的生态影响;直接生态影响是指经济社会活动所导致的不可避免地与该活动同时同地发生的生态影响;累积生态影响是指经济社会活动各个组成部分之间或者该活动与其他相关活动(包括过去、现在和未来)之间造成生态影响的相互叠加。

工程分析内容包括项目所处的地理位置、工程的规划依据和规划环境影响评价依据、工程类型、项目组成、占地规模、总平面及现场布置、施工方式、施工时序、运行方式、替代方案、工程总投资与环保投资和设计方案中的生态保护措施等。工程分析时段应涵盖勘察期、施工期、运营期和退役期,以施工期和运营期为调查分析的重点。

四、影响对象的识别

影响对象的识别是对影响受体(生态环境)的识别,即识别作用主体可能作用到的受体的部位和因子等。首先了解受影响生态系统的特点及其在区域生态环境中所起的作用或其主要环境功能十分重要,它能使评价工作更具有针对性,可提高评价工作有效性。其次,很多生态环境退化和破坏主要归因于自然资源的不合理开发利用而造成。

识别的主要内容包括五方面内容:

(1)识别受影响的生态系统

第一,识别受影响的生态系统类型(如识别和判断是陆地生态系统还是海洋生态系统等)。因为不同类型生态系统所关注的生态环境问题不同。如农田生态系统和自然生态系统,对生物多样性的关注程度是不相同的。

第二,识别受影响的生态系统组成要素,如组成生态系统的生物因子(动物与植物)或非生物因子(大气、水系和土壤等),重要因子或非重要因子。

第三,了解受影响生态系统的特点及其在区域生态环境中所起的作用或其主要环境功能,是极其重要的。它能使评价工作更具针对性和提高环评工作的有效性。

(2)识别受影响的重要生境

在建设项目的生态环境影响评价中,从生物多样性保护角度考虑,人类对生物多样性的影响主要是由于占据、破坏和威胁野生动植物的生境所造成。因此要认真识别这类受影响的重要生境，并采取切实有效的措施加以保护。重要生境的识别具体方法见表12-1所列。

表12-1　生境重要性识别方法

序号	生境指标	重要性比较
1	天然性	原始生境＞次生生境＞人工生境（如农田）
2	面积大小	同样条件下，面积大＞面积小
3	多样性	群落或生境：类型多、复杂区域＞类型少、简单区域
4	稀有性	拥有稀有物种生境＞没有稀有物种生境
5	可恢复性	不易天然恢复的生境＞易于天然恢复的生境
6	完整性	完整性生境＞破碎性生境
7	生态联系	功能上：相互联系的生境＞孤立的生境
8	潜在价值	可发展为更具保存价值的生境＞无发展潜力的生境
9	功能价值	有物种或群落繁殖、生长的生境＞无此功能的生境
10	存在期限	存在历史久远的生境＞新近形成的生境
11	生物丰度	生物多样性：丰富的生境＞缺乏的生境

一般来说，以下所列的生境均属于重要生境：天然林，包括原生林和次生林、森林公园等；天然海岸，尤其是沙滩、海湾等；潮间带滩涂；河口和河口湿地，无论大小都重要；湿地与沼泽，包括河湖湿地如岸滩或河心洲、淡水或感潮沼泽等；红树林与珊瑚礁；无污染的天然溪流、河道；自然性较高的草原、草山和草坡等。

（3）识别受影响的自然资源

生态环境影响评价中有时将自然资源与生态系统等量齐观，是由于很多生态环境的退化和破坏是因为自然资源的不合理开发利用所造成。自然资源是指在一定时间地点条件下，能够产生经济价值以提高人类当前和未来福利的自然环境因素和条件，通常主要包括能源、矿物、土地、水、气候和生物等资源。对我国来说，耕地资源和水资源均十分紧缺，均是应首先加以影响识别和保护的对象，尤其是基本农田保护区、城市菜篮子工程、养殖基地、特产地和其他有重要经济价值的资源，均是认真识别的重点自然资源。

（4）识别受影响的景观

具有美学意义的自然景观和人文景观，对于缓解当今人与自然的矛盾，满足人类对自然的需求和人类精神生活的需求具有越来越重要的意义。诸多著名的风景名胜区已发展成为当地的旅游产业。实际上,任何具有地方特色的景观(自然景观大多具有地方特色,很难有完全相同的自然景观)均具有满足当地人们精神生活需求的作用,因此具有保护的意义。所有具有观赏或纪念意义的人文景观,也均具有地方文化特色,代表地方的历史或荣誉,为地方人民所钟爱和景仰,因此也具有保护意义。我国自然景观多种多样,人文景观也极其丰富多彩,诸多有这类保护价值的景观还未纳入法规保护范围,需在环境影响评价中给予特别关注,需要认真调查和识别此类保护目标。

(5)识别敏感保护目标

在环境影响评价中,敏感保护目标常作为评价的重点,也是衡量评价工作是否深入或是否完成任务的标志。但敏感保护目标是一个较为笼统的概念。按照约定俗成的含义,敏感保护目标概括一切重要的、值得保护或是需要保护的目标、其中最主要的是法规已明确保护地位的目标,见表 12-2。生态影响评价中,一般的"生态环境敏感保护目标"可根据第五节中(二)敏感生态保护目标的 9 个判据进行识别。

表 12-2　中华人民共和国相关法律确定的保护目标

序号	保护目标	依据法律
1	具有代表性的各种类型的自然生态系统区域	2015 年环境保护法
2	珍稀、濒危的野生动植物自然分布区域	2015 年环境保护法
3	重要的水源涵养区域	2015 年环境保护法
4	具有重大科学文化价值的地质构造、著名溶洞和化石分布区、冰川、火山、温泉等自然遗迹	2015 年环境保护法
5	人文遗迹、古树名木	2015 年环境保护法
6	风景名胜区、自然保护区、生物多样性	2015 年环境保护法
7	自然景观	2015 年环境保护法
8	海洋特别保护区、海洋自然保护区、滨海风景区、海洋自然历史遗迹和自然景观	2013 年海洋环境保护法
9	水产资源、水产养殖场和鱼蟹洄游通道等重要渔业水域,珍稀、濒危海洋生物的天然集中分布区	2013 年海洋环境保护法
10	海涂、海岸防护林、风景林、风景石、红树林、珊瑚礁、滨海湿地、海岛、海湾、入海河口	2013 年海洋环境保护法
11	水土资源、植被、坡(荒)地	2011 年水土保护法
12	崩塌滑坡危险区、泥石流易发区、生态脆弱的地区、水土流失重点预防和重点治理区	2011 年水土保护法
13	耕地、基本农田保护区	2004 年土地管理法

五、影响效应的识别

影响效应识别也称为影响作用的性质和程度,是对影响性质和造成的结果进行识别。生态环境影响效应的识别时需要判别的内容主要包括3方面:

(1)影响的性质:即是正(有利)影响还是负(不利)影响,是直接影响还是间接影响,是可逆影响还是不可逆影响,可否恢复或补偿,有无替代,是累积性影响还是非累积性影响;

(2)影响的程度:即影响发生的范围大小,持续时间的长短,影响发生的剧烈程度,受影响生态因子的多少,是否影响到生态系统的主要组成因子等。

(3)影响的可能性:即发生影响的可能性与概率。影响可能性可按极小、可能和很可能来识别。

在影响后果的识别中,常可通过识别生态系统的敏感性来宏观的判别识别影响的性质和影响导致的变化程度。

影响识别的表达方式可用矩阵法。所谓矩阵法就是将开发建设项目的各个时期各种活动和可能受影响的生态环境因子和问题分别列在同一表格中的列与行,再用不同的符号标示每项活动对相应环境因子影响的性质与程度,如用正负号表示正影响与负影响,用↑或↓表示影响性质可逆与不可逆,用数字1～3表示影响程度的轻重等,再辅以文字说明其他问题,一般就能比较清楚地表达出影响识别的结果。

生态环境影响识别是生态环境影响评价过程中十分关键和重要的过程(阶段)之一。在实际工作中,最忌讳不做或不深入做现场调查,凭经验或想当然编制影响识别表,甚至还有拷贝识别表的情形。有的行业规范还规定了固定的识别内容,以简单的条条框框取代丰富多彩的生态环境内容和复杂的生态环境,均是不妥当的做法。

第四节　生态影响的评价工作等级与评价因子

一、生态影响评价工作等级划分

(1)依据影响区域的生态敏感性和评价项目的工程占地(含水域)范围,包括永久占地和临时占地,将生态影响评价工作等级划分为一级、二级和三级,见表12-3所列。位于原厂界(或永久用地)范围内的工业类改扩建项目,可做生态影响分析。

表 12-3 生态影响评价工作等级划分表

影响区域生态敏感性	工程占地（水域）范围		
	面积≥20km² 或 长度≥100km	面积 2～20km² 或长度 50～100km	面积≤2km² 或长度≤50km
特殊生态敏感区	一级	一级	一级
重要生态敏感区	一级	二级	三级
一般区域	二级	三级	三级

表 12-3 中"影响区域"包含"直接影响区（工程直接占地区）"和"间接影响区（大于工程占地区域）"的范围，对"受影响区"范围的确定，需根据生态学专业知识进行初步判断，并通过生态影响评价过程予以明确，主要原因是特殊生态敏感区和重要生态敏感区的类型复杂，保护目标的生态学特征差异巨大，难以给出一个通用的、明确的界定。一般区域是指除特殊生态敏感区和重要生态敏感区以外的其他区域。

（2）当工程占地（含水域）范围的面积或长度分别属于两个不同评价工作等级时，原则上应按其中较高的评价工作等级进行评价。改扩建工程的工程占地范围以新增占地（含水域）面积或长度计算。

（3）在矿山开采可能导致矿区土地利用类型改变，或拦河闸坝建设可能明显改变水文情势等情况下，评价工作等级应上调一级。

二、生态影响评价工作范围

生态影响评价应能够充分体现生态完整性，生态完整性是评价工作范围的确定原则和依据，涵盖评价项目全部活动的直接影响区域和间接影响区域，评价工作范围应依据评价项目对生态因子的影响方式、影响程度和生态因子间的相互影响和相互依存关系确定。为增强评价工作范围的可操作性，可综合考虑评价项目与项目区域的气候过程、水文过程和生物过程等生物地球化学循环过程的相互作用关系，以评价项目影响区域所涉及的完整气候单元、水文单元、生态单元和地理单元界限为参照边界，为不同行业导则中评价工作范围的制定提供参考依据。

三、生态影响评价因子的筛选

在生态影响识别的基础上进行评价因子的筛选。生态影响评价因子是一个比较复杂的系统，评价中应根据具体的情况进行筛选，筛选中主要考虑三方面的因素：

（1）最能代表或反映受影响生态环境的性质和特点者；

(2)易于测量或易于获得其相关信息者；

(3)法规要求或评价中要求的因子等。

第五节 生态影响预测与评价

一、生态影响预测与评价的内容

进行生态预测与评价的目的是保护生态及维持生态系统的服务功能，因此要依据区域生态系统保护的需求和受影响的生态系统主导服务功能选择评价指标。其次，预测与评价是建立在对项目所在区域生态系统现状了解的基础上，预测与评价的内容应与现状评价的内容相对应，因此要关注项目建设对区域已有的生态问题发展趋势的影响。生态影响预测和评价的内容主要包括：

（一）涉及生态系统及其主要生态因子

生态系统服务功能是人类生存和发展的基础，高效的服务功能取决于系统结构完整性，因而生态保护应从系统功能保护出发，从系统结构保护入手。项目对生态系统结构产生不利影响，会导致系统功能的受损，因此生态影响预测与评价中应关注生态系统结构和功能的变化。生态系统是生物群落及其环境组成的一个综合体，生态因子则是对生物有影响的各种环境因子，生物与其环境间并不是孤立存在的，而是息息相关、相互联系、相互制约、有机结合，生态因子的变化必然会引起生态系统的结构和功能的变化，所以生态因子也是生态影响预测与评价涉及的一个重要方面。

区域是一个复合生态系统，生态系统类型多样，因此一个项目也会涉及多个类型的生态系统；其次，生态系统服务功能众多，如水土保持、水源涵养、防风固沙和调节气候等，同一生态系统在不同区域主要服务功能不同，如大兴安岭森林的主要服务功能是水源涵养，额济纳绿洲胡杨林的主要服务功能是防风固沙。因此，同一建设项目所在区域不同，涉及的生态系统的主要的服务功能不同；再次，一个生态系统包含多个生态因子，因而同一个项目就涉及多个生态因子，如水电站建设既涉及生物因子如陆地、水域动植物等，又涉及非生物因子如水质、水文等，因此，基于生态系统和生态因子的多样性，项目生态影响预测与评价之前需明确区域生态系统现状及主要功能和评价的主要生态因子。

建设项目生态影响预测与评价涉及的生态系统和主要生态因子的选择是通过分析建设项目对生态影响的方式、范围、强度和持续时间来选择评价内容，不同项目的评价内容有差异。评价重点关注建设项目对生态产生的不利影响及即便停止或中断人工干预、干扰之后环境质量或环境状况不能恢复至以前状态的不可逆影响和经济社会活动各个组成部分之间或者该活动与其他相关活动(包括过去、现在和未来)之间造成生态影响的相互叠加的累积生态影响。

(二)敏感生态保护目标

生态环境敏感保护目标是指一切重要的、值得保护或需要保护的目标,其中以法规已明确其保护地位的目标为重点。环境敏感保护目标通常是指需要特殊保护的地区、生态敏感和脆弱区、社会关注区。根据 2008 年 9 月中华人民共和国环境保护部令(第 2 号)《建设项目环境影响评价分类管理名录》(2008 年 10 月 1 日起实施)规定的环境敏感区主要包括三方面:

1.自然保护区、风景名胜区、世界文化和自然遗产地和饮用水水源保护区;

2.基本农田保护区、基本草原、森林公园、地质公园、重要湿地、天然林、珍稀濒危野生动植物天然集中分布区、重要水生生物的自然产卵及索饵场、越冬场和洄游通道、天然渔场、资源型缺水地区、水土流失重点防治区、沙化土地封禁保护区、封闭及半封闭海域和富营养化水域;

3.以居住、医疗卫生、文化教育、科研和行政办公等为主要功能的区域,文物保护单位,具有特殊历史、文化、科学和民族意义的保护地。

生态影响预测与评价重点关注的是建设项目对生态系统及生态因子的影响,生态影响评价中,一般的"生态环境敏感保护目标"可根据下列 9 个方面指标进行识别:

(1)具有生态学意义的保护目标:主要包括湿地、红树林、珊瑚礁、原始森林、天然林、鱼类产卵场、越冬地及洄游通道和自然保护区等。

(2)具有美学意义的保护目标:在旅游区的开发建设及自然保护区的设立过程中,人们常常从美学角度考虑,确定生态保护目标。如风景名胜区、森林公园、旅游度假区、人文景观、自然景观等。

(3)具有科学文化意义的保护目标:按照 1989 年 12 月 26 日中华人民共和国第七届全国人民代表大会常务委员会第 11 次会议通过和 2014 年 4 月 24 日第十二届全国人民代表大会常务委员会第八次会议修订的《中华人民共和国环境保护法》的规定,自然遗迹必须实行严格保护,因为自然遗迹对研究这些区域的古地理、古气候和自然变迁具有重要的理论意义和实际价值,是一个时期生态系统的间接体现,即使在目前,也有许多现存的生物种群。环保法第二十九条规定的自然遗迹包括地质构造、著名溶洞、化石分布区、冰川、火山和温泉等。

(4)具有经济价值的保护目标:主要指水资源和水资源涵养区、耕地和基本农田保护区、水产资源和养殖场等,它们对保障国民经济的正常发展,对局域经济的促进作用,以及对当地的社会、经济和人们生活的正常维护,均具有重要作用。

(5)重要生态功能区和具有社会安全意义的保护目标：主要指江河源头区、洪水蓄泄区、防风固沙保护区、泥石流区、水土保持重点区、灾害易发区，它们对于维护生物多样性、维护社会的稳定等方面具有重要作用。

(6)生态脆弱区：指沙尘暴源区、水土流失区、石漠化地区、海岸、河岸、农牧交错带、绿洲外围带等地区，是环境敏感区的重要组成部分，这些区域的生态系统比较单一，生物种群比较独特，在这些地区进行自然资源项目的开发，极易造成生态环境的破坏，进而会引起一系列的不利连锁反应。

(7)人类建立的各种具有生态环境保护意义的对象：植物园、动物园、珍稀濒危生物保护繁殖基地、生态示范区和天然林保护区域等区域的建立，目的是为了保护一些具有特定意义的动植物，保护珍稀濒危生物，维持生物的多样性。

(8)环境质量严重退化的地区：由于人类的开发建设活动，导致局部区域的大气、水体或土壤生态环境质量急剧退化，或者环境质量已达不到环境功能区划要求的地域、水域。如具有重要生态学意义的沿海海岸带的红树林生境、城市内湖或内河区域，其环境质量已经严重退化，基本丧失其原有的生态功能。

(9)人类社会特别关注的保护目标：如学校、医院、科研文教区和居民集中区，与人们生活息息相关，不管人们从事何种建设，首先应该考虑如何保护这些区域，而不是去破坏这些应该得到保护的地方。

敏感生态保护目标评价是在明确保护目标性质、特点、法律地位和保护要求的情况下，通过分析建设项目影响途径、影响方式和影响程度，预测潜在影响的后果。

(三)对区域已有的生态问题发展趋势的影响

区域已有的生态问题是通过对项目所在区域生态背景的调查，包括调查区域内涉及的生态系统类型、结构、功能和过程以及相关的非生物因子现状等来确定区域目前面临的主要生态问题。当前中国面临的主要区域性的生态问题包括：水土流失、沙漠化、石漠化、盐渍化、自然灾害、生物入侵和污染危害等。根据区域调查结果，指出区域生态问题类型、成因、空间分布和发生特点等，目的是预测与评价项目建成后对所在区域生态系统演替方向的影响，区域生态系统将朝着正向演替或逆向演替。

二、生态影响预测与评价的方法及应用

生态影响预测与评价方法应根据评价对象的生态学特性，在调查、判定该区主要的、辅助的生态功能以及完成功能必需的生态过程的基础上，以法定标准和项目所在区域的生态背景和本地为参考，重在生态分析和保护措施，分别采用定量分析与定性分析相结合的方法进行预测与评价。方法类型多样，不同的方法适用的项目不同，同一个项目也可采用多种方法。常用的方法包括列表清单法、图形叠置法、生态机理分析法、景观生态学法、指数与综合指数法、类比分析法、系统分析法和生物多样性评价、海洋及水生生物资源影响评价方法和土壤侵蚀预测方法等，预测与评价的方法类型多样，不同的方法使用的项目不同，同一个项目也可有多种方法。

(一)生态影响预测与评价方法

1. 列表清单法

列表清单法是 Little 等人于 1971 年提出的一种定性分析方法。特点：简单明了，针对性强。

基本做法：将拟实施的开发建设活动的影响因素与可能受影响的环境因子分别列在同一张表格的行与列内。逐点进行分析，并逐条阐明影响的性质和强度等。由此分析开发建设活动的生态影响。

应用范围：①进行开发建设活动对生态因子的影响分析；②进行生态保护措施的筛选；③进行物种或栖息地重要性或优先度比选。

2. 图形叠置法

图形叠置法是把两个以上的生态信息叠合到一张图上，构成复合图，用以表示生态变化的方向和程度。特点：简单明了，直观形象。

图形叠置法有两种基本制作手段：指标法和 3S 叠图法。

(1)指标法

①确定评价区域范围；②进行生态调查，收集评价工作范围与周边地区自然环境、动植物等信息，同时收集社会经济和环境污染及环境质量信息；③进行影响识别并筛选拟评价因子，其中包括识别和分析主要生态问题；④研究拟评价生态系统或生态因子的地域分布特点与规律，对拟评价的生态系统、生态因子或生态问题建立表征其特性的指标体系，并通过定性分析或定量方法对指标进行赋值或分级，再依据指标值进行区域划分；⑤将上述区划信息绘制在生态图上。

(2)3S 叠图法

①选用地形图或正式出版的地理地图，或经过精校准的遥感影像作为工作底图，底图范围应略大于评价工作范围；②在底图上描绘主要生态因子信息，如植被覆盖、动物分布、河流水系、土地利用和特别保护目标；③进行影响识别与筛选评价因子；④运用 3S 技术[即遥感技术(Remote Sensing, RS)、地理信息系统(Geographical Information System, GIS)、全球定位系统(Global Positioning System, GPS)三种技术]，分析评价因子的不同影响性质、类型和程度；⑤将影响因子图和底图叠加，得到生态影响评价图。

图形叠置法应用领域：①主要用于区域生态质量评价和影响评价；②用于具有区域性影响的特大型建设项目评价中，如大型水利枢纽工程、新能源基地建设和矿业开发项目等;③用于土地利用开发和农业开发中。

3. 生态机理分析法

生态机理分析法是根据建设项目的特点和受其影响的动植物的生物学特征,依据生态学原理分析和预测工程生态影响的方法。生态机理分析法的具体工作步骤为:

(1)调查环境背景现状和搜集工程组成和建设等有关资料。

(2)调查植物和动物分布,动物栖息地和迁徙路线。

动物栖息地和迁徙路线的调查重点关注建设项目对动物栖息地和迁徙路线的切割作用,导致动物生境的破碎化,种群规模的变小,繁殖行为受到影响,近亲繁殖的可能性增加,动物的存活和进化受到影响。

(3)根据调查结果分别对植物或动物种群、群落和生态系统进行分析,描述其分布特点、结构特征和演化等级。

动植物结构特征主要关注动植物种群密度大小和年龄比例;群落分层是否明显;生态系统结构是否完整,以及目前区域生态系统所处的演替阶段。

(4)识别有无珍稀濒危物种及重要经济、历史、景观和科研价值的物种。

根据《中国珍稀濒危植物名录》、《中国濒危珍稀动物名录》、《中国重点保护野生植物名录》和《全国野生动物保护名录》,调查项目是否涉及这些动植物。

(5)监测项目建成后该地区动物、植物生长环境的变化。

(6)根据项目建成后的环境(水、气、土和生命组分)变化,对照无开发项目条件下动物、植物或生态系统演替趋势,预测项目对动物和植物个体、种群和群落的影响,并预测生态系统演替方向。

评价过程中有时要根据实际情况进行相应的生物模拟试验,如环境条件、生物习性模拟试验、生物毒理学试验、实地种植或放养试验等;或进行数学模拟,如种群增长模型的应用。该方法需与生物学、地理学、水文学、数学及其他多学科合作评价,才能得出较为客观的结果。

根据生态学原理和生态保护基本原则,生态影响预测与评价中应注意五个方面问题:

(1)层次性。生态系统分为个体、种群、群落和生态系统四个层次,不同层次的特点不同,因此评价项目应该将影响特点和生态系统层次相结合,根据实际情况确定评价层次和相应内容。如有的项目需评价生态系统的某些因子,如水、土壤等,有的则需在生态系统和景观生态层次进行全面评价,有的则需全面评价和重点因子评价相结合。

(2)结构—过程—功能整体性。生态系统的结构、过程和功能三者是一个紧密联系的整体,生态系统结构的完整性和生态过程的连续性是生态功能得以发挥的基础。生态影响预测与评价的核心是生态系统的服务功能,因此预测与评价过程中首先要对现有生态系统的结构和过程进行分析,调查系统结构是否完整,过程是否连续,从而推断生态系统服务功能的现状,再次根据项目的性质特点预测和评价项目对生态系统功能的影响。

(3)区域性。生态影响预测与评价不局限于与项目建设有直接联系的区域,还包括和项目建设有间接影响和相关联的区域。评价的基础是区域生态现状,因此评价的目的不仅为项目建设单位服务,而且揭示了区域生态问题,为区域发展做贡献。此外,评价中不从区域角度出发,很难判断生态系统的特点、功能需求、主要问题以及敏感保护目标。

(4)生物多样性保护优先。生物多样性是生态系统运行的基础,生物多样性保护应以"预防为主",首先要减少人为干预,尤其是生物多样性高的地区和重要生境。

(5)特殊性。生态影响预测与评价中必须注意稀有景观、资源、珍稀物种等保护,同时要注意区域间的差异,同一资源或物种在不同区域的重要性不同。比如相对于沿海地区,水资源对于沙漠地区尤为宝贵。

4.景观生态学法

景观生态学法是通过研究某一区域,一定时段内的生态系统类群的格局、特点、综合资源状况等自然规律,以及人为干预下的演替趋势,解释人类活动在改变生物与环境方面的作用的方法。景观生态学对生态质量状况的评判基于空间结构分析和功能与稳定性分析。景观生态学认为,景观的结构和功能是相当匹配的,且增加景观异质性和共生性也是生态学和社会学整体论的基本原则。

(1)空间结构分析

空间结构分析基于景观是高于生态系统的自然系统,是一个清晰的和可度量的单位。景观由斑块、基质和廊道组成,其中基质是景观的背景地块,是景观中一种可控制环境质量的组分。因此,基质的判定是空间结构分析的重要内容。判定基质有三个标准,即相对面积大、连通程度高和有动态控制功能。基质的判定多借用传统生态学中计算植被重要值的方法。决定某一斑块类型在景观中的优势,也称优势度值(D_o)。优势度值(D_o)由密度(R_d)、频率(R_f)和景观比例(L_p)三个参数计算得出。其计算表达式如下:

$$R_d = \frac{斑块\ i\ 的数目}{斑块总数} \times 100\%$$ (12-1)

$$R_f = \frac{斑块\ i\ 出现的样方数}{总样方数} \times 100\%$$ (12-2)

$$L_{p}=\frac{斑块\ i\ 的面积}{样地总面积}\times100\%$$ (12-3)

$$D_{0}=\frac{1}{2}\left[\frac{1}{2}\times(R_{d}+R_{f})+L_{p}\right]\times100\%$$ (12-4)

上述分析同时反映自然组分在区域生态系统中的数量和分布,因此能较准确地表示生态系统的整体性。

(2)功能与稳定性分析

景观的功能与稳定性分析主要包括以下四个方面内容:

①生物恢复力分析:分析景观基本元素的再生能力或高亚稳定性元素能否占主导地位。

②异质性分析:基质为绿地时,由于异质化程度高的基质很容易维护它的基质地位,从而达到增强景观稳定性的作用。

③种群源的持久性和可达性分析:分析动植物物种能否持久保持能量流和养分流,分析物种流可否顺利地从一种景观元素迁移到另一种元素,从而增强共生性。

④景观组织的开放性分析:分析景观组织与周边生境的交流渠道是否畅通。开放性强的景观组织可增强抵抗力和恢复力。景观生态学方法既可用于生态现状评价也可用于生境变化预测,是目前国内外生态影响评价领域中较先进的方法。

5.指数与综合指数法

指数法是利用同度量因素的相对值来表明因素变化状况的方法,是建设项目环境影响评价中规定的评价方法,指数法同样可将其拓展而用于生态影响评价中。指数法简明扼要,且符合人们所熟悉的环境污染影响评价思路,但困难在于需明确建立表征生态质量的标准体系,且难以赋权和准确定量。指数法包括单因子指数法和综合指数法。

(1)单因子指数法

规定合适的评价标准,采集拟评价项目区的现状资料。可进行生态因子现状评价;如以同类型立地条件的森林植被覆盖率为标准,可评价项目建设区的植被覆盖情况;亦可进行生态因子的预测评价;如以评价区现状植被盖度为评价标准,可评价建设项目建成后植被盖度的变化率。

(2)综合指数法

综合指数法是从确定同度量因素出发,把不能直接对比的事物变成能够同度量的方法。主要包括下列6个步骤:

①分析研究评价的生态因子的性质及变化规律;

②建立表征各生态因子特性的指标体系;

③确定评价标准；

④建立评价函数曲线,将评价的环境因子的现状值(开发建设活动前)与预测值(开发建设活动后)转换为统一的无量纲的环境质量指标。用 1～0 表示优劣("1"表示最佳的、顶级的、原始或人类干预甚少的生态状况,"0"表示最差的、极度破坏的、几乎无生物性的生态状况),由此计算出开发建设活动前后环境因子质量的变化值；

⑤根据各评价因子的相对重要性赋予权重；

⑥将各因子的变化值综合,提出综合影响评价值。即:

$$\Delta E = \sum_{i=1}^{n}(E_{hi} - E_{qi}) \times W_i \tag{12-5}$$

式中,ΔE——开发建设活动日前后生态质量变化值；

E_{hi}——开发建设活动后 i 因子的质量指标；

E_{qi}——开发建设活动前 i 因子的质量指标；

W_i——i 因子的权值；

指数法应用范围:①可用于生态因子单因子质量评价；②可用于生态因子多因子综合质量评价；③可用于生态系统功能评价。

指数法注意事项:建立评价函数曲线须根据标准规定的指标值确定曲线的上限、下限。对于空气和水这些已有明确质量标准的因子,可直接用不同级别的标准值作上限、下限；对于无明确标准的生态因子,须根据评价目的、评价要求和环境特点选择相应的环境质量标准值,再确定上限、下限。

6. 类比分析法

类比分析法是根据已有的开发建设活动(项目、工程)对生态系统产生的影响来分析或预测拟进行的开发建设活动(项目、工程)可能产生的影响。它是一种较常用的定性和半定量结合的评价方法,一般有生态整体类比、生态因子类比和生态问题类比等。

选择好类比对象(类比项目)是进行类比分析或预测评价的基础,也是该法成败的关键。类比对象的选择条件包括:工程性质、工艺和规模与拟建项目基本相当,生态因子(地理、地质、气候和生物因素等)相似,项目建成已有一定时间,所产生的影响已基本全部显现。类比对象的选择标准为:①生态背景相同,即区域具有一致性,由于同一个生态背景下,区域主要生态问题相同。如拟建项目位于干旱区,则类比对象应选择位于干旱区项目。②类比的项目性质相同。项目的工程性质、工艺流程和规模基本相当。③类比项目已经建成,并对生态系统产生了实际的影响,且所产生的影响已基本全部显现,注意不要根据项目性质相同的拟建设项目的生态影响评价进行类比。

类比对象确定后,则需选择和确定类比因子及指标,并对类比对象开展调查与评价,再分析拟建项目与类比对象的差异。根据类比对象与拟建项目的比较,做出类比分析结论。

类比分析法范围:①进行生态影响识别和评价因子筛选;②以原始生态系统作为参照,可评价目标生态系统的质量;③进行生态影响的定性分析与评价;④进行某一个或几个生态因子的影响评价;⑤预测生态问题的发生与发展趋势及其危害;⑥确定环保目标和寻求最有效、可行的生态保护措施。

7. 系统分析法

系统分析法是指把要解决的问题作为一个系统,对系统要素进行综合分析,找出解决问题的可行方案的咨询方法。具体步骤包括:限定问题、确定目标、调查研究、收集数据、提出备选方案和评价标准、备选方案评估和突出最可行方案。

系统分析法因其能妥善地解决一些多目标动态性问题,目前已广泛应用于各行各业,尤其在进行区域开发或解决优化方案选择问题时,系统分析法显示出其他方法所不能达到的效果。

在生态系统质量评价中使用系统分析的具体方法有专家咨询法、层次分析法、模糊综合评判法、综合排序法、系统动力学和灰色关联度法等方法,这些方法原则上都适用于生态影响评价。

8. 生物多样性评价法

生物多样性评价是指通过实地调查,分析生态系统和生物种的历史变迁、现状和存在主要问题的方法,评价目的是有效保护生物多样性。

生物多样性常用香农-威纳指数(Shannon-Wiener index)表征:

$$H = \sum_{i=1}^{S} P_i \ln(P_i) \qquad (12-6)$$

式中,H——样品的信息含量(群落的多样性指数);

S——种数;

P_i——样品中属于第 i 种的个体比例,如样品总个体数为 N,第 i 种个体数为 n_i,则 $P_i = n_i/N$。

（二）预测评价方法的适用类型

建设项目生态影响预测与评价均是以所在区域生态现状调查、工程调查与分析、生态现状评价为基础,采用定性和定量相结合的方法,确定区域已有的生态问题,然后选择合适的生态影响评价的方法预测项目建成后对区域生态问题发展趋势的影响,项目生态影响评价方法众多,由于项目性质不同,不同项目的评价方法不同,而且同一个项目也可用多种方法评价。项目生态影响预测和评价一般分为现状调查阶段和预测与评价阶段,两个阶段对方法的需求不同,因而选择的方法也不同,但是这些方法并不局限于特定阶段使用。主要生态项目的常用评价方法见表 12 - 4。

表 12 - 4　主要生态项目的常用评价方法

项目类别	常用评价方法	
	现状调查	预测与评价
水电站建设	列表清单法	类比分析法
水电梯级开发	列表清单法、图形叠置法、系统分析法	类比分析法
道路建设(铁路、公路)	景观生态学法、图形叠置法、系统分析法	生态机理分析法
管线建设	景观生态学法、图形叠置法	生态机理分析法
矿产资源开发	列表清单法、图形叠置法、系统分析法	类比分析法

第六节　生态保护措施与替代方案

资源开发与建设项目的施工和运行过程对生态环境的影响是不可避免的,尽管影响的范围和程度对于不同类型的建设项目各有差异,但其影响的性质基本上可分为可逆影响和不可逆影响两类。因此在生态影响评价过程中,确定生态影响的类别、性质、程度和范围是必不可少的。应针对上述问题制定避免、减缓与补偿生态影响的防护措施、恢复计划和替代方案,并向建设者、管理者或土地权属部门提出生态管理建议。因此生态影响减缓措施和生态保护措施是整个生态影响评价工作成果的集中体现和精华部分。

一、生态影响的防护、恢复与补偿原则

(1)应按照避让、减缓、补偿和重建的次序提出生态影响防护与恢复的措施;所采取措施的效果应有利于修复和增强区域生态功能。

(2)凡涉及不可替代、极具价值、极敏感、破坏后很难恢复的敏感生态保护目标(如特殊生态敏感区、珍稀濒危物种)时,必须提出可靠的避让措施或生境替代方案。

(3)涉及采取措施后可恢复或修复的生态目标时,也应尽可能提出避让措施;否则,应制定恢复、修复或补偿措施。各项生态保护措施应按项目实施阶段分别提出,并提出实施时限和估算经费。

二、生态保护措施

自然资源开发项目中的生态影响评价根据区域的资源特征和生态特征,按照资源的可承载力,论证开发项目的合理性,对开发方案提出必要的修正,使生态环境得到可持续发展。

(一)生态保护途径

开发建设项目的生态保护措施需从生态环境特点及其保护要求和开发建设工程项目的特点方面考虑。从生态环境特点及其保护要求考虑,主要保护途径有:保护、恢复、补偿、建设及替代方案。

1.保护是在开发建设活动前和活动中注意保护生态环境的原质原貌,尽量减少干扰与破坏,即贯彻以预防为主的思想和政策。预防性保护是给予优先考虑的生态保护措施。

2.恢复是开发建设活动在对生态环境造成一定影响后通过事后努力来修复生态系统的结构或环境功能。植被修复是最常见的恢复措施。

3.补偿则是一种重建生态系统以补偿因开发建设活动损失的环境功能的措施。补偿有就地补偿和异地补偿两种形式。就地补偿类似于恢复,异地补偿则是在开发建设项目发生地无法补偿损失的生态环境功能时,在项目发生地之外实施补偿措施。

4.建设是在生态环境已经相当恶劣的地区,为保证建设项目的可持续发展和促进区域的可持续发展,采取的改善区域生态环境、建设具有更高环境功能的生态系统的措施。

5.替代方案主要有场址或线路走向的替代、施工方式的替代、工艺技术的替代和生态保护措施的替代等。

影响报告篇章要具体编制恢复和防护方案,原则是自然资源中的植被,尤其是森林,损失多少必须补偿多少,原地补偿或异地补偿。

(二)生态保护措施

1.生态保护措施应包括保护对象和目标,内容、规模及工艺,实施空间和时序,保障措施和预期效果分析,绘制生态保护措施平面布置示意图和典型措施设施工艺图,估算或概算环境保护投资。

2.对可能具有重大、敏感生态影响的建设项目,区域、流域开发项目,应提出长期的生态监测计划和科技支撑方案,明确监测因子、方法和频率等。

3.明确施工期和运营期管理原则与技术要求。可提出环境保护工程分标与招标原则、施工期工程环境监理、环境保护阶段验收和总体验收、环境影响后评价等环保管理技术方案。

三、替代方案

（一）替代方案主要是指项目中的选线、选址替代方案，项目的组成和内容替代方案，工艺和生产技术的替代方案，施工和运营方案的替代方案，以及生态保护措施的替代方案。

（二）评价时应对替代方案进行生态可行性论证，优先选择生态影响最小的替代方案，最终选定的方案至少应该是生态保护可行的方案。常用的环境保护方案见表12-5。

1级以上项目要进行替代方案比较，要对关键的单项问题进行替代方案比较，并对环境保护措施进行多方案比较，这些替代方案应该是环境保护决定的最佳选择。

表 12-5　生态保护设计方案

项目	阶段	
	施工期	营运期
动物	设置保护通道和屏障，禁止施工人员进入野生动物栖息活动场所，禁止惊吓和捕杀动物	设置专人管理，建立管理及报告制度，加强宣传教育，预防和杜绝森林火灾，禁止大声喧哗、惊吓和捕杀动物，对重点保护动物定期监测
植被	隔离保护或避开重点保护对象，调整和改进施工方案，尽量减少植被破坏	临时占地在工程完成后进行植被恢复，植被尽量采用当地植物，并尽量以生态恢复为主，专人巡视管理，对重点保护植物应定期监测
景观	控制设计用地，隔离保护重点景观，新景风格、造势与自然融合，人工修复破坏的地质地形	加强宣传教育，重要景点专人巡视管理，高峰限制游客人数，随时修补景观损害
水土保持	开挖山坡：自上而下分层开挖，最终边坡进行危岩清理、植被保护。 机动车道：设置排水沟。将水引至路基坡脚或天然排水沟壑。 游览道路：沿线绿化、临沟采用料石支护，靠山进行植被防护，尽量种植当地植物。 其他景点及服务区绿化。 及时清理堆弃渣土，修复受损地表地形	加强宣传教育，定期巡视观察景区各路段地形，做好景区绿化、保养、植被养护等

（续表）

项目	阶段	
	施工期	营运期
水（环境）	施工地修建简易处理水池，出水回用	旅游服务设施建造生活污水处理系统，并尽量采用生态处理，定期对重点水体进行水质监测
大气	施工散料如水泥库存或密盖，密闭运输，道路定期洒水	景区绿化，道路洒水，限制餐饮排放油烟，使用清洁能源
噪声	施工地与周围环境设置隔离屏障，改进施工工艺和技术，调整施工场地布置和工时	道路绿化，加强游客和车辆管理
固体废物	修建工地临时厕所，垃圾专门收集后转运至填埋场	主要是生活垃圾，应收集、分类、存放、转运、回收和填埋，加强景区环境卫生监督

第七节　生态影响评价图件规范与要求

　　生态影响评价图件是指以图形或图像的形式，对生态影响评价有关空间内容的描述、表达或定量分析。生态影响评价图件是生态影响评价报告的必要组成内容，是评价的主要依据或成果的重要表示形式，是指导生态保护措施设计的重要依据。主要适用于生态影响评价工作中表达地理空间信息的地图。生态影响评价图件应遵循有效、实用和规范的原则，根据评价工作等级和成图范围以及所表达的主题内容选择适当的成图精度和图件构成，充分反映出评价项目、生态因子构成、空间分布以及评价项目与影响区域生态系统的空间作用关系、途径或规模。

一、图件构成

　　生态影响评价图件不仅是现状调查、评价和预测成果的展示，而且是提高对生态时空特征的整体认识、深化对评价各要素研究的有力手段。图件构成类型可从两个角度进行分类。

　　（一）根据评价项目自身特点、评价工作等级以及影响区域生态敏感性不同，将生态影响评价图件分为基本图件和推荐图件两部分：

1. 基本图件

基本图件是指根据生态影响评价工作等级不同,各级生态影响评价工作需提供的必要图件。基本图件的要求,进一步强调了评价的准确性和措施的可操作性,提出当评价项目涉及特殊生态敏感区域和重要生态敏感区时必须提供反映生态敏感特征的专题图,如保护物种空间分布图;当开展生态监测工作时必须提供相应的生态监测点位图;明确要求给出典型生态保护措施平面布置示意图,以增加生态保护措施的具体性和可操作性。

基本图件由三部分组成,包括反映项目特点的图件、反映生态现状调查—评价—影响预测的图件和反映保护措施的图件。项目特点图件,包括项目区域地理位置、工程平面;生态现状调查—评价—影响预测图件,包括土地利用现状、植被类型、地表水系、特殊生态敏感区和重要生态敏感区空间分布、生态监测布点、主要评价因子的评价成果和预测;生态保护措施图件,即典型生态保护措施平面布置示意图。

根据评价等级的依次降低,基本图件的构成也趋于简化,如一级评价由 9 份图件组成,二级评价由 7 份图件组成,三级评价则由 4 份图件组成。不同评价等级基本图件见表 12-6。

2. 推荐图件

推荐图件是在现有技术条件下可以图形图像形式表达的、有助于阐明生态影响评价结果的选作图件,属于非强制性要求图件。根据评价工作范围内涉及生态类型不同,可选作相关图件来辅助说明调查、评价和预测的结果。

推荐图件针对评价工作范围涉及山地、水体、生态敏感区及相关生态区划等不同情境,提出了可供选作的图件类型。对应评价工作等级划分为一级、二级和三级,随评价工作等级的升高,可供选择图件类型相应丰富:

(1)三级推荐图件包括地形地貌图、地表水系图、海洋功能图、植被类型图和绿化布置图。

(2)二级推荐图件在三级推荐图件的基础上,增加土壤侵蚀分布图、水环境功能区划图、水文地质图、海域岸线图、土地利用规划图和生态功能分区图。

(3)一级推荐图件在二级推荐图件的基础上,增加土壤类型图、海洋渔业资源分布图、主要经济鱼类产卵场分布图、滩涂分布现状图、塌陷等值线图、动植物资源分布图、珍稀濒危物种分布图、基本农田分布图和荒漠化土地分布图。

(二)根据不同评价等级要求的工作深度不同,将生态影响评价图件划分为三级,见表 12-6。

表 12-6　生态影响评价图件构成要求

评价等级	基本图件	推荐图件
一级	(1)项目区域地理位置图 (2)工程平面图 (3)土地利用现状图 (4)地表水系图 (5)植被类型图 (6)特殊生态敏感区和重要生态敏感区空间分布图 (7)主要评价因子的评价成果和预测图 (8)生态监测布点图 (9)典型生态保护措施平面布置示意图	(1)当评价工作范围内涉及山岭重邱区时,可提供地形地貌图、土壤类型图和土壤侵蚀分布图。 (2)当评价工作范围内涉及河流、湖泊等地表水时,可提供水环境功能区划图;当涉及地下水时,可提供水文地质图件。 (3)当评价工作范围内涉及海洋和海岸带时,可提供海域岸线图、海洋功能区划图,根据评价需要选做海洋渔业资源分布图、主要经济鱼类产卵场分布图和滩涂分布现状图。 (4)当评价工作范围内已有土地利用规划时,可提供已有土地利用规划图和生态功能分区图。 (5)当评价工作范围内涉及地表塌陷时,可提供塌陷等值线图。 (6)此外,可根据评价工作范围内涉及的不同生态系统类型,选做动植物资源分布图、珍稀濒危物种分布图、基本农田分布图、绿化布置图和荒漠化土地分布图等
二级	(1)项目区域地理位置图 (2)工程平面图 (3)土地利用现状图 (4)地表水系图 (5)特殊生态敏感区和重要生态敏感区空间分布图 (6)主要评价因子的评价成果和预测图 (7)典型生态保护措施平面布置示意图	(1)当评价工作范围内涉及山岭重丘区时,可提供地形地貌图和土壤侵蚀分布图。 (2)当评价工作范围内涉及河流、湖泊等地表水时,可提供水环境功能区划图;当涉及地下水时,可提供水文地质图件。 (3)当评价工作范围内涉及海洋和海岸带时,可提供海域岸线图和海洋功能区划图。 (4)当评价工作范围内已有土地利用规划时,可提供已有土地利用规划图和生态功能分区图。 (5)评价工作范围内,陆域可根据评价需要选做植被类型图或绿化布置图。
三级	(1)项目区域地理位置图 (2)工程平面图 (3)土地利用或水体利用现状图 (4)典型生态保护措施平面布置示意图	(1)评价工作范围内,陆域可根据评价需要选做植被类型图或绿化布置图。 (2)当评价工作范围内涉及山岭重丘区时,可提供地形地貌图。 (3)当评价工作范围内涉及河流、湖泊等地表水时,可提供地表水系图。 (4)当评价工作范围内涉及海域时,可提供海洋功能区划图。 (5)当评价工作范围内涉及重要生态敏感区时,可提供关键评价因子的评价成果图

二、制图数据来源与时效要求

(一)信息源选择

生态影响评价制图数据的来源必须准确可靠,通常的数据来源包括:已有图件资料、采样、实验、地面勘测和遥感等。如通过对现有背景图件的扫描、配准、矢量化或数据格式的转换获取背景专题数据;从测绘数据中获取数字高程模型 DEM(Digital Elevation Model)、等高线、河流水系等数据;通过采样获取生物量、生物群落等数据;通过生物习性模拟、生物毒理实验等获取受影响生态因子的变化机理数据;通过生态监测获取受保护物种生境、物种迁徙及非生物因子的变化趋势等数据;从统计年鉴中获取人口、经济、环境质量等数据;遥感解译获取植被类型、植被覆盖度、土地利用等数据;从水文、地质、土壤等专题数据中提取区域部分专题数据等。

1.实地采样、实验、现场监测和地面勘测应遵循相关标准规范的要求。

2.已有图件资料的选择:已有图件资料获取后,应从资料的现时性、完备性、精确性、可靠性等方面。分析其与评价项目生态影响是否匹配,确定资料的使用价值和程度。只有当图件资料的精度高于或相当于评价精度要求时,才能在本项目中直接引用;否则,需经实地调查、监测,对数据重新校正后使用。

3.遥感信息选择:随着遥感技术的飞速发展,遥感信息的获取趋向全波段、全天候、全球覆盖和高分辨率,突破了时空局限,遥感信息已成为生态影响评价的主要数据源之一。在遥感信息源选择中,图像的空间分辨率、波谱分辨率和时间分辨率是主要指标。

(1)空间分辨率的选择:空间分辨率是指遥感图像中一个像元所对应的地面范围的大小,如 Landsat-TM 影像的一个像元对应的地面范围是 30m×30m,那么其空间分辨率就是 30m。不同平台的遥感器所获取的图像信息满足成图精度的范围是不同的,因此针对不同空间尺度的生态评价对象和制图精度要求,选择不同空间分辨率的影响就尤为重要。如省级、区域级的生态信息的获取可选择 Landsat-TM、CEBERS、ASTER、ALOS 等中等分辨率影像,局部区域生态信息的获取可选择 SPOT、IKNOS、QUICKBIRD 等高分辨率影像。

(2)波普分辨率和波段的选择:波谱分辨率是由传感器所使用的波段数目(通道数)、波长、波段的宽度来决定的。地表物体在不同光谱段上有不同的吸收、反射特征,同一类型的地物在不同波段的图像上,不仅影像灰度有较大差别,而且影像的形状也有差异。遥感信息源的选择应根据生态影响评价目的和要求,选择地物波谱特征差异较大的波段图像来反映地物信息,实际工作中表现为应针对评价对象选择对应波谱,并将符合要求的若干波段作优化组合,进行影像的合成分析与制图。如选用 Landsat-TM5、4、3 波段组合配以红、绿、蓝三种颜色生成假彩色合成图像,不仅图像颜色类似于自然色,较为符合人们的视觉习惯,而且由于信息量丰富,能充分显示各种地物影像特征的差别。

(3)时间分辨率和时相的选择:遥感图像的时间分辨率是指用传感器对同一目标进行重复探测时,相邻两次探测的时间间隔。遥感图像的时间分辨率差异很大,当生态影响评价中需要分析评价对象的动态变化时,需要根据对象本身的变化周期选择与之对应的遥感信息源。如反映水坝蓄水淹没等现象的动态变化,必须选择短期或短期时间分辨率的遥感信息源。

(二)数据时效要求

图件基础数据来源应满足生态影响评价的时效要求,选择与评价基准时段相匹配的数据源。当图件主题内容无显著变化时,制图数据源的时效要求可在无显著变化期内适当放宽,但必须经过现场勘验校核。

生态影响类项目相对于污染类项目而言,往往具有工程涉及范围广、影响程度大、时间周期长等特点,在数据收集和监测上存在一定困难。因此,在以往的生态影响评价工作中,评价单位多采用前期相关研究成果作为评价的数据基础来源,这涉及数据的现时性和准确性。《环境影响评价技术导则 生态影响》(HJ 19—2011)要求只有当评价对象无显著变化时方可使用其相关数据源,且应经过现场勘验校核才行。如从土地利用来看,东部沿海城市土地利用变化剧烈,西部内陆城市的土地利用变化则稍缓,一年前的土地利用调查数据在西部内陆经过校核后还可使用,但在东部沿海可能已完全改变。

三、制图与成图精度要求

为保证生态影响评价的准确性和科学性,生态影响评价制图的工作精度一般不低于工程可行性研究制图精度,成图精度应满足生态影响判别和生态保护措施的实施。

(一)制图精度要求

制图比例决定着图上量测的精度和表示评价对象的详略程度。制图比例要求由生态影响评价范围、评价尺度确定,其基本原则为:评价范围越大,制图比例尺越低;评价尺度越小,制图比例尺越高。由于正常人的眼睛只能分辨出图上大于0.1mm的距离,图上 0.1mm 的长度,在不同比例尺地图上的实际距离是不一样的,如1:5 万图为 5m,1:25 万图为 25m。制图比例与成图范围见表 12-7。

表 12-7　制图比例尺与成图范围

比例尺	图上 1cm 代表实地距离	实地面积 100km² 的区域成图大小
1:25 万	2.5km	4cm×4cm
1:10 万	1km	10cm×10cm
1:5 万	0.5km	20cm×20cm
1:1 万	0.1km	1m×1m
1:5000	0.05km	2m×2m

(二)成图精度要求

生态影响评价成图应能准确、清晰地反映评价主体内容,成图比例不应低于表 12-8 中的规范要求(项目区域地理位置图除外)。当成图范围过大时,可采用点线面相结合的方式,分幅成图;但涉及敏感生态保护目标时,应分幅单独成图,以提高成图精度。

表 12-8　不同评价等级的成图比例

成图范围		成图比例尺		
		一级评价	二级评价	三级评价
面积	≥100km²	≥1:10 万	≥1:10 万	≥1:25 万
	20km²～100km²	≥1:5 万	≥1:5 万	≥1:10 万
	2km²～≤20km²	≥1:1 万	≥1:1 万	≥1:2.5 万
	≤2km²	≥1:5000	≥1:5000	≥1:1 万
长度	≥100km	≥1:25 万	≥1:25 万	≥1:25 万
	50km～100km	≥1:10 万	≥1:10 万	≥1:25 万
	10km～≤50km	≥1:5 万	≥1:10 万	≥1:10 万
	≤10km	≥1:1 万	≥1:1 万	≥1:5 万

其中 1:5000 和 1:1 万地形图主要用于小范围内详细研究和评价地形使用;1:2.5 万地形图主要用于较小范围内详细研究和评价地形使用;1:5 万地形图是我国国民经济各部门和国防建设的基本用途,主要用于一定范围内较详细研究和评价地形使用;1:10 万地形图主要用于一定范围内较详细研究和评价地形使用;1:25 万地形图主要用于较大范围内宏观评价和地理信息研究,可供区域规划、经济布局、生产布局和资源开发利用底图;1:50 万地形图和 1:100 万地形图用于较大范

围内进行宏观评价和研究地理信息,可作为各部门进行经济建设总体规划,经济布局、生产布局和国土资源开发利用工作底图。

四、图形整饰规范

(一)图形整饰的目的和要求

图形整饰的目的是保证图件清晰易读,层次分明,富有美感。生态影响评价图件应符合专题地图制图的整饰规范要求,成图应包括图名、比例尺、方向标(指北针或风向玫瑰图)、经纬度、图例、文字注记、制图数据源(调查数据、实验数据、遥感信息源或其他)、成图时间(制图日期)、署名等要素。

(二)符号和色彩设置

1. 符号设置原则

(1)标志性原则:应能充分地表现和区分地物。

(2)普遍性原则:符合环境制图中的常用习惯。

(3)简单美观性原则:应简单明了,同时与整体的制图风格相匹配。

(4)灵活性原则:必须满足地图的精度要求,其色彩、大小、旋转、平面位置等可进行更改,但不能引起形变。

2. 色彩设置

色彩是表达地图科学内容的重要手段,也是衡量地图质量的重要指标,色彩可提高地图的可读性。其设置的原则主要遵循三方面:

(1)天然色原则:应尽可能与制图对象的天然色相接近,制图是实践中总结出的常用色彩,其表示的地图要素已约定俗成。

(2)象征、含义原则:根据人们对色彩的感觉来设色。如冷色调(绿、蓝、紫)和暖色调(黄、红、橙)给人感觉明显不同。暖色一般用来表示亚热带、热带气候,冷色表示寒温带、温带气候;蓝、绿色表示湿润,黄、棕色表示干旱等。

(3)协调性原则:相邻地物用色应缓冲协调,颜色差异不要过度太大,以免影响视觉效果。但在一张图内,所有颜色之间应能区分出不同的地物,如植被中的针叶林、阔叶林、草原等类型分别用暗绿色、绿色、草绿色表示;土壤中的黑钙土、褐土、棕壤、黄壤、红壤就是通过土壤颜色命名的,在地图上可选用深灰色、褐色、棕色、黄色和红色表示。

思考题

1. 名词解释:

生态影响评价;特殊生态敏感区;重要生态敏感区;生态机理分析法;生态脆弱区;生态影响预测。

2. 选择题:

(1)根据《环境影响评价技术导则　生态影响》(HJ 19—2011),生态影响评价应能够充分体现_____,涵盖评价项目全部活动的直接影响区域和间接影响区域。

A. 区域可持续发展　　　B. 区域生态敏感性　　　C. 生态完整性　　　D. 生态功能性

(2)根据《环境影响评价技术导则　生态影响》(HJ 19—2011),当涉及区域范围较大或主导生态因子的空间等级尺度较大,通过人力踏勘较为困难或难以完成评价时,生态现状调查可采用_____。

A. 生态监测法　　　B. 现场勘查法　　　C. 遥感调查法　　　D. 资料收集法

(3)某拟建公路长 100km,占用人工林、荒地、部分耕地和建设用地,根据《环境影响评价技术导则　生态影响》,此公路的生态影响工作等级为_____。

A. 一级　　　　　B. 二级　　　　　C. 三级　　　　　D. 四级

(4)根据《环境影响评价技术导则　生态影响》(HJ 19—2011),工程分析的重点主要应包括_____。

A. 可能造成重大资源占用和配置的工程行为

B. 可能产生间接、累积生态影响的工程行为

C. 与特殊生态敏感区和重要生态敏感区有关的工程行为

D. 可能产生重大生态影响的工程行为

(5)根据《环境影响评价技术导则　生态影响》(HJ 19—2011),预测生态系统组成和服务功能的变化趋势,应重点关注其中的_____。

A. 不利影响　　　　　B. 不可逆影响　　　　C. 累积生态影响　　　D. 短期影响

3. 简述生态影响评价所应遵循的原则。

4. 生态现状调查的主要内容有哪些? 有哪些常用调查方法?

5. 生态影响判定依据包括哪些内容? 生态影响对象的识别主要包括哪些内容?

6. 怎样划分生态环境影响评价工作等级?

7. 生态影响预测与评价常用方法有哪些?

8. 生态影响的防护与恢复措施有哪些?

选择题参考答案:(1)C　(2)C　(3)B　(4)ABCD　(5)ABC

拓展阅读

【案例】

某电站为流域梯级开发中的龙头水库,坝高 200m,具有多年调节性能。电站建设库区淹没和工程占地需移民安置 2 万人,搬迁安置 2.2 万人,新建集镇 1 个,迁建集镇 10 个,配套水利工程 1 个,迁建企业 10 个,复建公路 100km。经初步调查复核该流域分布有国家Ⅱ级保护鱼类和特有鱼类数种,水库淹没线下零散分布 10 多颗名木古树,请问:

(1)该环评报告书介绍工程概况时,应反映哪些方面内容?

(2)该电站环评时需如何分别考虑对鱼类和名木古树的保护?

(3)移民安置工程环境影响评价主要包括哪些内容? 移民安置过程中所提环保措施应重点从哪些方面来考虑?

案例分析参考步骤

（1）工程概况应反映 5 方面的内容：地理位置、工程开发任务和建设规模、工程项目组成和施工规划、移民安置和工程运行。

（2）陆生生态保护措施：对珍稀濒危、国家和地方重点保护野生植物物种、名木古树提出工程防护、移栽、引种繁殖栽培、种质库保存及挂牌保护等措施。工程施工和移民安置损坏的植被，应提出植被恢复与绿化措施；本项目水库淹没线下零散分布 10 多颗名木古树应进行移栽，移栽到设计最高水位线之上并实行移栽后挂牌保护措施。

水生生态保护措施：根据保护对象生态习性、分布状况、结合工程建设特点和所在流域特征，对受影响的国家和地方重点保护、珍稀濒危特有或土著鱼类、经济鱼类等水生生物提出增殖放流、过鱼设施、栖息地保护、设立保护区、跟踪监测、加强渔政管理等措施。对所提的措施分析实施效果，并对其经济合理性、技术可行性进行分析论证，推荐最优方案。

（3）移民安置工程环境影响评价主要包括对移民生活、就业和经济状况的影响，移民安置区土地开发利用对环境的影响。具体：从安置区土地承载力、环境容量等生态保护角度进行农村生产移民安置的土地适宜性评价；新建、迁建城镇对环境的影响（污水处理厂、垃圾填埋场选址等）；迁建工矿企业对环境的影响（结合国家相关产业政策和环保政策）；复建专项设施对环境的影响。

移民安置过程中所提环保措施应重点考虑安置区特别是集中安置点的生活污水、生活垃圾处理处置措施，生产及生活配套基础设施（如水源）、迁建企业、复建工程（如公路、水利复建等）等过程中需采取"三废"治理、生态保护（包括水土保持）等措施，迁建企业时需要结合国家产业政策，如属于"十五小"等企业应实行关停并转。

参考文献

1. 马太玲,张江山. 环境影响评价(第二版)[M]. 武汉:华中科技大学出版社,2012

2. 魏立安,何宗健,汪怀建. 环境影响评价[M]. 北京:航空工业出版社,2001

3. 毛文永. 生态环境影响评价概论(修订版)[M]. 北京:中国环境科学出版社,2003

4. 胡辉,杨家宽. 环境影响评价[M]. 武汉:华中科技大学出版社,2010

5. 何德文,李铌,柴立元. 环境影响评价[M]. 北京:科学出版社,2008

6. 环境保护部. 环境影响评价技术导则　总纲(HJ 2.1—2011)[S]. 北京,2011

7. 环境保护部. 环境影响评价技术导则　生态影响(HJ 19—2011)[S]. 北京,2011

8. 陆书玉. 环境影响评价[M]. 北京:高等教育出版社,2001

9. 环境保护部环境工程评估中心. 环境影响评价技术方法[M]. 北京:中国环境科学出版社,2012

10. 环境保护部环境工程评估中心. 环境影响评价技术导则与标准[M]. 北京:中国环境科学出版社,2012

11. 环境保护部环境工程评估中心. 环境影响评价案例分析[M]. 北京:中国环境科学出版社,2012

第十三章 规划环境影响评价

【本章要点】

掌握规划环评的相关概念、适用范围、评价目的和原则及评价流程。掌握规划分析的主要内容、规划环评的现状分析与评价内容、规划环评的预测与评价内容、规划方案的筛选和优化、公众参与、编写要求。

2003 年《中华人民共和国环境影响评价法》出台,规定对规划要进行环境影响评价。2014 年 6 月,环保部发布了《规划环境影响评价技术导则 总纲》(HJ 130—2014),自 2014 年 9 月 1 日实施,原《规划环境影响评价技术导则(试行)》(HJ/T 130—2003)废止。

从国内外的实践经验和历史教训看,政府制定和实施的有关产业发展、区域开发和资源开发规划等重大的社会、经济决策等往往会对环境产生重大、深远、不可逆的影响。因此,为从决策的源头上保护环境,对规划进行环境影响评价是非常必要的。

第一节 规划环境影响评价概述

一、规划环境影响评价概念

规划环境影响评价本质上属于战略环境影响评价,是指在规划的编制阶段,对规划实施可能造成的环境影响进行分析、预测和评价,并提出预防或减轻不良环境影响的对策和措施的过程。该定义与《中华人民共和国环境影响评价法》中关于环境影响评价的定义是一致的:即指对规划和建设项目实施后可能造成的环境影响进行分析、预测和评估,提出预防或者减轻不良环境影响的对策和措施,进行跟踪监测的方法与制度。

二、适用范围

适用于国务院有关部门、设区的市级以上地方人民政府及其有关部门组织编制的下列规划的环境影响评价:

(1)一地三域:土地利用的有关规划,区域、流域、海域的建设、开发利用规划;

（2）十个专项规划：工业、农业、畜牧业、林业、能源、水利、交通、城市建设、旅游、自然资源开发的有关专项规划。

上述第一类规划属于综合性规划、政策导向型规划，处于决策链的高端，涉及面广，宏观性、原则性及战略性强，不确定性较大，要求编制环境影响篇章或说明；第二类规划属于专项规划、项目导向型规划，规划目标明确、规划方案具体，要求编制环境影响报告书。此外，专项规划中的指导性规划如全国工业发展规划等可参照第一类规划要求编写环境影响篇章或说明。国务院有关部门、设区的市级以上地方人民政府及其有关部门组织编制的其他类型的规划、县级人民政府编制的规划进行环境影响评价时，可参照执行。

三、常用的概念

（一）规划

计划：指对未来一定时期的行动所做的部署和安排。规划通常指较全面的、长远的计划和某些战略行动，其内涵较广，通常指政府机构为特定目的而制定的一组相互协调并排定优先顺序的未来行动方案和实现的措施。但在实践中，有时"计划"、"规划"、"长远的计划"等同时使用。根据规划的内涵，可分为以下两种：

（1）政策导向型：提出宏观性、政策性的原则或纲领，通常采用预测性、参考性指标内容进行表达。

（2）项目导向型：为实现规划目标而设置的一系列项目或工程建议。

（二）规划要素

指规划方案中的发展目标、定位、规模、布局、结构、建设（或实施）时序，以及规划包含的具体建设项目的建设计划等。

（三）规划方案

符合规划目标的，供比较和选择的方案的集合，包括推荐方案、备选方案。

（四）环境目标

指为保护和改善环境而设定的、拟在相应规划期限内达到的环境质量、生态功能和其他与环境保护相关的目标和要求，是规划应满足的环境保护要求，是开展规划环境影响评价的依据。

（五）环境可行的推荐方案

符合规划目标和环境目标的、建议采纳的规划方案。

（六）替代方案

通过多方案比较后确认的符合规划目标和环境目标的规划方案。传统上规划的推荐方案可能符合规划目标，但可能不符合环境目标。规划方案包括由规划编制部门提出并建议实施的规划方案（即推荐方案）及其他方案（替代方案）。

（七）规划不确定性

指规划编制及实施过程中可能导致环境影响预测结果和评价结论发生变化的

因素。主要来源于两个方面：一是规划方案本身在某些内容上不全面、不具体或不明确；二是规划编制时设定的某些资源环境基础条件，在规划实施过程中发生的能够预期的变化。

(八)累积环境影响

指评价的规划及与其相关的开发活动在规划周期和一定范围内对资源与环境造成的叠加的、复合的、协同的影响。

(九)减缓措施

用来预防、降低、修复或补偿由规划实施可能导致的不良环境影响的对策和措施。

(十)跟踪评价

指规划编制机关在规划的实施过程中，对规划已经和正在造成的环境影响进行监测、分析和评价的过程，用以检验规划环境影响评价的准确性以及不良环境影响减缓措施的有效性，并根据评价结果，采取减缓不良环境影响的改进措施或对正在实施的规划方案进行修订，甚至终止其实施。是应对规划不确定性的有效手段之一。

四、规划环境影响评价的目的和原则

(一)目的

通过评价，提供规划决策所需的资源与环境信息，识别制约规划实施的主要资源(如土地资源、水资源、能源、矿产资源、旅游资源、生物资源、景观资源和海洋资源等)和环境要素(如水环境、大气环境、土壤环境、海洋环境、声环境和生态环境)，确定环境目标，构建评价指标体系，分析、预测与评价规划实施可能对区域、流域、海域生态系统产生的整体影响、对环境和人群健康产生的长远影响，论证规划方案的环境合理性和对可持续发展的影响，论证规划实施后环境目标和指标的可达性，形成规划优化调整建议，提出环境保护对策、措施和跟踪评价方案，协调规划实施的经济效益、社会效益与环境效益之间以及当前利益与长远利益之间的关系，为规划和环境管理提供决策依据。

(二)原则

1. 全程互动

评价应在规划纲要编制阶段(或规划启动阶段)介入，并与规划方案的研究和规划的编制、修改、完善全过程互动。

2. 一致性

评价的重点内容和专题设置应与规划对环境影响的性质、程度和范围相一致，应与规划涉及领域和区域的环境管理要求相适应。由于规划涉及的范围、层次、详尽程度差别较大，因此，要求环评的工作深度与相应的规划相适应。

3. 整体性

评价应统筹考虑各种资源与环境要素及其相互关系，重点分析规划实施对生态系统产生的整体影响和综合效应。

4.层次性

评价的内容与深度应充分考虑规划的属性和层级,并依据不同属性、不同层级规划的决策需求,提出相应的宏观决策建议以及具体的环境管理要求。

5.科学性

评价选择的基础资料和数据应真实、有代表性,选择的评价方法应简单、适用,评价的结论应科学、可信。

五、规划环境影响评价的范围

(一)总要求:按照规划实施的时间跨度和可能影响的空间尺度确定评价范围。

(二)具体实施要求

1.评价范围在时间跨度上,一般应包括整个规划周期。对于中、长期规划,可以规划的近期为评价的重点时段;必要时,也可根据规划方案的建设时序选择评价的重点时段。

2.评价范围在空间跨度上,一般应包括规划区域、规划实施影响的周边地域,特别应将规划实施可能影响的环境敏感区、重点生态功能区等重要区域整体纳入评价范围。

3.确定规划环境影响评价的空间范围一般应同时考虑三个方面的因素,一是规划的环境影响可能达到的地域范围;二是自然地理单元、气候单元、水文单元、生态单元等的完整性;三是行政边界或已有的管理区界(如自然保护区界、饮用水水源保护区界等)。

六、评价工作流程

(一)在规划纲要编制阶段,通过对规划可能涉及内容的分析,收集与规划相关的法律、法规、环境政策和产业政策,对规划区域进行现场踏勘,收集有关基础数据,初步调查环境敏感区域的有关情况,识别规划实施的主要环境影响,分析提出规划实施的资源和环境制约因素,反馈给规划编制机关。同时确定规划环境影响评价方案。

(二)在规划的研究阶段,评价可随着规划的不断深入,及时对不同规划方案实施的资源、环境、生态影响进行分析、预测和评估,综合论证不同规划方案的合理性,提出优化调整建议,反馈给规划编制机关,供其在不同规划方案的比选中参考与利用。

(三)在规划的编制阶段:

1.应针对环境影响评价推荐的环境可行的规划方案,从战略和政策层面提出环境影响减缓措施。

如果规划未采纳环境影响评价推荐的方案,还应重点对规划方案提出必要的优化调整建议。编制环境影响跟踪评价方案,提出环境管理要求,反馈给规划编制机关。

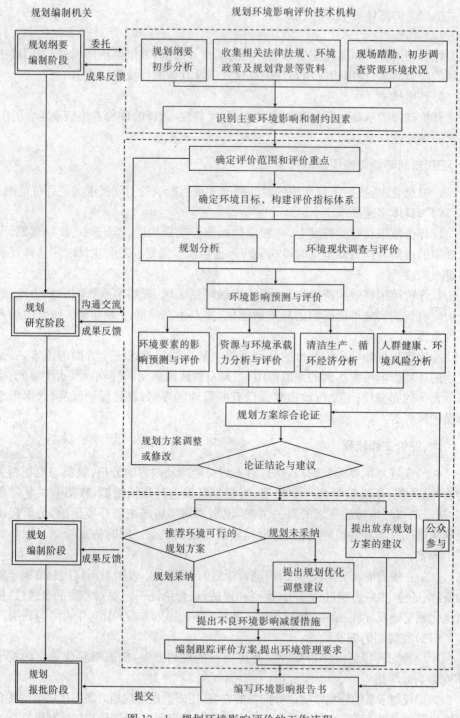

图 13-1   规划环境影响评价的工作流程

2. 如果规划选择的方案资源环境无法承载、可能造成重大不良环境影响且无法提出切实可行的预防或减轻对策和措施,以及对可能产生的不良环境影响的程度或范围尚无法做出科学判断时,应提出放弃规划方案的建议,反馈给规划编制机关。

(四)在规划上报审批前,应完成规划环境影响报告书(规划环境影响篇章或说明)的编写与审查,并提交给规划编制机关。

规划环境影响评价的具体工作流程如图 13-1 所示。

第二节 规划环境影响评价的分析要求、现状调查与评价

一、规划环境影响评价的基本内容

1. 规划分析,包括分析拟议的规划目标、指标、规划方案与相关的其他发展规划、环境保护规划的关系。

2. 环境现状与分析,包括调查、分析环境现状和历史演变,识别敏感的环境问题以及制约拟议规划的主要因素。

3. 环境影响识别与确定环境目标和评价指标,包括识别规划目标、指标、方案(包括替代方案)的主要环境问题和环境影响,按照有关的环境保护政策、法规和标准拟定或确认环境目标,选择量化和非量化的评价指标。

4. 环境影响分析与评价,包括预测和评价不同规划方案(包括替代方案)对环境保护目标、环境质量和可持续性的影响。

5. 针对各规划方案(包括替代方案),拟定环境保护对策和措施,确定环境可行的推荐规划方案。

6. 开展公众参与。

7. 拟定监测、跟踪评价计划。

8. 编写规划环境影响评价文件(报告书、篇章或说明)。

二、规划分析

(一)基本要求

基本内容应包括:规划描述、规划目标的协调性分析、规划方案的初步筛选以及确定规划环境影响评价的内容与范围。

包括规划概述、规划的协调性分析和不确定性分析等。通过对多个规划方案具体内容的解析和初步评估,从规划与资源节约、环境保护等各项要求相协调的角

度,筛选出备选的规划方案,并对其进行不确定性分析,给出可能导致环境影响预测结果和评价结论发生变化的不同情景,为后续的环境影响分析、预测与评价提供基础。

(二)规划概述

1.简要介绍规划编制的背景和定位,梳理并详细说明规划的空间范围和空间布局,规划的近期和中、远期目标、发展规模、结构(如产业结构、能源结构、资源利用结构等)、建设时序,配套设施安排等可能对环境造成影响的规划内容,介绍规划的环保设施建设以及生态保护等内容。如规划包含具体建设项目时,应明确其建设性质、内容、规模、地点等。其中,规划的范围、布局等应给出相应的图、表。

2.分析给出规划实施所依托的资源与环境条件。

(三)规划协调性分析

1.分析规划在所属规划体系(如土地利用规划体系、流域规划体系、城乡规划体系等)中的位置,给出规划的层级(如国家级、省级、市级或县级),规划的功能属性(如综合性规划、专项规划、专项规划中的指导性规划)、规划的时间属性(如首轮规划、调整规划;短期规划、中期规划、长期规划)。

2.筛选出与本规划相关的主要环境保护法律法规、环境经济与技术政策、资源利用和产业政策,并分析本规划与其相关要求的符合性。筛选时应充分考虑相关政策、法规的效力和时效性。

3.分析规划目标、规模、布局等各规划要素与上层位规划的符合性,重点分析规划之间在资源保护与利用、环境保护、生态保护要求等方面的冲突和矛盾。

4.分析规划与国家级、省级主体功能区规划在功能定位、开发原则和环境政策要求等方面的符合性。通过叠图等方法详细对比规划布局与区域主体功能区规划、生态功能区划、环境功能区划和环境敏感区之间的关系,分析规划在空间准入方面的符合性。

5.筛选出在评价范围内与本规划所依托的资源和环境条件相同的同层位规划,并在考虑累积环境影响的基础上,逐项分析规划要素与同层位规划在环境目标、资源利用、环境容量与承载力等方面的一致性和协调性,重点分析规划与同层位的环境保护、生态建设、资源保护与利用等规划之间的冲突和矛盾。

6.分析规划方案的规模、布局、结构、建设时序等与规划发展目标、定位的协调性。

7.通过上述协调性分析,从多个规划方案中筛选出与各项要求较为协调的规划方案作为备选方案,或综合规划协调性分析结果,提出与环保法规、各项要求相符合的规划调整方案作为备选方案。

(四)规划的不确定性分析

主要包括规划基础条件的不确定性分析、规划具体方案的不确定性分析及规划不确定性的应对分析三个方面。

1.规划基础条件的不确定性分析：重点分析规划实施所依托的资源、环境条件可能发生的变化，如水资源分配方案、土地资源使用方案、污染物排放总量分配方案等，论证规划各项内容顺利实施的可能性与必要条件，分析规划方案可能发生的变化或调整情况。

2.规划具体方案的不确定性分析：从准确有效预测、评价规划实施的环境影响的角度，分析规划方案中需要具备但没有具备、应该明确但没有明确的内容，分析规划产业结构、规模、布局及建设时序等方面可能存在的变化情况。

3.规划不确定性的应对分析：针对规划基础条件、具体方案两方面不确定性的分析结果，筛选可能出现的各种情况，设置针对规划环境影响预测的多个情景，分析和预测不同情景下的环境影响程度和环境目标的可达性，为推荐环境可行的规划方案提供依据。

(五)规划分析的方式和方法

规划分析的方式和方法主要有：核查表、叠图分析、矩阵分析、专家咨询(如头脑风暴法、德尔斐法等)、情景分析、博弈论、类比分析和系统分析等。

三、规划的现状调查与评价

(一)基本要求

1.掌握评价范围内主要资源的赋存和利用状况，评价生态状况、环境质量的总体水平和变化趋势，辨析制约规划实施的主要资源和环境要素。

2.一般包括自然环境状况、社会经济概况、资源赋存与利用状况、环境质量和生态状况等内容。实际工作中应遵循以点带面、点面结合、突出重点的原则，选择可反映规划环境影响特点和区域环境目标要求的具体内容。

3.现状调查可充分收集和利用已有的历史(一般为一个规划周期或更长时间段)和现状资料：资料应能够反映整个评价区域的社会、经济和生态环境的特征，能够说明各项调查内容的现状和发展趋势，并注明资料的来源及其有效性；对于收集采用的环境监测数据，应给出监测点位分布图、监测时段及监测频次等，说明采用数据的代表性。当评价范围内有需要特别保护的环境敏感区时，需有专项调查资料。当已有资料不能满足评价要求，特别是需要评价规划方案中包含的具体建设项目的环境影响时，应进行补充调查和现状监测。

4.对于尚未进行环境功能区或生态功能区划分的区域，可按照《声环境功能区划分技术规范》(GB/T 15190—2014)、《环境空气质量功能区划分原则与技术方法》(HJ/T 14—1996)、《近岸海域环境功能区划分技术规范》(HJ/T 82—2001)或《生态功能区划暂行规程》中规定的原则与方法，先划定功能区，再进行现状评价。

(二)现状调查内容

1. 自然地理状况调查内容主要包括地形地貌,河流、湖泊(水库)、海湾的水文状况,环境水文地质状况,气候与气象特征等。

2. 社会经济概况调查内容一般包括评价范围内的人口规模、分布、结构(包括性别、年龄等)和增长状况,人群健康(包括地方病等)状况,农业与耕地(含人均),经济规模与增长率、人均收入水平,交通运输结构、空间布局及运量情况等。重点关注评价区域的产业结构、主导产业及其布局、重大基础设施布局及建设情况等,并附相应图件。

3. 环保基础设施建设及运行情况调查内容一般包括评价范围内的污水处理设施规模、分布、处理能力和处理工艺及服务范围和服务年限;清洁能源利用及大气污染综合治理情况;区域噪声污染控制情况;固体废物处理与处置方式及危险废物安全处置情况(包括规模、分布、处理能力、处理工艺、服务范围和服务年限等);现有生态保护工程建设及实施效果;已发生的环境风险事故情况等。

4. 资源赋存与利用状况调查一般包括评价范围内的以下内容:

(1)主要用地类型、面积及其分布、利用状况,区域水土流失现状,并附土地利用现状图。

(2)水资源总量、时空分布及开发利用强度(包括地表水和地下水),饮用水水源保护区分布、保护范围,其他水资源利用状况(如海水、雨水、污水及中水)等,并附有关的水系图及水文地质相关图件或说明。

(3)能源生产和消费总量、结构及弹性系数,能源利用效率等情况。

(4)矿产资源类型与储量、生产和消费总量、资源利用效率等,并附矿产资源分布图。

(5)旅游资源和景观资源的地理位置、范围和主要保护对象、保护要求,开发利用状况等,并附相关图件。

(6)海域面积及其利用状况,岸线资源及其利用状况,并附相关图件。

(7)重要生物资源(如林地资源、草地资源、渔业资源)和其他对区域经济社会有重要意义的资源的地理位置、范围及其开发利用状况,并附相关图件。

5. 环境质量与生态状况调查一般包括评价范围内的以下内容:

(1)水(包括地表水和地下水)功能区划、海洋功能区划、近岸海域环境功能区划、保护目标及各功能区水质达标情况,主要水污染因子和特征污染因子、主要水污染物排放总量及其控制目标、地表水控制断面位置及达标情况、主要水污染源分布和污染贡献率(包括工业、农业和生活污染源)、单位国内生产总值废水及主要水污染物排放量,并附水功能区划图、控制断面位置图、海洋功能区划图、近岸海域环境功能区划图、主要水污染源排放口分布图和现状监测点位图。

（2）大气环境功能区划、保护目标及各功能区环境空气质量达标情况、主要大气污染因子和特征污染因子、主要大气污染物排放总量及其控制目标、主要大气污染源分布和污染贡献率（包括工业、农业和生活污染源）、单位国内生产总值主要大气污染物排放量，并附大气环境功能区划图、重点污染源分布图和现状监测点位图。

（3）声环境功能区划、保护目标及各功能区声环境质量达标情况，并附声环境功能区划图和现状监测点位图。

（4）主要土壤类型及其分布，土壤肥力与使用情况，土壤污染的主要来源，土壤环境质量现状，并附土壤类型分布图。

（5）生态系统的类型（森林、草原、荒漠、冻原、湿地、水域、海洋、农田、城镇等）及其结构、功能和过程。植物区系与主要植被类型，特有、狭域、珍稀、濒危野生动植物的种类、分布和生境状况，生态功能区划与保护目标要求，生态管控红线等；主要生态问题的类型、成因、空间分布、发生特点等。附生态功能区划图、重点生态功能区划图及野生动植物分布图等。

（6）固体废物（一般工业固体废物、一般农业固体废物、危险废物、生活垃圾）产生量及单位国内生产总值固体废物产生量，危险废物的产生量、产生源分布等。

（7）调查环境敏感区的类型、分布、范围、敏感性（或保护级别）、主要保护对象及相关环境保护要求等，并附相关图件。

（三）现状分析与评价

1. 资源利用现状评价

根据评价范围内各类资源的供需状况和利用效率等，分析区域资源利用和保护中存在的问题。

2. 环境与生态现状评价

（1）按照环境功能区划的要求，评价区域水环境质量、大气环境质量、土壤环境质量、声环境质量现状和变化趋势，分析影响其质量的主要污染因子和特征污染因子及其来源；评价区域环保设施的建设与运营情况，分析区域水环境（包括地表水、地下水、海水）保护、主要环境敏感区保护、固体废物处置等方面存在的问题及原因，以及目前需解决的主要环境问题。

（2）根据生态功能区划的要求，评价区域生态系统的组成、结构与功能状况，分析生态系统面临的压力和存在的问题，生态系统的变化趋势和变化的主要原因。评价生态系统的完整性和敏感性。当评价区面积较大且生态系统状况差异也较大时，应进行生态环境敏感性分级、分区，并附相应的图表。当评价区域涉及受保护的敏感物种时，应分析该敏感物种的生态学特征；当评价区域涉及生态敏感区时，应分析其生态现状、保护现状和存在的问题等。明确目前区域生态保护和建设方面存在的主要问题。

(3)分析评价区域已发生的环境风险事故的类型、原因及造成的环境危害和损失,分析区域环境风险防范方面存在的问题。

(4)分性别、年龄段分析评价区域的人群健康状况和存在的问题。

3.主要行业经济和污染贡献率分析

分析评价区域主要行业的经济贡献率、资源消耗率(该行业的资源消耗量占资源消耗总量之比)和污染贡献率(该行业的污染物排放量占污染物排放总量之比),并与国内先进水平、国际先进水平进行对比分析,评价区域主要行业的资源、环境效益水平。

4.环境影响回顾性评价

结合区域发展的历史或上一轮规划的实施情况,对区域生态系统的变化趋势和环境质量的变化情况进行分析与评价,重点分析评价区域存在的主要生态、环境问题和人群健康状况与现有的开发模式、规划布局、产业结构、产业规模和资源利用效率等方面的关系。提出本次规划应关注的资源、环境、生态问题,以及解决问题的途径,并为本次规划的环境影响预测提供类比资料和数据。

(四)制约因素分析

基于上述现状评价和规划分析结果,结合环境影响回顾与环境变化趋势分析结论,重点分析评价区域环境现状和环境质量、生态功能与环境保护目标间的差距,明确提出规划实施的资源与环境制约因素。

(五)现状调查与评价的方式和方法

1.现状调查的方式和方法主要有:资料收集、现场踏勘、环境监测、生态调查、问卷调查、访谈、座谈会等。环境要素的调查方式和监测方法可参照《环境影响评价技术导则大气环境》(HJ 2.2—2008)、《环境影响评价技术导则地面水环境》(HJ/T 2.3—1993)、《环境影响评价技术导则声环境》(HJ 2.4—2009)、《环境影响评价技术导则生态环境》(HJ 19—2011)、《环境影响评价技术导则地下水环境》(HJ 610—2011)、《区域生物多样性评价标准》(HJ 623—2011)和有关监测规范执行。

2.现状分析与评价的方式和方法主要有:专家咨询、指数法(单指数、综合指数)、类比分析、叠图分析、灰色系统分析、生态学分析法(生态系统健康评价法、生物多样性评价法、生态机理分析法、生态系统服务功能评价方法、生态环境敏感性评价方法、景观生态学法等)。

第三节　环境影响识别与评价指标体系构建

一、基本要求

按照一致性、整体性和层次性原则,识别规划实施可能影响的资源与环境要素,建立规划要素与资源、环境要素之间的关系,初步判断影响的性质、范围和程度,确定评价重点。并根据环境目标,结合现状调查与评价的结果及确定的评价重点,建立评价的指标体系。

二、环境影响识别

(一)重点从规划的目标、规模、布局、结构、建设时序及规划包含的具体建设项目等方面,全面识别规划要素对资源和环境造成影响的途径与方式,以及影响的性质、范围和程度。如果规划分为近期、中期、远期或其他时段,还应识别不同时段的影响。

(二)识别规划实施的有利影响或不良影响,重点识别可能造成的重大不良环境影响,包括直接影响、间接影响,短期影响、长期影响,各种可能发生的区域性、综合性、累积性的环境影响或环境风险。

(三)对于某些有可能产生具有难降解、易生物蓄积、长期接触对人体和生物产生危害作用的重金属污染物、无机和有机污染物、放射性污染物、微生物等的规划,还应识别规划实施产生的污染物与人体接触的途径、方式(如经皮肤、口或鼻腔等)以及可能造成的人群健康影响。

(四)对资源、环境要素的重大不良影响,可从规划实施是否导致区域环境功能变化、资源与环境利用严重冲突、人群健康状况发生显著变化三个方面进行分析与判断。

1.导致区域环境功能变化的重大不良环境影响,主要包括规划实施使环境敏感区、重点生态功能区等重要区域的组成、结构、功能发生显著不良变化或导致其功能丧失,或使评价范围内的环境质量显著下降(环境质量降级)或导致功能区主要功能丧失。

2.导致资源、环境利用严重冲突的重大不良环境影响,主要包括规划实施与规划范围内或相邻区域内的其他资源开发利用规划和环境保护规划等产生的显著冲突,规划实施导致的环境变化对规划范围内或相关区域内的特殊宗教、民族或传统生产、生活方式产生的显著不良影响,规划实施可能导致的跨行政区、跨流域以及跨国界的显著不良影响。

3.导致人群健康状况发生显著变化的重大不良环境影响,主要包括规划实施导致具有难降解、易生物蓄积、长期接触对人体和生物产生危害作用的重金属污染物、无机和有机污染物、放射性污染物、微生物等在水、大气和土壤环境介质中显著增加,对农牧渔产品的污染风险显著增加,规划实施导致人居生态环境发生显著不良变化。

(五)通过环境影响识别,以图、表等形式,建立规划要素与资源、环境要素之间的动态响应关系,给出各规划要素对资源、环境要素的影响途径,从中筛选出受规划影响大、范围广的资源、环境要素,作为分析、预测与评价的重点内容。

三、环境目标与评价指标确定

(一)环境目标是开展规划环境影响评价的依据。规划在不同规划时段应满足的环境目标可根据国家和区域确定的可持续发展战略、环境保护的政策与法规、资源利用的政策与法规、产业政策、上层位规划,规划区域、规划实施直接影响的周边地域的生态功能区划和环境保护规划、生态建设规划确定的目标,环境保护行政主管部门以及区域、行业的其他环境保护管理要求确定。

(二)评价指标是量化的环境目标,一般首先将环境目标分解成环境质量、生态保护、资源利用、社会与经济环境等评价主题,再筛选确定表征评价主题的具体评价指标,并将现状调查与评价中确定的规划实施的资源与环境制约因素作为评价指标筛选的重点。

(三)评价指标的选取应能体现国家发展战略和环境保护战略、政策、法规的要求,体现规划的行业特点及其主要环境影响特征,符合评价区域生态、环境特征,体现社会发展对环境质量和生态功能不断提高的要求,并易于统计、比较和量化。

(四)评价指标值的确定应符合相关产业政策、环境保护政策、法规和标准中规定的限值要求,如国内政策、法规和标准中没有的指标值也可参考国际标准确定;对于不易量化的指标可经过专家论证,给出半定量的指标值或定性说明。

目前较为通用的指标有生物量指标、生物多样性性指标、土地占用指标、土壤侵蚀量指标、大气环境容量指标、温室气体排放量指标、声环境功能区划、地表水功能区划、水污染因子排放控制标准等。对于不同的规划,规划环境影响评价的指标体系也不同。在《规划环境影响评价技术导则 总纲》(HJ 130—2014)附录中对不同规划给出了可供选择使用的评价指标。

四、环境影响识别与评价指标确定的方式和方法

环境影响识别与评价指标确定的方式和方法主要有:核查表、矩阵分析、网络

分析、系统流图、叠图分析、灰色系统分析、层次分析、情景分析、专家咨询、类比分析、压力-状态-响应分析等。

第四节　环境影响预测与评价

一、基本要求

（一）系统分析规划实施全过程对可能受影响的所有资源、环境要素的影响类型和途径，针对环境影响识别确定的评价重点内容和各项具体评价指标，按照规划不确定性分析给出的不同发展情景，进行同等深度的影响预测与评价，明确给出规划实施对评价区域资源、环境要素的影响性质、程度和范围，为提出评价推荐的环境可行的规划方案和优化调整建议提供支撑。

（二）环境影响预测与评价一般包括规划开发强度的分析，水环境（包括地表水、地下水、海水）、大气环境、土壤环境、声环境的影响，对生态系统完整性及景观生态格局的影响，对环境敏感区和重点生态功能区的影响，资源与环境承载能力的评估等内容。

（三）环境影响预测应充分考虑规划的层级和属性，依据不同层级和属性规划的决策需求，采用定性、半定量、定量相结合的方式进行。对环境质量影响较大、与节能减排关系密切的工业、能源、城市建设、区域建设与开发利用、自然资源开发等专项规划，应进行定量或半定量环境影响预测与评价。对于资源和水环境、大气环境、土壤环境、海洋环境、声环境指标的预测与评价，一般应采用定量的方式进行。

二、环境影响预测与评价的内容

（一）规划开发强度分析

1.通过规划要素的深入分析，选择与规划方案性质、发展目标等相近的国内、外同类型已实施规划进行类比分析（如区域已开发，可采用环境影响回顾性分析的资料），依据现状调查与评价的结果，同时考虑科技进步和能源替代等因素，结合不确定性分析设置的不同发展情景，采用负荷分析、投入产出分析等方法，估算关键性资源的需求量和污染物（包括影响人群健康的特定污染物）的排放量。

2.选择与规划方案和规划所在区域生态系统（组成、结构、功能等）相近的已实施规划进行类比分析，依据生态现状调查与评价的结果，同时考虑生态系统自我调节和生态修复等因素，结合不确定性分析设置的不同发展情景，采用专家咨询、趋势分析等方法，估算规划实施的生态影响范围和持续时间，以及主要生态因子的变化量(如生物量、植被覆盖率、珍稀濒危和特有物种生境损失量、水土流失量、斑块优势度等)。

(二)影响预测与评价

1.预测不同发展情景下规划实施产生的水污染物对受纳水体稀释扩散能力、水质、水体富营养化和河口咸水入侵等的影响;对地下水水质、流场和水位的影响;对海域水动力条件、水环境质量的影响。明确影响的范围与程度或变化趋势,评价规划实施后受纳水体的环境质量能否满足相应功能区的要求,并绘制相应的预测与评价图件。

2.预测不同发展情景规划实施产生的大气污染物对环境敏感区和评价范围内大气环境的影响范围与程度或变化趋势,在叠加环境现状本底值的基础上,分析规划实施后区域环境空气质量能否满足相应功能区的要求,并绘制相应的预测与评价图件。

3.声环境影响预测与评价按照《环境影响评价技术导则 声环境》(HJ 2.4—2009)中关于规划环境影响评价声环境影响评价的要求执行。

4.预测不同发展情景下规划实施产生的污染物对区域土壤环境影响的范围与程度或变化趋势,评价规划实施后土壤环境质量能否满足相应标准的要求,进而分析对区域农作物、动植物等造成的潜在影响,并绘制相应的预测与评价图件。

5.预测不同发展情景对区域生物多样性(主要是物种多样性和生境多样性)、生态系统连通性、破碎度及功能等的影响性质与程度,评价规划实施对生态系统完整性及景观生态格局的影响,明确评价区域主要生态问题(如生态功能退化、生物多样性丧失等)的变化趋势,分析规划是否符合有关生态红线的管控要求。对规划区域进行了生态敏感性分区的,还应评价规划实施对不同区域的影响后果及规划布局的生态适宜性。

6.预测不同发展情景对自然保护区、饮用水水源保护区、风景名胜区、基本农田保护区、居住区、文化教育区域等环境敏感区、重点生态功能区和重点环境保护目标的影响,评价其是否符合相应的保护要求。

7.对于某些有可能产生具有难降解、易生物蓄积、长期接触对人体和生物产生危害作用的重金属污染物、无机和有机污染物、放射性污染物、微生物等的规划,根据这些特定污染物的环境影响预测结果及其可能与人体接触的途径与方式,分析可能受影响的人群范围、数量和敏感人群所占的比例,开展人群健康影响状况分析。鼓励通过剂量—反应关系模型和暴露评价模型,定量预测规划实施对区域人群健康的影响。

8.对于规划实施可能产生重大环境风险源的,应进行危险源、事故概率、规划区域与环境敏感区及环境保护目标相对位置关系等方面的分析,开展环境风险评价;对于规划范围涉及生态脆弱区域或重点生态功能区的,应开展生态风险评价。

9.对于工业、能源、自然资源开发等专项规划和开发区、工业园区等区域开发类规划,应进行清洁生产分析,重点评价产业发展的单位国内生产总值或单位产品的能源、资源利用效率和污染物排放强度、固体废物综合利用率等的清洁生产水平;对于区域建设和开发利用规划,以及工业、农业、畜牧业、林业、能源、自然资源开发的专项规划,需要进行循环经济分析,重点评价污染物综合利用途径与方式的有效性和合理性。

(三)累积环境影响预测与分析

识别和判定规划实施可能发生累积环境影响的条件、方式和途径,预测和分析规划实施与其他相关规划在时间和空间上累积的资源、环境、生态影响。

(四)资源与环境承载力评估

评估资源(水资源、土地资源、能源、矿产等)与环境承载能力的现状及利用水平,在充分考虑累积环境影响的情况下,动态分析不同规划时段可供规划实施利用的资源量、环境容量及总量控制指标,重点判定区域资源与环境对规划实施的支撑能力,重点判定规划实施是否导致生态系统主导功能发生显著不良变化或丧失。

三、环境影响预测与评价的方式和方法

(一)规划开发强度分析的方式和方法主要有:情景分析、负荷分析(单位国内生产总值物耗、能耗和污染物排放量等)、趋势分析、弹性系数法、类比分析、对比分析、投入产出分析、供需平衡分析、专家咨询等。

(二)环境要素影响预测与评价的方式和方法可参照《环境影响评价技术导则　大气环境》(HJ 2.2—2008)、《环境影响评价技术导则　地面水环境》(HJ/T 2.3—1993)、《环境影响评价技术导则　声环境》(HJ 2.4—2009)、《环境影响评价技术导则　生态环境》(HJ 19—2011)、《环境影响评价技术导则　地下水环境》(HJ 610—2011)、《外来物种环境风险评估技术导则》(HJ 624—2011)、《生物遗传资源经济价值评价技术导则》(HJ 627—2011)执行。

(三)累积影响评价的方式和方法主要有:矩阵分析、网络分析、系统流图、叠图分析、情景分析、数值模拟、生态学分析法、灰色系统分析法、类比分析等。

(四)环境风险评价的方式和方法主要有:灰色系统分析法、模糊数学法、数值模拟、风险概率统计、事件树分析、生态学分析法、类比分析等。

(五)资源与环境承载力评估的方式和方法主要有:情景分析、类比分析、供需平衡分析、系统动力学法、生态学分析法等。

四、主要方法介绍

规划环境影响评价的常用方法见表13-1所列。

表 13-1　规划环境影响评价的常用方法

评价环节	可采用的主要方式和方法
规划分析	核查表、叠图分析、矩阵分析、专家咨询(如风暴法、德尔斐法等)、情景分析、类比分析、系统分析、博弈论
环境现状调查与评价	现状调查:资料收集、现场踏勘、环境监测、生态调查、问卷调查、访谈、座谈会; 现状分析与评价:专家咨询、指数法(单指数、综合指数)、类比分析、叠图分析、生态学分析法(生态系统健康评价法、生物多样性评价法、生态机理分析法、生态系统服务功能评价方法、生态环境敏感性评价方法、景观生态学法等,以下同)、灰色系统分析法
环境影响识别与评价指标确定	核查表、矩阵分析、网络分析、系统流图、叠图分析、灰色系统分析法、层次分析、情景分析、专家咨询、类比分析、压力-状态-响应分析
规划开发强度估算	专家咨询、情景分析、负荷分析(估算单位国内生产总值物耗、能耗和污染物排放量等)、趋势分析、弹性系数法、类比分析、对比分析、投入产出分析、供需平衡分析
环境要素影响预测与评价	类比分析、对比分析、负荷分析(估算单位国内生产总值物耗、能耗和污染物排放量等)、弹性系数法、趋势分析、系统动力学法、投入产出分析、供需平衡分析、数值模拟、环境经济学分析(影子价格、支付意愿、费用效益分析等)、综合指数法、生态学分析法、灰色系统分析法、叠图分析、情景分析、相关性分析、剂量-反应关系评价
环境风险评价	灰色系统分析法、模糊数学法、数值模拟、风险概率统计、事件树分析、生态学分析法、类比分析
累积影响评价	矩阵分析、网络分析、系统流图、叠图分析、情景分析、数值模拟、生态学分析法、灰色系统分析法、类比分析
资源与环境承载力评估	情景分析、类比分析、供需平衡分析、系统动力学法、生态学分析法

1. 矩阵法(matrix)

(1)矩阵法概念

利用矩阵法,可将规划要素(即主体)与环境要素(即受体)作为矩阵的行与列,并在相对应位置用符号、数字或文字表示两者之间的因果关系。矩阵法有简单矩阵、定量的分级矩阵(即相互作用矩阵,又叫 Leopold 矩阵)、Phillip-Defillipi 改进矩阵、Welch-Lewis 三维矩阵等。矩阵法的方法步骤为:①梳理规划要素,作为矩阵的行;②识别可能受影响的主要环境要素,作为矩阵的列;③确定①与②间关系。

（2）特点

优点是可直观地表示主体与受体间的因果关系，表征和处理那些由模型、图形叠置和主观评估方法取得的量化结果，可将矩阵中资源与环境各个要素，与人类各种活动产生的累积效应很好地联系起来。缺点是较少体现主体对受体产生影响的机理，不能表示影响作用是即时发生的还是延后的、长期的还是短期的，难以处理间接影响和反映不同层次规划在复杂时空关系上的相互影响。

（3）适用性

普遍适用于各类规划的环境影响评价，主要用于规划分析、环境影响识别与评价指标确定和累积影响评价。

2. 网络法（Network）

（1）网络法概念

网络法可表示规划造成的环境影响及其与各种影响间的因果关系，尤其是由直接影响所引起的二次、三次或更多次影响，通过多次影响逐步展开，形成树枝状的结构"图"，因此又称为影响树法。网络法可用于规划环境影响识别，尤其是累积影响或间接影响的识别。目前，网络法主要有因果网络法和影响网络法两种应用形式。

①因果网络法，实质是一个包含有规划及其所包含的建设项目、建设项目与受影响环境因子及各因子之间联系的网络图。优点是可识别环境影响发生途径，可依据其因果联系设计减缓及补救措施。缺点是如果分析得过细，在网络中出现了可能不太重要或不太可能发生的影响；如果分析得过于笼统，又可能遗漏一些重要的影响。

②影响网络法，是把影响矩阵中的关于规划要素与可能受影响的环境要素进行分类，并对影响进行描述，最后形成一个包含所有评价因子（即各规划要素、环境要素及影响或效应）的联系网络。

（2）特点

优点是方法简捷，易于理解，能明确的表述环境要素间的关联性和复杂性，能够有效识别规划实施的支撑条件和制约因素。缺点是无法进行定量分析，不能反映具有时间和空间跨度的环境影响及其变化趋势，图表较为复杂。

（3）适用性

普遍适用于各类规划的环境影响评价，主要用于环境影响识别与评价指标确定和累积影响评价。

3. 系统流图法（System Diagrams）

（1）概念

利用物质、能量与信息的输入、传输、输出的通道，来描述该系统及该系统与其他系统的联系。通过分析环境要素间联系,来识别二级、三级或更多级的环境影响,是识别与描述规划环境影响的常用方法。

(2)特点

通过系统流图法可在较短时间内得出初步的评价结论,其结果表现形式较为简单,即将环境系统中基本变量或符号有机组合后直观表示在图上,可作为其他系统学评价方法(如系统动力学、灰色系统分析法等)的基础。但其为定性评价方法,主观性较强,不适用于复杂的系统。

(3)适用性

适用于行业规划、较小空间尺度(如各类开发区)的综合性规划的环境影响评价,主要用于环境影响识别与评价指标确定和累积影响评价。

4. 叠图法(Map Overlays)

(1)叠图法概念

叠图法是将自然环境条件(如水系等)、生态条件(如重点生态功能区等)、社会经济背景(如人口分布、产业布局等)等一系列能够反映区域特征的专题图件叠放在一起,并将规划实施的范围、产生的环境影响预测结果等在图件上表示出来,形成一张能综合反映规划环境影响空间特征的地图。

(2)特点

能够直观、形象、简明地表示规划实施的单个影响和复合影响的空间分布,适用范围广。

缺点是只能用于可在地图上表示的影响,无法准确描述源与受体的因果关系和受影响环境要素的重要程度。

(3)适用性

适用于空间属性较强的规划和以生态影响为主的规划(如城市规划、土地利用规划、区域与流域开发利用规划、交通规划、旅游规划、农业与林业规划等)的环境影响评价,主要用于规划分析、环境现状调查与评价、环境影响的识别与评价指标的确定、环境要素影响预测与评价和累积影响评价。

5. 压力-状态-响应分析法(Pressure-State-Response analysis)

(1)压力-状态-响应分析法概念

压力-状态-响应分析法(Pressure-State-Response analysis,缩写"PSR")是用于识别规划环境影响、建立评价指标体系的常用方法。该评价框架由三大类指标构成,即压力、状态和响应指标。其中,压力指标则表述规划实施将产生的环境压力或导致的环境问题,如由于过度开发导致的资源耗竭,污染物无序或超标排放导致环境质量恶化等;状态指标用来衡量环境质量及其变化;响应指标是指为减缓环境污染、生态退化和资源过度消耗,而需要调整的规划内容、制订的政策措施等。

驱动力-压力-状态-影响-响应(DPSIR)模型是 PSR 模型的扩展和修正,增加了造成"压力"的"驱动力"及对资源、环境、生态的"影响"。

(2)特点

由压力-状态-响应分析法构建的指标体系,反映了指标间的因果关系和层次结构。该方法具有以下特点:①将压力指标放在指标体系的首位,突出了压力指标的重要性,强调了规划实施可能造成环境与生态系统的改变;②涵盖面广,综合性强。

(3)适用性

普遍适用于各类规划的环境影响评价,主要用于环境影响识别与评价指标确定。

6.数学模型和数值模拟(Environmental Mathematical Model)

(1)数学模型和数值模拟概念

数学模型可用来定量表示环境要素时空变化的过程和规律,比如大气或水体中污染物的迁移和转化规律。环境数学模型包括大气扩散模型、水文与水动力模型、水质模型、土壤侵蚀模型、沉积物迁移模型和物种栖息地模型等。

在规划环境影响评价中,数学模型法可将最优化分析与数值模拟(仿真)模型结合起来,通过定量分析污染源与环境影响间因果关系,确定多个污染源(或者其他影响因素)的累积影响,为选择最佳的规划方案及寻求各个源的最优控制措施提供支撑。

(2)特点

较好地定量描述多个环境因子和环境影响的相互作用及其因果关系,充分反映环境扰动的空间位置和密度,可分析空间累积效应及时间累积效应,具有较大的灵活性(适用于多种空间范围;可用来分析单个扰动及多个扰动的累积影响;分析物理、化学、生物等各方面的影响)。不足是对基础数据要求较高,只能应用于人们了解比较充分的环境系统,只能应用于建模所限定的条件范围内,费较高以及通常只能分析对单个环境要素的影响。

(3)适用性

适用于空间尺度较小、规划内容较为具体的各类规划的环境影响评价,主要用于环境要素影响预测与评价、环境风险评价和累积影响评价。

7.对比、类比分析法

(1)对比、类比分析法概念

根据一类事物所具有的某种属性,推测分析对象也具有这种属性的方法,以期找出其中规律或得出符合客观实际的结论。可应用于规划环境影响评价的影响识别、预测、评价和提出减缓措施等。

目前常用的对比分析法有：①"前一后"对比分析法；②"有一无"对比分析法。其中，"有一无"对比分析法又可进一步分为趋势类推法和对照实验法。

（2）特点

优点是整体思路简单易行、结果表现形式简单易懂。使用对比分析方法，应关注以下问题：一是要有可比性，如研究城市规划的环境影响，必须选择同类型的城市作为类比对象；二是要抓住事物的本质及主要方面，防止面面俱到；三是要从不同角度、各相关方面进行比较；四是要有明确的步骤、主题和数据等。

（3）适用性

普遍适用于各类规划的环境影响评价，可用于各个评价环节。

8. 负荷分析法

（1）负荷分析法概念

环境负荷是指单位产品的资源、能源消耗量以及污染物的排放量，是衡量一个国家或地区经济和社会活动对环境的影响程度。一个地区的环境负荷的控制方程可用下式表示：

$$I = P \times A \times T \tag{13-1}$$

式中，I——环境负荷，含资源、能源消耗量及污染物排放量等；

$\quad\quad P$——一个地区的人口数量；

$\quad\quad A$——人均国内生产总值；

$\quad\quad T$——单位国内生产总值的环境负荷。

若令 $G = P \times A$，则 $I = G \times T$，G——一个地区的国内生产总值。

（2）适用性

适用于经济、产业与区域发展类规划（如社会经济发展规划、工业行业规划、工业园区规划等）的环境影响评价，主要用于规划开发强度估算和环境要素影响预测与评价。

9. 系统动力学

（1）系统动力学概念及应用步骤

系统动力学方法是一种定性与定量相结合的方法，通过建立系统动力学模型，进行系统模拟。在规划环境影响评价中应用步骤如下：

①系统流图设计

根据系统内部各因素间的关系设计系统流图，目的是反映各因素因果关系、不同变量的性质和特点。流图中一般包含两种重要变量：状态变量和变化率。

②主要状态方程描述与模型构建

根据环境承载能力及系统要素间的反馈关系，建立描述各类变量的数学方程，通常包括状态方程、常数方程、速率方程、表函数、辅助方程等。

③模型的仿真计算

将各规划方案确定的不同输入变量,通过仿真运算,得出不同规划方案下的环境承载力、国内生产总值、人口数、资源条件、环境质量等指标,并通过对比分析进行方案比选。

(2)特点

系统动力学可从定性和定量两方面综合地研究系统整体运行状况,通过分析各要素间的联系和反馈机制,综合协调各要素,从而为制定有利于区域可持续发展的规划方案提供指导。在规划环境影响评价中使用系统动力学方法,评价结果可信度高,对于规划要素的调整反应灵敏。不足是对于较复杂的系统进行模拟时,需要参数多且难以准确设定,从而可能导致预测结果失真。

(3)适用性

适用于空间尺度大、系统较为复杂的规划的环境影响评价,主要用于环境要素影响预测与评价和资源与环境承载力评估。

10. 环境费用效益分析法

(1)环境费用效益分析法概念

环境费用效益分析是将规划实施造成的环境质量变化所带来的损失或收益进行价值评估的方法,可用于规划环境影响的综合论证及规划方案的比选。

费用效益分析原则包括:①效益相等时,费用越小规划方案越好;②费用相等时,效益越大规划方案越好;③效益与费用的比率越大,规划方案越好。

(2)价值评估方法的特点与适用性

规划实施的环境费用效益一般可用规划对生产力、人体健康、环境舒适性和存在价值造成的损失或收益来表示。针对不同的费用效益,其价值评估方法也不同。对于生产力,方法有:直接市场法、防护支出法、重置成本法、机会成本法。

对于人体健康,方法有:人力资本法与残病费用法、防护费用法、意愿调查价值法;对于环境舒适性,方法有:旅行费用法、内涵资产价值法、意愿调查价值法;对于存在价值,方法为意愿调查价值法。

(3)特点

可分析规划实施对国民经济净贡献的大小,在环境影响评价中被广泛应用。缺点是不同的价值评估方法将得出不同的结果,且部分环境资源货币价值难以确定;规划实施及其影响年限较长,使用不同贴现率将得出不同的结果,而不使用贴现率会与代内的可持续发展原则相抵触。价值估算需要大量的统计数据作为支撑,但部分数据难以获取。

11. 投入产出分析(Input-Output Analysis)

(1)投入产出分析法概念

在国民经济部门,投入产出分析主要是编制棋盘式的投入产出表和建立相应的线性代数方程体系,搭建一个模拟现实的国民经济结构和社会产品再生产过程的经济数学模型,借助计算机,综合分析和确定国民经济各部门间错综复杂的联系和再生产的重要比例关系。投入是指产品生产所消耗的原材料、燃料、动力、固定资产折旧和劳动力;产出是指产品生产出来后所分配的去向、流向,即使用方向和数量,如用于生产消费、生活消费和积累。

在规划环境影响评价中,投入产出分析可用于拟定规划引导下,区域经济发展趋势的预测与分析,也可将环境污染造成的损失作为一种"投入"(外在化的成本),对整个区域经济环境系统进行综合模拟。

(2)特点

该方法已被广泛用于研究多个变量在结构上的相互关系。但其只能分析某一发展阶段的投入产出关系,不适用于较长时间段的分析,且计算方法复杂、所需数据量和工作量较大。

(3)适用性

适用于区域发展、经济和产业发展类规划的环境影响评价,主要用于规划开发强度估算和环境要素影响预测与评价。

12. 情景(幕景)分析法(Scenario Analysis)

(1)情景分析法概念

情景是对一些有合理性和不确定性的事件在未来一段时间内可能呈现的态势的一种假定。一种情景代表设定的某一时刻的人类行动情况和环境状况,是某一时刻人与环境的特定关系的情景或快照。情景分析法是通过对规划方案在不同时间和资源环境条件下的相关因素进行分析,设计出多种可能的情景,并评价每一情景下可能产生的资源、环境、生态影响的方法。

(2)特点

情景分析法可反映出不同规划方案、不同规划实施情景下的开发强度及其相应的环境影响等一系列的主要变化过程。情景分析法只是建立了进行环境影响预测与评价的思想方法或框架,分析、预测不同情景下的环境影响还需借助于其他技术方法,如系统动力学模型、数学模型、矩阵法或 GIS 技术等。

(3)适用性

普遍适用于各类规划的环境影响评价,主要用于规划分析、环境影响识别与评价指标确定、规划开发强度估算、环境要素影响预测与评价、累积影响评价和资源与环境承载力评估。

13. 灰色系统分析

(1)灰色系统分析概念

灰色系统是指部分信息已知、部分信息未知的系统。灰色系统分析是指研究灰色系统的运动规律及其特征,进而寻求有效利用、管理和控制该系统的方法。灰色系统理论由华中科技大学邓聚龙教授提出。灰色系统分析法包括:灰色预测、灰色关联分析、灰色聚类、灰色决策、灰色控制等,规划环境影响评价应用较多的是灰色关联分析和灰色聚类分析。

1)灰色关联分析

主要是用灰色系统模型对系统发展态势进行定量描述和比较分析的方法。各个分析对象由统计数据列(根据各个环境因素的具体特征构造出的最佳指标参考序列)所构成的曲线几何形状越接近,关联度也越大。分析步骤如下:

①确定反映系统行为特征的参考数列和影响系统行为的比较数列;②对参考数列和比较数列进行无量纲化处理;③求取参考数列与比较数列的灰色关联系数;④求取关联度;⑤排关联序。

2)灰色聚类分析

灰色聚类是将分析对象按不同指标所拥有的白化数进行归纳,以判断该聚类对象属于哪一类。可按如下步骤进行:①给出聚类白化数;②确定灰类白化函数;③求取标定的聚类权数的值;④求取聚类系数的值;⑤构造聚类向量;⑥进行聚类分析。

(2)特点

灰色关联分析可针对大量不确定性因素及其相互关系,将定量和定性方法有机结合起来,使原本复杂的决策问题变得更加清晰简单,且计算方便,并可在一定程度上排除决策者的主观任意性,得出的结论也比较客观。

灰色聚类分析是多因子评定的综合评价方法,信息量丰富、结果全面,可充分显化贫信息系统的有效信息,既便于分析问题,又便于按灰色聚类进行规划与管理。

(3)适用性

适用于各类规划的环境影响评价,主要用于环境现状调查与评价、环境影响识别与评价指标确定、环境要素影响预测与评价、环境风险评价和累积影响评价。

14. 模糊综合评价法

(1)模糊综合评价法概念

模糊集合理论(fuzzy sets)的概念于 1965 年由美国自动控制专家查德(L. A. Zadeh)教授提出,用以表达事物的不确定性。模糊综合评价法是一种基于模糊数学理论的综合评标方法,该综合评价法根据模糊数学的隶属度理论把定性评价转化为定量评价,借助模糊变换原理,在考虑多因子的情况下,评价对象优劣的方法。

(2)特点

模糊综合评价能够进行多因子综合评价,如分级评价中的中间过渡性或亦此亦彼性。它能克服定性分析的弊端,更为客观、准确地反映多因子影响。但模糊综合评价中的最大隶属度原则可能会导致信息损失,有时甚至得出不切实际的结论。

(3)适用性

可应用于各类规划的环境影响评价,主要用于环境风险评价。

15. 博弈论

(1)博弈论概念

博弈论又称对策论,是研究冲突或对抗条件下最优决策的理论。博弈论关注参与人在相互影响情况下的决策行动及各决策行动之间的均衡,核心问题是某个参与人采取决策行动后,其他参与人将采取什么行动?参与人为取得最佳效果应采取什么策略? 一般的博弈至少包括三个要素:参与人、策略和支付。而一个完整的博弈则应包括以下 7 个方面:

①参与人:博弈中决策主体,博弈过程中独立决策、独立承担后果的个人或组织;

②行动:参与人在博弈的某个时刻的决策变量;

③信息:参与人所拥有的博弈知识、所掌握的有助于选择策略的情报资料;

④策略:参与人在给定信息条件下的行动规则;

⑤支付:特定策略组合下参与人确定的效用水平或期望效用水平;

⑥结果:参与人感兴趣的所有东西;

⑦均衡:所有参与人的最优策略组合。

(2)博弈论特点

博弈论有合作博弈理论和非合作博弈理论。前者主要强调集体理性;后者主要研究参与人在利益相互影响的局势中如何选择策略,实现自己收益最大化,即策略选择中强调个人理性。

(3)适用性

适用于各类规划的环境影响评价,主要用于规划分析、规划方案的综合论证。

16. 生态系统服务功能评价方法

参见《生态功能区划暂行规程》,待生态功能区划相关国家环境保护标准发布后执行标准的相关规定。

17. 生态系统敏感性评价方法

参见《生态功能区划暂行规程》,待生态功能区划相关国家环境保护标准发布后执行标准的相关规定。

18. 生态环境承载力综合评价法

(1)方法概念

对一个区域来说,可持续的生态系统承载需满足三个条件:压力作用不超过生态系统的弹性度、资源供给能力大于需求量;环境对污染物的消化容纳能力大于排放量。由于生态系统承载力包含多层含义,因而可采用分级评价方法进行评价,即首先进行区域现状调查,接着进行区域生态系统承载力状况评估,最后进行区域生态系统承载力综合分析评价,并可给出区域生态系统承载力分区图。

(2)特点

生态环境承载力综合评价法将评价体系分成三级,即区域生态系统潜在承载力评价、资源-环境承载力评价、承载压力度评价三级。一级评价结果主要反映生态系统的自我抵抗能力和生态系统受干扰后的自我恢复与更新能力,分值越高,表示生态系统的承载稳定性越高;二级评价结果主要反映资源与环境的承载能力,代表了现实承载力的高低,分值越大,表示现实承载力越高;三级评价结果主要反映生态系统的压力大小,分值越高,表示系统所受压力越大。根据三级计算结果,对生态承载力进行综合评价。

分级评价使得评价结果更明了、准确,更有针对性。如某区域的承载力分级为"低稳定较高承载区"时,说明该区域的现状承载力虽很高,但因该区域为不稳定区,对外界的抵抗和恢复能力较低。分级评价将同类性质的指标归类处理后,可比较容易地对结果进行分析判断,如果将所有承载力指标汇集到一块,必然因指标太多而使结果复杂化,难以对结果给出精确判断。同时,分级可对区域的承载力有一个更深刻的了解,可更有针对性地采取相应措施与对策。

19. 层次分析法

该法于 20 世纪 70 年代由美国匹兹堡大学教授 T. L. Saaty 提出得一种以定性与定量相结合,系统化、层次化分析问题的方法,称为层次分析法(Analytic Hierarchy Process, AHP),是一种灵活、简便的多目标、多准则的决策方法。

AHP 法把一个复杂的问题按一定原则分解为若干个子问题(层次),对每一个子问题做同样的处理,由此得到按支配关系形成的多层次结构,对同一层的各元素相对于上层目标的重要性进行两两比较,并用矩阵运算确定出该元素对上一层支配元素的相对重要性(权重),进而确定出每个子问题对总目标的重要性。AHP 决策分析一般分以下几个步骤:明确问题、建立层次结构、构造判断矩阵(一致性检验)、层次单排序、层次总排序和总体一致性检验。

层次分析法是对复杂问题进行决策的一种有效方法,适合处理难于完全定量进行分析的复杂问题。它可将一些量化困难的定性问题在严格数学运算基础上定量化;将一些定量、定性混杂的问题综合为统一整体进行综合分析。因此,层析分析法在规划环境影响评价中的适用性很强,可在确定指标权重、确定综合环境影响系数等方面具有明显的可量化的优势。层次分析法可用于规划环境影响识别、规划环境影响预测、规划环境影响的综合评价等环节。

五、规划方案综合论证和优化调整建议

(一)基本要求

1.依据环境影响识别后建立的规划要素与资源、环境要素之间的动态响应关系,综合各种资源与环境要素的影响预测和分析、评价结果,论证规划的目标、规模、布局、结构等规划要素的合理性以及环境目标的可达性,动态判定不同规划时段、不同发展情景下规划实施有无重大资源、生态、环境制约因素,详细说明制约的程度、范围、方式等,进而提出规划方案的优化调整建议和评价推荐的规划方案。

2.规划方案的综合论证包括环境合理性论证和可持续发展论证两部分内容。其中,前者侧重于从规划实施对资源、环境整体影响的角度,论证各规划要素的合理性;后者则侧重于从规划实施对区域经济、社会与环境效益贡献及协调当前利益与长远利益之间关系的角度,论证规划方案的合理性。

(二)规划方案综合论证

1.规划方案的环境合理性论证

(1)基于区域发展与环境保护的综合要求,结合规划协调性分析结论,论证规划目标与发展定位的合理性。

(2)基于资源与环境承载力评估结论,结合区域节能减排和总量控制等要求,论证规划规模的环境合理性。

(3)基于规划与重点生态功能区、环境功能区划、环境敏感区的空间位置关系,对环境保护目标和环境敏感区的影响程度,结合环境风险评价的结论,论证规划布局的环境合理性。

(4)基于区域环境管理和循环经济发展要求及清洁生产水平的评价结果,重点结合规划重点产业的环境准入条件,论证规划能源结构、产业结构的环境合理性。

(5)基于规划实施环境影响评价结果,重点结合环境保护措施的经济技术可行性,论证环境保护目标与评价指标的可达性。

2.规划方案的可持续发展论证

(1)从保障区域、流域可持续发展的角度,论证规划实施能否使其消耗(或占用)资源的市场供求状况有所改善,能否解决区域、流域经济发展的资源瓶颈;论证规划实施能否使其所依赖的生态系统保持稳定,能否使生态服务功能逐步提高;论证规划实施能否使其所依赖的环境状况整体改善。

(2)综合分析规划方案的先进性和科学性,论证规划方案与国家全面协调可持续发展战略的符合性,可能带来的直接和间接的社会、经济、生态环境效益,对区域经济结构的调整与优化的贡献程度,以及对区域社会发展和社会公平的促进性等。

3. 不同类型规划方案综合论证重点

(1)进行综合论证时,可针对不同类型和不同层级规划的环境影响特点,突出论证重点。

(2)对资源、能源消耗量大、污染物排放量高的行业规划,重点从区域资源、环境对规划的支撑能力、规划实施对敏感环境保护目标与节能减排目标的影响程度、清洁生产水平、人群健康影响状况等方面,论述规划确定的发展规模、布局(及选址)和产业结构的合理性。

(3)对土地利用的有关规划和区域、流域、海域的建设、开发利用规划及农业、畜牧业、林业、能源、水利、旅游、自然资源开发专项规划,重点从规划实施对生态系统及环境敏感区组成、结构、功能所造成的影响及潜在的生态风险,论述规划方案的合理性。

(4)对公路、铁路、航运等交通类规划,重点从规划实施对生态系统组成、结构、功能所造成的影响、规划布局与评价区域生态功能区划、景观生态格局之间的协调性及规划的能源利用和资源占用效率等方面,论述交通设施结构、布局等的合理性。

(5)对于开发区及产业园区等规划,重点从区域资源、环境对规划实施的支撑能力、规划的清洁生产与循环经济水平、规划实施可能造成的事故性环境风险与人群健康影响状况等方面,综合论述规划选址及各规划要素的合理性。

(6)城市规划、国民经济与社会发展规划等综合类规划,重点从区域资源、环境及城市基础设施对规划实施的支撑能力能否满足可持续发展要求、改善人居环境质量、优化城市景观生态格局、促进两型社会建设和生态文明建设等方面,综合论述规划方案的合理性。

(三)规划方案的优化调整建议

1. 根据规划方案的环境合理性和可持续发展论证结果,对规划要素提出明确的优化调整建议,特别是出现以下情形时。

(1)规划的目标、发展定位与国家级、省级主体功能区规划要求不符。

(2)规划的布局和规划包含的具体建设项目选址、选线与主体功能区规划、生态功能区划、环境敏感区的保护要求发生严重冲突。

(3)规划本身或规划包含的具体建设项目属于国家明令禁止的产业类型或不符合国家产业政策、环境保护政策(包括环境保护相关规划、节能减排和总量控制要求等)。

(4)规划方案中配套建设的生态保护和污染防治措施实施后,区域的资源、环境承载力仍无法支撑规划的实施,或仍可能造成重大的生态破坏和环境污染。

(5)规划方案中有依据现有知识水平和技术条件,无法或难以对其产生的不良环境影响的程度或者范围做出科学、准确判断的内容。

2.规划的优化调整建议应全面、具体、可操作。如对规划规模(或布局、结构、建设时序等)提出了调整建议,应明确给出调整后的规划规模(或布局、结构、建设时序等),并保证调整后的规划方案实施后资源与环境承载力可以支撑。

3.将优化调整后的规划方案,作为评价推荐的规划方案。

六、环境影响减缓对策和措施

(1)规划的环境影响减缓对策和措施是对规划方案中配套建设的环境污染防治、生态保护和提高资源能源利用效率措施进行评估后,针对环境影响评价推荐的规划方案实施后所产生的不良环境影响,提出的政策、管理或者技术等方面的建议。

(2)环境影响减缓对策和措施应具有可操作性,能够解决或缓解规划所在区域已存在的主要环境问题,并使环境目标在相应的规划期限内可以实现。

(3)环境影响减缓对策和措施包括影响预防、影响最小化及对造成的影响进行全面修复补救等三方面的内容:

①预防对策和措施可从建立健全环境管理体系、建议发布的管理规章和制度、划定禁止和限制开发区域、设定环境准入条件、建立环境风险防范与应急预案等方面提出。

②影响最小化对策和措施可从环境保护基础设施和污染控制设施建设方案、清洁生产和循环经济实施方案等方面提出。

③修复补救措施主要包括生态修复与建设、生态补偿、环境治理、清洁能源与资源替代等措施。

(4)如规划方案中包含有具体的建设项目,还应针对建设项目所属行业特点及其环境影响特征,提出建设项目环境影响评价的重点内容和基本要求,并依据本规划环境影响评价的主要评价结论提出相应的环境准入(包括选址或选线、规模、清洁生产水平、节能减排、总量控制和生态保护要求等)、污染防治措施建设和环境管理等要求。同时,在充分考虑规划编制时设定的某些资源、环境基础条件随区域发展发生变化的情况下,提出建设项目环境影响评价内容的具体简化建议。

七、环境影响跟踪评价

(1)对可能产生重大环境影响的规划,在编制规划环境影响评价文件时,应拟定跟踪评价方案,对规划的不确定性提出管理要求,对规划实施全过程产生的实际资源、环境、生态影响进行跟踪监测。

(2)跟踪评价取得的数据、资料和评价结果应能够为规划的调整及下一轮规划的编制提供参考,同时为规划实施区域的建设项目管理提供依据。

(3)跟踪评价方案一般包括评价的时段、主要评价内容、资金来源、管理机构设置及其职责定位等。其中,主要评价内容包括:

①对规划实施全过程中已经或正在造成的影响提出监控要求,明确需要进行监控的资源、环境要素及其具体的评价指标,提出实际产生的环境影响与环境影响评价文件预测结果之间的比较分析和评估的主要内容。

②对规划实施中所采取的预防或者减轻不良环境影响的对策和措施提出分析和评价的具体要求,明确评价对策和措施有效性的方式、方法和技术路线。

③明确公众对规划实施区域环境与生态影响的意见和对策建议的调查方案。

④提出跟踪评价结论的内容要求(环境目标的落实情况等)。

第五节　评价结论及文件的编制要求

一、评价结论

(一)评价结论是对整个评价工作成果的归纳总结,应力求文字简洁、论点明确、结论清晰准确。

(二)在评价结论中应明确给出:

1.评价区域的生态系统完整性和敏感性、环境质量现状和变化趋势,资源利用现状,明确对规划实施具有重大制约的资源、环境要素。

2.规划实施可能造成的主要生态、环境影响预测结果和风险评价结论;对水、土地、生物资源和能源等的需求情况。

3.规划方案的综合论证结论,主要包括规划的协调性分析结论,规划方案的环境合理性和可持续发展论证结论,环境保护目标与评价指标的可达性评价结论,规划要素的优化调整建议等。

4.规划的环境影响减缓对策和措施,主要包括环境管理体系构建方案、环境准入条件、环境风险防范与应急预案的构建方案、生态建设和补偿方案、规划包含的具体建设项目环境影响评价的重点内容和要求等。

5.跟踪评价方案,跟踪评价的主要内容和要求。

6.公众参与意见和建议处理情况,不采纳意见的理由说明。

二、环境影响评价文件的编制要求

(1)规划环境影响评价文件应图文并茂、数据翔实、论据充分、结构完整、重点突出、结论和建议明确。

(2)规划环境影响报告书应包括以下主要内容：

①总则。概述任务由来,说明与规划编制全程互动的有关情况及其所起的作用。明确评价依据,评价目的与原则,评价范围(附图),评价重点;附图、列表说明主体功能区规划、生态功能区划、环境功能区划及其执行的环境标准对评价区域的具体要求,说明评价区域内的主要环境保护目标和环境敏感区的分布情况及其保护要求等。

②规划分析。概述规划编制的背景,明确规划的层级和属性,解析并说明规划的发展目标、定位、规模、布局、结构、时序及规划包含的具体建设项目的建设计划等规划内容;进行规划与政策法规、上层位规划在资源保护与利用、环境保护、生态建设要求等方面的符合性分析,与同层位规划在环境目标、资源利用、环境容量与承载力等方面的协调性分析,给出分析结论,重点明确规划之间的冲突与矛盾;进行规划的不确定性分析,给出规划环境影响预测的不同情景。

③环境现状调查与评价。概述环境现状调查情况。阐明评价区自然地理状况、社会经济概况、资源赋存与利用状况、环境质量和生态状况等,评价区域资源利用和保护中存在的问题,分析规划布局与主体功能区规划、生态功能区划、环境功能区划和环境敏感区、重点生态功能区之间的关系,评价区域环境质量状况,分析区域生态系统的组成、结构与功能状况、变化趋势和存在的主要问题,评价区域环境风险防范和人群健康状况,分析评价区主要行业经济和污染贡献率。对已开发区域进行环境影响回顾性评价,明确现有开发状况与区域主要环境问题间的关系。明确提出规划实施的资源与环境制约因素。

④环境影响识别与评价指标体系构建。识别规划实施可能影响的资源与环境要素及其范围和程度,建立规划要素与资源、环境要素之间的动态响应关系。论述评价区域环境质量、生态保护和其他与环境保护相关的目标和要求,确定不同规划时段的环境目标,建立评价指标体系,给出具体的评价指标值。

⑤环境影响预测与评价。说明资源、环境影响预测的方法,包括预测模式和参数选取等。估算不同发展情景对关键性资源的需求量和污染物的排放量,给出生态影响范围和持续时间,主要生态因子的变化量。预测与评价不同发展情景下区域环境质量能否满足相应功能区的要求,对区域生态系统完整性所造成的影响,对主要环境敏感区和重点生态功能区等环境保护目标的影响性质与程度。根据不同类型规划及其环境影响特点,开展人群健康影响状况评价、事故性环境风险和生态风险分析、清洁生产水平和循环经济分析。预测和分析规划实施与其他相关规划在时间和空间上的累积环境影响。评价区域资源与环境承载能力对规划实施的支撑状况。

⑥规划方案综合论证和优化调整建议。综合各种资源与环境要素的影响预测和分析、评价结果,分别论述规划的目标、规模、布局、结构等规划要素的环境合理性,以及环境目标的可达性和规划对区域可持续发展的影响。明确规划方案的优化调整建议,并给出评价推荐的规划方案。

⑦环境影响减缓措施。详细给出针对不良环境影响的预防、最小化及对造成的影响进行全面修复补救的对策和措施,论述对策和措施的实施效果。如规划方案中包含有具体的建设项目,还应给出重大建设项目环境影响评价的重点内容和基本要求(包括简化建议)、环境准入条件和管理要求等。

⑧环境影响跟踪评价。详细说明拟定的跟踪评价方案,论述跟踪评价的具体内容和要求。

⑨公众参与。说明公众参与的方式、内容及公众参与意见和建议的处理情况,重点说明不采纳的理由。

⑩评价结论。归纳总结评价工作成果,明确规划方案的合理性和可行性。

⑪附必要的表征规划发展目标、规模、布局、结构、建设时序以及表征规划涉及的资源与环境的图、表和文件,给出环境现状调查范围、监测点位分布等图件。

(3)规划环境影响篇章(或说明)应包括以下主要内容:

①环境影响分析依据。重点明确与规划相关的法律法规、环境经济与技术政策、产业政策和环境标准。

②环境现状评价。明确主体功能区规划、生态功能区划、环境功能区划对评价区域的要求,说明环境敏感区和重点生态功能区等环境保护目标的分布情况及其保护要求;评述资源利用和保护中存在的问题,评述区域环境质量状况,评述生态系统的组成、结构与功能状况、变化趋势和存在的主要问题,评价区域环境风险防范和人群健康状况,明确提出规划实施的资源与环境制约因素。

③环境影响分析、预测与评价。根据规划的层级和属性,分析规划与相关政策、法规、上层位规划在资源利用、环境保护要求等方面的符合性。评价不同发展情景下区域环境质量能否满足相应功能区的要求,对区域生态系统完整性所造成的影响,对主要环境敏感区和重点生态功能区等环境保护目标的影响性质与程度。根据不同类型规划及其环境影响特点,开展人群健康影响状况分析、事故性环境风险和生态风险分析、清洁生产水平和循环经济分析。评价区域资源与环境承载能力对规划实施的支撑状况,以及环境目标的可达性。给出规划方案的环境合理性和可持续发展综合论证结果。

④环境影响减缓措施。详细说明针对不良环境影响的预防、减缓(最小化)及对造成的影响进行全面修复补救的对策和措施。如规划方案中包含有具体的建设项目,还应给出重大建设项目环境影响评价要求、环境准入条件和管理要求等。给

出跟踪评价方案,明确跟踪评价的具体内容和要求。

⑤根据评价需要,在篇章(或说明)中附必要的图、表。

三、规划环评中的公众参与要点

(1)对可能造成不良环境影响并直接涉及公众环境权益的专项规划,应当公开征求有关单位、专家和公众对规划环境影响报告书的意见。依法需要保密的除外。

(2)公开的环境影响报告书的主要内容包括:规划概况、规划的主要环境影响、规划的优化调整建议和预防或者减轻不良环境影响的对策与措施、评价结论。

(3)公众参与可采取调查问卷、座谈会、论证会、听证会等形式进行。对于政策性、宏观性较强的规划,参与的人员可以规划涉及的部门代表和专家为主;对于内容较为具体的开发建设类规划,参与的人员还应包括直接环境利益相关群体的代表。

(4)处理公众参与的意见和建议时,对于已采纳的,应在环境影响报告书中明确说明修改的具体内容;对于不采纳的,应说明理由。

第六节　不同类别规划的环境影响评价内容与要点

(一)土地利用的相关规划

1.土地利用的相关规划

土地利用变化是人与自然关系中最为关键也是最为敏感的问题之一。土地利用规划是指一定区域内,根据国家社会经济可持续发展的要求和当地自然、经济、社会条件,对土地开发、利用、治理及保护在空间上、时间上所做的总体安排和布局,是国家实行土地用途管制的基础。

2.土地规划的一般内容

土地利用规划包括土地资源的清查及其综合评价,合理组织土地利用配置及确定各地的土地利用范围等内容。其中与环境关系密切的包括:

(1)土地利用目标和方针;

(2)土地利用结构调整:包括耕地、园地、林地、居民点及工矿用地、交通用地、地域、未利用土地等;

(3)土地利用分区:有农业用地区的土地利用结构与方向,建设用地区的规划与布局,生态景观保护区和水域等以及其他用地区。

3.土地规划环境影响的类型

土地利用规划的社会经济影响主要体现在土地占用、交通组织与布局等方面;

其环境影响主要为资源利用(土地)、生态环境(如林地、园地、草地等生态建设用地、生态景观保护区、水域)等方面。

4. 土地利用规划环境影响评价要点(编写环境影响篇章)

(1)土地利用现状及其相应的环境影响分析;

(2)土地利用规划与产业结构、交通组织、城市建设的关系分析;

(3)土地利用结构调整方案及相应环境影响的分析、预测与评估:土地资源影响;城市生态环境影响;特殊生境的影响;

(4)生态建设与生态景观保护用地分析;

(5)减缓措施及对策,比如通过调整土地利用结构来预防或减轻不良环境影响的对策和措施。

(二)国民经济与社会发展计划

1. 国民经济与社会发展计划中与环境关系密切的内容

(1)经济社会发展的指导方针与奋斗目标;

(2)经济发展;

(3)经济布局;

(4)城市发展。

2. 环境影响评价要点

(1)现状及其相应的地域生态环境问题分析(含区域生态敏感点或敏感区域空间特征);

(2)规划的执行情况及规划实施期间的环境状况分析;

(3)规划与区域生态环境的相容性分析;

(4)规划对编制各专项规划指导作用;

(5)规划内容分析及相关城市建设、经济发展及环境保护分析;

(6)相互环境影响的分析、预测与评估;

(7)规划的环境目标与社会经济发展目标的相容性、一致性分析;

(8)改善、减轻相关生态环境压力的相关对策与措施。

(三)城市总体规划

城市总体规划主要研究城市发展中的宏观性、方向性和全局性问题,如城市性质与职能、城市发展的空间结构与功能的空间布局、城市土地利用规模等,并对城市发展中的重点专项或部门性问题提出引导性、控制性的框架,以指导部门规划的编制与实施。这些内容一般是通过土地利用政策影响供求关系,对开发活动在整体上起到引导作用。城市总体规划中与环境关系密切的内容:

(1)确定城市性质和发展方向,并划定城市规划区范围。

(2)提出规划区内城市人口公用地发展规模,确定城市建设发展用地的空间布局,功能分区以及市中心、区中心位置。

(3)确定主要交通设施的位置,对外交通系统的布局;确定城市主、次干道系统走向,主要交叉口形式;确定城市地铁、轻轨走向及车站位置;确定主要广场、停车场位置、容量。

(4)综合协调并确定城市供水、排水、防洪、供电、通信、燃气、消防、环卫等设施的发展目标和总体布局。

(5)确定城市河湖水系的总体布局,分配沿海、沿江岸线。

(6)确定城市园林绿地系统的发展目标及总体布局。

(7)确定城市环境保护目标及防治污染措施。

(8)确定城市防灾要求、规划目标和总体布局。

(9)确定需要保护的风景名胜、文物古迹、传统风貌保护区、划定保护和控制范围,提出保护措施,历史文化名城专门保护规划。

(10)确定旧区改建,用地调整的原则,提出改善旧区生产、生活环境的要求和措施。

(11)综合协调市区与郊区的居住用地、公共服务设施、乡镇企业、基础设施和副食品基地,划定需要保留和控制的绿色空间。

(12)编制近期建设规划,确定近期建设目标、内容和实施部署。

三、专项规划的环境影响评价内容与要点

(一)工业规划

1.与生态环境密切的内容

(1)目标与发展思路;

(2)能源使用情况;

(3)污染物排放与环保;

(4)产品结构调整;

(5)大力采用高新技术,促进产业升级:①扩大采用高性能、轻量、节能、环保材料的比重,促进产品的安全、环保、节能;②推进新产品的研究与开发,加大可回收环保材料的研究与应用;

(6)主要政策措施:①尽快健全、制定、执行日益严格的排放标准和节能的技术规则与评价体系、法规和标准;②带动和促进相关产业、基础设施协调发展。

2.工业规划环境影响评价要点

(1)产品的环境影响生命周期分析;

(2)产品关联产业及其相关环境影响识别;

(3)规划的环境影响识别:①对能源资源的影响;②全球气候变化因子(CO_2、

CH₄ 等)的影响;③对大气环境的影响分析;④噪音影响分析;

(4)预测与评估;

(5)降低、消除负面影响的措施与规划方案的调整、修订与代替方案。

(二)农业规划

1.农业专项规划中与生态环境关系密切的内容

(1)指导思想;

(2)农业专项调整:其中的布局结构、数量结构的调整与生态环境关系密切;

(3)具体政策措施中的:①优化资源配置,构建专项农业新体系。重点鼓励发展生态型专项农业;组织力量联合攻关,研究开发新技术、新工艺,提高建设效益。加大扶持力度,加快生态专项农业建设;②研究制定鼓励投资农业专项的发展政策。

2.农业专项规划环境影响评价要点

(1)规划的执行情况分析;

(2)农业生态环境问题及其与农业发展规划的相关性分析;

(3)农业规划分析及其环境影响识别(农业经济效益与农村全面进步、水源污染与水环境、农业资源、土壤环境等);

(4)环境影响的预测与评估;

(5)降低或减轻农业环境影响的规划性措施与对策,及农业发展规划的替代方案。

(三)能源规划

1.能源专项规划目标

包括能源需求的总量与结构、能源的利用与转换效率、能源与环境、能源安全、可再生能源的使用等,相应的措施有能源管理体制改革、能源的价格体系(根据峰谷调价)、能源投资渠道、执法、社会参与等。

2.能源专项规划的环境影响类别

(1)大气污染:TSP、SO_2、NO_x、酸沉降、石油烃、CO 等常规污染物及 CO_2、CH₄ 等影响全球气候变化的非常规污染物。

(2)水污染物:能源和资源开采、转化等产生大量矿井水(跨界问题),火电厂废水、能源精炼废水,主要污染物包括悬浮物(SS)、石油类、pH 等。

(3)固体废物类:主要有煤矸石、粉煤灰、炉渣,炼油废渣等。

(4)其他污染类型:热污染、噪音污染等。

3.环境污染因子

(1)自然环境因子:土地、生物等资源,水环境,大气环境,海洋环境,生态环境;

(2)社会因子:移民,人体健康,休闲,文化遗产;

(3)经济因子:人力资本,产品与产业结构,农业生产。

(四)城市建设规划

以供水规划为例说明城市建设专项规划的环境影响评价基本内容及实施要点。

1.城市供水规划中与环境保护关系密切的内容

(1)城市规划的原则与指导思想;

(2)用水量及用水结构;

(3)供水管网规划;

(4)近期供水工程建设规划;

(5)水源保护规划也包括水源类型与分布、取水口位置、取水方式与取水量,水源保护区的范围、面积、分布与管理措施。

2.城市供水规划环境影响评价要点

(1)评价区域内的水资源条件与水环境分析(地表水、地下水);

(2)境外水污染趋势及水资源利用情况分析;

(3)供水规划的水资源用量、使用方式分析;

(4)供水规划的环境影响识别、预测与评估;

(5)相应的对策与措施。

(五)旅游规则

1.旅游专项规划中与生态环境关系密切的内容

(1)旅游规划的目标、产品种类、旅游人数;

(2)旅游规划的指导思想、旅游业的产业定位;

(3)旅游区划;

(4)潜在的旅游资源及其开发规划;

(5)旅游资源与旅游环境的保护与利用;

(6)旅游设施建设规划。

2.旅游专项规划环境影响评价要点

(1)旅游资源的布局与保护现状分析;

(2)旅游资源的突出问题分析及旅游规划的环境影响识别(旅游资源的保护、旅游设施建设与营运期的环境影响、水环境、生活垃圾、自然生态与特殊生境保护、水源保护区的旅游资源开发);

(3)旅游区划及其环境承载力分析;

(4)环境影响的预测与评估;

(5)相应对策与措施。

第七节　规划环境影响评价案例分析

（一）概述

某工业园区拟进行扩建，编制工业园区发展总体规划，根据要求，委托有资质单位编制规划环境影响评价。评价目的、原则和编制依据略。

1. 评价内容

（1）确定主要环境议题、环境目标和评价指标；

（2）分析规划实施所依赖的环境条件，识别区域敏感环境问题及制约规划实施的主要环境因素；

（3）分析规划方案与相关政策、法规的符合性，与国家、地方、行业有关规划及环境保护规划的协调性；

（4）预测规划实施后可能对环境造成的影响，包括直接影响和间接影响；

（5）从资源、环境承载力方面分析规划实施的可行性；

（6）对规划的清洁生产、循环经济进行分析；

（7）对规划实施的风险进行分析，提出风险防范措施和应急预案；

（8）开展公众参与工作；

（9）拟定环境管理和环境监测计划，制定跟踪评价的内容；

（10）分析规划方案的合理性，并从环境保护角度提出规划调整建议，对本规划下一层次的建设项目提出环境影响评价和环境保护的要求和建议。

2. 评价重点

（1）规划协调性分析；

（2）承载力及环境影响分析；

（3）区域环境容量分析；

（4）环境影响减缓措施论证；

（5）规划合理性论证及优化调整建议。

3. 评价指标体系

这里规划环评以环境影响识别为基础，遵循全面性和代表性相结合、定量和定性相结合、持续性和阶段性相结合、控制性和引导性相结合的原则，结合当地环境质量现状，依据工业园区规划目标和有关环境保护法律、法规以及技术标准、规范来确定评价的目标和指标体系，见表 13-2 所列。

表 13 - 2　评价目标和评价指标一览表

类别		评价指标	依据
污染控制指标	废气	单位工业增加值 SO_2 排放量(kg/万元)	《综合类生态工业园区标准》(HJ 274—2009)
	废水	单位工业增加值废水产生量(t/万元)	
		单位工业增加值 COD 排放量(kg/万元)	
		生活污水集中处理率(%)	
		工业废水集中处理率与达标率(%)	生态县建设
	固体废物	单位工业增加值固废产生量(t/万元)	《综合类生态工业园区标准》(HJ 274—2009)
		工业固体废物综合利用率(%)	
		危险废物处理处置率(%)	
		生活垃圾无害化处理率(%)	
	噪声	各功能区昼间、夜间噪声达标情况	《声环境质量标准》(GB 3096—2008)
环境质量指标	环境空气	环境空气质量	环境功能要求
	地表水环境	区域内外地表水体	
	地下水环境	地下水环境质量	
	声环境	居住、商业、工业混杂区域	
		工业生产、仓储物流区	
		交通干线两侧	
资源能源指标	节约资源和能源	单位工业增加值综合能耗(吨标煤/万元)	《综合类生态工业园区标准》(HJ 274—2009)
		单位工业增加值新鲜水耗(m^3/万元)	
		工业用水重复利用率(%)	
		单位工业用地工业增加值(亿元/km^2)	

(二)工业园区发展回顾及现状分析

重点阐述建设情况,原规划简述,已开发范围现状,原环评审查意见落实情况。

(三)规划概述

规划的背景分析、主导产业分析,发展功能定位,环境保护规划分析,规划区现状分析。

(四)区域环境概况

自然环境概况,社会环境概况,工业园区所在镇规划现状,环境功能区划情况。

(五)环境质量现状调查与评价

进行地表水、环境空气、声环境、地下水、土壤、生态环境的现状调查与评价。

分析区域环境质量的变化趋势。

（六）规划的协调性分析

重点分析与相关规划（如国家、省、市、县级的区域社会经济发展规划）相符性分析。进行与区域其他园区规划的协调性分析。最后，给出规划协调性分析的结论。

通过将本规划与区域社会经济发展规划等相关政策规划进行分析比较，得出总体协调的结论。

（七）规划分析及污染源预测

进行园区工业发展的目标分析。分析工业园区的给水情况、排水情况。分析园区主导产业的生产流程、污染物排放类型及处理方法。进行污染物排放量的预测。

（八）规划实施的支撑和制约因素及"零"方案分析

从政策支撑、发展机遇、区位及交通等方面进行分析。从基础设施、入园的项目限制方面分析制约因素。进行"零"方案下的环境质量影响和社会经济发展影响分析。

（九）环境风险分析与防范

参照《建设项目环境风险评价技术导则》的要求，同时考虑到工业园区主导产业的特点，着重从风险评价范围对工业园区存在的环境风险隐患进行分析，并根据评价结论提出风险事故应急预案。确定评价范围，找出敏感目标及社会关注点，分析规划实施存在的环境风险隐患，制定危险化学品及危险废物的协调管理措施，制定基本风险防范措施，做好风险事故应急预案。

（十）规划实施环境影响预测与评价

进行施工期环境影响的分析（废水、废气、固废、噪声等方面）。重点进行营运期环境影响预测与评价［大气环境、水环境、声环境、固体废物（一般工业固废、危险固废）、地下水环境、生态环境、社会经济影响］。

（十一）循环经济与清洁生产分析

与《综合类生态工业园区标准》比较，进行循环经济指标的对比。进行园区企业的生态产业链分析。给出提高园区循环经济水平的建议和保障措施。对主要产业进行工业园区的清洁生产水平分析，给出园区开展清洁生产的对策和建议。

（十二）公众参与

根据公众参与要求，重点分析公众参与过程中提出的建议及建议采纳情况说明。其他内容略。

（十三）资源与环境承载力分析

从区域自然资源丰富程度、水资源承载力、土地资源承载力、环境承载力方面进行分析。

(十四)存在的困难和不确定性

理论和技术方法存在困难,环境容量的准确计算存在困难。规划实施过程本身存在不确定性,污染源强的估算存在不确定性,环境影响预测和环境保护措施存在不确定性。提出不确定性的控制方法。

(十五)环境保护对策与环境影响减缓措施

分析区域宏观环境战略。从大气环境、水环境、地下水、声环境、固废、生态环境等方面提出环境影响控制措施。

(十六)规划可行性论证及优化调整建议

从工业园区选址的可行性、主导产业合理性、发展目标合理性、功能布局合理性、用地布局合理性、基础设施规划合理性、环境规划合理性、园区规划指标可达性、污染控制指标可达性、规划实施的可行性等方面进行分析。

根据规划的环境影响预测与评价、区域资源与环境承载力分析、规划协调性分析,以可持续发展和循环经济理念为指导,依据清洁生产原则,对本规划方案提出优化调整建议。

(十七)工业园区环境管理、监测与跟踪评价

对工业园区环境管理现状进行评价,分析现有的环境管理体系。提出入区企业污染控制策略,建立健全环境风险管理与应急措施,建立工业园区环境管理信息系统和工业园区环境监控体系,对排污口进行规范化管理,制定跟踪评价计划,给出入园区建设项目环境影响评价建议。

思考题

1. 进行规划环境影响评价的意义有哪些?
2. 规划环境影响评价的工作程序是什么?
3. 规划环境影响评价的主要内容有哪些?
4. 规划环评中方案比较评价方法有哪些?
5. 规划环评如何确定评价用的指标体系?
6. 规划环评中不确定性分析应从哪些方面进行?

拓展阅读

规划环境影响评价的常用方法较多,读者可以查阅相关资料来充实对上述方法的理解。可以参阅《系统工程》、《环境质量评价原理与方法》、《环境经济学》、《环境系统工程方法》等图书及相关方法应用的期刊论文。

参考文献

1. 国家环境保护部. 规划环境影响评价技术导则　总纲(HJ 130—2014)[S],2014

2. 环境保护部环境工程评估中心. 环境影响评价技术导则与标准(2014 版)[M]. 北京:中国环境出版社,2014

3. 王罗春,蒋海涛,胡晨燕,等. 环境影响评价[M]. 北京:冶金工业出版社,2012

4. 朱世云,林春绵,等. 环境影响评价[M]. 北京:化学工业出版社,2013

5. 马太玲,张江山. 环境影响评价[M]. 武汉:华中科技大学出版社,2009

6. 郭廷忠. 环境影响评价学[M]. 北京:科学出版社,2007

7. 刘永,郭怀成,王丽婧,等. 环境规划中情景分析方法及应用研究[J]. 环境科学研究,2005,18(3):82—87

第十四章　环境风险评价

【本章要点】

阐述环境风险评价的目的和重点、工作等级与评价范围和工作程序；环境风险评价的风险识别、源项分析、后果计算；环境风险评价的风险管理。

随着全球经济的高速发展，环境问题日益突出，一些重大的环境污染事件均与有毒有害的化学品泄漏有着密切相关，这些有毒有害物质进入环境，对人体健康和生态环境造成了长期严重的危害。因此，人类社会开始关心对可能发生的突发事故对环境造成危害的评价问题。

第一节　环境风险评价概述

"风险"概念最早出现于 19 世纪末的西方经济学。风险评价(RA, Risk Assessment)起初是作为经济学的一项决策技术，广泛应用于金融、保险和投资业等领域。随着风险评价技术的进一步发展及其应用范围的逐步扩大，风险评价分别与工程建设项目管理、人体健康和生态环境等学科相结合，产生了多种风险评价类型和评价方法，该演变过程如图 14-1 所示。

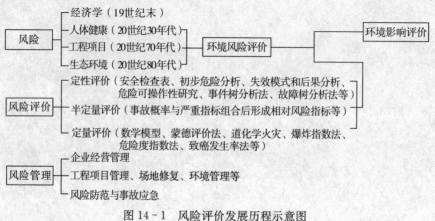

图 14-1　风险评价发展历程示意图

一、环境风险概念

"风险"的基本解释是"遭受损失、伤害、不利或毁灭的可能性"。经常遇到的风险有灾害风险、工程风险、投资风险、健康风险、污染风险等。定义风险为："用事故可能性与损失或损伤的幅度来表达的经济损失与人员伤害的度量"。可用式(14-1)来表示：

$$R = P \times C \tag{14-1}$$

式中，R——风险水平；

P——事故发生的概率；

C——事故造成的可能危害。

环境风险是指突发性事故对环境(或健康)的危害程度，其具体指由自然原因或人类活动引起的，通过环境介质传播的，能对人类社会及自然环境产生破坏、损害甚至毁灭性作用等不确定性或突发性事件发生的概率及其后果，用风险值 R 表征，其定义为事故发生概率 P 与事故对环境(或健康)后果 C 的乘积。一个完整的环境风险系统包括风险源、初级控制(对风险源进行控制的人为因素)、二级控制(传播风险的自然条件的控制)和，目标(人、敏感的物种和环境区域)。

二、环境风险评价

风险评价是一个普遍意义上的概念，是针对人类各种社会经济活动所引发或面临的危害(包括自然灾害)，可能会对人体健康、社会经济、生态系统等造成的损失进行评估，并据此进行管理和决策的过程。作为一种分析、预测和评价过程，风险评价本身具有一套适用范围广的定性、定量和半定量评价的技术方法。随着风险评价应用领域的逐步拓展，风险评价方法也产生差异，出现了一系列针对不同风险评价类型的评价体系和适用技术，提高了风险事故预测和事故后果评价的准确性。

环境风险评价(Environmental Risk Assessment)是风险评价应用于环境污染防治领域的产物，是指对由于人类的各种行为所引发的危害人类健康、社会经济发展、生态系统的风险可能带来的损失进行评估，并提出减少环境风险的方案和决策。建设项目环境风险评价：对建设项目建设和运行期间发生的可预测突发性事件或事故(一般不包括人为破坏及自然灾害)引起有毒有害、易燃易爆等物质泄漏，或突发事件产生的新的有毒有害物质，所造成的对人身安全与环境的影响和损害，进行评估，提出防范、应急与减缓措施。

环境风险评价具有复杂性、综合性和不确定性三大特点，它要对污染物性质、扩散条件和受体特质等进行多方面的分析和评价，综合应用环境毒理学、环境化学、环境污染生态学、环境地质学、环境工程、数学以及计算机科学等。由于风险评价属于预见性的工作,受到人们主观认识事物的限制,在各个环节都具有一定的模糊性,所以环境风险评价的方法多与模糊理论及概率论相结合。

三、环境风险评价的分类

环境风险的性质和表现方式复杂多样,研究者关注对象不同,从不同的角度有不同的分类方法。按风险事件分类,可分为突发性环境事故风险评价和非突发性环境风险评价;按评价范围分类,可分为微观风险评价、系统风险评价和宏观风险评价;按承受风险的对象分类,可分为人群健康风险评价和生态风险评价;按应用层次分类,可分为建设项目环境风险评价、区域环境风险评价和规划战略环境风险评价。由微观到宏观,由人体健康到生态系统是目前这门学科研究发展的重点。王罗春等进行了以下分类:①自然灾害环境风险评价,指对地震、火山、洪水、台风等自然灾害的发生及带来的化学性与物理性风险进行评价;②有毒有害化学品环境风险评价,指对某种化学品从生产、运输、使用到最终进入环境的整个过程中可能产生的危害人体健康、生态系统造成危害的可能性及其结果进行评价;③生产过程与建设项目的环境风险评价,指对一个生产过程或建设项目所引起的具有不确定性的风险发生的概率及其危害后果的评价。

第二节　环境风险的识别与度量

一、环境风险识别概念、范围和类型

(一)概念

风险识别是指用感知、判断或归类的方式对现实的和潜在的风险性质进行鉴别的过程。风险识别是风险评价的第一步,也是风险评价的基础。

环境风险识别是指在环境风险事故发生之前,运用各种方法系统地、连续地认识所面临的各种环境风险以及分析环境风险事故发生的潜在原因。环境风险识别过程包含感知环境风险和分析环境风险两个环节:①感知环境风险:即了解客观存在的各种环境风险,是环境风险识别的基础,只有通过感知环境风险,才能进一步在此基础上进行分析,寻找导致环境风险事故发生的条件因素,为拟定环境风险处理方案,进行环境风险管理决策服务;②分析环境风险:分析引起环境风险事故的各种因素,它是环境风险识别的关键,也是度量环境风险大小的关键因素。

(二)识别范围

风险的识别范围包括生产设施风险识别和生产过程所涉及的物质风险识别:

①生产设施风险识别范围包括主要生产装置、贮运系统、公用工程系统、工程环保设施及辅助生产设施等;②物质风险识别范围包括主要原材料及辅助材料、燃料、中间产品、最终产品以及生产过程排放的"三废"污染物等。

1. 物质危险性识别

(1)易燃易爆物质:具有火灾爆炸危险性物质可分为爆炸性物质、氧化剂、可燃气体、自燃性物质、遇水燃烧物质、易燃或可燃液体与固体等。

(2)毒性物质:指物质进入机体后,累积达一定的量,能与体液和组织发生生物化学作用或生物物理变化,扰乱或破坏机体的正常生理功能,引起暂时性或持久性的病理状态,甚至危及生命的物质。如苯、氯、氨、有机磷农药、硫化氢等。通常用毒物的剂量与反应之间的关系来表征毒性,其单位一般以化学物质引起实验动物某种毒性反应所需的剂量表示。

2. 化学反应危险性的识别

化学反应分为普通化学反应和危险性化学反应。危险性化学反应指像爆炸反应、绝热反应等一些危险性化学反应,生成爆炸性混合物或有害物质的反应。

(三)类型

根据有毒有害物质的放散起因,分为火灾、爆炸和泄漏三种类型。

(四)识别方法

可采用核查表法和各种专家咨询法,其中事件树和故障树是较为常用的方法。

1. 事件树分析

事件树分析(Event Tree Analysis)是利用逻辑思维的形式,分析事故形成过程。从初因事件出发,按照事件发展的时序分成阶段,对后继事件一步一步地分析,每一步都从成功和失败(可能与不可能)两种或多种可能的状态进行考虑(分支),直到最后用水平树状图表示其后果的一种分析方法,以定性、定量地了解整个事故的动态变化过程及其各种状态的发生概率。分析过程包括六个步骤:①确定初始事件;②识别能消除初始事件的安全设计功能;③编制事件树;④描述导致事故的顺序;⑤确定事故的最小割集;⑥编制分析结果。

2. 故障树分析

故障树分析(Fault Tree Analysis)又称为事故树分析,是从结果到原因找出与灾害有关的各种因素之间因果关系和逻辑关系的一种演绎分析方法。该法把系统可能发生的事故放在图的最上面,称为顶上事件,按系统构成要素之间的关系,分析与灾害事故有关的原因。这些原因可能是其他一些原因的结果,称为中间原因事件(或中间事件),应继续往下分析,直到找出不能进一步往下分析的原因为止,这些原因称为基本原因事件(或基本事件)。然后将特定的事故和各层原因(危险因素)之间用逻辑门符号连接起来,得到形象、简洁地表达其逻辑关系(因果关系)

的逻辑树图形,即构成故障树。通过对故障树简化、计算达到分析、评价的目的。与事件树分析类似,在故障树分析中,能够引起顶上事件发生的一组事件的组合称为割集。如果去掉割集中任一事件都使其不能成为割集,则该割集称为最小割集。

二、环境风险的度量

环境风险的度量就是对环境风险进行测量,包括事件出现的概率大小及后果严重程度的估计。一方面可以通过感性认识和历史经验来判断,另一方面也可通过对各种客观的资料和环境风险事故的记录来分析、归纳和整理,以及必要的专家访问,从而找出各种明显和潜在的环境风险大小及其损失轻重。

(一)浴盆曲线

工业污染源事故概率在概念上类似于可靠性术语的生产与安全系统的失效率或故障率,定义为:污染源在运行某段时间后的单位时间内,发生生产或安全系统失效导致泄漏、溢出、爆炸、火灾等突发性排放污染物的事故概率。一个系统的故障率分布为巴斯塔布曲线,因其形状如浴盆,也称为浴盆曲线。从时间变化看,曲线呈现三个不同区段:早期失效期阶段,偶发失效期阶段,损耗失效期阶段。

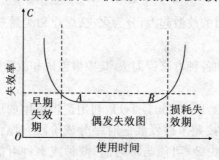

图 14-2 浴盆曲线

(二)风险概率的度量

风险概率确定的基本途径:①依据历史上和现实同类事件的调查统计资料确定拟建项目中该类事件发生的概率;②向专家咨询,最好采用德尔菲法,估计事件发生的概率。

(三)最大可信灾害事故确定

为评估系统风险的可接受水平,从中筛选出具有一定发生概率而后果又较为严重且其风险值为最大的事故作为评估对象,即应选择最大可信灾害事故作为评估对象。如果这一事件的风险值在可接受水平内,则该系统的风险认为是可以接受的。若这一风险值超过可以接受水平,则需要采取进一步降低风险的措施,使之达到可接受水平。

第三节　环境风险评价的程序

一、环境风险评价的程序

环境风险评价自出现以来,不同国家和不同机构对环境风险评价给出了不同的程序方案。Contini S 提出一个 4 阶段组成的完整风险定量评价程序如图 14-3 所示:①危害识别;②事故频率和后果估计;③风险计算;④风险减缓。

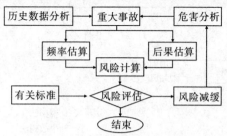

图 14-3　风险定量评价通过程序

被广泛认可的基本框架是美国科学院 1983 年提出,后被美国 EPA1986 年采用的风险评价的四步法:危害识别—剂量—响应分析—暴露评价—风险表征。在此基础上,Tanaka Y 等延伸发展了致癌风险评估、致畸风险评估、暴露评估、场地风险评估等健康风险评估的生态风险评估的内容。1992 年美国确定生态风险评价指南工作大纲时,原则上给出了生态风险评价的框架,如图 14-4、图 14-5 所示。

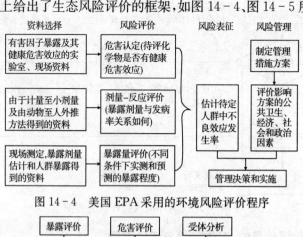

图 14-4　美国 EPA 采用的环境风险评价程序

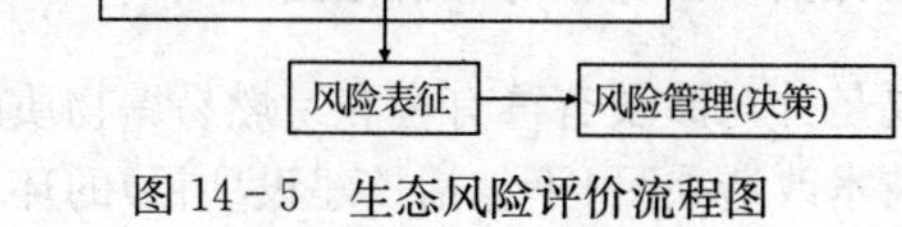

图 14-5　生态风险评价流程图

另一个使用广泛的程序是 1990 年亚洲开发银行推荐了风险评价五步法：①危害识别；②危害核算；③环境途径评价；④风险表征（评价）；⑤风险管理。

《建设项目环境风险评价技术导则》(HJ/T 169—2004)中提出的流程为：风险识别、源项分析、后果计算、风险评价、应急措施 5 项。具体流程图如图 14 - 6 所示。

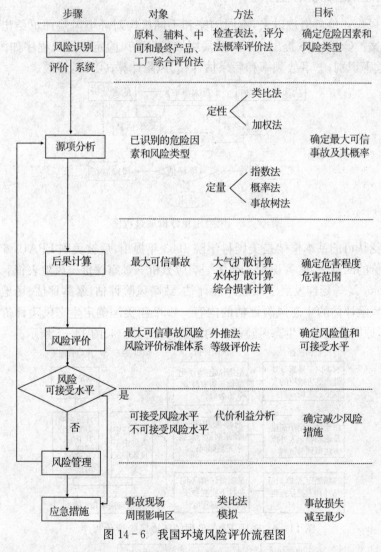

图 14 - 6　我国环境风险评价流程图

二、环境风险评价目的、工作等级与评价范围

环境风险评价主要是针对涉及有毒有害和易燃易爆物质的生产、使用、贮运等的新建、改建、扩建和技术改造项目（不包括核建设项目）的环境风险评价，新建、改

建、扩建和技术改造项目主要系指中华人民共和国环境保护部颁布的《建设项目环境影响评价分类管理名录》(2008.10)中的化学原料及化学品制造、石油和天然气开采与炼制、信息化学品制造、化学纤维制造、有色金属冶炼加工、采掘业、建材等新建、改建、扩建和技术改造项目。

(一)环境风险评价的目的和重点

环境风险评价的目的是分析和预测建设项目存在的潜在危险、有害因素,建设项目建设和运行期间可能发生的突发性事件或事故(一般不包括人为破坏及自然灾害),引起有毒有害和易燃易爆等物质泄漏,所造成的人身安全与环境影响和损害程度,提出合理可行的防范、应急与减缓措施,以使建设项目事故率、损失和环境影响达到可接受水平。

环境风险评价应把事故引起厂(场)界外人群的伤害、环境质量的恶化及对生态系统影响的预测和防护作为评价工作重点。

环境风险评价在条件允许的情况下,可利用安全评价数据开展环境风险评价。环境风险评价与安全评价的主要区别是:环境风险评价关注点是事故对厂(场)界外环境的影响。

(二)环境风险评价工作等级的划分

根据评价项目的物质危险性和功能单元重大危险源判定结果,以及环境敏感程度等因素,将环境风险评价工作划分为一、二级。具体判断标准见表14-1评价工作级别(一、二级)。

表 14-1　评价工作级别表

	剧毒危险性物质	一般毒性危险物质	可燃、易燃危险性物质	爆炸危险性物质
重大危险源	一	二	一	一
非重大危险源	二	二	二	二
环境敏感地区	一	一	一	一

一级评价应按本标准对事故影响进行定量预测,说明影响范围和程度,提出防范、减缓和应急措施。二级评价可参照本标准进行风险识别、源项分析和对事故影响进行简要分析,提出防范、减缓和应急措施。

环境风险评价工作等级中各具体参数的选择程序如下:

1.物质危险性判定

经过对建设项目的初步工程分析,选择生产、加工、运输、使用或贮存中涉及的1~3个主要化学品,按《建设项目环境风险评价技术导则》(HJ/T 169—2004)中附录 A.1 中相关表格进行物质危险性判定。①凡符合附录 A 中有毒物质判定标准序号为1、2的物质,属于剧毒物质;符合有毒物质判定标准序号3的属于一般毒物。

②凡符合附录 A 中易燃物质和爆炸性物质标准的物质,均视为火灾、爆炸危险物质。

③敏感区按照《建设项目环境影响评价分类管理名录》(2008.10)中规定的需特殊保护地区、生态敏感与脆弱区及社会关注区。具体敏感区应根据建设项目和危险物质涉及的环境确定。

2.根据建设项目初步工程分析,划分功能单元

凡生产、加工、运输、使用或贮存危险性物质,且危险性物质的数量等于或超过临界量的功能单元,定为重大危险源。危险物名称及临界量见《建设项目环境风险评价技术导则》(HJ/T 169—2004)中附录 A.1 中相关表格。

(三)环境风险评价范围的确定

依据《建设项目环境风险评价技术导则》(HJ/T 169—2004)中有关规定,对于一级评价应对事故影响进行定量预测,说明影响范围和程度,提出防范、减缓和应急措施。二级评价可进行风险识别、源项分析和对事故影响进行简要分析,提出防范、减缓和应急措施。具体如下:对危险化学品按其伤害阈和《工业场所有害因素职业接触限值》(GBZ 2—2002)及敏感区位置,确定影响评价范围。大气环境影响一级评价范围,距离源点不低于 5km;二级评价范围,距离源点不低于 3km 范围。地面水和海洋评价范围按《环境影响评价技术导则地面水环境》(HJ/T 2.3—1993)规定执行。

(四)实例分析

某企业的苯储运工程项口位于某化工工业园内,共 3 个储罐,每个储罐的容量均为 $1.0 \times 10^4 m^3$,充装系数 80%,储存的物料为苯,苯的燃烧爆炸及毒理性质如表 14-2 所示。根据《建设项目环境风险评价技术导则》(HJ/T 169—2004)对该项目进行风险识别可知,项目所在地为"非环境敏感地区";苯是易燃易爆有毒化学品,毒性级别为 I 级极度危险,火灾危险分级为 2 类易燃液体;该项目中苯的风险物质储量大于《危险化学品重大危险源辨识》(GB 18218—2009)中规定的临界值,则苯储罐区属于重大危险源。

表 14-2　苯的燃烧爆炸及毒理性质

类别	特性	苯
燃烧爆炸危险性	危险性类别	易燃液体
	闪点(℃)	-10.11
	爆炸极限(%)	1.2~8.0
	最小点火能(mJ)	0.2
	危险特性	其蒸气与空气可形成爆炸性混合物,遇明火、高热极易燃烧爆炸;与氧化剂发生强烈反应;易产生和聚集静电,有燃烧爆炸危险,其蒸气比空气重,易回燃
	灭火方法	泡沫、干粉、二氧化碳、砂土
毒理性质	急性毒性	LD_{50} 3306mg/kg(大鼠经口)LC_{50} 15800mg/m³(小鼠经皮)
	健康危害	高浓度苯对中枢神经系统有麻醉作用,引起急性中毒,长期接触对造血系统有损害,引起慢性中毒

根据国内外油库事故案例统计分析,从储存物料危险性(可燃性、有毒有害性)、工艺过程危险性、环境风险因素的识别结果看,该项目的风险类型主要包括泄漏、火灾和爆炸 3 种。火灾和爆炸事故应在泄漏后遇明火才可能发生,然而苯为"I级极度危险物质",一旦发生泄漏,将直接对周边人群构成毒性的风险影响。因此,确定该项目最大可信事故为:储罐区苯泄漏进入外环境。参照国内外化工行业重大事故的概率及该企业的风险防范能力,该项目最大可信事故概率为 1.0×10^{-5}。

综上所述,该项目的环境风险评价等级为一级,评价范围是以最大可信事故风险源为中心,半径为 5km 的区域。

第四节　环境风险评价内容

环境风险评价的基本内容包括:①风险识别;②源项分析;③后果计算;④风险计算和评价;⑤风险管理。

一、环境风险识别

(一)风险识别的范围

风险识别的范围见本章第二节内容。

(二)风险识别的内容

1.资料收集和准备

①建设项目工程资料:可行性研究、工程设计资料、建设项目安全评价资料、安

全管理体制及事故应急预案资料。

②环境资料:利用环境影响报告书中有关厂址周边环境和区域环境资料,重点收集人口分布资料。

③事故资料:国内外同行业事故统计分析及典型事故案例资料。

2. 物质危险性识别

按《建设项目环境风险评价技术导则 HJ/T 169—2004》附录 A.1 对项目所涉及的有毒有害、易燃易爆物质进行危险性识别和综合评价,筛选环境风险评价因子。

3. 生产过程潜在危险性识别

根据建设项目的生产特征,结合物质危险性识别,对项目功能系统划分功能单元,按上述附录 A.1 确定潜在的危险单元及重大危险源。

二、源项分析

(一)分析的内容和方法

确定最大可信事故的发生概率、危险化学品的泄漏量。采用的方法分为:①定性分析方法:类比法,加权法和因素图分析法(详见导则附录 B);②定量分析法:概率法和指数法(详见导则附录 B)。

最大可信事故概率的确定方法:事件树、事故树分析法或类比法(参见附录B)。危险化学品的泄漏量分析:确定泄漏时间,估算泄漏速率。泄漏量计算包括液体泄漏速率、气体泄漏速率、两相流泄漏、泄漏液体蒸发量计算,计算方法见附录A.2。

三、后果计算

(一)有毒有害物质在大气中的扩散

有毒有害物质在大气中的扩散,采用多烟团模式或分段烟羽模式、重气体扩散模式等计算。按一年气象资料逐时滑移或按天气取样规范取样,计算各网格点和关心点浓度值,然后对浓度值由小到大排序,取其累积概率水平为 95% 的值,作为各网格点和关心点的浓度代表值进行评价。在事故后果评价中采用下列烟团公式:

1. 多烟团模式

$$c(x,y,o)=\frac{2Q}{(2\pi)^{\frac{3}{2}}\sigma_x\sigma_y\sigma_z}\exp\left[-\frac{(x-x_o)^2}{2\sigma_x^2}\right]\exp\left[-\frac{(y-y_o)^2}{2\sigma_y^2}\right]\exp\left[-\frac{z_o^2}{2\sigma_z^2}\right]$$

(14-2)

式中,$c(x,y,o)$——下风向地面(x,y)坐标处的空气中污染物浓度,mg/m³;

$\qquad x_o,y_o,z_o$——烟团中心坐标;

$\qquad Q$——事故期间烟团的排放量;

$\qquad \sigma_x,\sigma_y,\sigma_z$——为$x$、$y$、$z$方向的扩散参数,m。

常取$\sigma_x=\sigma_y$

对于瞬时或短时间事故,可采用下述变天条件下多烟模式:

$$c_w^i(x,y,o,t_w)=\frac{2Q'}{(2\pi)^{\frac{3}{2}}\sigma_{x,\text{eff}}\sigma_{y,\text{eff}}\sigma_{z,\text{eff}}}\exp\left(-\frac{H_e^2}{2\sigma_{z,\text{eff}}^2}\right)\exp\left\{-\frac{(x-x_w^i)^2}{2\sigma_{x,\text{eff}}^2}-\frac{(y-y_w^i)^2}{2\sigma_{y,\text{eff}}^2}\right\}$$

$$(14-3)$$

式中,$c_w^i(x,y,o,t_w)$——第i个烟团在t_w时刻(即第w时段)在点(x,y,o)产生的地面浓度;

$\qquad Q'$——烟团排放量,mg,$Q'=Q\Delta t$;

$\qquad Q$——释放率,mg/s;

$\qquad \Delta t$——时段长度,s;

$\sigma_{x,\text{eff}}$、$\sigma_{y,\text{eff}}$、$\sigma_{z,\text{eff}}$——烟团在w时段沿x、y和z方向的等效扩散数,m,可由下式估算:

$$\sigma_{j,\text{eff}}^2=\sum_{k=1}^{w}\sigma_{j,k}^2 \quad (j=x,y,z)$$

$$(14-4)$$

式中,
$$\sigma_{j,k}^2=\sigma_{j,k}^2(t_k)-\sigma_{j,k}^2(t_{k-1})$$

$$(14-5)$$

x'_w,y'_w——第w时段结束时第i烟团质心的x和y坐标,由下述两式计算:

$$x'_w=u_{x,w}(t-t_{w-1})+\sum_{k=1}^{w-1}u_{x,k}(t_k-t_{k-1})$$

$$(14-6)$$

$$y'_w=u_{y,w}(t-t_{w-1})+\sum_{k=1}^{w-1}u_{y,k}(t_k-t_{k-1})$$

$$(14-7)$$

各个烟团对某个关心点t小时的浓度贡献,按下式计算:

$$c(x,y,0,t)=\sum_{i=1}^{n}c_i(x,y,0,t)$$

$$(14-8)$$

式中,n为需要跟踪的烟团数,可由下式确定:

$$c_{n+1}(x,y,0,t)\leqslant f\sum_{i=1}^{n}c_i(x,y,0,t)$$

$$(14-9)$$

式中,f为小于1的系数,可根据计算要求确定。

2. 分段烟羽模式

当事故排放源项持续时间较长时(几小时至几天),可采用高斯烟羽公式计算:

$$c=\frac{Q}{2\pi u\sigma_y\sigma_z}\exp\left(-\frac{y_r^2}{2\sigma_y^2}\right)\left\{\exp\left[-\frac{(z_s+\Delta h-z_r)^2}{2\sigma_z^2}\right]+\exp\left[-\frac{(z_s+\Delta h+z_r)^2}{2\sigma_z^2}\right]\right\}$$

$$(14-10)$$

式中,c——位于 $S(0,0,z_s)$ 的点源在接受点 $r(x_r,y_r,z_r)$ 产生的浓度。

短期扩散因子 (c/Q) 可表示为:

$$(c/Q)=\frac{1}{2\pi u\sigma_y\sigma_z}\exp\left(-\frac{y_r^2}{2\sigma_y^2}\right)\left\{\exp\left[-\frac{(z_s+\Delta h-z_r)^2}{2\sigma_z^2}\right]+\exp\left[-\frac{(z_s+\Delta h+z_r)^2}{2\sigma_z^2}\right]\right\}$$

$$(14-11)$$

式中,Q——污染物释放率,mg/s;

Δh——烟羽抬升高度;

σ_y,σ_z——下风距离 x_r(m)处的水平风向扩散参数和垂直方向扩散参数,扩散参数按(14-5)计算。

3. 重气体扩散模式

重气体扩散采用 Cox 和 Carpenter 稠密气体扩散模式,计算稳定连续释放和瞬时释放后不同时间时的气团扩散。气团扩散按下式计算:

①在重力作用下的扩散:

$$\frac{dR}{dt}=[K\cdot g\cdot h(\rho_2-1)]^{-\frac{1}{2}} \qquad (14-12)$$

在空气的夹卷作用下扩散:

$$Q_e=\frac{\gamma dR}{dt}(\text{从烟雾的四周夹卷}) \qquad (14-13)$$

$$U_e=\frac{a\cdot u_1}{R_i}(\text{从烟雾的顶部夹卷}) \qquad (14-14)$$

式中,R——瞬间泄漏的烟云形成半径;

h——圆柱体的高;

γ——边缘夹卷系数,取 0.6;

a——顶部夹卷系数,取 0.1;

u_1——风速,m/s;

K——试验值,一般取 1;

R_i——Richardon 数，由下式得出：

$$R_i = \frac{gl(\rho_{c,a^{-1}})}{(U_1)^2} \tag{14-15}$$

α——经验常数，取 0.1；

U_1——轴向紊流速度；

l——紊流长度。

(二)有毒有害物质在水中的扩散

有毒物质在河流中的扩散预测采用 HJ/2.3 推荐的地表水扩散数学模式。有毒物质在湖泊中的扩散预测采用 HJ/2.3 推荐的湖泊扩散数学模式。

1. 油(乳化油)的浓度计算模型

突发性事故泄露形成的油膜(或油块)，在波浪的作用下也会破碎乳化溶于水中，可与事故排放含油污水一样，均按对流扩散方程计算，其基本方程为：

$$\frac{\partial c}{\partial t} + u\frac{\partial \Delta}{\partial x} + V\frac{\partial c}{\partial y} = \frac{1}{H}\left[\frac{\partial}{\partial x}\left(E_x H \frac{\partial c}{\partial x}\right) + \frac{\partial}{\partial y}\left(E_y H \frac{\partial c}{\partial y}\right)\right] - K_1 c + f \tag{14-16}$$

式中，$f = \dfrac{q_0 c_0}{\Delta \cdot H}$——源强；

Δ——三角形有污染面的面积；

H——油膜混合的深度。

2. 油膜扩展计算公式

突发事故溢油的油膜计算采用 P. C. Blokker 公式。

假设油膜在无风条件下呈圆形扩展，采用下式：

$$D_t^3 = D_o^3 + \frac{24}{\pi}K(\gamma_w - \gamma_o)\frac{\gamma_o}{\gamma_w}V_o t \tag{14-17}$$

式中，D_t——t 时刻后油膜的直径，m；

D_o——油膜初始时刻的直径，m；

γ_w, γ_o——水和石油的比重；

V_o——计算的溢油量，m^3；

K——常数，对中东原油一般取 15000/min；

t——时间，min。

有毒有害物在海洋的扩散模式采用《海洋工程环境影响评价技术导则》推荐的模式。

四、风险计算和评价

(一)风险值

风险值是风险评价表征量,包括事故的发生概率和事故的危害程度。定义为:

$$风险值\left(\frac{后果}{时间}\right)=概率\left(\frac{事故数}{单位时间}\right)\times 危害程度\left(\frac{后果}{每次事故}\right) \qquad (14-18)$$

(二)风险评价原则

1.大气环境风险评价,首先计算浓度分布,然后按 GBZ2《工作场所有害因素职业接触限值》规定的短时间接触容许浓度给出该浓度分布范围及在该范围内的人口分布。

2.水环境风险评价,以水体中污染物浓度分布,包括面积及污染物质质点轨迹漂移等指标进行分析,浓度分布以对水生生态损害阈做比较。

3.对以生态系统损害为特征的事故风险评价,按损害的生态资源的价值进行比较分析,给出损害范围和损害值。

4.鉴于目前毒理学研究资料的局限性,风险值计算对急性死亡、非急性死亡的致伤、致残、致畸、致癌等慢性损害后果目前尚不计入。

(三)风险计算

1.后果综述用图或表综合列出有毒有害物质泄漏后所造成的多种危害后果。

2.危害计算

①任一毒物泄漏,从吸入途径造成的效应包括:感官刺激或轻度伤害、确定性效应(急性致死)、随机性效应(致癌或非致癌等效致死率)。如前述,这里只考虑急性危害。

毒性影响通常采用概率函数形式计算有毒物质从污染源到一定距离能造成死亡或伤害的经验概率的剂量。

概率 Y 与接触毒物浓度及接触时间的关系为:

$$Y=A_t+B_t\log_e[D^n \cdot t_e] \qquad (14-19)$$

式中,A_t,B_t 和 n 与毒物性质有关;

$\qquad D$——接触的浓度,kg/m^3;

$\qquad t_e$——接触时间,s;

$\qquad D^n \cdot t_e$——毒性负荷。

在一个已知点其毒性浓度随着雾团的通过和稀释而变化。

鉴于目前许多物质的 A_t、B_t、n 参数有限,因此在危害计算中仅选择对有成熟参数的物质按上述计算式进行详细计算。

在实际应用中,可用简化分析法,用 LC_{50} 浓度来求毒性影响。若事故发生后下风向某处,化学污染物 i 的浓度最大值 D_{imax} 大于或等于化学污染物 i 的半致死浓度 LC_{i50},则事故导致评价区内因发生污染物致死确定性效应而致死的人数 C_i 由下式给出:

$$C_i = \sum_{ln} 0.5N(X_{iln}, Y_{jln}) \tag{14-20}$$

式中,$N(X_{iln}, Y_{jln})$——浓度超过污染物半致死浓度区域中的人数。

②最大可信事故所有有毒有害物泄漏所致环境危害 C,为各种危害 C_i 总和:

$$C = \sum_{i=1}^{n} C_i \tag{14-21}$$

③最大可信灾害事故对环境所造成的风险 R 按下式计算:

$$R = P \cdot C \tag{14-22}$$

式中,R——风险值;

P——最大可信事故概率(事件数/单位时间);

C——最大可信事故造成的危害(损害/事件)。

3. 风险评价需要从各功能单元的最大可信事故风险 R_j 中,选出危害最大的作为本项目的最大可信灾害事故,并以此作为风险可接受水平的分析基础。即:

$$R_{max} = f(R_j) \tag{14-23}$$

(四)风险评价

风险可接受分析采用最大可信灾害事故风险值 R_{max} 与同行业可接受风险水平 R_L 比较:

$R_{max} \leq R_L$ 则认为本项目的建设,风险水平是可以接受的。

$R_{max} > R_L$ 则对该项目需要采取降低事故风险的措施,以达到可接受水平,否则项目的建设是不可接受的。

第五节　环境风险的管理

环境风险评价是环境风险管理的基础,为决策提供有力的支持。通过建设项目的环境风险评价,弄清楚该项目可能在哪些环节带来环境风险,从而采取可行、可靠、有针对性的环境风险管理措施来减小和减缓项目建设带来的环境风险。通常,环境风险管理体系主要包括以下三个方面:

一、风险防范及措施

首先要重视预防,环境风险的事前防范比事后的补救更加经济有效。具体措施有以下方面:

(一)选址、总图布置和建筑安全防范措施

厂址及周围居民区、环境保护目标设置卫生防护距离,厂区周围工矿企业、车站、码头、交通干道等设置安全防护距离和防火间距。厂区总平面布置符合防范事故要求,有应急救援设施及救援通道、应急疏散及避难所。

(二)危险化学品贮运安全防范措施

对贮存危险化学品数量构成危险源的贮存地点、设施和贮存量提出要求,与环境保护目标和生态敏感目标的距离符合国家有关规定。

(三)工艺技术设计安全防范措施

自动监测、报警、紧急切断及紧急停车系统;防火、防爆、防中毒等事故处理系统;应急救援设施及救援通道;应急疏散通道及避难所。

(四)自动控制设计安全防范措施

有可燃气体、有毒气体检测报警系统和在线分析系统设计方案。

(五)电气、电讯安全防范措施

爆炸危险区域、腐蚀区域划分及防爆、防腐方案。

(六)消防及火灾报警系统

(七)紧急救援站或有毒气体防护站设计

二、风险应急

风险应急管理最根本的目的是为了保障环境风险事故发生之后的危害能得以及时、有效的控制,从而保护环境风险受体的安全。风险应急工作的重点是应急决策及应急预案的建设,构建起及时、有效的环境风险事故的应急响应体系。加强环境风险应急管理工作是为预防和减少损害,降低污染事件的危害、保障人民群众的生命和财产安全。应急预案的制定主要可以分为应急组织管理指挥系统,整体协调系统,综合救援应急队伍,救助保障系统与救助物资保障的供应系统五个部分。而建立应急决策系统主要分两方面:一是事故发生时对环境风险源的应急处理技术;二是环境风险源的规避、控制与管理技术。应急预案的主要内容见表14-3所列。

表 14 - 3　应急预案内容

序号	项目	内容及要求
1	应急计划区	危险目标:装置区、贮藏区、环境保护目标
2	应急组织机构、人员	工厂、地区应急组织机构、人员
3	预案分级响应条件	规定预案的级别及分级响应程序
4	应急救援保障	应急设施、设备与器材等
5	报警、通讯联络方式	规定应急状态下的报警通讯方式、通知方式和交通保障、管制
6	应急环境监测、抢险、救援及控制措施	由专业队伍负责对事故现场进行侦察监测,对事故性质、参数与后果进行评估,为指挥部门提供决策依据
7	应急检测、防护措施、清除泄漏措施和器材	事故现场、邻近区域、控制防火区域,控制和清除污染措施及相应设备
8	人员紧急撤离、疏散、应急剂量控制、撤离组织计划	事故现场、工石邻近区、受事故影响的区域人员及公众对毒物应急剂量控制规定,撤离组织计划及救护,医疗救护与公众健康
9	事故应急救援关闭程序与恢复措施	规定应急状态终止程序 事故现场善后处理,恢复措施 邻近区域解除事故警戒及善后恢复措施
10	应急培训计划	应急计划制定后,平时安排人员培训与演练
11	公众教育和信息	对工厂邻近地区开展公众教育,培训和发布有关信息

三、风险处置

　　风险处置包括对环境风险事故造成的环境污染后果进行合理的环境整治与恢复措施,对受难人员的帮助、对事故责任人的处理以及对事故进行分析总结等。风险处置是环境风险全过程管理的最后一个步骤,它是以清除事故带来的环境隐患,减缓其对环境的危害,消除环境风险事故造成的社会心理病痛,开展环境修复工作为目的。但目前,环境风险管理者普遍注重的是应急处置工作,而对环境修复的重视程度还不够,这将会加大环境风险事故的后续影响,对公众健康和生态环境造成进一步破坏。

思考题

1. 环境风险评价的等级、范围确定的依据是什么?
2. 如何进行环境风险的识别?
3. 环境风险评价的主要内容是什么?
4. 后果计算中用到的模型可分为哪些类别?
5. 制定应急预案时,包含哪些内容?

拓展阅读

环境风险评价应注意的问题：

各种环境风险是相互联系的，降低一种风险可能会引起另外一种风险。因此，要求评价主体应具有比较风险的能力，要做出是否能接受的判断。

环境风险与社会效益、经济效益是相互联系的。通常风险愈大，效益愈高。降低一种环境风险，意味着降低该风险带来的社会效益和经济效益，因此要合理协调。

环境风险评价与不确定性相联系。环境风险本身是由于各种不确定性因素形成的，而识别环境风险、度量环境风险仍然存在着不确定性。

环境风险评价与评价主体的风险相联系。对于同一种环境风险，不同的风险观可以有不同的评价结论。

参考文献

1. 环境保护部环境工程评估中心. 环境影响评价技术导则与标准(2014 版)[S]. 北京：中国环境出版社，2014

2. 国家环境保护总局. 建设项目环境风险评价技术导则（HJ/T 169—2004)[S]. 北京：中国环境科学出版社，2005

3. 王罗春，蒋海涛，胡晨燕，等. 环境影响评价[M]. 北京：冶金工业出版社，2012

4. 朱世云，林春绵，等. 环境影响评价[M]. 北京：化学工业出版社，2013

5. 马太玲，张江山. 环境影响评价[M]. 武汉：华中科技大学出版社，2009

6. 郭廷忠. 环境影响评价学[M]. 北京：科学出版社，2007

第十五章 环境影响后评价

【本章要点】

阐述了环境影响后评价的发展历程、基本概念、评价程序、主要内容和评价方法,并以煤矿建设类项目为例进行了案例分析。

第一节 环境影响后评价的发展和基本概念

一、环境影响后评价的发展状况

环境影响后评价最初起源于项目后评价,是项目后评价的重要组成部分。20世纪 30 年代,美国、瑞典等国家的财政和审计机构及援外单位,为了总结公共投资和援外项目的经验教训,提高投资效益和决策、管理水平,开始对重大建设项目进行回顾评价工作;20 世纪 70 年代初,发达国家和世界银行等国际金融组织进行公共投资和对外贷(援)款能源、交通、电子类项目后评价;20 世纪 80 年代,荷兰将后评价纳入环评法;澳大利亚在 1982 年的发展规划中提出了对环境影响评价全过程的监督;1988 年,欧盟针对 11 个案例进行环境影响后评价检验环境影响评价方法,确定环境影响后评价的分类以及实施程序等,全面反映了环境影响后评价的概念和体系。

环境影响评价在实践中会存在一些局限性:一是环境影响评价中工程影响预测的准确性和可信度有限;二是环境影响评价是在环境影响不确定的情况下做出的工程决策。因此,进行环境影响后评价可验证环境影响预测的成果,为科学的环境管理提供依据,也为其他项目环境影响评价提供借鉴。依据《中华人民共和国环境影响评价法》第二十七条规定,一类环境影响后评价是在项目建设、运行过程中产生不符合经审批的环境影响评价文件的情形下,建设单位应当组织环境影响的后评价,采取改进措施,并且报原环境影响评价文件审批部门和建设项目审批部门备案;另一类是原环境影响评价文件审批部门也可责成建设单位进行环境影响的后评价,采取改进措施。

中国的环境影响后评价,目前主要是对一些大中型建设项目(如交通运输类、水利水电开发、煤矿开采等)开展了试点工作。2008 年,国务院《关于印发环境保护部主要职责、内设机构和人员编制规定的通知》(国办发〔2008〕73 号)明确了环境影响后评价的重要地位。2008 年 4 月,环境保护部在批复南海石油化工项目及码头、海底管输工程的验收申请时,明确要求中海壳牌石化化工有限公司"做好排污口附近海域海水水质及海洋生态跟踪监测和调查,并开展环境影响后评估。"2009 年,新疆维吾尔自治区质量技术监督局发布了地方标准:《环境影响后评价技术导则》(DB65/T 3016—2009),该标准中规定了环境影响后评价的术语和定义、工作程序、评价内容和报告书的编写等内容。自 2008 年至 2013 年期间,环境保护部已要求 17 个建设项目开展环境影响后评价工作,同时另外 10 个建设项目也主动开展了环境影响后评价工作,向环境保护部提交了环境影响后评价报告书。从行业来看,水利水电、煤矿、公路工程等生态影响类行业环境影响后评价工作开展得比较好。

二、环境影响后评价的基本概念

环境影响后评价(Post Environmental Impact Assessment):指对建设项目实施后的环境影响以及防范措施的有效性进行跟踪监测和验证性评价,并提出补救方案或措施,以实现项目运行与环境相协调的方法与制度。

项目环境影响后评价是对已经完成的项目的环境保护目的、环保执行过程、环保投资及效益、环保措施的有效性和环境影响进行的系统的、客观的分析;通过项目环境保护实践的检查、验证和总结,确定项目预期的环境保护目标是否达到、项目的主要环境效益指标是否实现;通过对环境影响的回顾分析和进一步的预测评价,达到总结项目环境保护经验和教训、提出环境保护补救措施和环境管理工作改进建议,实现项目环境保护目标的可持续性。

第二节　环境影响后评价的程序、方法和内容

一、工作程序

环境影响后评价工作程序大体分为四个阶段。

第一阶段为准备阶段,明确环境影响后评价工作对象、目的、意义以及工作的内容和范围,确定评价工作的方法和原则,并列出详细的工作实施方案。具体工作包括:①收集建设项目资料,包括厂区总平面布局图(含厂区周边环境情况)、生产

工艺流程图、废水废气排放监测点位平面图;原环境影响评价报告书(表)、环评批复、环境监理报告、环境设计备案图件、试生产批复、有关函件、试运行期间监测报告等内容;②根据当前环保法律法规和标准要求、项目所在地功能区划调整的情况、周边新建项目等情况,结合环评报告,调查项目环境敏感点变化情况;③收集建设项目从开工到后评价启动阶段的建设和变更情况;④走访公众和当地环境保护主管部门,了解项目建设或运行期的实际情况,调查是否出现环保投诉、污染纠纷、环保表彰或处罚情况。

第二阶段为大纲阶段,根据项目特点、准备阶段的调查结果,明确后评价工作的范围和对象,确定评价工作重点和可简略的部分等;初步查找项目建设和运行期间的各种变更情况;调查了解规划、法律法规、产业政策、环境保护标准、周边敏感点等变化;初步分析变更前后的污染物排放种类、排放环节、排放量;拟定工作组织、实施计划,提出下阶段调查方法和手段、预测方法及模式,有关参数的估值方法,给出工作成果清单、拟提出的结论和建议的内容(对于项目本身复杂或者变化情况复杂的项目,可召开专家审查会对大纲进行审查)。

第三阶段为现场监测阶段,包括环境质量现状监测,原环境影响报告书预测点位及污染防治措施前后污染物浓度的监测;进一步分析项目建设和运行期间的各种内外部变化,预测变更的环境影响,找出主要不利影响,分析其原因,提出对策措施及结论建议。

第四阶段为编制后评价报告编制阶段,主要工作为汇总、分析前几个阶段工作所得的各种资料、数据,通过相符性评价和有效性评价,得出结论,以报告书形式反映建设项目环境影响后评价的结果,完成环境影响后评价报告书(表)的编制及送审,并根据评审意见进行修改完善。

二、常用的方法

环境影响后评价可采用统计预测法、对比分析法、逻辑框架法等。

(1)统计预测法是以统计学和预测学原理为基础,对项目已发生的环境事实进行总结,对项目未来环境发展前景做出预测。可选用定性预测法和定量预测法。

(2)对比分析法是把项目预定环境指标与实测环境数据进行比较,以达到认识项目环境变化的本质和规律并做出正确的评价。可选用绝对数比较和相对数比较两类方法。

(3)逻辑框架法是将影响项目环境的多个具有因果关系的动态因素组合起来,用一张简单的框图,从核心问题人手,向上逐级展开,得到其影响及后果,向下逐层推演找出其引起的原因,得到"问题树";然后将问题描述的因果关系转换为相应的目标关系,通过"规划矩阵"来分析其内涵和关系,以评价项目实际环境问题成因的方法。

三、主要内容

建设项目环境影响后评价工作内容可分为 4 个主要部分：①监测调查：主要包括项目建设内容调查、污染源调查、环境保护措施调查、清洁生产情况调查、污染源产生及排放情况监测和环境质量现状监测、工程的环境影响、环保对策及效果以及工程的环保工作情况（"三同时"实施情况、环境监测、管理计划实施）等及公众意见调查等；同时对公众提出的合理要求提出解决办法。②相符性分析：是环境影响后评价的中心内容，主要是对项目实施后的实际建设内容、污染源、环境保护措施、清洁生产情况及环境影响等与原环境影响评价文件及已审批环境影响评价文件作相符性分析。③环境影响补充评价：主要包括大气环境、水环境、声环境、生态环境及土壤环境等方面的补充评价。④对策建议：主要针对项目实施过程中的污染物不能达标排放、污染物排放量不符合总量控制指标要求、环境影响较大、清洁生产水平较低、环境监测与环境管理不够完善等方面提出整改措施及建议，调整环保管理的目标与要求等。

第三节　环境影响后评价案例分析

煤矿项目的服务年限少则几十年，多则上百年，其非污染生态影响具有潜在性、长期性、累积性，且不易量化，在项目投产初期，非污染生态影响往往仅在首采区或首采区的局部区域有所表现，并不能真正代表项目实施后的非污染生态影响的实际影响。正因为煤矿项目的上述环境影响特点，需要对煤矿项目实施一定时间后（比如 5a 或 10a）的实际环境影响进行跟踪调查和评价，以弥补项目筹备阶段环境影响评价和项目投产试运行阶段竣工环境保护验收调查的不足。

本节以煤矿建设类项目为例来阐述建设项目后评价的主要内容。

建设项目为一座设计年产 300 万 t 煤炭的特大型现代化矿井，位于皖北地区，配套选煤厂设计年入选能力 300 万 t。矿井东西走向约 9.3km，南北倾斜宽约 5.8 km，井田面积约 54km²。该矿 -1000m 以上地质储量为 118106 万 t，可采储量 61345 万 t，另有天然焦 3045.3 万 t。可采煤层煤质稳定，属低硫、低磷、中灰分、富焦油气煤。矿井为高瓦斯矿井，且有"煤与瓦斯突出"危险性。主井于 1979 年 6 月 10 日破土开工，投资 12.36 亿元，1992 年 11 月 1 日正式竣工投产。已经开采了 20 多年，期间经过多次设计变更和技术改造，造成的一定的生态污染与当初的环评报告内容不太一致，因此对其进行环境影响后评价具有一定的意义，也是环境管理的要求。

煤矿项目环境影响后评价的主要内容包括 3 部分：①污染类影响后评价；②非污染生态影响后评价；③社会经济影响后评价。

一、污染类影响后评价

污染类影响后评价从环境影响要素角度进行划分，主要包括水环境影响、大气环境影响、声环境影响、固体废物环境影响和土壤环境影响后评价。从实际具体工作内容而言，主要包括四个方面：污染源的监测、分析和评价；环境现状的监测、分析和评价；环保设施的可靠性和有效性分析和评价；补救措施和改进建议。

（一）水环境影响后评价

1. 污染源的监测、分析和评价：根据历次环评监测数据、地方环境管理部门例行监测数据和后评价阶段监测数据，企业例行监测数据和其他有关资料，分析外排废水水量、水质和排水去向，分析矿井水水量和外排废水水量的时间系列变化。

2. 环境现状的监测、分析和评价：根据历次环评监测数据、地方环境管理部门例行监测数据和后评价阶段监测数据，分析保护目标地表水体或地下水水质的时间系列变化，分析项目废水排放对地表水环境或地下水环境质量的影响的程度、范围。

3. 环保设施的可靠性和有效性分析和评价：根据上面的分析结果，结合企业环境管理档案资料，分析项目废水处理设施的可靠性和有效性，分析环评提出治理措施的有效性。

4. 补救措施和改进建议：总结项目在水环境影响防治方面的经验和不足，并提出可行的补救措施和改进建议。

（二）大气环境影响后评价

大气环境影响后评价与水环境影响后评价的内容类似，但应指出，扬尘、粉尘的无组织排放及其影响需关注，特别是在干旱的北方地区煤炭大量采用汽车运输的情况下，尤其是露天煤矿，露天采场和外排土场是扬尘、粉尘的重大无组织排放源，应在其主导风向下风向距源的不同距离设置影响衰减断面监测点，以确定其实际影响的范围和程度。

（三）声环境影响后评价

声环境影响后评价与水环境影响后评价的内容类似。

（四）固体废物环境影响后评价

煤矿固体废物主要是煤矸石，露天煤矿固体废物主要是剥离物和煤矸石。固体废物堆放对环境的影响主要表现在扬尘、粉尘（煤矸石自燃）对环境空气的影响、淋溶液对地表水、地下水和土壤的影响、排矸石场（排土场）占压和破坏对土地利用和生态的影响。

这些影响在环境影响评价阶段都进行了相应的分析,而矿井设计确定的初期排矸场一般服务年限在 5a 左右,在后评价阶段,项目初期排矸场一般已服务期满。因此,固体废物环境影响后评价的重点是固体废物浸出毒性和腐蚀性分析,排矸(土)场生态恢复措施的实施情况和实施效果分析。通过对排矸(土)场下游地表水、地下水和土壤的监测数据对比,分析固体废物堆放对地表水、地下水和土壤的实际影响程度。通过生态恢复实际情况分析生态重建与恢复的效果。通过分析,以便对后续排矸场的建设和管理提出具有良好针对性和可操作性的方案和措施。

(五)土壤环境影响后评价

土壤环境影响后评价主要是通过对排矸场(排土场)周边土壤的监测,调查煤矸石(或剥离物)堆放对其周边土壤的实际影响,分析周边土壤是否满足其原有用途所需要的土壤质量要求,若不满足,则应提出调整土地用途的建议或土壤修复的方案和措施。

二、非污染生态影响后评价

煤矿的非污染生态影响主要是由开采沉陷引起的,后评价的主要内容有:①调查沉陷区的范围和大小,地表沉陷的实际表现形式,分析沉陷区土地复垦和生态恢复措施与效果;②调查分析沉陷区土地利用类型变化,分析土地利用变化与地表沉陷的关系及对农业生产的影响,分析开采沉陷对土地生产力的影响;③根据煤矿的地表沉陷实际观测数据和地表沉陷实际表现和影响,对环境影响评价阶段地表沉陷预测结果进行验证与分析;根据地表沉陷实测参数对煤矿后续开采地表沉陷进行预测与评价,并提出更具针对性的防治措施。

三、社会经济影响后评价

通过项目投产后历年产量和产值,分析项目建设运营对地方经济的贡献,对地方产业结构的影响,对地方就业和居民收入的影响。其中,重点需要关注对沉陷区居民的影响,通过实地调查和资料收集,分析沉陷区居民搬迁安置落实情况和对居民生产生活的影响。结合城镇发展规划和地方经济社会发展规划,对后续沉陷区居民搬迁安置规划提出改进建议。

思考题

1. 环境影响后评价的意义?

2. 环境影响后评价的主要内容?

3. 环境影响后评价与环境影响评价的区别?

拓展阅读

1.环境影响后评价和环境影响评价之间的区别

建设项目的环境影响评价基于可行性研究报告的内容编写,当建设项目进入施工或试运行时,建设内容或周围环境发生变化的情况是常见的。对这一情况进行后评价是很有必要的,它可完善环境影响评价的不足与疏漏,有利于对建设项目的环境管理。环境影响评价和环境影响后评价之间的区别至少表现在以下 4 点:

(1)评价开展的时期不同

环境影响评价是在建设项目动工建设之前,通常在项目的可行性研究阶段,在此阶段环境影响并未发生,所有的影响都是通过分析、预测获得的,是预防为主的具体体现。而环境影响后评价则在建设项目投入建设或运行时,环境影响可能已经发生。

(2)评价的内容不同

环境影响评价的内容包括整个建设项目,包含了工程建设污染物正常、非正常和事故排放三种状态的环境影响,包含了项目建设期、运行期和退役期三个时期的各种环境影响,除此之外,还包含了生态影响、社会经济影响、环境风险等内容。而环境影响后评价则只需考虑与经审批的环境影响评价文件不符合的部分,对发生变化的工程内容和环境功能而引起的影响进行评价。如果在调查过程中发现原环境影响评价遗漏的内容,也应当一并进行评价。因此,建设项目的环境影响后评价是环境影响评价的补充。此外,评价内容还可能存在这样的区别,即环境影响评价都是预测未来的影响情况,而环境影响后评价则有可能是评价已经发生的影响情况。因此,前者更多的是运用预测的方法,而后者则更多地用到现状调查与监测的方法。

(3)评价的形式不同

根据相关法律和国家《建设项目环境影响评价分类管理名录》的规定,建设项目的环境影响评价文件依据其对环境的影响程度可分为环境影响报告书、报告表和登记表三种类型。对可能造成重大环境影响的项目,编制报告书,对产生的环境影响进行全面评价。对可能造成轻度环境影响的项目,编制报告表,对产生的环境影响进行分析或者专项评价。对环境影响很小、不需要进行环境影响评价的项目,填报环境影响登记表。而环境影响后评价则没有类型的区分。

(4)管理要求不同

在管理层面上也存在一些差异。环境影响评价文件(环境影响报告书和报告表)需要由有评价资质的机构编制,对于需要编制环境影响报告书的建设项目,还应当征求有关单位、专家和公众的意见。环境影响后评价则没有这些方面的规定。

环境影响评价文件需要报环境保护行政主管部门审批,而环境影响后评价文件只需报原环境影响评价文件审批部门备案即可。

参考文献

1. 环境保护部环境工程评估中心. 环境影响评价技术导则与标准(2014 版)[S]. 北京:中国环境出版社,2014

2. 新疆维吾尔自治区质量技术监督局. 环境影响后评价技术导则(DB65/T 3016—2009)[S]

3. 王罗春,蒋海涛,胡晨燕,等. 环境影响评价[M]. 北京:冶金工业出版社,2012

4. 朱世云,林春绵,等. 环境影响评价[M]. 北京:化学工业出版社,2013

5. 马太玲,张江山. 环境影响评价[M]. 武汉:华中科技大学出版社,2009

6. 郭廷忠. 环境影响评价学[M]. 北京:科学出版社,2007

第十六章　社会经济与文化环境影响评价

【本章要点】

社会环境质量包括经济、文化、历史、人口、美学等方面的质量,一个地区是否适宜于人类健康地生存,除了自然环境以外,还取决于该地区社会环境质量的好坏。本章的重点是介绍环境经济学的评价方法,利用费用—效益基本理论对社会经济进行影响评价。同时,对文化环境中的文物和美学要素进行影响评价,在我们的文化生活中有许多的环境价值有待于产发现、去评价它的影响。

第一节　环境影响经济损益分析

环境影响的经济损益分析,也称为环境影响的经济评价,是环境影响评价的一个重要组成部分,它是指估算某一项目、规划或政策所引起环境影响的经济价值,并将环境影响的价值纳入项目、规划或政策的经济分析中去,以判断这些环境影响对该项目、规划或政策的可行性会产生多大的影响。它是衡量建设项目要投入的环保投资所能收到的环保效果以及可能带来的经济效益和社会效益,是衡量建设项目在环境方面是否可行的重要依据。

一、环境影响经济损益分析的必要性

世界银行、亚洲开发银行等国际金融组织以及美国等较早开展环境影响评价的国家,都要求在其环境评价中要进行环境影响的经济评价。《中华人民共和国环境影响评价法》第三章第十七条明确规定,要对建设项目的环境影响进行经济损益分析。

二、建设项目"环境影响经济损益分析"

与工程经济分析不同,在环境经济损益分析中除了需计算用于环境保护所需的投资费用外,还要核算环境保护投资可能收到的环境经济效益、社会环境效益。通过对建设项目环境的损益分析,综合反映项目投资的社会环境效益和环境经济

效益。而社会经济效果有时是可以用货币加以度量的,但很多时候又难以用货币衡量。例如,由开发建设项目生产的产品带来的收益、项目排放污染物带来的直接经济损失都能够通过货币来计量,这些是有形效果;但空气污染带来的经济损失和绿化带来的益处则没有直接的市场价格,这些被称为无形的效果。

所以,建设项目环境影响经济损益评价包括建设项目环境影响经济评价和环保措施的经济损益评价两部分。后者即是环境保护措施的经济论证,是要估算环境保护措施的投资费用、运行费用、取得的效益,用于多种环境保护措施的比较,以选择费用比较低的环境保护措施。环境保护措施的经济论证不能代替建设项目的环境影响经济损益分析。

三、环境影响经评价的发展状况

迄今,从经济角度对环境影响进行评价的技术方法仍未被纳入到建设项目的环境影响评价体系中,尽管评价指南早就指出应该开展环境影响的经济损益分析。

由于目前对环境影响评价总体上说往往流于定性描述,使得其结果难以纳入到项目的经济分析,无法对项目的可行性决策产生影响。实际上,项目的可行性研究不仅要考虑经济上合理,还应该考虑环境的可持续性。因此,对环境影响的经济评价有助于更全面地了解项目的实际价值。特别是我国处于经济快速增长时期,建设投资规模大,许多项目对环境的影响是深远的,甚至是永久性的,必须加强这方面的研究和规范。

第二节   社会经济环境影响评价的内容

社会经济环境影响评价以环境经济学理论为基础,其中外部性理论是主要理论基础之一,而环境质量影响的费用—效益分析是主要的评价方法。

一、社会经济环境影响评价的概念

以人(人体或人群)为中心,由人类创造的一切产品和副产品及其关系、状态和过程的总体称为社会经济环境。由拟议中的项目或政策建议所可能引起的一个地区的社会组成、社会结构、人地关系、经济发展、文化教育、娱乐活动、服务设施等等的影响,都属于社会经济环境评价范围。

二、社会经济环境影响评价的目的和意义

建设项目的开发和政策建议的提出常常会给外部的社会经济环境带来不同的

影响,这些影响包括有利影响和不利影响。不利影响可能包括人口迁移、人口结构朝不合理方向发展、扰乱社区的稳定性等等;而有利影响包括可能增加社区的经济发展潜力,以及提高社区人口的收入水平等等。所以,项目的开发建设可能使一些人受益和另一些人受损,因此,社会经济环境影响评价应给出所有可能产生的有利或不利的社会经济影响,以及社区人口受益和受损情况,并通过采取环保措施来增加有利影响和受益人数,减少不利影响和受损人数,并尽可能对此加以补偿,而针对一些社会经济影响显著的大规模开发建设,可能通过费用-效益方法来分析判断,对整体效益进行综合评估。

社会经济环境影响评价的目的就是通过分析开发建设对社会经济环境可能带来的各种影响,提出防止或减少在获取效益时可能出现的各种不利社会经济环境影响的途径或补偿措施,进行社会效益、经济效益和环境效益的综合分析,使开发建设的可行性论证更加充分可靠,设计和实施更加完善。

三、社会经济环境影响评价的范围及敏感区

1. 社会经济环境影响评价范围

社会经济环境影响评价范围是由目标人口(指受拟建项目直接或间接影响的那部分人口)确定的,目标人口所在社区范围的有关影响都可划为评价的范围。拟建项目对自然环境和社会经济环境影响评价的区域或范围可以是不同的。例如,建造水坝对库区的自然环境和社会经济环境都会产生影响,自然环境影响评价可以确定为库区范围;但由于库区内人口迁移会对移民安置区的社会经济环境产生影响,因此,社会经济环境影响评价范围应包括库区及移民安置区,其中目标人口包括库区人口(直接目标人口)和移民安置区人口(间接目标人口)。

2. 社会经济环境影响评价中的敏感区

在社会经济环境影响评价中应特别关注一些社会经济敏感区,并要加强对这些敏感区域的社会经济环境影响评价。

(1)农业区:如农田、蔬菜地、果园等耕地,主要是占用、影响所带来的问题以及解决方案;

(2)森林生态保护区:当对森林开发过度或不当所造成的生态系统破坏、退化和由污染引起的森林损失,均是引发各种社会经济问题的根源;

(3)沿海滩涂区:由项目的实施引起的海洋生态环境变化,从而影响到以海洋资源为生的目标人口,在社会经济影响评价中要特别关注;

(4)文物古迹和历史考古资源保护区:需要特别注意对文物古迹和历史资源的保护,若造成影响和破坏,则要估计项目在多大程度上补偿损失,并提出补偿及恢复措施;

(5)少数民族区：应依据国家和地方有关少数民族的法规、方针政策开展评价工作。必须与少数民族自治区政府及民间机构、团体保持密切联系，注意少数民族的生活习惯、传统观念以及适应能力等方法的情况。少数民族居民可能会受到由于拟建项目所带来社会无序化和相对贫困化的冲击，由此可能会带来一定的潜在社会风险因素，对此一定要给予充分的重视。

四、社会经济环境影响评价的因子识别

社会环境影响因子的筛选应根据项目建设规模、所处位置、所在地区自然和社会环境特征等具体情况进行，这些要素一定要能从总体上反映目标人口引起社会环境受拟建项目影响的情况。具体因子的确定可以从以下几方面考虑。

1. 社会影响评价因子

(1)目标人口：拟建项目影响区内的人口总数、人口密度、人口组成、人口结构等现状情况；受影响人口情况的变化，现实受损者和潜在受损者的人数及比例；人口迁移等方面。

(2)科技文化：当地的传统文化、风俗习惯、科研力量、学校数量和教学水平等。

(3)医疗卫生：当地的医疗设施、卫生条件、医院数量、规模等。

(4)公共设施：当地住房、交通、通信、水电气的供应、娱乐设施等。

(5)社会安全：当地的治安情况、交通事故和其他意外情况等。

(6)社会福利：当地的社会保险和福利事业，居民的生活方式和生活质量等。

2. 经济影响评价因子

(1)经济基础：评价区域的经济结构、产业布局、人民收入水平等。

(2)需求水平：评价区内目标人口对所建项目产出的需求、市场对拟建项目产出的需求等。

(3)收入分配：受拟建项目的影响，目标人口的收入变化情况。

(4)就业与失业：受拟建项目的影响，目标人口的就业与失业情况。

3. 美学和历史学环境影响因子

(1)美学：受拟建项目影响的自然景观、风景区、游览区以及人工景观等具有美学价值的景点。

(2)历史学：受拟建项目影响的历史遗迹、文物古迹等具有历史价值的场所。

五、社会经济环境影响评价的内容

1. 社会经济环境影响及主要环境问题

任何一个开发建设项目所产生的社会经济环境影响，其表现形式是多种多样的，如有利影响和不利影响、直接影响和间接影响、现实影响和潜在影响、长期影响

和短期影响、可逆与不可逆影响等,在实际开展评价中无须面面俱到,而应根据实际需要来确定拟建项目社会经济环境影响的一些典型特征,并由此明确该项目所带来的主要社会经济问题。

2.评价内容

在对各评价因子的重要程度进行筛选之后,根据筛选结果确定评价内容。对有重大影响的评价因子进行详评,中等影响的因子进行简评,轻度影响的因子进行简评或不评。评价内容主要包括以下几个方面:

(1)项目建设对直接影响区的社会经济发展、规划和产业结构等的宏观影响;

(2)项目建设征地拆迁和再安置影响;

(3)项目建设对社区内民众的生计方式、生活质量、健康水平、通行交往等影响;

(4)项目建设对基础设施的影响;

(5)项目建设对社区发展及土地利用的影响;

(6)项目建设促进项目直接影响区旅游和文化事业发展的作用;

(7)项目建设对项目影响区内交通运输体系的改善作用;

(8)项目建设对项目影响区内矿产资源开发和工农业生产的宏观影响;

(9)项目建设对文物和旅游资源保护与开发的影响;

(10)其他一些特殊或具体问题的分析,如少数民族、宗教习俗等。

第三节　社会经济环境影响评价方法

环境资源和环境质量都没有直接的市场价格,但是环境资源的生产性和消费性都与人们的经济活动有密切的关系,这就给环境质量的变化提供了一条货币化计量的途径,在社会经济环境影响评价中由于环境资源功能的多样性,使环境经济损益分析的方法种类繁多,至今也仍在发展之中。下面就介绍几种常用的评价方法。

一、专业判断法

专业判断法是通过专家来定性描述拟建项目所产生的社会、经济、美学及历史学等方面的影响和效果,该方法主要用于对该项目所产生的无形效果进行评价。如拟建项目对景观、文物古迹等影响难以用货币计量,所产生的效果是无形的。对于此类影响和效果可以咨询美学、历史、考古、文物保护等有关专家,通过专业判断来进行评价。

二、调查评价法

在缺乏价格数据时,不能应用市场价值法。这时可以通过向专家或环境的使用者进行调查,以获得对环境资源价值或环境保护措施效益的估价。常用的方法有德尔菲法、投标博弈法等。

德尔菲法时通过专家对环境资源价值或环境保护效益进行评价的一种方法。

投标博弈法时通过对环境资源的使用者或环境污染的受害者进行调查,以获得人们对该环境的支付愿望。虽然我国经济分析中还很少有支付愿望,但是,这种经济现象在我国经济生活中确实是存在的,特别是目前市场商品经济的发展,市场经济逐步由卖方市场转变为买方市场,支付愿望就更体现的明显了。

三、费用效益分析

费用效益分析,又称国民经济分析、经济分析,是环境影响的经济评价中使用的另一个重要的经济评价方法,它是从全社会的角度,评价项目、规划或政策对整个社会的净贡献。它是对项目(可行性研究报告中的)财务分析的扩展和补充,是在财务分析的基础上,考虑项目等的外部费用(环境成本等),并对项目涉及的税收、补贴、利息和价格等的性质重新界定和处理后,评价项目、规划或政策的可行性。

1. 费用效益分析与财务分析的差别

费用效益分析和财务分析的主要不同有:

(1)分析的角度不同

财务分析,是从厂商(即以赢利为目的的生产商品或劳务经济单位)的角度出发,分析某一项目的赢利能力。费用效益分析则是从全社会的角度出发,分析某一项目对整个国民经济净贡献的大小。

(2)使用的价格不同

财务分析中所使用的价格,是预期的现实中要发生的价格;而费用效益分析中所使用的价格,则是反映整个社会资源供给与需求状况的均衡价格。

(3)对项目的外部影响的处理不同

财务分析只考了厂商自身对某一项目方案的直接支出和收入;而费用效益分析出了考虑这些直接手之外,还要考虑该项目引起的简介。为发生实际支付的效益和费用,如环境成本和环境效益。

(4)对税收、补贴等项目的处理不同

在费用效益分析中,补贴和税收不再被列入企业的家收支项目中。

2.费用效益分析的步骤

费用效益分析有两个步骤：

第一步,基于财务分析中的现金流量表(财务现金流量表),编制用于费用效益分析的现金流量表(经济现金流量表)。实际上是按照费用效益分析和财务分析的以上差别,来调整财务现金流量表,使之成为经济现金流量表。要把估算的环境成本(环境损害、外部费用)计入现金流出项,把估算出的环境效益计入现金流量入项。表16-1是经济现金流量表的一般结构。

表 16-1　经济现金流量表

编号	名称＼年序号	建设期			投产期		生产期						合计
		1	2	3	4	5	6	7	8	9…23	24	25	
（一）	现金流入												
	1.销售收入				50	60	80	…		80…	80	80	
	2.回收固定资产残值											20	
	3.回收流动资金											20	
	4.项目外部效益				8	8	8	…		8…	8	8	
	流入合计				58	68	88	…		88…	88	128	
（二）	现金流出												
	1.固定资产投资	7	20	5									
	2.流动资金				10	10							
	3.经营成本				20	20	20	…		20…	20	20	
	4.土地费用	1	1	1	1	1	1	…		1…	1	1	
	5.项目外部费用	10	10	10	10	10	10	…		10…	10	10	
	流出合计	18	31	16	41	41	31	…		31…	31	31	
（三）	净现金流量	−18	−31	−16	17	27	57	…		57…	57	97	

注:计算指标:1.经济内部收益率,%;2.经济净现值($r=12\%$)。

第二步,计算项目可行性指标。

在费用效益分析中,判断项目的可行性,有两个最重要的判定指标:经济限值、经济内部收益率。

(1)经济净限值(ENPV)

$$\text{ENPV}=\sum_{i=1}^{n}(\text{CI}-\text{CO})_t(1+r)^{-t} \qquad (16-1)$$

式中,CI——现金量(cash inflow);

  CO——现金流出量(cash outflow);

  (CI—CO)$_t$——第 t 年的净现金流量;

  n——项目计算期(寿命期);

  r——贴现率。

经济净现值是反映项目对国民经济所做贡献的绝对量指标。它是用社会贴现率将项目计算期内各年的净效益折算到建设起点的限值之和。当经济将限制大于零时,表示该项目的建设能为社会做净贡献,即项目是可行的。

(2)经济内部收益率(EIRR)

$$(1+EIRR)^{-t}=0 \qquad\qquad (16-2)$$

经济内部收益率是反映项目对国民经济贡献的相对量指标。它是项目计算期内的经济净限值托与零时的贴现率。国家公布有各行业的基准内部收益率。当项目的经济内部收益率大于行业基准内部收益率时,表明该项目时可行的。

贴现率(discount rate)是将发生于不同时间的费用或效益折算成统一时点上(现在)可以比较的费用或效益的折算比率,又称折现率。之所以要贴现,是因为现在的资金比一年以后等量的资金更有价值,项目的费用发生在近期,效益发生在若干年后的将来,为使费用与效益能够比较,必须把费用和效益贴现到基年。

$$PV=FV/(1+r)^t \qquad\qquad (16-3)$$

式中,PV——现值(present value)

  FV——未来值(future value)

  r——贴现率(discount rate)

  t——项目期第 t 年。

若取贴现率 $r=10\%$,则 10 年后的 100 元钱,只相当于现在的 38.5 元;60 年后的 100 元钱,只相当于现在的 0.33 元。

选择一个高的贴现率是,由上式可见,未来的环境效益对现在来说就变小了;同样,未来的环境成本的重要性也下降了。这样,一个对未来环境起到长期保护作用的项目就不容易通过可行性分析。高贴现率不利于环境保护。但是,一个高的贴现率对环境保护的作用是两面的,因为高贴现率的另一个影响是限值了投资总量。任何投资项目都要消耗资源,在一定程度上破坏环境。降低投资总量会在这一方面有利于资源环境的保护。从这方面来看,恰当的贴现率并非越小越好。理论上,合理的贴现率取决于人们的时间偏好率和资本的机会收益率。

进行项目费用效益分析时,只能使用一个贴现率。为考察环境影响对贴现率的敏感性,可在敏感性分析中选取不同的贴现率加以分析。

3.敏感性分析

敏感性分析,是通过分析和预测一个或多个不确定性因素的变化所导致的项目可行性指标的变化幅度,判断该因素变化对项目可行性的影响程度。在项目评价中改变某一指标或参数的大小,分析这一改变对项目可行性(ENPV,EIRR)的影响。

财务分析中进行敏感性分析的指标或参数有:生产成本、产品价格、税费豁免等。

费用效益分析中,考察项目对环境影响的敏感性时,可以考虑分析的指标或参数有:

(1)贴现率(10%,8%,5%)。

(2)环境影响的价值(上限、下限)。

(3)市场边界(受影响人群的规模大小)。

(4)环境影响持续的时间(超出项目计算期时)。

(5)环境计划执行情况(好、坏)。

分析项目可行性对环境计划执行情况的敏感性。也许当环境计划执行得好时,计算出项目的可行性指标很高(因为环境影响小,环境成本低);当环境计划执行得不好时,项目的可行性指标变得很低(因为环境影响大,环境成本高),甚至经济净现值小于零,使项目变得不可行了。这是帮助项目决策和管理的很重要的评价信息。

四、环境影响经济损益分析的步骤

理论上,环境影响的经济损益分析分以下四个步骤来进行,在实际中有些步骤可以合并操作。

1.环境影响的筛选

不是所有环境影响都需要或可能进行经济评论,所以需要进行环境影响的筛选,一般从以下四个方面来筛选环境影响:

(1)筛选 1(S_1):影响是否内部的或已被控抑?

环境影响的经济评价只考虑项目的外部影响,即未被纳入项目的财务核算的影响。环境影响的经济评论也只考虑项目未被控抑的影响。按项目设计已被环境保护措施治理掉的影响也将被排除,因为计算已被控抑的环境影响的价值在这里是毫无意义的。

(2)筛选 2(S_2):影响是小的或不重要的?

项目造成的环境影响通常是众多的、方方面面的,其中小的、轻微的环境影响将不再被量化和货币化。损益分析部分只关注大的、重要的环境影响。环境影响的大小轻重,需要评价者做出判断。

(3)筛选 3(S_3):影响是否不确定或过于敏感?

有些影响可能是比较大的,但也许这些环境影响本身是否发生存在很大的不确定性,或人们对该影响的认识存在较大的分歧,这样的影响将被排除。另外,对有些环境影响的评估可能涉及政治、军事禁区,在恒指上过于敏感,这些影响也将不再进一步做经济评价。

(4)筛选 4(S_4):影响能否废量化和货币化?

由于认识上的限制、时间限制、数据限制、评估技术上的限制或者预算限制,有些大的环境影响难以定量化,有的环境影响难以货币化,这些影响将被筛选出去,不再对它们进行经济评价。例如,一片森林破坏引起当地社区在文化、心理或精神上的损失很可能是巨大的,但因为太难以量化,所以不再对此进行经济评价。

进过筛选过程后,全部环境影响将被分成三大类,一类环境影响是被剔除、不再做任何评价分析的影响,如那些内部的环境影响、小的环境影响以及能被控抑的影响等。另一类环境影响是需要做定性说明的影响,如那些大的但可能很不确定的影响、显著但难以量化的影响等。最后一类环境影响就是那些需要并且能够量化和货币化的影响。

2. 环境影响的量化

环境影响的量化,应该在环评的前面阶段已经完成。但是,虽然环境影响的已有量化方式,不一定适合于进行下一步的价值评估。如对健康的影响,可能被量化为健康风险水平的变化,而不是死亡率、发病率的变化。同时,在许多情况下,环评报告只给出项目排放污染物(SO_2,TSP,COD)的数量或浓度,而不是这些污染物对受体影响的大小。所以应该利用剂量—反应关系将污染物的排放数量或浓度与它对受体产生的影响联系起来,而这种联系目前还需要进一步研究。

3. 环境影响的价值评估

对量化的环境影响进行货币化过程。这是所有分析部分中最关键的一步,也是环境影响经济评价的核心。

4. 将环境影响货币化价值纳入项目经济分析

环境影响经济评价的最后一步,是要将环境影响的货币化价值纳入项目的整体经济分析(费用效益分析)当中去,以判断项目的这些环境影响将在多大程度上影响项目、规划或政策的可行性。

在这里,需要对项目进行费用效益分析(经济分析),其中关键是将估算出的环境影响价值(环境成本或环境效益)纳入经济现金流量表。计算出项目的经济净现值和内部收益率,是否显著改变了项目可行性报告中财务分析得出项目经济分析后,使得项目变得不可行了? 以此判断项目的环境影响在多大程度上影响了项目的可行性。

在费用效益分析之后,通常需要一个敏感性分析,分析项目的可行性对项目环境计划执行情况的敏感性、对环境成本变动敏感性、对贴现率选择的敏感性等。

第四节　文物环境影响评价

我国的历史悠久,具有极为丰富的历史文物和著名的名胜区,是我们国家和民族的珍贵财富。但是,随着近年来建设项目的增加和制度的不健全,在建设项目的选址、设计、施工中发生了许多破坏国家文物和自然景观的事例,造成了一些难以弥补的损失。文物环境质量评价,是一项随着社会主义现代城市建设的发展而提出的新的工作,也是文物事业走向科学化、现代化的正确途径,将这项工作开展起来,做出成绩,能为文物事业开创新局面、做出新贡献。

一、基本概念

文物古迹是社会环境的内容之一,这是指以人为中心的社会环境而言。文物古迹本身也可以作为一个地区环境的中心,在一个地区的环境中,保存一些文物古迹,既是环境的点级也是这一地区古老文化的标志。同时,文物本身也有它的环境问题,那就是以文物为中心要求有一个与文物的风貌和格局相协调的环境,要求有一个对文物本身不致受损害的环境。这个环境,既有自然的,也有社会的。自然的就是文物周围的地形、地貌、空气、水、土、河流、花草、树木以及空气等;社会环境指的是文物周围的建筑物、道路、商业网点文化设施等。这个区域里存在的各类文物都是我们要保护的对象,也是我们进行环境影响评价的主要内容。文物环境影响评价是指建设项目的实施,使史迹文物改变的程度,文物周围环境的改变程度,以及对这些改变导致文物价值的变化进行评价。

二、文物环境影响评价的基本步骤

文物环境影响评价因建设项目的性质、文物环境的特点不同而不同,参考国内外文物评价的开展情况,文物环境影响评价的基本步骤有以下四步:

第一步:文物现状调查。划出受影响区的范围,对拟建项目影响区内文物资源进行调查,编制文物详单;

第二步:文物环境的现状评价。根据第一步的调查结果,分析评价区内文物环境质量现状,并对其评价,揭示该地区的历史和建筑史发展进程;

第三步:文物环境影响预测与评价。根据拟建项目的不同建设期的活动,预测

其可能带来的影响及其影响范围,并给出评价结果;

第四步:提出并实施减缓措施。结合评价结论,提出并实施减缓措施,以防止、降低、补偿开发活动对历史文物所造成的破坏和损失。

三、文物现状调查和评价

做好文物环境保护的首要条件,就是进行文物环境质量评价的调查工作,要在充分掌握材料的基础上,进行质量评价,采取保护措施。文物现状调查,指的是观察、收集调查区域内具有历史、艺术、科学价值的古文化遗址、建筑、艺术品及潜在的文物埋藏地等,确定整个地区古人活动的分布情况、该区域中古文化遗址、文物埋藏地的功能。

1. 调查范围

(1)文物的调查区域:包括建设项目开发地区及其周围地区。同时应参照振动、日照、风害、地质地貌(包括地下水状况)、植物、动物等对文物产生影响的预测结果,预见建设项目的开发对文物产生损害影响的地区。

(2)潜在文物埋藏地的调查区域:不应局限于建设项目的地区内,还应包括可能受到建设项目间接影响的周围地区。

2. 调查内容

文物环境调查,要求必须搞清以下三个方面的情况:

(1)文物的历史和现状调查

1)历史调查:

①文物古迹的建造年代、历史规模、占地面积、布局及建筑形式和性质。

②历史考证材料,历史考古发掘报告及其主要内容,历史出土文物记载,文物数量,性质及价偾。

③文物的历史图样、照片及有关资料。

④历代维修、重修项目及内容,工程设计和竣工的各种图纸、经费数目及有关文字记录。

⑤附属建筑及其性质规模、形式及用途。

⑥历代对文物的破坏情况及原因。

⑦记载创建、重修、名人题词的碑石拓片。

⑧有关文物古迹的专著、论文和考证。

2)现状调查:

①文物古迹现存的规模、形式,占地面积,文物现在的全景和局部照片、建筑物或遗址布局的总面积图及方位图。

②文物的破坏情况,包括破坏的时间、原因及程度,人为的还是自然的破坏。

③何时由那个单位公布为保护单位。

④文物保护单位"四有"(有保护标志、有保护范围、有保护机构、有档案资料)建立
情况。

⑤文物古迹的利用情况,主要指对外开放,历年观众人数统计。

(2)文物的社会环境调查

①文物周围的建筑物的性质、布局,建筑物的层数,形式和体号)邻近建筑,包括文物地界内之新建筑物),高度,遮挡情况,对文物景观,气氛,风貌有无损害情况。

②文物保护范围内的农业用地情况:农、林、牧用地比例、种类、性质、污染大小,农民、居民、单位在文物保护范围内的分布,建筑物占地面积、形式,企业占地面积、建筑面积、建筑物的层数;水利资源的利用情况,如:水井、机井数量及分布情况、用水方式、灌溉面积。

③商业网点的设置情况。

④城市道路与文物古迹的距离。交通流量(各种车辆人员等),对文物景观,安全的影响。

⑤绿化情况、植物种类,布局、绿化对文物环境影响之利弊。

⑥有无烟尘、酸雨、噪声、污水等污染源,污染源与文物的距离,对文物影响程度。

(3)文物的自然环境调查

文物的自然环境,是指自然界对文物环境产生的效果而言。某一文物点,往往因自然环境变化对文物古迹的安全,景观产生的影响,有的影响文物古迹的寿命,有的损害文物古迹的景观,美学价值和游览参观。如:历史上转年某月地震、地裂、地陷造成古建筑的倾斜、下陷、崩裂,或因地下水位的变化而对文物产生的影响;还有因周围山河水系的分布和变化,以及主导风向、雨量,对文物古迹造成影响。

文物古迹的环境质量评价,就是根据上述历史的、现状的、自然的和社会环境的调查材料,进行科学的分析评价,提出文物环境保护管理、开发、利用的价值建议,制订保护措施,所以文物环境质量调查是做好文物环境保护工作的先决条件,也是一项非常细致的工作。

3.编制调查清单

根据现状调查结果编制文物调查清单,使文物状况和潜在文物埋藏地的调查结果详细反映在文物调查清单中,以便于文物环境影响评价的进行。

4.文物现状评价

根据调查结果,对建设项目内文物环境结构、状态、质量、功能的现状进行分

析,确定建设项目区目前文物环境质量。

Canter、RisserHill 等人提出 19 个因子用来评价文物资源的重要性。这些因子有遗迹的存在时期,当地居民关心的程度,调查费用,遗迹埋藏的生态环境,是否属于国家、省或地区级保护文物,评价区其他项目中已评价过的遗迹数目,在国家、省或地区等级水平具有的重要性,评价区最小挽救费用,遗迹的性质,将被破坏的遗迹数目,遗迹区的现状,历史遗迹的保存状况,评价区的历史记载,评价区遗迹的再现率,地理上的重要性,遗迹是否遭到破坏,遗迹区的大小和遗迹在其他研究领域的价值等方面。

四、预测

在现状调查的基础上,根据对文物、史迹可能受到影响的行为、因素预测项目开发使文物、史迹改变的程度和文物环境变化的程度。

1. 预测内容

(1)对文物及其环境的影响预测

①由于开掘挖土、填土等行为引起的地形改变、导致有关文物损坏、毁灭或迁移的情况。

②由于建筑机械和交通车辆振动、地下水的抽取以及导致地基变形的隧道工程等建筑活动对文物的破坏或使文物环境改变的程度。

③由于地形改变、树木采伐,使与文物有关的景观、地质地貌、植被等文物环境改变的程度。

④建筑项目竣工后,包括建筑物在内的各种设施带来的日照障碍、风害、局地环境等对文物的影响程度。

⑤设施投入使用,工厂开工生产后的振动和大气污染对文物的影响程度。

⑥其他经济活动,包括旅游业对文物及文物环境的影响程度。

(2)潜在文物埋藏地的预测

主要预测工程改变地形是否会改变或破坏潜在文物埋藏区域及其埋藏的文物。

2. 预测方法

首先掌握在建设项目的开发过程中地形的变化,建筑物及其他构筑物的建设可能影响史迹文物的影响和要素,然后在此基础上综合分析建设项目的开发对史迹文物的影响。

(1)文物影响预测

①建设项目对文物的影响预测:在施工中和竣工后都应综合考虑文物环境现状和建设项目规划、日照障碍、风害以及振动等可能使文物受影响的某些项目的预

测结果。

②环境污染:特别是烟气和酸雨对文物古迹的侵蚀影响不可忽略。

(2)潜在文物埋藏地预测

应综合考虑潜在文物埋藏地的分布等现状调查结果和建设项目规划的各部分内容对潜在文物的破坏,水污染对潜在文物地及其文物的侵害。

(3)文物环境影响预测的步骤

①确定位于敏感地区内的已知文化资源,这些资源是指历史古迹和考古遗址,生态学、地质学上有重要意义的地区,以及有重要民族意义的地区。应编写一份关于该地区文化状况(包括史前期文化和史后期文化)的综合讨论。

②确定敏感地区内潜在的文物(文化资源)。

③确定这些已知的和潜在的文物(文化资源),对地方、区域和全国的重要性。

④描述各个比较方案对敏感地区内已知的和潜在的文物(文化资源)可能产生的影响。应判明建设期、施工期、运行期和运行后的各个阶段的各种影响。

⑤根据第三步和第四步的结果,从下列两项工作中选择其中一项:从各个比较方案中选定拟议行动;或者取消一个或几个比较方案再选定拟议行动,应到选定行动的建设地区进行一次详尽的勘察,并制定将影响减小至最低限度的文化(文化资源)保护措施。

⑥假如发现了原先未确定的文物(文化资源),则应研究制定施工期必须采用的步骤。

五、文物环境影响评价

文物环境评价是指建设项目的实施,使史迹文物改变的程度,文物周围环境的改变程度,以及对这些改变导致文物价值的变化进行评价。影响评价内容与预测内容相同。

史迹文物的影响评价的方法,是在深入分析现状调查、预测结果以及所拟定采取的保护和保存文物的基础上,以有关法令的标准和其他关于文物价值的知识为标准进行的评价。

在建设项目开发中,文物一旦被损坏将难以恢复。从这一现实出发,史迹、文物的评价指标,应以保护史迹、文物,使其基本不受损害为原则。对于文物环境,还应充分考虑其旅游的资源价值,陈列以供人参观的应防止触摸磨损和气体尘埃侵蚀。

把这些评价原则归纳成指标就是:现存的史迹文物不受显著影响、潜在文物埋藏地不被破坏灭迹或使其无明显变化、文物环境改变,但不使其文物价值降低和保持文物环境的美学价值和旅游经济价值。

六、减缓措施

根据影响评价结果,工程项目如果会给周围文物环境带来不利影响,如遗迹外观破损等,应采取相应的减缓措施。"减缓"指的是降低或补偿开发活动对历史文物造成的损耗。

随着对保护祖国历史文化遗产认识的不断深化,保护历史文物的工作已提上议事日程,并取得了一定的进展。在进行经济建设的同时注意文物资源的保护,在工程建设项目规划和决策中对文物资源给予适当的考虑,与文物资源有关的地理区域不应只限于施工范围内,还应包括可能会受到影响或轻微影响的地区。如果在工程建设项目规划过程中的每一步都得到充分的评价,采取相应的措施并严格实施,一般都能保护好所有重要的文物资源。

第五节　环境影响美学评价

一、基本概念

美学环境包括具有历史、建筑、考古意义的遗址和文物、风景区以及现有建筑物的美学特征等。而视觉影响评价是以景观的美学或视觉悦目程度为基础,对新建项目引起景观变化的程度做的预测与评价。

视学环境:通过视觉,在人们所处的环境中,对空间和各种物体的认识,用大脑的反映程度所描画的外办环境。

视觉环境指数:综合考虑视觉环境对人的工作效率与视觉舒适等因素的影响,采用评价问卷方式进行评价、统计,确定的用以指示视觉环境质量的指数。

二、视觉环境评价的方法

视觉环境评价的方法采用评价问卷方式,对视觉环境中多项影响人的工作效率与视觉舒适的因素进行评分,计算视觉环指数,标示视觉环境质量。

评价项目应由专家小组依据工作场所的实际情况投票确定,最终入选项目其得票率不应低于 50%。专家小组应由建筑室内视觉环境设计与研究方面的专业人士组成,成员不应少于 5 人。针对评价项目偏离满意状态的程度设置 5 个评分等级:优、良、一般、较差、差。

三、视觉环境评价的评分

1. 评价项目的权值

评价项目的权值表征该项目对视觉环境质量的影响程度,其值宜由专家小组确定(项目权值确定方法见表 16-2),不同场所的同一评价项目权值可为不同值。

表 16-2　评价项目权值确定表

评价项目	项目影响程度	影响程度得分 n	所得票数 P_n	权重平均得分 a_m	权重 Q_m
S_1	较大	3			
	一般	2			
	较小	1			
S_2	较大	3			
	一般	2			
	较小	1			
...	较大	3			
	一般	2			
	较小	1			
S_m	较大	3			
	一般	2			
	较小	1			

表中权重平均得分 a_m 按式(16-4)计算,精确到小数点后 1 位:

$$a_m = \frac{\sum_{n=1}^{3} P_{mn} n}{\sum_{n=1}^{3} P_{mn}} \tag{16-4}$$

式中,a_m——评价项目 S_m 的权重平均得分;

　　　P_{mn}——评价项目 S_m 第 n 级影响程度的所得票数。

权重 Q_m 按式(16-5)计算,精算到小数点后 2 位:

$$Q_m = \frac{a_m}{\sum_{1}^{m} a_m} \tag{16-5}$$

2. 评价问卷

评价问卷涉及视觉环境中影响人的工作效率与舒适性的各项因素,评价人员根据现场观察与判断,确定对各因素满意程度。

3.评分系统

依据问卷结果和各个评价项目的权值,计算各评价项目的得分和视觉环境指数(见表16-3)。

表 16-3 评分系统

评价项目	项目权值 Q_m	评价等级 n	等级分值 P_m	所得票数 V_{nm}	项目评分 S_m	视觉环境指数 S
S_1		优	100			
		良	80			
		一般	60			
		较差	40			
		差	20			
S_2		优	100			
		良	80			
		一般	60			
		较差	40			
		差	20			
S_3		优	100			
		良	80			
		一般	60			
		较差	40			
		差	20			
…		优	100			
		良	80			
		一般	60			
		较差	40			
		差	20			
S_m		优	100			
		良	80			
		一般	60			
		较差	40			
		差	20			

项目评分 S_m 按式(16-6)计算(计算结果四舍五入取整数):

$$S_m = \frac{\sum_{n=1}^{5} P_n V_{mn}}{\sum_{n=1}^{5} V_{mn}} \qquad (16-6)$$

式中,S_m——项目评分,$20 \leqslant S_m \leqslant 100$;

　　P_n——第 n 个等级的分值;

　　V_{mn}——评价项目 S_m 第 n 个等级所得票数。

视觉环境指数 S 按式(16-7)计算(计算结果四舍五入取整数):

$$S = \sum_{1}^{m} S_m Q_m \qquad (16-7)$$

式中,S——视觉环境评价指数,$20 \leqslant S \leqslant 100$;

　　Q_m——评价项目 S_m 的权值。

4. 评价结果

评价结果包括各个评价项目的单项评分和视觉环境指数,各项评分及视觉环境指数越小,视觉环境指数存在的问题越大,视觉环境质量越差。视觉环境指数与质量等级对应关系见表16-4。

表 16-4　视觉环境指数与质量等级对应关系

视觉环境指数 S	$90 < S \leqslant 100$	$70 < S \leqslant 90$	$50 < S \leqslant 70$	$30 < S \leqslant 50$	$20 < S \leqslant 30$
质量等级	优	良	一般	较差	差

四、视觉环境评价步骤

1. 确定评价项目、建立评价小组

根据上述要求,建立专家组,结合被评价建筑的特点确定评价项目,同时确定各评价项目的权值。

从评价现场的实际用户中随机选出 10 人以上组成用户评价小组,由从事视觉环境设计或研究的有关专业人员 3 人以上组成专业评价小组。两个小组采用同样的评价方法独立执行现场评价任务。

2. 进行现场评价

评价小组的每个成员使用评价问卷,对评价现场的视觉状况进行观察与判断,根据各评价项目的实际状态给出评分。

进行现场评价的同时,应建立评价现场情况记录,其主要内容包括:评价场所与用途,评价日期及时间,评价人,评价时的天气条件及照明条件,现场外观特征或现场照明,以及相关视觉环境参数测量结果。

3.计分与统计

分别统计每个评价小组评价人员的投票分布,利用评分系统(见附录 C.各个项目评分及视觉环境指数。用户评价小组的评价结果与专业评价小组的评价结果分别作为基本数据与参考数据提供有关决策工作使用。

五、视觉影响的减缓措施

"减缓措施"指的是那些可以降低拟建活动对景观的干扰和负面影响的各个步骤。大体可分为两类:挽救措施,如栽种植物作为屏障,进行外壁美化,采用色彩设计和特质的物料等;弥补措施,如进行环境美化、另栽种植物和建造别致景观或景物。

在景观及视觉影响评价中,"减缓措施"是指将拟建项目对所在区域造成的视觉干扰或负面影响减至最小所采取的步骤。不单要考虑减轻负面影响,同时要考虑如何美化环境和改善视觉景象,在条件允许的情况下需尽量采用可美化环境和改善景观的设计,使工程设计在观感上与周围环境相协调,一般减缓负面影响的途径有:①从大小、形状、色彩和格调上设法减缓;②利用植被遮景;③修复;④更改拟建项目的位置。在不得已的情况下才采取④的措施。

思考题

1.社会经济环境影响评价的概念、目的和意义分别是什么?
2.社会经济环境影响的评价范围和评价因子如何确定?
3.社会经济环境影响的评价有哪些?
4.文物环境影响评价现状调查的主要内容有哪些?
5.视觉环境评价的方法有哪些?

拓展阅读

我国的景观及视觉影响评价工作起步较晚,在很大程度上是由于理论研究与实际应用的重视和推广程度不够。在我国已加入 WTO 的今天,这项工作显得尤为重要。希望有关部门开展这方面的理论研究工作和制定相应的法规,从环境影响评价的要求上突出景观与视觉影响的地位,丰富和完善环境影响评价制度,将我国的环境保护事业提高到一个更高的层次。

提出以下建议:

(1)以景观生态学、景观美学、景观建筑学为理论基础,开展景观及视觉影响的理论研究,规范景观及视觉影响的概念、定义,探索简便、实用、科学的影响预测模型和影响评价的定性、定量方法。

(2)参考国外的有关评价示例,结合计算机辅助技术,设计出评价的示范样本软件,以供环评工作者参照对比。

(3)尽快制定景观及视觉影响技术导则,指导和规范有关项目的环评工作。

(4)应注重和加强环评专业队伍在景观及视觉影响评价的理论及技术方法的培训,提高专业人员在这方面的整体素质。

参考文献

1.朱世云,林春绵.环境影响评价[M].北京:化学工业出版社,2007

2.陆书玉.环境影响评价[M].北京:高等教育出版社,2001

3.王翰章.文物环境质量评价问题.文博[J],1984,2:111—115

4.王炎炎.近十年来国内环境美学研究述评.上海大学学报(社会科学版)[J],2011,18(3):57—66

5.视觉环境评价方法(GB/T 12454—2008)[S],2009

第十七章　建设项目竣工环境保护验收

【本章要点】

　　介绍环境保护"三同时"制度由来、建设项目竣工环境保护验收概念和建设项目竣工环境保护验收监测评价标准体系。从竣工环境保护验收管理程序、验收监测工作程序和验收监测技术要求三个方面,阐述建设项目竣工环境保护验收程序。竣工环境保护验收管理程序包括试生产和验收要求、竣工验收分类管理、竣工验收条件、竣工验收受理与审批、竣工验收监测管理规定五个方面,竣工环境保护验收监测工作程序包括建设单位自查及资料准备、验收监测申请与受理、现场勘查、编写验收监测方案、现场监测、编写验收监测报告六个方面,竣工验收监测技术要求包括验收监测主要工作内容、验收监测污染因子的确定、环境保护设施竣工验收监测频次、验收监测的质量保证和质量控制四个方面。

第一节　建设项目竣工环境保护验收概述

一、环境保护"三同时"制度

　　"三同时"制度是在中国出台最早的一项环境管理制度。凡是通过环境影响评价确认可以开发建设的项目,建设时必须按照"三同时"规定,把环境保护措施落到实处,防止建设项目建成投产使用后产生新的环境问题,在项目建设过程中也要防止环境污染和生态破坏。"三同时"制度分别明确了建设单位、主管部门和环境保护部门的职责,有利于具体管理和监督执法。建设项目"三同时"是指生产性基本建设项目中的劳动安全卫生设施必须符合国家规定的标准,必须与主体工程同时设计、同时施工、同时投入生产和使用,以确保建设项目竣工投产后,符合国家规定的劳动安全卫生标准,保障劳动者在生产过程中的安全与健康。"三同时"的要求是针对我国境内的新建、改建、扩建的基本建设项目、技术改造项目和引进的建设项目,包括在我国境内建设的中外合资、中外合作和外商独资的建设项目。

　　1972 年 6 月,在国务院批准的《国家计委、国家建委关于官厅水库污染情况和解决意见的报告》中第一次提出了"工厂建设和三废利用工程要同时设计、同时施工、同时投产"的要求。1979年,《中华人民共和国环境保护法(试行)》对"三同时"制度从法律上加以确认。1986年3月26日,由国务院环境保护委员会、国家计委、国家经委联合发布了《建设项目环境保护管理办法》,第四条规定:"凡从事对环境有影响的建设项目都必须执行环境影响报告书的审批制度;执行防治污染及其他公害的设施与主体工程同时设计、同时施工、同时投产使用的"三同时"制度。"1989年12月26日,中华人民共和国第七届全国人民代表大会常务委员会第十一次会议通过《中华人民共和国环境保护法》,总结了实行"三同时"制度的经验,在第二十六条中规定:"建设项目中防治污染的设施,必须与主体工程同时设计、同时施工、同时投产使用。防治污染的设施必须经原审批环境影响报告书的环境保护行政主管部门验收合格后,该建设项目方可投入生产或者使用。"1994年12月22日,国家环境保护局发布《建设项目环境保护设施竣工验收管理规定》〔第14号令〕,使建设项目环境保护管理工作重点落在环保设施竣工验收的监督检查上,环保设施竣工验收工作逐步规范化。

1998年11月18日,国务院颁布了《建设项目环境保护管理条例》(第253号令),标志着建设项目环境保护管理又上了一个新的台阶。2000年2月22日,国家环境保护总局发布了《关于建设项目环境保护设施竣工验收监测管理有关问题的通知》(环发〔2000〕38号)。2001年12月27日,国家环境保护总局发布《建设项目竣工环境保护验收管理办法》(第13号令,2002年2月1日起施行),规定了建设项目竣工环境保护验收条件。2009年12月17日,环境保护部印发了《环境保护部建设项目"三同时"监督检查和竣工环保验收管理规程(试行)》,细化了"三同时"监督检查和竣工环保验收管理内容。2014年4月24日,中华人民共和国主席令第九号颁布《中华人民共和国环境保护法》(2015年1月1日起施行),第四十一条规定:"建设项目中防治污染的设施,应当与主体工程同时设计、同时施工、同时投产使用。防治污染的设施应当符合经批准的环境影响评价文件的要求,不得擅自拆除或者闲置。"

二、建设项目竣工环境保护验收的概念

建设项目竣工环境保护验收是环境保护设施与主体工程同时投产并有效运行的最后一道由环境保护行政主管部门把关的关口,是监督落实环境保护设施与建设项目主体工程同时投产或使用,以及落实其他需配套采取的环境保护措施,防治环境污染和生态破坏的根本保证,从制度上保证了环境影响评价所提出的环境保护对策和措施得到有效落实。

建设项目竣工环境保护验收是指建设项目竣工后,环境保护行政主管部门根

据《建设项目竣工环境保护验收管理办法》规定,依据环境保护验收监测或调查结果,并通过现场检查等手段,考核该建设项目是否达到环境保护要求的活动。

建设项目竣工环境保护验收范围包括:①与建设项目有关的各项环境保护设施,包括为防治污染和保护环境所建成或配备的工程、设备、装置和监测手段,各项生态保护设施;②环境影响报告书(表)或者环境影响登记表和有关项目设计文件规定应采取的其他各项环境保护措施。

根据国家建设项目环境保护分类管理的规定,对建设项目竣工环境保护验收实施分类管理。建设单位申请建设项目竣工环境保护验收,应当向有审批权的环境保护行政主管部门提交以下验收材料:

(1)对编制环境影响报告书的建设项目,为建设项目竣工环境保护验收申请报告,并附环境保护验收监测报告或调查报告;

(2)对编制环境影响报告表的建设项目,为建设项目竣工环境保护验收申请表,并附环境保护验收监测表或调查表;

(3)对填报环境影响登记表的建设项目,为建设项目竣工环境保护验收登记卡。

第二节　建设项目竣工环境保护验收监测评价标准

一、验收监测评价标准

验收监测执行标准指建设项目进行环境影响评价时所依据的标准,作为判定建设项目能否达标排放的标准,是通过环境保护设施竣工验收的依据。验收监测参照标准指建设项目投产时的国家和地方现行标准以及参照执行的其他标准,是环境保护行政主管部门进行监督管理及企业污染防治整改提供的判定标准。验收监测参照标准一般不作为竣工验收的依据。

验收监测采用标准包括评价标准和测试方法标准两个部分。评价标准又分为验收监测执行标准和验收监测参照标准。

(一)验收监测执行标准的确定

执行标准应主要以进行环境影响评价时采用的各种标准和《环境影响评价报告书(表)》及其批复的要求为依据,验收监测执行标准的确定应考虑以下因素:

1.在环境影响报告书中,由环境保护主管部门行文确认的环境影响评价标准;

2.进行环境影响评价时,国家或地方执行的各类污染物排放标准及环境质量标准;

3. 有关环境保护行政主管部门在对《环境影响评价报告书(表)》批复时,要求执行的各项环境质量标准、污染物排放标准以及环境保护行政主管部门根据环境保护需要所规定的特殊标准限值;

4. 根据国家和地方对环境保护的新要求,经负责验收的环境保护行政主管部门批准,可采用验收监测时现行的国家或地方标准;

5. 国家和地方对国家规定的污染物排放总量控制指标中的总量控制要求;

6. 对国家和地方标准中尚无规定的污染因子,应以《环境影响评价报告书(表)》和工程《初步设计》(环境保护篇)等的要求或设计指标为依据来进行评价。

(二)验收监测参照标准的确定

1. 新颁布的国家或地方标准中规定的污染因子排放标准值以及环境量标准值;

2. 环保设施的设计指标;

3. 对国家和地方标准中尚无规定的污染因子,也可参考国内其他行业标准和国外标准,但应附加必要说明。

(三)验收监测方法标准选取原则

验收监测时,应尽量按国家污染物排放标准和环境质量标准要求,采用列出的标准测试方法。对国家排放标准和环境质量标准未列出的污染物和尚未列出测试方法的污染物,其测试方法按以下次序选择:

1. 国家现行的标准测试方法;

2. 行业现行的标准测试方法;

3. 国际现行的标准测试方法和国外现行的标准测试方法;

4. 对目前尚未建立标准方法的污染物的测试,可参考国内外已成熟但未上升为标准的测试技术,但应附加必要说明。

二、验收监测评价标准使用案例

某水泥公司 4500t/d 熟料新型干法生产线项目

1. 项目概况

项目名称:某水泥公司 4500t/d 熟料新型干法生产线项目。

项目性质:扩建。

产品方案:主要产品为低碱高标号熟料,年产量 77.5 万 t。

建设地点:现有厂区南部 2 公里处的枣树岭。

工作制度及劳动定员:项目年生产 310d,生产车间按四班三运转实施;项目劳动定员 160 人。

产品运输方式:项目的烧成熟料通过皮带廊由新厂区直接输送至公司现有的

码头后水运

原料及配比:本项目采用石灰石、砂岩、页岩、铁矿尾矿四种原料配比,采用淮南、淮北烟煤作为熟料烧成燃料,产品方案为优质硅酸盐水泥熟料。

2. 主要环保治理设施

为了有效地控制粉尘的排放量,减少其对周围环境的影响,粉状物料输送采用螺旋输送机等密闭式输送设备,对于需胶带机输送的物料在设计原则中已确定尽量降低物料落差,加强密闭,减少粉尘外逸;粉状物料储存采用密闭圆库,厂内物料的装卸、倒运及物料的堆场等处考虑喷水增湿或其他措施,减少扬尘。本项目生产线共计设有各类收尘器 21 台,其中电收尘器 2 台,用于对窑尾废气、窑头废气进行收尘,其他袋收尘器 19 台。

本工程生产熟料过程中不直接产生废水,排水主要是冷却水循环系统排放的置换水,污染物浓度低,经除油和沉砂过滤处理后,和雨水一起采用明沟就近排至厂外;工程废水污染源主要来源于生活、办公及辅助生产设施污水,主要是食堂用水、洗涤用水、冲洗厕所、少量化验室排水,经污水管道收集后经生活污水处理设施(地埋式生物接触氧化法)进行处理,排入厂区废水回用系统沉淀后回用,项目废水实现零排放,厂区留有废水总排口,废水仅在雨水过多时从总排口排出,最终汇入长江。

对产生噪声较大的磨机、风机等设备,设计中通过选用低噪声设备或加装消声器,设置隔音值班室等措施,从噪声传播途径上尽可能采取措施加以控制,最大限度地降低对生产操作人员及周围环境的危害。

项目主要环保设施具体见表 17-1 所列。

表 17-1 项目主要环保设施一览表

类别	项目名称	治理措施
废气	石灰石破碎及输送	袋收尘、皮带罩
	砂页岩破碎及输送	袋收尘、皮带罩
	原料配料站	袋收尘、皮带罩
	生料输送及均化	袋收尘、皮带罩
	回转窑及生料磨	电收尘、增湿塔
	煤粉制备及输送	袋收尘、皮带罩
	烧成窑头及熟料输送	电收尘、皮带罩

（续表）

类别	项目名称	治理措施
噪声	破碎机	/
	原料磨	基础减震
	空压机	基础减震
	罗茨风机	消声器、围护
	高压风机	消声器、围护
	高温风机	消声器、围护
	普通风机	消声器、围护
废水	废水处理站	污水处理设施
生态	施工期	植被恢复
	运行期	植被恢复
环境管理	绿化	/
	监测设备	规范废气、废水排放口
	窑尾在线监测	在线监测设备

3. 验收监测评价标准

根据项目情况和环保部门的管理要求，确定本项目环境保护验收执行标准。

（1）废气评价标准

废气污染物排放执行《水泥工业大气污染物排放标准》（GB 4915—2004）表 2 限值要求，具体标准值见表 17-2。生产设备排气筒高度按表 4 执行，见表 17-3。

表 17-2　废气污染物排放执行标准限值

《水泥工业大气污染物排放》（GB 4915—2004）表 2 中标准限值

生产过程	生产设备	烟尘或粉尘		二氧化硫（SO₂）		氮氧化物（以 NO₂ 计*）		氟化物（以总氟计）	
		排放浓度（mg/m³）	单位产品排放量（kg/t）	排放浓度（mg/m³）	单位产品排放量（kg/t）	排放浓度（mg/m³）	单位产品排放量（kg/t）	排放浓度（mg/m³）	单位产品排放量（kg/t）
水泥制造	水泥窑及窑磨一体机	50	0.15	200	0.60	800	2.40	5	0.015
	烘干机、烘干磨、煤磨及冷却机	50	0.15	/	/	/	/	/	/
	破碎机、磨机、包装机及其他通风生产设备	30	0.024	/	/	/	/	/	/

注：* 此值指烟气中 O₂ 含量为 10% 状态下的排放浓度及单位产品排放量。

表 17-3 排气筒最低允许高度规定限值

《水泥工业大气污染物排放》(GB 4915—2004)表 4 中标准限值

生产设备名称	水泥窑及窑磨一体机	烘干机、烘干磨、煤磨及冷却机	破碎机、磨机、包装机及其他通风生产设备
单(线)机生产能力(t/d)	>1200	>1000	高于本体建筑物 3m 以上
最低允许高度(m)	80	30	

表 17-4 排气筒最低允许高度规定限值

《水泥工业大气污染物排放》(GB 4915—2013)4.3.3 中标准限值

生产设备	排气筒高度要求
除储库底、地坑及物料转运点单机除尘设施外,其他排气筒	不低于 15m,高于本体建(构)筑物 3m 以上
水泥窑及窑尾余热利用系统排气筒	周围半径 200m 范围内有建筑物时,高出最高建筑物 3m 以上

(2)颗粒物无组织排放评价标准

厂界外颗粒物无组织排放执行《水泥工业大气污染物排放标准》(GB 4915—2004)表 3 限值要求,详见表 17-5。参照《水泥工业大气污染物排放标准》(GB 4915—2013)表 3 限值要求,详见表 17-6。

表 17-5 水泥厂颗粒物无组织排放限值

作业场所	颗粒物无组织排放监控点	浓度限值* (mg/m³)
水泥厂(含水泥制品厂)	厂界外 20m 处	1.0

注:* 指监控点处的总悬浮颗粒物(TSP)一小时浓度值;扣除参考值。

表 17-6 水泥厂无组织排放限值

单位:mg/m³

序号	污染物项目	限值	限值含义	无组织排放监控位置
1	颗粒物	0.5	监控点与参照点总悬浮颗粒物(TSP)1 小时浓度值的差值	厂界外 20m 处上风向设参照点,下风向设监控点
2	氨*	1.0	监控点处 1 小时浓度平均值	监控点设在下风向厂界外 10m 范围内浓度最高点

注:* 适用于氨水、尿素等含氨物质为还原剂,去除烟气中氮氧化物。

(3)噪声评价标准

厂界噪声执行《工业企业厂界环境噪声排放标准》(GB 12348—2008)中 3 类标

准,详见表 17-7。

表 17-7　噪声标准限值

标准类别	昼间 dB(A)	夜间 dB(A)
GB 12348—2008 中 3 类标准限值	65	55

(4)废水评价标准

废水排放执行《污水综合排放标准》(GB 8978—1996)表 4 中的一级标准,详见表 17-8。

表 17-8　废水排放标准限值(除 pH 外,其余为 mg/L)

污染物	一级标准
pH	6~9
SS	70
COD	100
BOD_5	20
氨氮	15
石油类	5
总磷	0.5
动植物油	10
LAS	5.0

(5)污染物排放总量控制指标

该项目污染物总量控制指标执行某市环境保护局确认的总量控制指标:粉尘:427.4t/a;SO_2:112t/a;COD:3.72t/a。

第三节　建设项目竣工环境保护验收程序

一、竣工环境保护验收管理程序

(一)试生产和验收要求

《建设项目竣工环境保护验收管理办法》第七条规定:"建设项目试生产前,建设单位应向有审批权的环境保护行政主管部门提出试生产申请。对国务院环境保护行政主管部门审批环境影响报告书(表)或环境影响登记表的非核设施建设项目,由建设项目所在地省、自治区、直辖市人民政府环境保护行政主管部门负责受理其试生产申请,并将其审查决定报送国务院环境保护行政主管部门备案。核设施建设项目试运行前,建设单位应向国务院环境保护行政主管部门报批首次装料阶段的环境影响报告书,经批准后,方可进行试运行。"

环境保护行政主管部门应自接到试生产申请之日起 30 日内,组织或委托下一级环境保护行政主管部门对申请试生产的建设项目环境保护设施及其他环境保护措施的落实情况进行现场检查,并做出审查决定。对环境保护设施已建成及其他环境保护措施已按规定要求落实的,同意试生产申请;对环境保护设施或其他环境保护措施未按规定建成或落实的,不予同意,并说明理由。逾期未做出决定的,视为同意。试生产申请经环境保护行政主管部门同意后,建设单位方可进行试生产。

建设项目竣工后,建设单位应当向有审批权的环境保护行政主管部门,申请该建设项目竣工环境保护验收。进行试生产的建设项目,建设单位应当自试生产之日起 3 个月内,向有审批权的环境保护行政主管部门申请该建设项目竣工环境保护验收。对试生产 3 个月确不具备环境保护验收条件的建设项目,建设单位应当在试生产的 3 个月内,向有审批权的环境环境保护行政主管部门提出该建设项目环境保护延期验收申请,说明延期验收的理由及拟进行验收的时间。经批准后建设单位方可继续进行试生产。试生产的期限最长不超过 1 年。核设施建设项目试生产的期限最长不超过 2 年。

(二)竣工验收分类管理

根据国家建设项目环境保护分类管理的规定,对建设项目竣工环境保护验收实施分类管理。建设单位申请建设项目竣工环境保护验收,应当向有审批权的环境保护行政主管部门提交以下验收材料:

(1)对编制环境影响报告书的建设项目,为建设项目竣工环境保护验收申请报告,并附环境保护验收监测报告或调查报告;

(2)对编制环境影响报告表的建设项目,为建设项目竣工环境保护验收申请表,并附环境保护验收监测表或调查表;

(3)对填报环境影响登记表的建设项目,为建设项目竣工环境保护验收登记卡。

对主要因排放污染物对环境产生污染和危害的建设项目,建设单位应提交环境保护验收监测报告(表)。对主要对生态环境产生影响的建设项目,建设单位应提交环境保护验收调查报告(表)。

环境保护验收监测报告(表),由建设单位委托经环境保护行政主管部门批准有相应资质的环境监测站或环境放射性监测站编制。环境保护验收调查报告

(表),由建设单位委托经环境保护行政主管部门批准有相应资质的环境监测站或环境放射性监测站,或具有相应资质的环境影响评价单位编制。承担该建设项目环境影响评价工作的单位不得同时承担该建设项目环境保护验收调查报告(表)的编制工作。承担环境保护验收监测或验收调查工作的单位,对验收监测或验收调查结论负责。

(三)竣工验收条件

建设项目竣工环境保护验收条件:

(1)建设前期环境保护审查、审批手续完备,技术资料与环境保护档案资料齐全;

(2)环境保护设施及其他措施等已按批准的环境影响报告书(表)或环境影响登记表和设计文件的要求建成或落实,环境保护设施经负荷试车检测合格,其防治污染能力适应主体工程的需要;

(3)环境保护设施安装质量符合国家和有关部门颁发的专业工程验收规范、规程和检验评定标准;

(4)具备环境保护设施正常运转的条件,包括:经培训合格的操作人员、健全的岗位操作规程及相应的规章制度,原料、动力供应落实,符合交付使用的其他要求;

(5)污染物排放符合环境影响报告书(表)或环境影响登记表和设计文件中提出的标准及核定的污染物排放总量控制指标的要求;

(6)各项生态保护措施按环境影响报告书(表)规定的要求落实,建设项目建设过程中受到破坏并可恢复的环境已按规定采取了恢复措施;

(7)环境监测项目、点位、机构设置及人员配备,符合环境影响报告书(表)和有关规定的要求;

(8)环境影响报告书(表)提出需对环境保护敏感点进行环境影响验证,对清洁生产进行指标考核,对施工期环境保护措施落实情况进行工程环境监理的,已按规定要求完成;

(9)环境影响报告书(表)要求建设单位采取措施削减其他设施污染物排放,或要求建设项目所在地地方政府或者有关部门采取"区域削减"措施满足污染物排放总量控制要求的,其相应措施得到落实。

(四)竣工验收受理与审批

1.受理条件

(1)建设项目竣工环保验收申请报告,纸件2份;

(2)验收监测或调查报告,纸件2份,电子件1份;

(3)由验收监测或调查单位编制的建设项目竣工环保验收公示材料,纸件1份,电子件1份;

(4)环境影响评价审批文件要求开展环境监理的建设项目,提交施工期环境监理报告,纸件1份。

2. 审批程序:

(1)申请与受理:按照《建设项目竣工环境保护验收管理办法》的规定,建设单位分别委托有相应资质的验收监测或调查单位开展验收监测或调查工作。验收监测或调查报告编制完成并经技术审查后,由建设单位向环境保护部提出竣工环保验收申请并提交相关材料。环境保护部行政审批大厅受理建设单位提交的验收申请,并对提交材料进行形式审查。出具受理单或不予受理单。对不予受理的当场一次性告知需要补充的材料。

(2)现场检查及审查:环境保护部按建设项目验收现场检查分类目录组织(Ⅰ类建设项目)、委托环保督查中心或省级环保部门(Ⅱ类建设项目)进行验收现场检查,并按月对完成验收现场检查的建设项目进行审查。

(3)项目批准:经验收审查,对验收合格的建设项目,环境保护部按相关程序办理验收审批手续。

(4)信息公开:对已受理竣工环境保护验收申请的建设项目,通过环境保护部公示渠道按月分别在《中国环境报》公示名单、在环境保护部政府网站公示具体验收监测或调查结果。通过验收审批的建设项目每季度在环境保护部政府网站上进行公告,公告内容为:建设项目名称、建设地点、审批时间。国家规定需要保密的建设项目除外。

3. 审批时限:

对验收合格的建设项目,环境保护部在受理建设项目验收申请材料之日起30个工作日内办理验收审批手续(不包括验收现场检查和整改时间)。

建设项目竣工环境保护验收审批流程如图17-1所示。

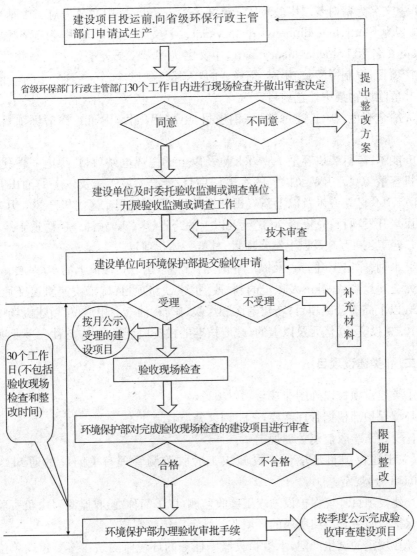

图 17-1 建设项目竣工环境保护验收审批流程图

附:环境保护部审批的建设项目验收现场检查分类目录

一、I 类建设项目

1.涉及国家级自然保护区、饮用水水源保护区等重大敏感项目。

2.跨大区项目。

3.化工石化:炼油及乙烯项目;新建 PTA(英文名为 Purified Terephthalic

Acid,中文名为精对苯二甲酸)、PX(英文名为 p-xylene,中文名为对二甲苯)、MDI(英文名为 Methylene diphenyl diisocyanate,中文名为二苯基甲烷二异氰酸酯)、TDI(英文名为 Toluene diisocyanate,中文名为甲苯二异氰酸酯)项目;铬盐、氰化物生产项目;煤制甲醇、二甲醚、烯烃、油及天然气项目。

4.危险废物集中处置项目。

5.冶金有色:新、扩建炼铁、炼钢项目;电解铝项目;铜、铅、锌冶炼项目;稀土项目。

6.能源:单机装机容量 100 万 kW 及以上的燃煤电站项目;煤电一体化项目;总装机容量 100 万 kW 及以上的水电站项目;年产 200 万 t 及以上的油田开发项目;年产 100 亿立方米及以上新气田开发项目;国家规划矿区内年产 300 万 t 及以上的煤炭开发项目;总投资 50 亿元及以上的跨省(区、市)输油(气)管道干线项目。

7.轻工:20 万吨及以上制浆项目、林纸一体化项目。

8.水利:库容 10 亿 m^3 及以上的国际及跨省(区、市)河流上的水库项目。

9.交通运输:200km 及以上的新、改、扩建铁路项目;城市快速轨道交通项目;100km 以上高速公路项目;新建港区和煤炭、矿石、油气专用泊位;新建机场项目。

10.总投资 50 亿元及以上的《政府核准的投资项目目录》中的社会事业项目。

二、Ⅱ类建设项目

Ⅰ类建设项目以外的非核与辐射项目。

环境保护部根据管理需要,适时调整分类名录。

(一)竣工验收监测管理规定

《关于建设项目环境保护设施竣工验收监测管理有关问题的通知》(环发〔2000〕38 号)规定:

1.建设项目环境保护设施竣工验收监测(以下简称"验收监测")由负责验收的环境保护行政主管部门所属的环境监测站负责组织实施。

2.在规定的试生产期,承担验收监测任务的环境监测站在接受建设单位的书面委托后,按《建设项目环境保护设施竣工验收监测技术要求》开展监测工作。

3.负责组织实施验收监测的环境监测站受建设单位委托提交验收监测报告(表),并对提供的验收监测数据和验收监测报告(表)结论负责。

4.对应编制建设项目环境保护设施竣工验收监测报告的建设项目,应先编制验收监测方案,验收监测方案应经负责该建设项目环境保护设施竣工验收的环境保护行政主管部门同意后实施。

5.编制《建设项目环境保护设施竣工验收监测报告》的项目,应在完成现场监测后 30 个工作日内完成;编制《建设项目环境保护设施竣工验收监测表》的项目,应在进行现场监测后 20 个工作日内完成。

6.工业生产型建设项目,建设单位应保证的验收监测工况条件为:试生产阶段工况稳定、生产负荷达 75% 以上(国家、地方排放标准对生产负荷有规定的按标准执行)、环境保护设施运行正常。对在规定的试生产期,生产负荷无法在短期内调整达到 75% 以上的,应分阶段开展验收检查或监测。分期建设、分期投入生产或使用的建设项目,建设单位应分期委托环境保护行政主管部门所属环境监测站对已完工的工程和设备进行验收监测。

(二)竣工环境保护验收监测工作程序

1.建设单位自查及资料准备

建设单位应对照建设项目竣工环境保护验收条件开展自查,并准备以下验收技术资料:

(1)相关技术/审批文件

①验收监测委托申请函(建设单位红头文件或加盖单位公章);

②申请项目竣工环保验收工程的《环境影响评价报告书(表)》;

③主管(省、自治区、直辖市)环保厅(局)对工程《环境影响评价报告书(表)》的预审意见;

④主管工业部门(公司)对工程《环境影响评价报告书(表)》的预审意见或函(如有);

⑤地方环境保护局提出的执行环境质量和污染物排放标准的文件或函;

⑥环境保护部对提请验收工程的《环境影响报告书(表)》审查意见的复函;

⑦工程《初步设计》(环保篇);

⑧工程设计和施工中的变更及相应的报批手续和批文;

⑨试生产审批文件。

(2)各类图件

①工程平面布置图(标明建设项目布局、主要污染源位置、厂界环境及敏感点分布情况等);

②生产工艺及产污环节示意图;

③废水流向及处理工艺流程图。

要求:工程平面布置图提供简易示意图;废水流向图按废水类别以简图形式分类说明其来源、处理方式、排向等。

(3)主要环境保护设施资料

①以表格形式列出建设项目环保设施建成情况(包括环评要求、初设要求、实际建成运行情况及变更情况);

②以表格形式说明各类环保设施具体建设情况。

废气:烟囱数量、各烟囱高度、出入口直径、主要污染物；

废水:主要污染物及来源、处理措施、污水流向等；

固体废物(危险废物):来源、数量、运输方式、处理及综合利用情况、涉及委托处理或处置固体废物单位的资质证明等。

(4)环境管理检查资料

①环境保护措施落实情况及实施效果；

②"以新带老"环境保护要求的落实；

③搬迁落实情况；

④环境敏感目标保护措施落实情况；

⑤工业固体废物、危险废物的处理处置和回收利用情况；

⑥排污口规范化、污染源在线监测仪的安装、测试情况检查；

⑦国家、省、市环保部门对建设项目检查或督察的报告、通知、整改要求等。

2.验收监测申请与受理

建设单位在申请验收监测时应出具加盖单位公章的验收监测委托申请函,填写《建设项目竣工环境保护验收监测申请登记表》,并提供建设项目竣工环境保护验收监测技术资料。对申请资料完整的建设项目,验收单位予以受理,并出具受理回执。对资料不全的建设项目,待建设单位补充完整后再予以受理。

建设项目竣工环境保护验收监测申请登记表见表 17 - 9。

表 17 - 9　建设项目竣工环境保护验收监测申请登记表

项目名称			
建设单位		建设地点	
环评审批部门		环评审批文号及审批时间	
项目立项部门		立项文号及立项时间	
建设内容及规模			
开工时间及竣工时间		环保投资及环保投资比例	
联系人及联系方式 (电话、传真等)		联系人:联系电话: E—mail:传真电话:	
通讯地址及邮政编码		通讯地址: 邮政编码:	

需说明的问题 （包括保密要求）	
受理与否（若未受理， 在备注中注明原因）	
受理日期	
备注	

接待人签字：　　　　　　　接待日期：

3.现场勘查

已受理验收监测的建设项目，验收单位安排项目负责人前往现场勘查。重点调查项目工程建设情况，生产原辅材料和主副产品，污染治理设施、处理技术及环境管理措施，主要污染源及污染物排放情况，特征污染因子调查，项目周边环境敏感目标分布情况，项目涉及的环境影响拆迁安置情况。

现场勘查的重点内容有：

（1）界定验收监测范围

根据验收工程的环境影响评价情况，摸清验收工程是否按照环境影响评价法要求开展项目环境影响评价工作，详细调查项目主体工程、配套工程和环保工程应建设和实际建设情况，环保设施实际运行情况，改（扩）建工程的"以新代老"和区域消减等环保措施落实情况等。某电厂二期工程环评要求建设内容与实际完成建设情况调查示例见表17-10。

表17-10　某电厂二期工程环评要求建设内容与实际完成建设情况一览表

工程名称		环评要求建设内容	实际建设情况
主体 工程	锅炉	2×1985t/h超临界参数变压直流煤粉炉	2×1957t/h超超临界参数 变压直流煤粉炉
	汽轮机	采用超临界、一次中间再热、单轴、四缸四排汽、凝汽式汽轮机，额定功率660MW	与环评一致
	发电机	选用定子线圈水冷、定子铁芯、转子绕组氢冷的同步发电机	与环评一致

（续表）

工程名称		环评要求建设内容	实际建设情况
配套工程	输煤系统	厂内输煤系统依托现有一期工程。二期扩建工程只新建储煤场（新建防风抑尘网及洒水喷淋装置）	与环评一致
	除灰渣系统	采用灰渣分除、干式钢带冷渣、干灰干排、粗细分排的除灰渣系统	与环评一致
	供排水系统	采用带自然通风冷却塔的二次循环供水系统，排水系统采用雨水、生活污水、工业废水完全分流制	与环评一致
	接入系统	本工程2回路500kV线路向南出线，厂内设屋外配电装置，接入系统于一期工程已建成	与环评一致
	铁路专用线	燃煤采用铁路运输，现有一期工程已建成约30km铁路专用线，由配套丁集煤矿直达厂区；本期工程依托现有工程，不再新建	与环评一致
	运灰道路	运灰道路已建成，本工程不新建运灰道路	与环评一致
	轻柴油储罐	轻柴油的储存配备2座容积为2000m³的油罐，用于两台机组同时停机后的点火，现有工程运行3年来轻柴油基本不消耗，目前两座油罐均为放空状态未储油；本期二期储存系统与一期共用，仅延伸进、回油管路	与环评一致
	液氨储罐	采用液氨作为脱硝还原剂。新建2×100m³液氨储罐	采用液氨作为脱硝还原剂。一期脱硝改造时已建成3×80m³液氨储罐

（续表）

工程名称		环评要求建设内容	实际建设情况
环保工程	废水	各种工业废水、生活污水及循环冷却排污水分别经相应处理后回收利用,全部不外排。污水处理设施依托一期工程,新增一套脱硫废水处理装置,循环水系统增设旁流石灰软化处理系统一套用以提高循环水浓缩倍率	与环评一致
	废气 除尘	采用双室四电场高效静电除尘器,静电除尘器对四电场的极板长度进行部分改造,增加了两个电场的极板长度;同时采用了先进的两级串联低温省煤器技术、旋转电极技术以及使用部分电场高频电源供电技术,除尘效率可以达到99.85%(不含脱硫系统除尘)	与环评一致
	废气 脱硫	采用石灰石—石膏湿法烟气脱硫措施,取消 GGH(Gas Gas Heater 的缩写,中文名是烟气换热器)系统,不设置烟气旁路,设计脱硫效率大于95%,保证脱硫效率不低于93.5%	与环评一致
	废气 脱硝	采用低氮燃烧技术和 SCR(Selective Catalytic Reduction 的缩写,中文名是选择性催化还原技术)工艺脱除氮氧化物,脱硝效率不低于80%	与环评一致
	噪声	对高噪声源采取有效的隔声、吸声、减振和绿化等措施。在拟建冷却塔距离20m处设高13m,长475m吸隔声屏障,同时在现有冷却塔距离20m处设高13m,长209m吸隔声屏障	在本期 2 台机组冷却塔距离20m处设高13.5m、总长481m吸隔声屏障,同时在现有冷却塔距离20m处设高13.5m,长209m吸隔声屏障
	固废	锅炉灰渣和脱硫石膏拟全部综合利用,综合利用途径不畅时,拟送至与本机组配套建设的灰场塌陷区灰场临时周转	考虑到本项目灰渣和石膏的综合利用情况以及一期工程灰场剩余库容,本期工程依托一期工程灰场作为备用灰场,未新建二期灰场
备注		运煤铁路专用线、进厂公路、厂区办公、生活设施,污水处理系统利用一期工程,不再重复建设	

(2)项目的实际运行情况

通过调查建设项目的能源、资源、原料、辅料、燃料等的消耗情况,各种生产设备和环保设施的运转率,中间产品和最终产品的产量等,分析项目实际运行情况是否符合验收监测技术规范的要求。一般行业生产负荷达到设计生产能力的75%,

水泥工业环保验收监测时其生产负荷应达到设计生产能力的80%以上,如果验收监测期间的生产负荷达不到以上要求,则建设项目不具备验收监测条件。

二期工程煤质分析见表17-11,设计耗煤量见表17-12。

表17-11 某电厂二期工程煤质分析一览表

煤质分析项目	单位	设计煤种	校核煤种1	校核煤种2
收到基低位发热量 Qnetar	MJ/kg	21.30	20.00	20.50
全水分 Mt	%	7.0	9.0	5.4
干燥无灰基挥发分 Vdaf	%	39.01	36.01	40.88
收到基灰分 Aar	%	26.00	29.00	29.75
收到基硫 Sar	%	0.37	0.55	0.38

表17-12 某电厂二期工程设计耗煤量

项目	单位	设计煤种	校核煤种
时耗煤量	t/h	528	562.4
日耗煤量	t/d	10560	11248
年耗煤量	104t/a	290.4	309.32
发电煤耗	g(标煤)/(kW·h)	267.9	
备注		年运行时间按5500h计	

(3)污染物治理及排放情况

应着重勘察与主体工程配套建设的环境污染防治设施是否已按环评文件及其审批文件的要求建成,污染防治设施的处理工艺是否有所变动,是否能满足达标排放的要求,污染防治设施现在是否能正常稳定运行,其防治污染的能力是否能满足建设项目的生产规模。明确各种污染物的排放方式、排放位置,据此确定现场监测点位。生产线除尘器、监测点位及频次情况见表17-13,废水处理流程及监测点位如图17-2。

表 17 - 13　某公司 4500t/d 熟料新型干法生产线除尘器、监测点位及频次情况调查一览表

| 序号 | 生产设备名称位置 | 厂内设备编号 | 收尘器 | | | 监测项目 | 进口面（断面数/测孔数） | 出口（断面数/测孔数） | 环保设备运转率 | 烟囱（直径 cm/高度 m） | 风量（m³/h） | 监测频次 |
			类型和设备型号	数量（台）	实测（台）							
1	联合储库	1101—6	FGM32—4	1	1	颗粒物	1/1	1/1	50%	40/3.4	8930	每断面每天测量 3 次、连续测量 2 天
2	石灰石预均化	1102—5	袋式收尘器 FGM32—4	3	2	颗粒物	2/2	2/2	50%	55/5.5	qv=9000	
3	生料均化库顶	1202—7	袋式收尘器 FGM96—5	1	1	颗粒物	1/1	1/1	100%	55/5.5	26000	
4	生料均化库底	1202—32	袋式收尘器 XWD60—3	2		颗粒物	—	1/1	100%	40/5.4	qv=9500	
5	原料配料库	1104—12	袋式收尘器 FGM32—4	3	2	颗粒物	2/2	2/2	50%	40/5.6	qv=9000	
6	生料磨	1201—25	袋式收尘器 FGM32—5	1	1	颗粒物	1/1	1/1	60%	60/5.5	11160	
7	煤粉制备	1304—7	袋式收尘器 PPW128—2 ×10	1	1	颗粒物	—	1/1	90%	160/38	191400	
8	熟料库顶	1401—2	袋式收尘器 FGM64—5	1	1	颗粒物	1/1	1/1	100%	72/5	22300	
9	熟料库侧	1401—10	袋式收尘器 XMC60—4	3	1	颗粒物	1/1	1/1	60%	55/4.5	13000	
10	烧成窑头	1303—28	电收尘器 CDPK— E210/4	1	1	颗粒物	—	1/1	100%	280/30	600000	

（续表）

序号	生产设备名称位置	厂内设备编号	收尘器 类型和设备型号	收尘器 数量（台）	收尘器 实测（台）	监测项目	进口面（断面数/测孔数）	出口面（断面数/测孔数）	环保设备运转率	烟囱（直径cm/高度 m）	风量（m³/h）	监测频次
11	窑尾废气处理	1201—33	电收尘器 CDPK—E320/4/2	1	1	颗粒物、SO_2、NO_x、氟化物、氨、汞及其化合物	—	1/1	100%	400/110	900000	
12	熟料发运	2101—4	袋式收尘器 XMC60—4	1	1	颗粒物	1/1	1/1	60%	40/4.0	10000	
13	熟料发运	2101—10	袋式收尘器 XMC60—3	1	1	颗粒物	1/1	1/1	60%	50/3.5	13000	
14	熟料发运	2101—2	袋式收尘器 XMC60—3	1	1	颗粒物	1/1	1/1	60%	50/3.0	12000	
	合计			21	16		12/12	16/15				

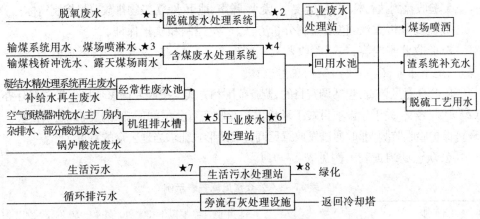

图 17-2 某项目废水处理流程及监测点位示意图

（★表示废水监测点位）

4. 项目周边环境状况

根据项目环境影响评价报告中确定环境敏感目标,重点调查在项目建设的过程中,周围的环境保护目标的数量、规模与环评时的变化情况。同时也是查勘和确定各种环境保护目标的环境质量监测点位的位置,并与环评时的环境质量现状监测点位尽量保持一致。

（四）编写验收监测方案

根据建设项目验收监测技术资料和现场勘查情况,项目负责人编写《验收监测方案》,并进行"三级"审核。对于有相应行业验收技术规范的建设项目验收监测方案可简化。

验收监测方案一般包括以下内容:

1. 前言:简述验收任务由来。

2. 验收监测依据:列出国家关于建设项目的环境保护管理法规、办法和技术规定,建设项目环境影响评价文件及批复,环境保护主管部门出具的项目执行环境标准确认的函、项目污染物总量控制指标的函、同意项目试生产的函,项目建设单位出具的申请竣工环保验收监测的函等。

3. 建设项目工程概况:包括项目基本情况、工程建设内容、原辅材料及动力消耗、水量平衡、辅助工程、项目工程简要分析和项目变更情况等。

4. 主要污染源及其治理措施:包括废气污染及治理措施、废水排放及治理措施、噪声治理措施、固体废物综合利用或处理处置措施、工程主要环保措施与实际建设对照情况等。

5. 主要环评结论及环评批复要求:包括主要环评结论、环评批复要求、环境保护主管部门预审意见。

6.验收监测执行标准:包括废气、废水、噪声、地下水、污染物排放总量控制指标。

7.监测分析方法:包括监测分析方法、质量控制和质量保证。

8.验收监测内容:包括验收监测期间生产工况检查、废气监测、废水监测、厂界噪声、地下水监测、主要污染物总量核算。

9.公众意见调查:包括调查目的、调查范围和方式。按照原国家环境保护总局环办(2003)36号文《关于建设项目竣工环境保护验收实行公示的通知》的要求,在项目竣工环境保护验收监测期间,通过发放意见调查表的形式征求当地公众的意见。

公众意见调查表示例见表17-14。

表17-14 公众意见调查表示例

性别			年龄	30岁以下;30~40岁;40~50岁;50岁以上	
职业及职务			您的文化程度		
居住地址			方位		
项目基本情况					
调查内容	施工期	噪声对您的影响程度	没有影响	影响较轻	影响较重
		扬尘对您的影响程度	没有影响	影响较轻	影响较重
		废水对您的影响程度	没有影响	影响较轻	影响较重
		是否有扰民现象或纠纷	有	没有	
	试生产期	废气对您的影响程度	没有影响	影响较轻	影响较重
		废水对您的影响程度	没有影响	影响较轻	影响较重
		噪声对您的影响程度	没有影响	影响较轻	影响较重
		固体废物储运及处理处置对您的影响程度	没有影响	影响较轻	影响较重
		是否发生过环境污染事故意(如有,请注明原因)	有	没有	
		您对该公司本项目的环境保护工作满意程度	满意	较满意	不满意

不满意的原因以及您对该项目的建设还有什么意见和建议	

10. 环境管理检查：包括环境管理制度执行情况、环评批复落实情况、环保设施运转及维护情况、环保机构设置及环境管理制度制定情况、环境风险防范措施及应急预案制定情况、固体废物产生及处理处置情况、排污口规范化建设情况、厂区绿化情况、环境敏感目标搬迁安置落实情况、区域污染削减工作的调查。

（五）现场监测

严格按验收监测方案和有关环境监测技术规范实施，建设单位应保证现场监测期间的工况要求，并做好以下工作：

1. 按照监测技术规范，设置永久性的采样平台及规范的采样孔，并提供采样设备使用的电力。

2. 在进入现场监测前，应向验收监测人员介绍生产安全管理制度，确保人员安全。

3. 验收监测期间，应保证生产工况符合国家验收监测相关规定的要求，并保证主体工程及环保设施正常稳定运行。发现异常情况，及时通知监测人员停止监测。

4. 对于涉密项目，建设单位应按本单位保密规定要求验收监测人员按规定执行。

（六）编写验收监测报告

根据验收监测结果编制《建设项目竣工环境保护验收监测报告》。项目验收的承担单位组织专家对验收监测报告进行技术审查。监测报告通过审查后加盖公章，并提交给建设单位。

验收监测报告根据验收监测要求的需要进行编制。前言、验收监测的依据、建设项目工程概况、环境影响评价意见及环境影响评价批复的要求、验收监测评价标准部分的编写应在原验收监测方案的基础上，加入需要补充的内容。验收监测报告还应包括以下内容：

1. 验收监测的结果及分析评价

验收监测结果及分析应充分反映验收监测中检查和现场监测的实际情况，进行必要和符合实际的分析。

（1）监测期间工况分析

应给出监测期间，能反应工程或设备运行情况的数据或参数。对工业生产型建设项目，还应计算出实际运行负荷。

（2）监测分析质量控制和质量保证

介绍监测分析质量控制和质量保证进行情况和结果。

(3)废水、废气排放源及其相应的环保设施、厂界噪声、工业固(液)废物和无组织排放源监测部分的编写

分别对废水、废气和厂界噪声(必要时测噪声源)厂、工业固(液)废物和无组织排放源监测内容进行编制,主要内容包括:

①进行现场监测的情况;

②验收监测方案要求和规定的验收监测项目、频次、监测断面或监测点位、监测采样、分析方法及监测结果;

③用相应的国家和地方的新、旧标准值、设施的设计值和总量控制指标,进行分析评价;

④出现超标或不符合设计指标要求时的原因分析等。

(4)厂区附近的环境质量监测,主要内容包括:

①环境敏感点环境质量状况和可能受到影响的简要描述;

②进行监测环境质量监测的区域情况和监测情况;

③验收监测方案要求和规定的验收监测项目、频次、监测断面或监测点位、监测采样、分析方法及监测结果;

④用相应的国家和地方的新、旧标准值和设施的设计值,进行分析评价;

⑤出现超标或不符合设计指标要求时的原因分析等。

(5)环境生态状况调查,编写的主要内容包括:

①建设项目环境保护行政主管部门对进行环境生态状况调查的要求,详细地介绍环境生态状况调查的评价依据;

②进行环境生态状况调查区域的情况;

③简述生态状况调查区域及调查项目、频次的确定,监测断面或监测点位的布设情况(必要时附示意图);

④验收监测环境生态状况调查方法、来源和质量控制措施;

⑤验收监测环境生态状况调查的结果及分析评价。

(6)国家规定的总量控制污染物的排放情况

目前国家规定实施总量控制的污染物为:As、Cd、Hg、Pb、CN^-、Cr^{6+}、COD、石油类、SO_2、烟尘、粉尘、固体废弃物排放量,根据各排污口的流量和监测的浓度,计算并以表列出建设项目污染物年产生量和年排放量。对改扩建项目还应根据环境影响评价报告书列出改扩建工程原有排放量和根据监测结果计算改扩建后原有生产设施现在的污染物产生量排放量。

2. 环境管理检查

根据验收监测方案所列检查内容,逐条目进行说明。

3. 验收监测结论与建议

(1)结论

根据验收监测的检查和测试结果进行分析评价,按执行制度、废水、废气排放源及其相应的环保设施、厂界噪声、工业固(液)废物、无组织排放源、监测厂区附近的环境质量监测和环境生态状况调查,给出验收监测的综合结论(主要以污染物达标排放、以新代老、总量控制执行情况、执行国家对建设项目环境管理有关制度和环境保护行政主管部门的有关要求进行说明)。

(2)建议

根据现场监测、检查结果的分析和评价,结论中明确指出存在的问题,提出需要改进的设施或措施建议等,可根据以下几个方面的问题提出合理的整改意见和建议:

①环保设备对污染物的处理效率及污染物的排放未达到原设计指标和要求;

②环保设备对污染物的处理和污染物的排放未达到设计时的国家或地方标准要求;

③环保设备对污染物的处理和污染物的排放未达到现行有效的国家或地方标准;

④环保设备及排污设施未按规范完成;

⑤环境保护敏感目标的环境质量未达国家或地方标准要求或存在的扰民现象;

⑥固体废物处理或综合利用、环境绿化、生态或植被恢复等未达到"环境影响评价"、"环境影响评价"批复或初步设计的要求;

⑦国家规定实施总量控制的污染物排放量超过有关环境管理部门规定或核定的总量等。

4. 附录

必要的质控数据汇总表;必要的监测数据汇总表;其他有关附件和图表,如生产负荷原始数据、厂区位置图、监测点位图、"环境影响评价"批复等;建设项目环境保护"三同时"竣工验收登记表。

三、竣工验收监测技术要求

(一)验收监测主要工作内容

验收监测是对建设项目环境保护设施建设、运行及其效果、"三废"处理和综合利用、污染物排放、环境管理等情况的全面检查与测试,主要包括内容:

①对设施建设、运行及管理情况检查；

②设施运行效率测试；

③污染物(排放浓度、排放速率和排放总量等)达标排放测试；

④设施建设后,排放污染物对环境影响的检测。

具体建设项目的监测内容应根据其所涉及的具体项目进行确定。

1.环境保护检查

(1)建设项目执行国家的"建设项目环境影响报告制度"的情况；

(2)建设项目建设过程中,对"环境影响评价报告书(表)、登记表"中污染物防治和生态保护要求及环保行政主管部门审批文件中批复内容的实施情况；

(3)环保设施运行情况和效果；

(4)"三废"处理和综合利用情况；

(5)环境保护管理和监测工作情况,包括:环保机构设置、人员配置、监测计划和仪器设备、环保管理规章制度等；

(6)事故风险的环保应急计划,包括配备、防范措施,应急处置等；

(7)环境保护档案管理情况；

(8)周边区域环境概况；

(9)生态保护措施实施效果。

2.环境保护设施运行效率测试

对涉及以下领域的环境保护设施或设备均应进行运行效率监测:

(1)各种废水处理设施的处理效率；

(2)各种废气处理设施的处理效率；

(3)工业固(液)体废物处理设备的处理效率等；

(4)用于处理其他污染物的处理设施的处理效率。

3.污染物达标排放检测

对涉及以下领域的污染物均应进行达标排放监测:

(1)排放到环境中的废水；

(2)排放到环境中的各种废气；

(3)排放到环境中的各种有毒有害工业固(液)体废物及其浸出液；

(4)厂界噪声(必要时测定噪声源)；

(5)建设项目的无组织排放；

(6)国家规定总量控制污染物的排放总量。

4.环境影响检测

建设项目环保设施竣工验收监测对环境影响的检测,主要针对"环境影响评价"及其批复中对环境敏感保护目标的要求。检测以建设项目投运后,环境敏感保

护目标能否达到相应环境功能区所要求的环境质量标准,主要考虑以下几方面:

(1)环境敏感保护目标的环境地表水、地下水和海水质量;

(2)环境敏感保护目标的环境空气质量;

(3)环境敏感保护目标的声环境质量;

(4)环境敏感保护目标的土壤环境质量;

(5)环境敏感保护目标的环境振动铅垂向 Z 振级;

(6)环境敏感保护目标的电磁辐射公众照射导出限值。

(二)验收监测污染因子的确定

监测因子确定的原则如下:

1."环境影响报告书(表)"和建设项目《初步设计》(环保篇)中确定的需要测定的污染物;

2.建设项目投产后,在生产中使用的原辅材料、燃料,产生的产品、中间产物、废物(料),以及其他涉及的特征污染物和一般性污染物;

3.现行国家或地方污染物排放标准中规定的有关污染物;

4.国家规定总量控制的污染物指标;

5.厂界噪声;

6.生活废水中的污染物及生活用锅炉(包括茶炉)废气中的污染物;

7.影响环境质量的污染物,包括:《环境影响评价报告书(表)》及其批复意见中,有明确规定或要求考虑的影响环境保护敏感目标环境质量的污染物;试生产中已造成环境污染的污染物;地方环境保护行政主管部门提出的,对当地环境质量已产生影响的污染物;负责验收的环境保护行政主管部门根据当前环境保护管理的要求和规定而确定的对环境质量有影响的污染物;

8.对"环境影响评价"中涉及有电磁辐射和振动内容的,应将电磁辐射和振动列入应监测的污染因子;

9.废水、废气和工业固(液)体废物排放总量。

(三)环境保护设施竣工验收监测频次

为使验收监测结果全面和真实地反映建设项目污染物排放和环保设施的运行效果,采样频次应充分反映污染物排放和环保设施的运行情况,因此,监测频次一般按以下原则确定:

1.对有明显生产周期、污染物排放稳定的建设项目,对污染物的采样和测试频次一般为 2～3 个周期,每个周期 3～5 次(不应少于执行标准中规定的次数);

2.对无明显生产周期、稳定、连续生产的建设项目,废气采样和测试频次一般不少于 2 天、每天采 3 个平行样,废水采样和测试频次一般不少于 2 天,每天 4 次,厂界噪声测试一般不少于连续 2 昼夜(无连续监测条件的,需 2 天,昼夜各 2 次),

固体废物（液）采样和测试一般不少于 6 次（堆场采样和分析样品数都不应少于 6 个）；

3. 对污染物确实稳定排放的建设项目，废水和废气的监测频次可适当减少，废气采样和测试频次不得少于 3 个平行样，废水采样和测试频次不少于 2 天，每天 3 次；

4. 对污染物排放不稳定的建设项目，必须适当增加的采样频次，以便能够反映污染物排放的实际情况；

5. 对型号、功能相同的多个小型环境保护设施效率测试和达标排放检测，可采用随机抽测方法进行。抽测的原则为：随机抽测设施数量比例应不小于同样设施总数量的 50%；

6. 若需进行环境质量监测时，水环境质量测试一般为 1~3 天、每天 1~2 次；空气质量测试一般不少于 3 天、采样时间按《环境空气质量标准》（GB 3095—2012）数据统计的有效性规定执行；环境噪声测试一般不少于 2 天，测试频次按相关标准执行；

7. 对考核处理效率的测试，可选择主要因子并适当减少监测频次；

8. 若需进行环境生态状况调查，工作内容、采样和测试频次按负责审批该建设项目环境影响报告书（表）的环境保护行政主管部门的要求进行。

（四）验收监测的质量保证和质量控制

1. 验收监测的工况要求

验收监测时，工况要求分下列三种情况：

（1）工业生产型建设项目，验收监测应在工况稳定、生产达到设计生产能力的负荷达 75% 以上（国家、地方排放标准对生产负荷另有规定的按标准规定执行）的情况下进行。

（2）对无法短期调整工况达到设计生产能力的 75% 以上负荷的建设项目中，可以调整工况达到设计生产能力的 75% 以上负荷的部分，验收监测应在满足 75% 或 75% 以上负荷或国家及地方标准中所要求的生产负荷的条件下进行。

（3）对无法短期调整工况达到设计生产能力的 75% 或 75% 以上负荷的建设项目中，投入运行后确实无法短期调整工况满足设计生产能力的 75% 或 75% 以上的部分，验收监测应在主体工程运行稳定、应运行的环境保护设施运行正常的条件下进行，对运行的环境保护设施和尚无污染负荷部分的环保设施，验收监测采取注明实际监测工况与检查相结合的方法进行。

2. 采样和测试及其质量保证和质量控制

（1）环保设施竣工验收现场监测，首先应满足相应的工况条件，否则负责验收监测的单位应停止现场采样和测试。

（2）现场采样和测试应严格按《验收监测方案》进行，并对监测期间发生的各种异常情况进行详细记录，对未能按《验收监测方案》进行现场采样和测试的原因应予详细说明。

（3）环保设施竣工验收监测中使用的布点、采样、分析测试方法，应首先选择目前适用的国家和行业标准分析方法、监测技术规范，其次是国家环保部推荐的统一分析方法或试行分析方法以及有关规定等。

（4）环保设施竣工验收的质量保证和质量控制，按国家有关规定、监测技术规范和有关质量控制手册进行。

（5）参加环保设施竣工验收监测采样和测试的人员，应按国家有关规定持证上岗。

（6）水质监测分析过程中的质量保证和质量控制：采样过程中应采集不少于10％的平行样；实验室分析过程一般应加不少于10％的平行样；对可以得到标准样品或质量控制样品的项目，应在分析的同时做10％质控样品分析；对无标准样品或质量控制样品的项目，且可进行加标回收测试的，应在分析的同时做10％加标回收样品分析。

（7）气体监测分析过程中的质量保证和质量控制：采样器在进现场前应对气体分析、采样器流量计等进行校核。

（8）噪声监测分析过程中的质量保证和质量控制：监测时应使用经计量部门检定、并在有效使用期内的声级计。

（9）固体废弃物监测分析过程中的质量保证和质量控制：采样过程中应采集不少于10％的平行样；实验室分析过程一般应加不少于10％的平行样；对可以得到标准样品或质量控制样品的项目，应同时做不少于10％标准样品或质控样品；对不可得到标准样品或质量控制样品，但可以做加标回收样品的项目，应同时做不少于10％的加标回收样品。

3.采样记录及分析结果：验收监测的采样记录及分析测试结果，按国家标准和监测技术规范有关要求进行数据处理和填报，并按有关规定和要求进行三级审核。

思考题

1.什么是建设项目竣工环境保护验收？

2.建设项目竣工环境保护验收条件是什么？

3.验收监测主要工作内容有哪些？

4.验收监测的结果及分析评价有哪些内容？

5.建设项目竣工环境保护验收审批程序是什么？

拓展阅读

《关于建设项目竣工环境保护验收实行公示的通知》，原国家环境保护总局环办(2003)36 号

为落实《环境保护行政主管部门政务公开管理办法》(环发〔2003〕24 号)和《国家环境保护总局机关政务公开实施方案(试行)》(环办〔2002〕148 号)，决定对建设项目竣工环境保护验收管理进行公示，现通知如下：

一、公示原则

1.建设项目环境保护验收公示工作坚持依法公开、民主监督、客观真实、注重实效的原则。

2.按我局政务公开的统一要求，遵循"谁主管、谁负责"的原则，建立监督责任制，确定责任人。

二、公示对象

国家环境保护总局负责受理环境保护验收的建设项目(不包括涉密建设项目)。

地方各级环境保护局负责受理环境保护验收的建设项目公示办法由负责受理的环境保护局自行规定。

三、公示时间要求

在完成建设项目竣工环境保护验收审批前向社会公示，公示时间为 7 天。

四、公示方式

将拟批准环境保护验收的建设项目名单按月在国家环境总局网站和《中国环境报》上公布，同时，将各建设项目环境保护执行基本情况等材料通过国家环境保护总局政府网站(WWW. SEPA. GOV. CN；WWW. ZHB. GOV. CN)和国家环境保护总局评估中心网站(WWW. CHINA －EIA. COM)公布(保留时间 1 个月)。

公众关注程度较高的建设项目视情况还可在当地新闻媒体公示。

五、公示的操作程序

1.在建设项目竣工环境保护验收监测或调查中，承担监测或调查的单位应主动征求当地公众的意见，以召开座谈会、发放调查表或企业公示等其他形式征求意见，并在监测报告或调查报告中汇总、反馈给建设单位和负责验收的环境保护行政主管部门。

2.负责建设项目竣工环境保护验收监测或调查的单位在提交审核监测报告或调查报告的同时，提交相应的公示材料(包括电子文档)。

3.经审核，具备环境保护验收合格条件的项目，在办理建设项目竣工环境保护验收审批文件前，由总局监督管理司向总局办公厅提供建设项目公示材料(包括电子版)，项目名单在总局网站和中国环境报公示；建设项目执行环境保护基本情况材料(包括电子文档)在总局网站和评估中心网站公示。

4.项目公示期间设立举报受理电话并有专人值班，同时设立公示意见箱和电子信箱。

六、公示意见的处理

1.负责建设项目竣工环境保护验收的管理人员，对反映的问题应及时调查核实，提出处理意见，并尽快向反映问题的人员、单位进行反馈。

2.公示期间反映的问题经查实后作为验收审批的依据。

七、各级环保行政主管部门要积极配合此项工作,及时反映有关情况。

二○○三年三月二十八日

主题词:环保 建设项目 验收 公示 通知

抄送:中国环境监测总站国家环境保护总局工程评估中心

【附件】

一、公示材料的内容要求

根据《建设项目竣工环境保护验收管理办法》(国家环境保护总局第 13 号令)分类管理的要求,结合因排放污染物对环境产生污染和危害的建设项目和主要对生态环境产生制约的建设项目的工程特点,分别对其公示内容要求如下:

1.因排放污染物对环境产生污染和危害的建设项目

(1)项目基本情况:项目名称、规模、建设单位及建设地点、决算总投资及环境保护投资;开工时间、建成时间、试生产时间;投产时生产规模或能力、实际生产负荷;环评单位、设计单位、施工单位、验收监测单位。

(2)环境保护执行情况:环境影响评价和环境保护"三同时"制度执行情况;施工期和试运行期环境管理情况;环境保护设施及措施落实情况(新建、改扩建和"以新带老"环保设施),包括环境保护设施的台(套)数,环境保护管理、监测规章制度的建立和执行情况。

(3)验收监测结果:废气、废水等排放达标及总量控制情况和主要环境保护设施运转治理效率,厂界噪声达标情况,固废处置情况等,以及公众意见调查情况。

2.主要对生态环境产生影响的建设项目

(1)项目基本情况:项目名称、规模、建设单位及建设地点、决算总投资及环境保护投资;开工时间、建成时间、试运行时间;运营时生产规模或能力;环评单位、设计单位、施工单位、验收调查及监测单位。

(2)环境保护执行情况:环境影响评价和环境保护"三同时"制度执行情况;环评报告书提出的生态保护及污染防治措施及有关批复意见的落实情况,施工期和试运行期环境管理情况及绿化情况,环境保护管理、监测规章制度的建立和执行情况。

(3)验收调查结果:调查报告主要调查结论,工程生态保护措施的落实情况及效果;污染设施各项污染物的达标情况;固废处置情况;公众意见调查情况等。

二、公示材料格式要求

公示材料字体统一采用仿宋体,工程名称为三号、黑体、居中,一级标题为四号、仿宋体加黑,其他均为普通四号字体。行间距为 1.5 倍行距。

参考文献

1.国家环境保护总局令第 13 号.建设项目竣工环境保护验收管理办法[S],2002

2.国家环境保护总局环境影响评价管理司.建设项目竣工环境保护验收监测培训教材(试用版)[M].北京:中国环境科学出版社,2004

3.环境保护部环发〔2009〕150 号.环境保护部建设项目"三同时"监督检查和竣工环保验收管理规程(试行)[S],2009

4.胡辉,杨家宽.环境影响评价[M].武汉:华中科技大学出版社,2010

5.环境保护部环境影响评价司,中国环境监测总站.建设项目竣工环境保护验收监测实用手册[M].北京:中国环境科学出版社,2010

6.马太玲,张江山.环境影响评价(第二版)[M].武汉:华中科技大学出版社,2012

7.环境保护部环境影响评价司.建设项目竣工环境保护验收监测培训教材(第二版)[M].北京:中国环境科学出版社,2013

第十八章　环境影响评价典型案例

【本章要点】

本章选取两个环境影响评价案例：一个为污染型环评，一个为生态类环评。选取环评报告的重点章节内容，体现案例的重点和难点，供学生进一步理解环评的各项内容和要求。

第一节　污染型案例——某化肥厂改扩建项目环评

一、前言

该部分重在阐述评价任务的由来、环境影响评价的工作过程、关心的主要环境问题、主要评价结论等内容。

某肥业股份有限公司是从事高浓度磷复肥产品研发、生产和销售的企业，主要产品为各类测土配方专用肥、缓释肥、氯基复合肥、硫基复合肥、粉状磷酸一铵、粒状磷酸一铵、高端硝氯基复合肥、高端硝硫基复合肥、花卉肥等，中间产品包括硫酸、磷酸、盐酸、铁粉等。随着市场对复合肥产品需求的不断增长，为满足公司发展需要，计划在该厂区内投资建设一套 20 万 t/a 粉状磷酸一铵装置，并配套建设一套 9 万 t/a 湿法磷酸装置。

关注的主要环境问题：对照《磷铵行业准入条件》要求，从生产企业布局、工艺条件、能源消耗和资源综合利用、环境保护等方面，分析项目设计方案与准入条件的相符性，论证项目实施的政策符合性。本项目建成运行后，将新增有组织废气排气筒 2 个，工艺废气污染物包括氟化物、氨、SO_2、氮氧化物等。

二、总则

陈述编制依据、依据的导则和规范，确定评价因子和所执行的评价标准，评价工作等级和评价重点，评价范围，主要的环境敏感区及其分布情况。

（一）评价因子筛选

根据拟建项目工程特点、建设方案及排污规划，结合区域的环境质量状况，筛选出本项目各环境要素的评价因子汇总如下：

1. 地表水

(1)现状评价因子：pH、COD、BOD$_5$、DO、TP、铜、锌、铬、挥发酚、石油类、氨氮、高锰酸盐指数、氟化物、砷。

2. 大气

(1)现状评价因子：SO$_2$、NO$_2$、TSP、PM$_{10}$、氨、氯化氢、硫酸雾、氟化物。

(2)影响预测因子：SO$_2$、NO$_2$、TSP、氟化物和 NH$_3$。

(3)总量控制指标：SO$_2$、NO$_x$。

3. 噪声

(1)现状评价因子：等效连续 A 声级 L_{eq}。

(2)影响评价因子：等效连续 A 声级 L_{eq}。

4. 地下水

(1)现状评价因子：pH、总硬度、硫酸盐、氯化物、氨氮、总大肠菌群、高锰酸盐指数、六价铬、镉、砷、锌、铜、铅、氟化物。

(2)影响预测因子：氟化物。

5. 土壤

现状评价因子：pH、铅、铬、铜、镉、镍、锌。

(二)评价工作等级

大气环评等级确定：项目建成运行后，废气污染源主要包括磷酸装置产生的含氟废气、磷铵装置喷雾干燥塔尾气，磷酸装置和磷铵装置散逸的少量工艺废气，污染物包括氟化物、氨和颗粒物。根据估算模式，经过计算，项目各类废气污染物最大占标率 $P_{max}=83.51\%>80\%$，但 $D_{10\%}<5km$。根据《环境影响评价技术导则 大气环境》(HJ 2.2—2008)中的相关规定，结合上述估算模式的计算结果，确定本次大气环境评价等级定为二级。

根据相关导则要求，地下水评价等级为二级，环境风险评价等级为二级。

三、现有工程回顾

介绍企业的基本情况，环评的履行情况，竣工环保验收情况，在建项目情况，工程概况和工程分析(重点是工艺流程和产污环节分析)，进行污染源的达标分析，总量控制情况分析，现有工程主要环保要求及落实情况分析，现有工程存在的主要环境问题及整改措施分析。

四、拟建项目工程及工程分析

介绍工程概况，重点完成工程分析。主要内容如下：工艺流程、产物环节、物料平衡、元素平衡、污染源分析、非正常工况污染源分析,污染物排放总量情况。

五、环境质量现状调查与评价

(一)区域环境概况调查(略)

(二)环境质量现状评价

(1)水环境

根据评价标准,采用单因子指数法进行评价,区域地表水部分断面 COD 超标、总磷占标率高,区域的农业面源污染是造成超标的原因之一。

(2)大气环境

根据环境敏感区分布情况,在区域布置了 6 个大气环境质量监测点位,连续 7 天采样,采用单因子指数法,结果表明:区域内大气环境质量状况较好,各点位各项指标的监测结果,均可以满足相应质量标准的要求。

(3)噪声

共在区域内布设了 10 个噪声监测点位,其中,在现有厂区的各向厂界,均设置了 1 个监测点位。现状监测结果表明,区域声环境质量良好,各向厂界噪声均可以满足《工业企业厂界环境噪声排放标准》(GB 12348—2008)中 3 类标准;区域各点位声环境质量均能满足《声环境质量标准》(GB 3096—2008)中 3 类标准。

(4)地下水

在区域内布设 5 个地下水监测点位,评价结果表明,现状监测期间,区域地下水环境质量总体状况较好,各项指标的监测结果,均可以满足《地下水质量标准》(GB/T 14848—93)中Ⅲ类标准。

(5)土壤

在区域内布设 5 个土壤环境监测点位,评价结果表明,区域地下水环境质量总体状况较好,各点位各项指标监测结果均可以满足《土壤环境质量标准》(GB 15618—1995)中的二级标准要求。

(三)区域环境质量回顾分析

通过梳理已有的环评报告,分析环境质量的变化情况。

五、施工期环境影响分析

分析施工期间对大气环境、水环境的影响,噪声的影响,固体废弃物的处理情况,制定施工期环境影响的对策。

六、环境影响分析

(一)大气环境

根据项目工程分析,确定大气预测的预测因子为 SO_2、NO_2、TSP、氟化物和 NH_3。根据《大气环境影响评价技术导则 大气环境》(HJ 2.2—2008)中推荐的估算模式进行计算,本次评价的大气评价范围以本项目磷铵装置喷雾干燥塔为中心,半径为 2.5km 的区域。为反映拟建项目建成运行后当地环境空气质量的变化情况,本次大气环境影响预测考虑评价范围内其他在建项目、已批复环境影响评价文件的拟建项目对评价范围的共同影响,本次评价中设定了如下几种预测情景:拟建工程,其他拟、在建项目污染源,拟建工程(非正常排放)。预测模式为 AERMOD 模式。预测内容:①全年逐时气象条件下,环境空气保护目标、网格点处的地面浓度和评价范围内的最大地面小时浓度;②全年逐日气象条件下,环境保护目标、网格点处的地面浓度和评价范围内的最大地面平均浓度;③长期气象条件下,环境空气保护目标、网格点处的地面浓度和评价范围内的最大地面年平均浓度;④非正常排放情况,全年逐时小时气象条件下,环境空气保护目标的最大地面小时浓度和评价范围内的最大地面小时浓度。图 18-1 至 18-12 为各污染物的浓度预测图。

1.本项目浓度贡献

图 18-1 SO_2 网格点最大小时浓度   图 18-2 SO_2 网格点最大日均浓度
分布 单位:mg/m^3 分布 单位:mg/m^3

图 18-3 SO₂ 网格点年平均浓度
分布 单位:mg/m³

图 18-4 NO₂ 网格点最大日均浓度
分布 单位:mg/m³

图 18-5 NO₂ 网格点最大日均浓度
分布 单位:mg/m³

图 18-6 NO₂ 网格点年平均浓度
分布 单位:mg/m³

图 18-7 TSP 网格点最大日均浓度
分布 单位:mg/m³

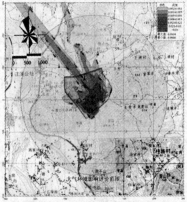

图 18-8 TSP 网格点年平均浓度
分布 单位:mg/m³

图 18-9　NH₃ 网格点最大小时浓度
分布　单位:mg/m³

图 18-10　氟化物网格点最大小时浓度
分布　单位:mg/m³

图 18-11　氟化物网格点最大日均浓度
分布　单位:mg/m³

图 18-12　非正常工况氟化物小时最大
落地浓度　单位:mg/m³

(1)经分析,各关心点的 SO₂ 最大小时浓度占标率在 0.14%~0.56%之间,最大日均浓度占标率在 0.05%~0.22%之间,年均浓度占标率在 0.01%~0.16%之间。由此,可以看出各关心点的影响均满足相应标准要求。

(2)各关心点的 NO₂ 最大小时浓度占标率在 0.02%~0.09%之间,最大日均浓度占标率在 0.01%~0.03%之间,年均浓度占标率在 0%~0.02%之间。由此,可以看出各关心点的影响均满足相应标准要求。

(3)各关心点的 TSP 最大日均浓度占标率在 0.6%~5.3%之间,年均浓度占标率在 0.1%~1.4%之间。由此,可以看出各关心点的影响均满足相应标准要求,6 个关心点中影响稍大的是包村。

(4)NH₃ 区域网格点最大小时贡献浓度为 0.07154mg/m³,占标率为35.77%,各关心点的 NH₃ 最大小时浓度占标率在 0.38%~6.84%之间,因此,由 NH₃ 最大小时浓度可看出,本项目建设对大气环境影响较小。

（5）各关心点的氟化物最大小时浓度占标率在 5.3%～36.2%之间，最大日均浓度占标率在 1.6%～12.8%之间。由此，可以看出各关心点的影响均满足相应标准要求。

2. 与现状监测值、在建源叠加分析

通过在背景值上叠加评价范围所有在建、拟建污染源贡献值，分析本工程、评价范围内其他拟建、在建项目污染源对区域大气环境的影响。

（1）叠加结果表明，SO_2 小时平均浓度最大值出现在 A 村，占标率为 4.37%；日均浓度最大值均出现在某小学，占标率为 19.18%；年均最大值出现在 A 村，占标率为 0.3%，各敏感点最大小时、最大日均及年均浓度均能满足相应标准要求。

（2）叠加结果表明：NO_2 小时平均浓度最大值出现在 A 村，占标率为 18.18%；日均浓度最大值出现在某小学，占标率为 40.13%；年均最大值出现在 A，占标率为 0.3%，各敏感点最大小时、最大日均及年均浓度均能满足相应标准要求。

（3）TSP 日均浓度最大值出现在石村，占标率为 65.35%；年均最大值出现在 A 村，占标率为 1.55%，各敏感点最大日均及年均浓度均能满足相应标准要求。

（4）NH_3 小时浓度最大值出现在 B 村，浓度为 0.058675mg/m³，占标率为 29.34%，各敏感点最大小时浓度均能满足相应标准要求。

（5）氟化物小时浓度最大值占标率为 39.0%，日均浓度最大值占标率为 12.8%，均出现在 A 村。各敏感点最大小时及日均浓度均能满足相应标准要求。

3. 非正常排放的大气环境影响

考虑非正常工况下，磷酸装置氟化物的去除效率按正常工况去除效率的 20% 计，氟化物排放速率约为 2.4kg/h，评价通过预测在此工况下氟化物对外环境的影响。结果表明：氟化物对关心点的贡献值均达标。小时平均浓度最大值为0.00777 mg/m³，最大占标率 38.09%。网格点最大落地浓度 0.17885mg/m³，占标率为 894.3%，超标严重。因此，项目在运营过程中，必须加强磷酸装置尾气处理系统管理，减少或杜绝非正常工况的出现。

4. 无组织排放厂界浓度预测

预测结果显示，本期工程实施后，各厂界 TSP、NH_3 和氟化物预测浓度能满足相应的厂界无组织排放浓度限值要求。

（二）地表水环境影响预测

根据设计方案，本项目不新增劳动定员，不增加厂区的职工生活污水排放量。项目建成运行后，正常工况下，磷酸和磷铵装置均无工艺废水排放。项目外排废水主要包括车间地坪冲洗废水、循环系统置换排水。验收监测结果表明，综合污水处理站的废水排放量、主要污染物排放浓度，均可以满足《磷肥工业水污染排放标准》（GB 15580—2011)表 2 中间接排放限值。同时，该污水处理站总排口配套建设了废水在线监控装置,废水可以作为稳定达标排放。为了提高项目的水循环利用率,结合企业现有生产用水回用方式,本评价要求,车间地坪冲洗废水和循环系统置换排水均通过管道收集送至厂内现有集水池,回用于磨矿等工序,不外排。

因此,可认为项目实施不会对区域地表水环境造成不利影响。

区域水环境影响分析:根据《某集中区控制性详细规划》,集中区内规划建设污水处理厂1座,设计处理规模 5000m³/d,不仅用于接收集中区内的生产和生活污水,同时兼顾周边部分居民区的生活污水集中处理。因此,集中区内配套污水处理厂的规划建设,可以进一步提高区域内的废水收集和处理效率,改善区域地表水环境质量。

(三)声环境影响

本次声环境现状评价分别在公司现有各向厂界各布设了1个声环境现状监测点。公司现有厂界外 200m 范围内无居民区等声环境保护目标分布,项目声环境评价范围确定为厂界外 1m,仅预测厂界噪声。采用《环境影响评价技术导则 声环境》(HJ 2.4—2009)中推荐的噪声预测模式,对项目运行后的厂界噪声变化情况进行分析。

预测结果表明,项目建成运行后,各向厂界噪声预测值均满足《工业企业厂界环境噪声排放标准》(GB 12348—2008)3 类标准限值要求。因此,认为本项目建设对区域声环境造成的不利影响较小。

(四)固体废弃物环境影响分析

本项目建成运行后,产生的固废主要包括磷酸装置产生的磷石膏,以及磷铵装置配套燃煤热风炉产生的燃煤灰渣。目前,厂内已建有磷石膏临时堆场1座,占地面积 10 万 m²,设计最大储量 630 万 m³,折合约 820 万 t。项目产生的磷石膏,均在该堆场临时堆存后,通过公路运输,外售建材企业作为原料。厂内现有煤棚附近设置有燃煤灰渣临时堆场,燃煤灰渣均在该堆场临时堆存后,通过公路运输,外售建材企业作为原料。本评价认为,在采取上述措施后,项目产生的各类固废均可以得到有效处置,不外排,不会对区域环境造成不利影响。

(五)地下水环境影响分析

1.综述区域水文地质条件,分析环境水文地质问题,现有污染源,地下水开发利用情况。进行正常工况和非正常工况下的对地下水的影响分析,提出防治预案。

2.数值模拟分析

选用通用的地下水模型软件 Visual Modflow 4.0 建立研究区的地下水流模拟模型,考虑磷酸装置区污水收集池、厂区污水处理站、磷石膏堆场、事故水池(1♯水池)为污染源,进行污染物的扩散羽分析。

预测结果表明,项目在发生污水渗漏事故的情况下,污染物对地下水的影响范围和距离大小主要取决于污水渗漏量的大小、污染因子的浓度、地下水径流的方向、水力梯度、含水层的渗透性和富水性,以及弥散度的大小。

通过对磷酸装置区污水收集池污水渗漏事故、污水处理站废污水渗漏事故、磷石膏堆场淋溶水渗漏事故和事故池泄漏事故的模拟预测结果可见,其影响范围主要集中在地下水径流的下游方向,污染物在地下水对流作用的影响下,污染中心区域向下游沟谷方向迁移,同时在弥散作用的影响下,污染羽的范围向四周不断扩大,影响距离逐渐增大。渗漏事故结束后,渗漏区域污染物浓度逐渐降低。在预测的较长时间内,污染影响范围仍主要在现有厂区内,不会对周围的环境保护目标造成不利影响。

七、环境风险评价

(一)风险识别

1. 物质风险识别

本项目生产过程中,所涉及的有毒有害物料主要包括原料硫酸、液氨,以及中间产品磷酸等。对照物质危险性判定标准,本项目涉及的主要化学品原料中,氨属于有毒物质,硫酸和磷酸危险性相对较低。

2. 生产过程风险识别

本项目液氨、硫酸和磷酸均依托厂内现有储罐进行储存,因此,工艺过程风险识别主要包括新建的磷酸装置、磷铵装置以及罐区至各装置区的输送管道。

3. 重大危险源识别

按照《危险化学品重大危险源辨识》(GB 18218—2009)中的相关要求,在单元内达到和超过《重大危险源辨识标准》标准临界量时,将作为事故重大危险源。本项目的判断结果为:不存在重大危险源。

(二)评价范围和工作等级

1. 评价等级

按《建设项目环境风险评价技术导则》中评价工作等级划分原则,本次环境风险评价等级定为二级。

2. 评价范围

(1)大气

根据《建设项目环境风险评价技术导则》(HJ/T 169—2004)要求,结合项目特点,评价范围确定为磷铵生产装置边界外3km的区域。

(2)地表水

目前,厂内已建设有集中式事故池 2 座,设计容积分别为 $15400m^3$ 和 $35200m^3$,本项目建成运行后,事故废水依托现有事故池临时储存。

（三）源项分析

1. 事故影响途径分析

拟建项目虽然不存在重大危险源，但是生产过程中涉及主要危险物质为液氨。

根据设计方案，本项目建成运行后，在厂内储存和输送阶段，原料均为液氨。在磷铵生产装置，通过液氨蒸发器，生成氨气，送入中和反应器进行生产。一旦输送管道或其他生产装置发生泄漏，氨将会在大气环境中迅速扩散，对受暴露人群的健康将造成不同程度的危害。

此外，在事故应急处置过程中，产生的事故消防废水，如未加截流、收集而随便排放，在没有防渗措施的情况下将对土壤、地下水造成污染；如排水管网设置不当，使消防废水进入雨水管网，排入地表水体，将造成地表水水质污染。

2. 事故源强

根据《建设项目环境风险评价技术导则》（HJ/T 169—2004）中相关要求，采用液体源强泄露、气体源强泄露公式计算，管道泄漏事故发生后，立即启动紧急事故连锁和紧急停车程序，假定管径100％破裂，泄漏液氨气化后成为氨气，全部泄漏进入大气，泄漏源强约为76.33kg/s。

（四）后果分析

1. 对于液氨输送管道破裂影响分析：采用多烟团模式，进行预测。结果表明，贮罐发生泄漏的状况时，泄漏停止时刻下风向近距离污染物浓度最高，污染物在泄漏点附近形成较高浓度富集区。随着时间的推移，污染物逐渐向下风向扩散，污染物影响区域向下风向推进，同时最大污染物浓度迅速下降。

在不利气象条件下，氨气的半致死浓度范围为泄漏点周边外150m区域，立即威胁生命和健康的浓度影响范围为泄漏点周边300m区域。

2. 液氨运输环节影响分析

本项目建成运行后，厂内不新增液氨储罐，厂外液氨运输主要依靠公路运输。

3. 厂外运输方案

本项目选址位于本有限公司现有厂区内。液氨主要外购于淮南淮化股份有限公司，有效成分含量≥99％。主要通过公路进行运输，由某道口，直接运至公司现有液氨罐区储存。

运输进厂经过现场勘查，运输道路沿途无自然保护区、风景名胜区、水源地和饮用水源保护区等敏感目标。道路沿线敏感点主要为街道办事处的居民。

（五）风险评价

1. 风险值估算

预测结果表明，在不利气象条件（F稳定度、1.5m/s）下，泄漏氨造成的不利影响最大，其半致死浓度范围为泄漏点周边外150m区域，立即威胁生命和健康的浓度影响范围为泄漏点周边 300m 区域,受影响人群主要为厂内职工。根据大气环境影响预测分析中对宁国市气象资料的统计结果,该气象条件出现的概率为 6.7×10^{-8}。根据设计方案,磷铵装置设计劳动定员 64 人,均从厂内现有员工调配。根据上述经验公式和参数,估算本项目液氨输送管道破裂事故状况下的风险值结果为 2.1×10^{-6} 人/a。

2. 风险可接受水平

参考《环境风险评价实用技术和方法》一书,其中有关化工行业环境风险统计值为 8.33×10^{-5} 人/a。根据分析,项目液氨输送管道破裂事故状况下的风险值为 2.1×10^{-6} 人/a,低于行业可接受水平 8.33×10^{-5} 人/a。综上所述,可认为本项目的环境风险水平是可以接受的。

(六)风险管理

目前,公司已经制定了企业的《危险化学品应急救援预案》和《氨泄漏事故应急救援预案演练方案》,并已于 2013 年 3 月开始实施。具体制定氨的应急处理措施、硫酸的应急处理措施、磷酸的应急处理措施。制定详细的风险防范预案。

八、环境污染防治对策及措施

(一)废气防治措施

本项目建成运行后,有组织废气主要包括磷酸装置产生的含氟废气,以及磷铵装置喷雾干燥塔尾气;无组织废气主要包括磷酸装置和磷铵装置挥发的含氟废气。

1. 磷酸装置工艺废气处理

磷酸生产过程中,硫酸与磷矿矿浆在反应槽内发生反应,磷矿中的氟成为气相逸出,形成含氟废气(通常包括 HF 和 SiF_4)。此外,转台式过滤机盘面上也可能有微量含氟尾气逸出。磷酸装置计划配套设置废气处理装置,采用"一级文丘里+二级洗涤塔+一级除沫"处理工艺,含氟工艺废气经收集后,进入文丘里洗涤器,用来自一级尾气洗涤循环泵的洗涤液喷淋吸收,使尾气中的 SiF_4 被水吸收下来反应生成 H_2SiF_6。经文丘里洗涤器洗涤后的气液混合物,切线进入一级尾气洗涤塔底部。在一级尾气洗涤塔中安装有二层喷头,洗涤液利用循环泵在洗涤塔内循环吸收,塔顶气体经由尾气风机切线送至二级尾气洗涤塔底部。在二级尾气洗涤塔中安装有喷头,洗涤液利用循环泵在洗涤塔内循环吸收,洗涤后的气体由塔顶排放至大气。

2. 磷铵装置工艺废气处理

磷铵生产过程中,浓缩后的磷铵料浆进入喷雾干燥塔,利用燃煤热风炉提供的热风进行干燥。磷铵装置喷雾干燥塔计划配套设置废气处理装置,采用"重力除尘+二级洗涤塔"处理工艺,设计除尘效率 98%、氟化物和氨的吸收效率 90%,处理后尾气经 50m 烟囱排放。

(二)废水防治措施

项目建成运行后,正常工况下,磷酸和磷铵装置均无工艺废水排放。项目废水主要包括车间地坪冲洗废水 $3.2m^3/d$、循环系统置换排水 $105.6\ m^3/d$。类比厂内现有项目的生产管理经验,车间地坪和设备冲洗废水,计划每个月冲洗一次,一次消耗用水约 $120m^3$,折合每天用水约为 $4.0m^3$,由此产生车间地坪和设备冲洗废水 $3.2m^3/d$,进入厂内综合废水处理站集中处理。

(三)噪声防治措施

1. 风机噪声控制措施

(1)在风机进出口安装使用阻性或阻抗复合性消声器;

(2)加装隔声罩;

(3)在风机与基础之间安装减振器,并在风机进出口和管道之间加一段柔性接管。

2. 管路系统噪声控制

(1)选用低噪声阀门;

(2)在阀门后设置节流孔板;

(3)在阀门后设置消声器;

(4)合理设计和布置管线,设计管道时尽量选用较大管径以降低流速,减少管道拐弯、交叉和变径,弯头的曲率半径至少 5 倍于管径,管线支承架设要牢固;靠近振源的管线处设置波纹膨胀节或其他软接头,在管线穿过墙体时最好采用弹性连接;

(5)在管道外壁敷设阻尼隔声层。

3. 球磨机噪声控制

(1)机座下安装隔振支承;

(2)在墙体与基础之间设置减振器。

(四)固废污染防治措施

根据项目固废的不同成分和特性,按照固体废物"减量化、资源化、无害化"的处置原则,本评价针对不同固废提出相应的处置措施要求,分列如下:

1. 磷石膏

与多家建材企业签订了磷石膏的销售协议,将磷石膏外售给建材企业作为生产原料,实现磷石膏的资源化利用。

2. 燃煤炉渣

项目磷铵装置计划配套建设燃煤热风炉(链条炉),燃烧热风经配风后,供喷雾干燥塔使用,计划年使用燃料煤 5400 吨,预计将产生灰渣 1080t/a。燃煤灰渣的主

要成分 SiO_2、CaO 等,是较好的建材原料。根据公司现有项目的生产管理经验,厂内燃煤炉渣在厂区内临时堆场后,最终外售建材企业综合利用。

(五)地下水污染防治措施

项目具有完备的供水系统、循环水系统和污水处理系统。正常工况下,项目运行不会对区域地下水环境造成不利影响。但在非正常工况或者事故状态下,如新建磷酸装置区的污水收集池、厂区污水处理站和磷石膏堆场,等情况下,污染物和废水会渗入地下,对地下水造成污染。针对可能发生的地下水污染,本项目地下水污染防治措施将按照"源头控制、分区防治、污染监控、应急响应"相结合的原则,从污染物的产生、入渗、扩散、应急响应全方位进行防控。

九、清洁生产

为贯彻落实《中华人民共和国清洁生产促进法》,国家发展和改革委员会于 2007 年发布了《磷肥行业清洁生产评价指标体系(试行)》(国发改公告 2007 年第 42 号),用于指导和推动磷肥行业依法实施清洁生产,提高资源利用率,减少和避免污染物的产生。该评价指标体系适用于高浓度磷肥(重过磷酸钙、磷酸一铵、磷肥二铵等)、低浓度磷肥(钙镁磷肥、过磷酸钙等)等系列产品的企业。本项目设计产品方案为年产 20 万吨粉状磷酸一铵,因此,适用于该评价指标体系中高浓度磷肥评价标准。

该体系分为定量评价和定性要求两大类指标。其中,定量评价指标选取了有代表性的、能反映"节能"、"降耗"、"减污"和"增效"等有关清洁生产最终目标的指标,建立评价模式。通过对各项指标的实际达到值、评价基准值和指标的权重值进行计算和评分,综合考评企业实施清洁生产的状况和企业清洁生产程度。

根据上述评价指标体系、评价方法要求,结合项目设计生产水平,计算得出本项目建成运行后,拟建项目清洁生产水平属于"国内清洁生产先进企业"。

十、污染物总量控制

确定总量控制指标,进行拟建项目污染物排放量核算。进行全厂污染物排放指标分析,与下达的总量指标进行比较,符合总量控制要求。

十一、项目建设可行性分析

从与国家产业政策相符性分析、与《磷铵行业准入条件》(2011 年 3 号)相符性分析、与化工集中区总体发展规划相符性分析、项目选址与周边环境相容性分析、公众态度等方面论证项目的可行性。

十二、评价结论

从产业政策相符性、规划选址及政策法规相符性、工程分析结论、环境质量现状评价结论、环境影响分析结论、污染防治对策、总量控制分析、环境风险分析、经济损益分析、清洁生产、公众参与等方面进行分析。

综上所述,年产 20 万 t 粉状磷酸一铵改扩建项目符合国家产业政策和《磷铵行业准入条件》要求,选址符合区域总体发展规划。项目采用了先进的生产工艺,符合清洁生产要求。在采用相应污染防治措施的前提下,各项污染物可以做到达标排放,排放的主要污染物可以满足总量控制指标要求,不会降低区域环境质量的原有功能级别。当地公众对项目建设的支持率较高。

因此,通过评价认为,项目在建设和生产运行过程中,在严格执行"三同时"制度、落实环评报告中提出的各项污染防治措施的前提下,从环境保护角度,项目建设是可行的。

环境经济效益分析、环境管理与环境监测、公众意见调查等内容略。

第二节 生态型案例——某河治理项目环境影响评价

一、前言

介绍项目的背景,环境影响评价的基本过程,主要的环境问题,环境影响报告书的主要结论论。

某河流域位于长江中下游北岸安庆市境内,受域内气候、地形和人类活动等影响,历史上洪涝灾害频繁。仅新中国成立以来就发生洪涝灾害 70 余次,洪水泛滥,给流域社会和人民生命财产带来巨大的损失,严重制约了流域社会经济的持续健康发展。为进一步提高该河流域防洪保安能力,减少洪涝灾害损失,满足皖江城市带经济快速发展的要求,保障流域人民生命财产安全和经济社会稳定发展,实施某河治理工程是非常必要和迫切的。

二、总则

陈述任务由来、编制目的、编制依据、采用的评价标准、评价工作等级和评价范围、环境保护目标等内容。

（一）评价工作等级

1. 水环境影响评价工作等级

（1）地面水环境

本工程施工废水规模小，排放点分散，施工污水主要是施工过程中产生的少量生产废水和施工人员的生活污水。其中碱性废水经沉淀中和后回用不外排；施工人员产生的生活污水经租住农户的化粪池或自建的化粪池处理后就近用于农田浇灌，不排入天然水体，不会造成水体污染；车辆冲洗水经隔油、沉淀处理后回用。运行期无污水产生。根据《环境影响评价技术导则　地面水环境》（HJ/T 2.3—93），确定水环境影响评价工作等级为三级。

（2）地下水环境

①建设项目分类

本工程属于生态影响类项目，工程建设期生产废水和生活污水处理后回用不外排，运行期的污水主要为生活污水，本工程不会对地下水水质造成污染。本工程对地下水位和流场影响较小。综合考虑，本工程属《环境影响评价技术导则　地下水环境》（HJ 610—2011）关于建设项目分类的Ⅱ类建设项目。

②工作等级划分

本工程引起的地下水水位变化区域范围较小，建设项目周围无地下水生活供水水源地，地下水环境敏感程度为不敏感，造成的环境水文地质问题弱。依据《环境影响评价技术导则　地下水环境》（HJ 610—2011）规定，确定地下水环境影响评价等级定为三级。

2. 大气环境影响评价工作等级

根据水利水电项目特点，本工程建成后正常情况下不会产生大气污染物，各污染物占标率 P_i 均为零；工程施工期主要大气污染物为 TSP，但其排放量及排放浓度均具有不稳定性，且影响范围主要在施工场区附近。因此，根据《环境影响评价技术导则　大气环境》（HJ 2.2—2008），大气环境影响评价等级定为三级。

3. 声环境影响评价工作等级

本工程处于声环境功能区为 1 类的区域，声环境的影响主要是施工期施工机械与交通车辆噪声。工程施工点多，面积广，影响范围大，工程施工机械与交通车辆噪声影响到的工程附近居住人口多。依据《环境影响评价技术导则　声环境》（HJ 2.4—2009）规定，声环境影响评价的等级为二级。

4. 生态环境影响评价工作等级

本工程影响区域的生态敏感性为重要生态敏感区，施工河段长度大于 100km。因此，参照《环境影响评价技术导则　生态影响（HJ 19—2011）》的评价工作等级要求，确定本工程生态影响评价的总体评价等级为一级。

(二)评价范围

1.水环境评价范围

(1)地表水评价范围

根据工程特点和地表水环境保护目标分布,确定地表水环境评价范围为:各河道工程段上游1km至工程末端下游3km;某湖评价范围为湖区近岸1000m的水域范围。

(2)地下水评价范围

本项目地下水的评价范围为工程范围内及工程范围边界外1km区域。

2.大气环境评价范围

大气评价范围为施工区域外200㎡。

3.声环境评价范围

本次声环境评价范围确定为施工区及施工交通道路两侧,评价范围不小于声环境达标距离。

4.生态环境评价范围

工程对生态环境的影响主要是工程占地、施工活动及施工中产生的"三废一噪"对动、植物的影响;对水生生态环境的影响主要是施工活动和施工人员的生活污水对附近水域水生生物资源的影响。评价范围为上述影响区域向外延伸1000m的区域以及安庆沿江湿地自然保护区区域。

5.拆迁安置

治理工程占地涉及的拆迁居民全部采用本村内后靠分散安置的方式。主要评价拆迁安置及专业项目复建活动对安置区及其周边环境的影响。

6.社会环境

社会环境评价范围在施工期为本工程的施工区和拆迁居民安置区,在运行期评价范围为评价工程建设和运行对区域社会环境的影响。

(三)评价重点

评价工作重点为施工期水环境、大气环境、声环境、固废处置和生态环境影响分析等及其污染防治措施。

(四)环境保护目标

从水环境、大气环境、声环境、生态环境、人群健康、拆迁居民安置区环境等方面确定保护目标。此外,应关注环境敏感目标。

三、工程概况

陈述流域概况、工程地理位置、工程建设依据和必要性、工程任务和规模、工程标准和等级、投资、工程具体建设内容、施工方案、工程占地及移民安置情况、水土保持、工程特性、工程主要河流排污口情况及存在的环境问题。

四、工程分析

论述与各类规划的协调性。阐述施工规划环境合理性。重点进行施工期污染环节及源强分析。

（一）产污环节分析

施工期产污环节如表 18-1。

表 18-1　施工期产污环节

施工内容		主要施工机械	环境问题
堤防加固工程	堤身加培	推土机,自卸汽车,履带式拖拉机	噪声,扬尘,污水,弃土
	填塘	推土机,自卸汽车、挖掘机	噪声,污水
	锥探灌浆	搅拌机、打锥机、灌浆机	噪声,污水
	护坡	挖掘机、推土机	噪声,扬尘
	堤顶道路	推土机,自卸汽车,土料搅拌机、平地机、压路机	噪声,扬尘
护岸工程	护岸	自卸汽车	噪声
	取土	挖掘机、自卸汽车	噪声,扬尘
穿堤涵闸工程	老建筑物拆除	人工钢钎、风镐、胶轮车	噪声,扬尘,弃土
	基坑开挖	挖掘机	噪声,弃土
	建筑物基坑回填	胶轮车、蛙式夯机	噪声,扬尘
	砼浇筑	搅拌机、手推车、振捣器	噪声,扬尘,污水
	金属结构安装	汽车、吊机	噪声
河道疏浚		挖掘机、自卸汽车	噪声,污水,弃土

（二）施工环节环境影响

1. 水污染源

工程施工主要污、废水污染源情况分析结果见表 18-2。

表 18-2 施工期废水污染源情况表

污染源名称		污水	主要污染物	去向
施工生产废水	混凝土工程	混凝土养护废水	SS,pH	处理后回用
	机械车辆	施工机械和运输车辆冲洗水	SS,石油类	处理后回用
	土方施工	坑基排水	SS	处理后回用
施工人员	施工生活污水	施工人员	COD,氨氮	化粪池处理后用于农田

2. 大气污染源

施工期产生的废气主要来源于施工机械、运输车辆排放废气,施工过程中产生的扬尘,施工人员使用生活燃料所排放的废气等,主要污染物包括 TSP、SO_2、NO_2、CO 和烃类物质等。

3. 噪声

主要来自施工机械噪声、交通噪声。

4. 固体废弃物

本工程施工期固体废弃物主要是施工人员生活垃圾、弃土(渣)和河道疏浚底泥。

5. 生态环境影响

施工期生态影响类型可以分为直接影响和间接影响两个方面。

(1)工程施工的间接生态影响

由于工程施工,人类活动频繁,对区域生态环境的人为干扰度加大,对生态系统进行人为干涉,影响生态系统平衡和稳定;河道疏浚对底栖生物造成损害;施工活动、设备噪声的增加还可能影响到区域野生动植物的正常生存和生长环境,其受影响的范围有不确定性和广泛性。由于这些施工期生态影响具有潜在性、隐蔽性,因此评价在确定施工期间接生态影响后对其不予定量判定,只予以定性分析。

(2)工程施工的直接生态影响

根据工程施工特点,直接影响的类型和范围主要见表 18-3。

表 18-3 工程建设活动影响类型和范围

施工期间生态影响种类	生态影响途径	影响类型	生态影响表现
工程施工	掘、填埋扰动土壤,造成水土流失,破坏原有植被	施工结束,部分恢复	破坏植被和土壤环境,原有植被消失,区域生物量和生物生产量减少,景观生态学和美学景观均造成一定破坏

(续表)

施工期间生态影响种类	生态影响途径	影响类型	生态影响表现
工程临时占地	压占河滩地、农田、草地	施工结束，可以恢复	改变土地利用性质，造成土地荒废，破坏植被，原有植被消失死亡，区域生物量和生物生产量减少
河道疏浚	扰动和吸取河道底泥，破坏河道生态水生环境	施工结束，可以恢复	破坏河道生态水生环境
生活污水排放和生活垃圾丢弃	影响水质，鼠类等啮齿动物繁殖	施工结束，部分恢复	影响水质，对水生生态造成不利影响；鼠类等啮齿动物增加，影响生物链和区域生态系统平衡

6. 人群健康影响源

本工程处于安徽省血吸虫病防疫区，应注意对相关人员的保护。

血吸虫病流行区域及流行概况：据安庆市血吸虫防治研究所提供资料，本工程施工区域仍然流行血吸虫病，主要分布在潜山、望江和怀宁县。

7. 社会环境影响源

工程施工需要大量劳动力、建筑材料，施工人员和管理人员生活需要大规模社会后勤服务，这些对增加当地就业机会、增加农民收入、促进地方经济发展将会有显著作用。

(三)运营期环境影响

1. 水文情势影响分析

本工程通过对河道清淤、左右堤防复堤加固等措施，完善了皖河流域的行洪除涝体系，提高河道行洪能力，提高河道设计标准和洪灾风险的能力。工程的建设运行尤其是河道清淤工程将对涉及河流的水文情势造成一定影响。

非汛期河道疏浚前后水文情势变化不大，汛期河道断面和过流能力有一定的提高，提高防洪排涝标准，可以更加有效防御洪涝灾害，带来很大的正面效益。由于本工程河道疏浚段短，疏浚量小，汛期对水文情势改变不大。

2. 对生态环境影响分析

根据环境现状调查，本工程区现状生态特征为典型的人工的农村生态系统，农作物以水稻、小麦等粮食作物及棉花等经济作物为主；土地利用特征主要为农田、林地、草地和水体占97%以上。工程运行后，由于区域防洪除涝能力的提高，项目区内遭受洪涝灾害的面积得到减少，对保护区域生态环境有正效益。

3. 对社会环境影响分析

工程运行后,由于区域防洪除涝能力的提高,项目区内遭受洪涝灾害的面积得到减少。据设计部门计算统计,本工程实施后,汛期河道断面和过流能力有较大的提高,提高防洪排涝标准,为项目区的经济和社会发展创造了更好的条件。

本工程实施后,区域两岸堤防更加稳固,为堤防保护区人民群众的生命财产安全提供了保障,将会有效减轻防洪保护区内的人民群众的洪水压力,减少因洪水泛滥引起的一系列社会和环境问题。由于工程对沿线所涉及的村庄的总耕种面积影响较小,且是临时的,对占用的耕地采取补偿措施。

4. 工程占地影响分析

治理工程占地范围包括堤身加培占地、压渗平台占地、填塘占地、建筑物占地、取土占地、弃土占地、临时堆土占地、施工布置占地及施工道路占地等。永久占地改变了土地性质,对生态环境有一定的破坏;工程施工取土作业将造成动植物种类和数量的暂时减少;施工临时场地、临时道路由于建筑材料洒落、反复碾压,施工结束后复耕,短期内可能还会造成土壤生产力下降。临时占地采取占地补偿措施,并在施工结束后采取复耕等措施,对环境的影响是短暂的。

(四)影响识别及评价因子

1. 影响识别

根据水利水电工程的建设和运行特点,结合工程影响区域环境影响因子的重要性和可能受影响的程度,对本工程的环境影响因子进行识别,识别方法采用矩阵法。工程影响的主要环境要素为:

自然环境系统:水文情势、水环境、生态环境。

社会环境系统:防洪、拆迁居民、人群健康、社会经济、工程施工等。

2. 评价因子筛选

(1)地表水

现状评价因子:COD、SS、BOD_5、石油类、氨氮、总磷。

影响评价因子:COD、SS。

(2)地下水

评价因子:地下水位。

(3)大气

评价因子:SO_2、NO_2、TSP。

(4)噪声

评价因子:等效声级 L_{eq}。

(5)固体废弃物

影响评价因子:弃土(渣)及生活垃圾。

(6)社会环境

社会环境影响评价因子：施工期工程占地以及施工期人群健康的影响。

(7)风险评价

评价因子：石油类。

五、环境质量现状评价

(一)区域环境概况

1.自然环境状况

2.社会环境状况

(二)环境质量现状评价

1.地表水环境现状监测

根据工程地理特征和工程特点，地表水环境质量监测设立 9 个监测点，监测因子：COD、SS、BOD_5、石油类、氨氮、总磷。

2.地下水环境现状评价

工程区内地下水可分为孔隙潜水和孔隙承压水两大类。地下水环境质量监测设立 2 个监测点，评价结果表明评价区域地下水环境质量较好。

3.声环境质量现状评价

根据工程地理特征和工程特点，在敏感区设立 11 个监测点。结果表明：工程均位于农村区域，无工矿企业，除交通噪声外，无其他较大噪声源，噪声背景值较低。根据监测，评价区域声环境质量现状良好，监测点声环境质量均达到《声环境质量标准》(GB 3096—2008)中 1 类标准。

4.大气环境质量现状评价

本次大气环境质量监测设立 3 个监测点。监测因子：SO_2、NO_2、TSP。评价表明：评价区 TSP、SO_2 和 NO_2 均能达到 GB 3095—2012《空气环境质量标准》中二级标准的要求，表明工程区空气环境质量较好。

5.底泥环境现状评价

设立 4 个底泥监测点位，监测因子：pH、铬、砷、铜、镍、铅、镉、汞、锌。评价表明：

(1)底泥各监测点位指标均符合《农用污泥中污染物控制标准》(GB 4284—84)，中的限值，达标率 100%。

(2)底泥各监测点位指标均符合《土壤环境质量标准》(GB 15618—1995)的二级标准，达标率 100%。

表明评价区域疏浚河道底泥和料场底泥环境质量现状良好。

6.生态环境现状评价

(1)土地利用与覆盖特征分析

(2)植物多样性与植被类型调查

①进行工程覆盖区植被特征分析:农田生态系统、森林生态系统、灌木生态系统。

②植物群落分布特征:草本植被型、灌丛植被型、乔木植被型。

(3)水生动物资源的多样性与分布调查

①底栖动物调查;

②鱼类现状调查;

③浮游植物调查;

④两栖、爬行类动物资源的多样性与生物学特征调查;

⑤陆生动物资源的多样性及生物学特征。

7.人体健康现状分析

六、环境影响预测与评价

(一)对水文情势影响分析

通过对某河流域主要骨干河道实施局部清淤、堤防工程等,提高了河道设计标准和洪灾风险的能力,完善了某河流域的行洪、除涝体系,提高了河道行洪能力。工程的建设运行会对部分河流的水文情势有一定的影响。

(二)地表水环境影响与预测

1.施工期地表水环境影响

生产废水影响:施工悬浮物、含油废水、碱性废水、填塘固基的排水。

生活污水影响:生活污水中的污染物主要为 COD、BOD_5、SS 和 $NH_3 - N$,生活污水通过租住区化粪池收集处理后农用,不会影响附近水域。

2.工程对水源地的影响

工程附近的这些取水口,均在施工区的上游,且相距较远,项目的建设对水源地水质无影响。综上,在采取相应的环保对策措施,避免燃油事故发生,对取水口水质基本无影响。

3.运营期地表水环境影响与评价

本工程运营期无污水产生,对皖河流域的水环境影响表现为正效益。

4.地下水环境影响预测与评价

通过分析水文地质状况,考虑基坑排水和其他工程对地下水的影响,结果表明:对地下水环境的影响很小。

(三)声环境影响

通过等效声级计算公式计算出各施工阶段所有施工机械在环境敏感保护目标

处的等效声级贡献值,然后与各敏感保护目标的背景值进行叠加,最后求出预测值。根据预测结果,由于沿河堤堤顶有众多的居民居住,堤防工程距居民点较近,堤防工程附近的居民点昼间噪声均超标;取土区昼间噪声达标距离为 200m,施工对 200m 范围内的居民生活造成一定影响,其中杨屋和丰收村附近的料场噪声超标;丰收村距施工营地约 60m,砼搅拌机运行时噪声超标;皖水弃土区附近的叶屋村噪声超标。

为减少对居民生活的影响,在施工期应合理安排施工时间,禁止夜间施工,同时堤防工程在午间居民休息时间也应停止施工,并在靠居民点一侧加装可移动的临时隔声板,将噪声影响减小到最低程度。采取措施后,弃土场、取土场和施工营地的厂界噪声达标。

由于施工期短暂,噪声对居民的影响是暂时的,施工结束后声环境将恢复到现状。

(四)大气环境影响预测与评价

1. 燃油废气的影响

燃油废气产生于运输车辆、以燃油为动力的施工机械以及施工人员燃料燃烧。施工期间,本工程施工使用的挖掘机、推土机、运输车辆等作业时将产生燃油废气,其主要污染物为 SO_2、NO_2 等,其产生量与施工机械数量及密度、耗油量、燃料品质及机械设备状况有关。根据类似水利工程监测成果,在距离现场 50m 处 CO,NO_2 小时浓度分别为 $0.20mg/m^3$、$0.062mg/m^3$,可以满足大气二级标准要求。

由于施工范围内地势开阔,空气扩散条件很好,燃油废气对区域环境空气质量影响较小。同时机械燃油废气属于连续、无组织排放,污染源呈面源分布,污染物排放分散且强度不大,因此对区域环境空气质量影响较小。

2. 扬尘的影响

控制开挖扬尘、混凝土拌合扬尘、车辆运输扬尘。

3. 生活油烟

生活区厨房设置油烟净化设施,对油烟进行净化处理,净化效率达 60%,由于油烟量较小,经过油烟净化器处理后排放,对周围大气环境影响较小。

(五)土壤环境影响预测与评价

工程施工期间对土壤的开挖、填埋和扰动使原来的土壤层次被扰乱并混合在一起,破坏土壤的耕作层;开挖土方的临时堆放也会破坏堆放区土壤的耕作层;工程取土和填埋过程造成了土层的混合和扰动,将导致土壤耕作层的性质发生改变。因此影响土壤的发育,并影响植被的生长,复耕后对农作物生长具有一定的不利影响。工程结束后,对施工营区和道路占地进行复垦。

(六)生态环境影响预测与评价

进行生态稳定性评价、生态完整性评价。分析工程对植物及植被、底栖动物、鱼类、两栖和爬行类动物、鸟类、兽类动物的影响。分析工程对保护区的影响。

七、固废环境影响评价

本工程施工期固体废弃物主要是施工人员生活垃圾、弃土(含清基削坡弃土、护坡弃土、建筑垃圾和河道疏浚底泥)。

八、其他环境影响评价

1. 人群健康预测与评价

在施工过程中如果对进入易感地带和接触疫水的施工人员不能采取有效保护措施,对施工区域不采取监管措施,有可能使施工人员感染血吸虫病的概率增大,发病人数增多。

工程运营后对血吸虫病的影响主要表现在以下几个方面:工程实施后可减少洪灾发生概率,因而控制因防洪抢险感染血吸虫的概率;同时,洪灾的减少可减少洪水携带钉螺侵入堤内导致的居民血吸虫感染。因此,工程运营对血吸虫病防治总体表现为有利影响。

2. 景观影响评价

皖河治理工程对景观的影响包括有利影响和不利影响,施工期建设阶段产生不利影响,且影响在施工期完成即可恢复,并产生更加积极的影响。

3. 对文物古迹的影响

本工程附近有薛家岗遗址和汪洋庙新石器时代遗址。工程施工不在文物古迹的保护区内,不占用文物古迹用地,不排放污水。施工对文物古迹的影响较小。

九、社会环境影响评价

本项目对社会环境的影响主要是施工期间的工程占地、施工交通以及运营期对社会环境的影响。分为施工期、运营期影响。分析移民拆迁安置影响:移民安置区环境容量及环境适宜性评价。

十、环境风险评价

治理工程内容主要包括加高加固堤防,修建护岸、护坡工程和防汛道路,填塘固基、河道疏浚,维修加固穿堤建筑物等。从其建设及长年运行情况来看,此类中小型水利建设工程基本不存在突发或非突发的环境风险的概率。结合实践经验,从本次工程组成及施工过程分析,可以得出结论,本次工程建设产生突发或非突发的环境风险概率极低。

1. 陆域排放污染物风险分析

工程对周围环境的影响主要是施工期间的废水、废气、废渣以及噪声污染。本工程的堤防工程和料场取土,距饮用水取水口较近,一旦发生燃油事故泄漏,可能污染水源地的水质,对饮用水安全造成影响。

2. 风险事故防范对策和措施

制定事故防范措施和应急预案。

十一、环境保护措施

制定地表水、地下水、声环境、大气环境、固体废弃物、生态环境、人群健康、文物古迹的保护措施。

十二、水土保持

(一)水土保持现状分析
(二)水土流失预测
(三)水土流失防治对策
(四)水土保持监测
(五)水土保持工程管理

十三、结论

从与相关规划的协调性、施工规划环境合理性、施工期污染物分析、环境质量现状评价结论、环境影响分析结论、环境风险分析、污染防治对策、经济损益分析、公众参与等方面进行分析。

综上,本工程为非污染生态类项目,建设内容主要为堤防加固、护岸护坡、防汛道路、河道疏浚和穿堤建筑物重建。皖河治理工程,关系到皖河流域人民生命财产安全问题,具有重要的社会意义。本工程的环境问题为施工期的环境污染,包括污水、废气、噪声和固体废弃物等。在落实报告书提出的各项环保措施的前提下,工程建设对环境的不利影响可减少到最低程度。从环境保护的角度,本项目的建设可行。

环保投资估算及经济损益分析、公众参与、环境管理与监测等内容略。

拓展阅读

关于不同类型的环境影响评价,读者可参考全国环境影响评价工程师职业资格考试书目《环境影响评价案例分析》,里面有不同行业、不同类型的环评案例分析。

参考文献

1. 安徽省某肥业股份有限公司年产 20 万吨粉状磷酸一铵改扩建项目环境影响报告书[R]. 安徽显闰环境工程有限公司,2015

2. 安徽省安庆市某河治理工程环境影响报告书[R]. 河海大学,2013

结束语　环境影响评价研究展望

环境影响评价是环境科学的一个重要分支领域。环境影响评价制度是我国环境保护的一项重要法律制度,建立至今,环境影响评价在我国经济建设、社会发展和环境保护中的地位和作用日益彰显,也越来越受到科学家、政府管理人员和公众的支持和重视。2003 年《环境影响评价法》实施以来,我国的环境评价在技术手段与方法、理论内容、制度体系、层次和思路上均发生了显著变化,生态影响评价、清洁生产评价、环境风险评价、区域环境影响评价、规划(战略)环境影响评价和公众参与等日益倍受重视。环境影响评价理论、方法和技术日益不断发展和完善,现代科学技术为环境影响评价手段的更新和提高创造了良好的条件,尤其是 3S(卫星定位、遥感和地理信息系统)技术的引入,使环境影响评价技术手段跃上了一个更高台阶。

环境影响评价的法律法规、导则、标准也得到不断的修订和补充。已有一系列配套法规制度和标准规范相继出台,如《规划环境影响评价技术导则(试行)》(HJ/T 130—2003)、《开发区区域环境影响评价技术导则》(HJ/T 131—2003)、《建设项目环境风险评价技术导则》(HJ/T 169—2004)、《环境影响评价公众参与暂行办法》(2006)、《声环境质量标准》(GB 3096—2008)、《工业企业厂界环境噪声排放标准》(GB 12348—2008)、《社会生活环境噪声排放标准》(GB 22337—2008)、《环境影响评价技术导则　声环境》(HJ2[1].4—2009)、《建筑施工场界环境噪声排放标准》(GB 12523—2011)、《环境影响评价技术导则　总纲》(HJ 2.1—2011)、《建设项目环境影响评价技术评估导则》(HJ 616—2011)、《环境影响评价技术导则　生态影响》(HJ 19—2011)、《外来物种环境风险评估技术导则》(HJ 624—2011)、《环境影响评价技术导则　地下水环境》(HJ 610—2011)和《环境空气质量标准》(GB 3095—2012)等多项新标准、法律法规和导则的颁布实施,促进了环境影响评价学科的进一步高度发展。

截至 2014 年 2 月,全国共有环评机构 1158 家,其中甲级机构 192 家,乙级机构 966 家。多年来,环评机构在环评工作中发挥了重要的技术支撑和技术服务作用,但也存在一些突出问题:环评机构发展仍不平衡,专业性的大型环评机构数量偏少,部分地区工作能力严重不足;一些环评机构内部管理制度不完善,质量审核体系不健全,环评工程师负责制流于形式,档案合同管理混乱;一些环评机构编制报告书(表)过程中不踏勘现场、不开展环境状况调查、不分析数据可靠性和代表性,甚至弄虚作假;一些环评机构超越资质范围从业,出租、出借资质,甚至通过提供虚假材料等欺骗手段取得资质。这些问题在一定程度上阻碍了环评制度的执行,制约了环评事业的发展,部分问题甚至造成了恶劣的社会影响,损害了环评机构的社会信誉。环境影响评价虽然已在在技术手段与方法、理论内容、制度体系、层次和思路等众多方面取得了巨大进展,但目前也还是存在诸多不足和问题,主要表现为以下五个方面:

一、在建设项目环境评价实施和操作过程中存在对《环境影响评价法》的贯彻落实监管不到位;规划环境影响评价落实不到位;环境评价机构存在质量或者管理不规范和违规操作而无法保持中立性;环境评价市场未建立市场准入制度;虽然国家环境保护部出台《环境影响评价公众参与暂行办法(环发〔2006〕28号》和发布"关于征求国家环境保护标准《环境影响评价技术导则 公众参与》(征求意见稿)意见的函(环办函〔2011〕125号)",但公众参与往往还是流于形式而没有真正落实到位等情形,需要进一步落实监管。

二、根据《环境影响评价技术导则 总纲》(HJ 2.1—2011),环境影响评价通常是仅专项环境要素、专题和行业建设项目做出反应,缺乏对战略进行环境影响评价的正式要求;缺乏对多个项目累积环境影响的充分考虑,如忽视对大环境影响的考虑,未注重几个建设项目环境影响的复合效应;忽视建设项目的间接环境影响,未将项目环境影响与当地环境承载力结合考虑,建设项目的全球性影响未充分体现在环境影响评价中等。

三、环境风险评价目前在实践中大多数仅局限于有毒有害物品可能发生泄漏、火灾和爆炸情形下的影响识别、影响分析、影响预测和影响评价。而对物理性(能量型)因素(洪水、交通事故等)和生态风险等环境风险极少进行影响分析和预测评价。同时在环境影响评价中缺乏替代方案。

四、环境影响评价技术导则中很多内容还需要不断创新和健全,如对于固体废物影响评价、土壤环境影响评价、持久性污染物的影响评价和环境激素的影响评价等缺乏独立的专门导则。

五、环境影响评价技术文件的审批缺乏统一的技术规范和要求,给环境保护行政主管部门执法造成一定的困难,同时环境保护行政主管部门很难拥有独立的执法权。同时缺乏环境政策自身评价,导致环境政策修订过快等。

综合环境影响评价的发展历程和现存问题,未来环境影响评价研究可能的发展趋势体现八个方面:

一、根据环境保护部办公厅文件《关于推进事业单位环境影响评价体制改革工作的通知》(环办〔2013〕109号)要求,为推进事业单位环评体制改革,强化环评机构独立法律地位,营造公开、公平、公正环评市场秩序,促进环评机构专业化、规模化发展,提高环评机构竞争力,理顺环评机构和环评文件审批部门间的关系,加快环评技术服务机构与行政主管部门脱钩,2015年底前完成环评体制改革,2016年1月1日起,环保部不再受理事业单位资质晋级、评价范围调整和环保部门所属事业单位资质延续申请。

二、环境影响经济评价融合运用:基于环境影响经济评价中成熟的费用-效益理论和方法分析在环境影响评价中的重要地位,未来需融合经济评价在内的社会整体效应的环境影响评价。

三、完善环境风险评价体系和制度

通常环境风险评价是针对建设项目在建设和运行期间发生的可预测突发性事件或事故(一般不包括人为破坏及自然灾害)引起有毒有害、易燃易爆等物质泄漏或突发事件产生的新的有毒有害物质,所造成的对人身安全与环境的影响和损害,进行评估,提出合理可行的防范、应急与减缓措施,以使建设项目事故率、损失和环境影响达到可接受水平。近年来各类危险化学品燃烧、爆炸、泄漏等事故时有发生,造成人员伤亡、经济损失和环境污染。对具有潜在风险的建设项目开展环境风险评价是保障人类健康安全的生活和生态系统良性循环的需要。依据《建设项目环境风险评价技术导则》(HJ/169—2004),应健全和完善环境风险评价体系,环境风险评价研究内容主要包括环境风险的识别、风险管理、影响预测、应急预案、评价程序、方法和工作内容;特别是针对应急预案的主要内容:应急计划区,应急组织结构、人员,预案分级响应条件,应急救援保证,报警、通讯联络方式,应急环境监测、抢救、救援及控制措施,应急检测、防护措施,清除泄漏措施和器材,人员紧急撤离、疏散、应急剂量控制、撤离组织计划,事故应急救援关闭程序与恢复措施,应急培训计划,公众教育和信息等11方面建立周密和详细的体系制度。

四、区域环境评价会日益拓展:从单纯建设项目评价向区域环境影响评价的发展,我国区域环境影响评价执行《开发区区域环境影响评价技术导则》(HJ/T131—3003),适用于经济技术开发区、高新技术产业开发区、保税区、边境经济合作区、旅游度假区等区域开发以及工业园区等区域层次,识别开发区的区域开发活动可能带来的主要环境影响以及可能制约开发区发展的环境因素;分析确定开发区主要相关环境介质的环境容量,研究提出合理的污染物排放总量控制方案;从环境保护角度论证开发区环境保护方案,包括污染集中治理设施的规模、工艺和布局的合理性,优化污染物排放口及排放方式;对拟议的开发区各规划方案(包括开发区选址、功能区划、产业结构与布局、发展规模、基础设施建设、环保设施等)进行环境影响分析比较和综合论证,提出完善开发区规划的建议和对策;因此在此举出上未来全球层次的环境影响评价研究需要世界合作,是未来逐渐关注的一个新方向。

五、累积影响评价综合考虑:从单个项目的、简单因果关系的环境影响评价到综合考虑多个项目、具有时空效应和复杂因果关系的累积影响评价,以及某项活动的影响与过去、现在及未来可预见活动的影响叠加时,造成环境影响的后果均需要综合进行评价。

六、战略环境评价日渐注重:战略环评是"从源头和过程控制"战略思想的集中体现,是对政策、规划或计划及其替代方案的环境影响进行规范的、系统的、综合的评价。结果应用于负有公共责任的决策中,是在政策、规划、计划层次上及早协调环境与发展关系的决策和规划手段。2003 年 9 月 1 日《中华人民共和国环境影响评价法》的正式实施,首次将针对"一地、三域、十个专项"(一地:土地;三域:流域、海域、区域;十个专项:工业、农业、畜牧业、林业、能源、水利、交通、城市建设、旅游、自然资源开发)规划的环境影响评价上升到法律要求,而其他以立法、政策等为对象的评价还处于试点研究和学术探讨阶段。2009 年 10 月 1 日起正式实施的《规划环境影响评价条例》对规划环评的内容要求、实施程序、相关方的责任和权利等进行了补充,进一步推动了规划环评的开展。尽管我国只是将部分规划纳入了环境影响评价范围,但与国际上的战略环评属于同一范畴。因此,我国的规划环评也称战略环评。未来环境影响评价的发展更注重于政策、法律和计划、规划层面。规划环境影响评价是对处于高层次的规划和计划的评价,具有复杂性和动态性等特点。规划环境评价是衡量各种规划是否符合可持续发展原则与要求的工具;

从长远发展来看,规划环评工作仍处于刚刚起步阶段。各地普遍反映,面临的困难不少,任务越来越艰巨。主要体现在机制不完善、进展不均衡、力量不匹配、支撑不到位几个方面。在现有体制下,规划机制不完善,规划编制、审批、实施和修编的随意性较大,规划环评提出的环境保护对策措施难以有效落实,从源头防范布局性环境问题的作用难以有效发挥。同时,开展规划环评,冲击了既有决策机制,而与规划编制、审批部门之间的合作机制尚未建立,影响了环评有效性。除此之外,规划环评的分类管理和分级审查、跟踪评价、规划环评与项目环评联动机制、公众参与等机制还不完善。一些部门和地方对规划环评的要求和实施主体认识不清,积极性不高,导致规划环评工作进展不均衡。部分地区贯彻《规划环境影响评价条例》有方案,推进工作有机制,落实任务有重点。但也有部分地区既无宏观政策出台,又无具体措施推进,部分地区的开发区规划环评执行率不足 50%,一些地方中小流域开发处于无序状态,重要产业基地建设没有依法开展规划环评。

未来开展战略环评应以环境容量为基础,建立完善的战略环评理论及技术方法体系,拓展战略环境评价对象和重点关注国家发展战略指向地区,大力加强和完善战略环境评价理论和实践应用。

七、可持续发展评价日益重要：推进污染型建设项目环境影响的评价、生态型建设项目的环境影响的评价和资源利用的可持续发展评价是当代中国未来转型社会期的重要发展方向。

八、环境评价和管理信息化和科学化：环境影响评价是个多学科综合性的行业，随着我国社会和经济的快速发展，环境评价和环境管理的任务也愈来愈艰巨，而伴随着环境影响评价法颁布以及整个行业近十年信息化的发展，也迫切需要改变传统的管理方法、决策模式和信息交流渠道，运用先进的信息与网络技术提高行业技术水平和管理决策水平。

《关于推进事业单位环境影响评价体制改革工作的通知》要求从2013年年底开始，环保部不再受理尚未取得建设项目环评资质的事业单位资质申请；从2016年1月1日起，环保部不再受理事业单位资质晋级、评价范围调整和环保部门所属事业单位资质延续申请。同时，隶属于现有环评机构中的交通、水利、海洋等有关部门所属事业单位和大专院校等其他事业单位也应按照市场化要求，加快推进环评体制改革。环保部在2013年、2014年两次出台规定，要求现有事业单位性质的环评机构要通过体制改革，形成独立企业法人性质的环评机构，与行政主管部门脱钩，建立现代企业制度。2015年年底之前挂靠的环评师面临最后抉择，是留在体制内还是去公司真正地做环评。更重要的是"消除挂靠现象恐怕还要依赖整个环保的大气候。"随2015年新《环境保护法》实施，环保监管将比以往大大加强，有了"史上最严"的排污处罚，企业环境违法造成的经营风险加大，将逐渐迫使其主动寻找正规资质的环评机构编写科学的环评报告，使环评挂靠慢慢失去市场。